Hans-Dieter Nagel  •  Heinz-Detlef Gregor

# Ökologische Belastungsgrenzen - Critical Loads & Levels

Springer-Verlag Berlin Heidelberg GmbH

Hans-Dieter Nagel • Heinz-Detlef Gregor

# Ökologische Belastungsgrenzen - Critical Loads & Levels

## Ein internationales Konzept für die Luftreinhaltepolitik

Mit 90 Abbildungen und 56 Tabellen

Springer

Dr. Hans-Dieter Nagel
Am Annafließ 4 E
D-15344 Strausberg

e-mail: hans.dieter.nagel@t-online.de

Dr. Heinz-Detlef Gregor
Marinesteig 42
D-14129 Berlin

e-mail: heinz-detlef.gregor@uba.de

ISBN 978-3-642-63567-0     ISBN 978-3-642-58386-5 (eBook)
DOI 10.1007/978-3-642-58386-5
Die Deutsche Bibliothek – CIP-Einheitsaufnahme

**Ökologische Belastungsgrenzen:** ein internationales Konzept für die Luftreinhaltepolitik = Critical loads & levels / Hrsg. Hans-Dieter Nagel; Heinz-Detlef Gregor - Berlin; Heidelberg; New York; Barcelona; Hong Kong; London; Mailand; Paris; Singapur; Tokio: Springer 1999
ISBN 978-3-642-63567-0



Umschlaggestaltung: de'blik, Berlin
Satz: Büro Stasch, Bayreuth

SPIN: 10541414  30/3136  - 5 4 3 2 1 0 - Gedruckt auf säurefreiem Papier

# Vorwort

Seit Beginn der Industrialisierung beobachten wir in zunehmendem Umfang Wirkungen von Luftverunreinigungen auf die Umwelt. Die Belastung von Böden, Grundwasser, Oberflächengewässern, aber auch Waldschäden, Ertragseinbußen bei Nutzpflanzen, Schäden an Bauwerken und Denkmälern sowie an der Gesundheit des Menschen würden ohne die anthropogene Belastung der Atmosphäre nicht oder nicht in dem beobachteten Maße auftreten. Die Menschheit ist also aufgefordert, intensiv an der Minderung der Luftbelastung zu arbeiten.

Das Konzept der „kritischen Belastungswerte", so wie es für das Luftreinhalteübereinkommen der Wirtschaftskommission der Vereinten Nationen für Europa (UN/ECE) entwickelt wurde, stellt einen effektiven Ansatz dar, Probleme der Wirkungen von Luftverunreinigungen in der Umwelt zu beschreiben und lösen zu helfen. Das Critical-load-Konzept bezieht seine Bedeutung aus seiner naturwissenschaftlichen Herangehensweise und der somit wertfreien Bereitstellung von fundierten Umweltqualitätskriterien. Es hat sich aus den Verhandlungen Kanadas mit den USA und dem Dialog Skandinaviens mit den Emittenten Zentraleuropas über mehrere Jahrzehnte fortentwickelt und ist seit Mitte der 8oer Jahre zunächst vor allem durch den Druck aus Schweden und Deutschland zur akzeptierten Grundlage verbindlicher Minderungsverpflichtungen in ganz Europa geworden. Seitdem befinden sich die wissenschaftlichen Bausteine des Konzepts in einer geradezu rasanten Weiterentwicklung. Das Konzept der „kritischen Belastungswerte" insgesamt ist aufgrund seiner erfolgreichen Implementierung in Europa jetzt sogar auf dem Wege, auch in Asien der Luftreinhaltepolitik die notwendigen Impulse zu verleihen.

Die Autoren der jetzt erstmals in Deutschland vorgenommenen zusammenfassenden Darstellung des Critical-load-Ansatzes sind in unterschiedlichen Funktionen national und international an seiner Entwicklung und Anwendung beteiligt: als Mitarbeiter des Umweltbundesamtes, in der Forschung, als Angehörige des deutschen National Focal Center für das UN/ECE Critical-load-Kartierungsprogramm sowie durch Mitwirkung oder als Vorsitzender der UN/ECE Sonderarbeitsgruppe (Task Force on Mapping Critical Loads). Das Buch kann somit auf dem verfügbaren Sachverstand in diesem aktuellen Thema aufbauen und Erfahrungen bei seiner Umsetzung in die internationale Umweltpolitik zum Nutzen des Lesers vermitteln. Hierzu wird nach einem kurzen Abriß über Grundlagen und Weiterentwicklung von Konzepten für die Luftreinhaltepolitik im Kap. 1 und einer Betrachtung von Wirkungskriterien zu Beginn des zweiten Kapitels der wissenschaftliche Hintergrund der Ableitung von kritischen Belastungswerten für die Massenschadstoffe Schwefeldioxid, Stickoxide und Ozon sowie für Säure- und Stickstoffeinträge in terrestrische Ökosysteme beschrieben. Ein Ausblick auf die vorgesehene Einbeziehung persistenter Schadstoffe in das Critical-load-Konzept beschließt das Kapitel. Kapitel 3 enthält die praktischen Beispiele für die Errechnung der Wirkungsschwellen, ihre Kartierung und die Darstellung der Überschreitung kritischer Belastungswerte in Deutschland. Kapitel 4 informiert abschließend über nationale und internationale Aktivitäten zur Umsetzung des Critical-load-Konzeptes.

Das vorliegende Buch verfolgt das Ziel, in einer Art Momentaufnahme und am Beispiel der Umweltsituation in Deutschland, die interessierte Fachwelt über den Stand der Dinge in diesem aktuellen und dynamischen Teilgebiet der Umweltwissenschaft und -politik zu informieren und zur Anwendung des Critical-load-Ansatzes anzuregen. Das Konzept der ökologischen Grenzen der Belastbarkeit sollte möglichst breite Unterstützung erfahren, die Forschung für noch offene Felder sollte verstärkt werden und finanzielle Förderung erfahren und neue Erkenntnisse sollten unverzüglich in das Konzept eingebracht und in Maßnahmen umgesetzt werden. Autoren und Herausgeber sind für entsprechende Anregungen dankbar und stehen weiterführender Kritik aufgeschlossen gegenüber.

Berlin, April 1998

Hans-Dieter Nagel
Heinz-Detlef Gregor

# Inhaltsverzeichnis


**1 Konzepte für die Luftreinhaltepolitik** . . . . . . . . . . . . . . . . . . . . . . . . . . 1
1.1 Geschichtliche Entwicklung . . . . . . . . . . . . . . . . . . . . . . . . . . . . . . 1
1.2 Umweltqualitätsziele . . . . . . . . . . . . . . . . . . . . . . . . . . . . . . . . . . . 2
1.3 Die „Philosophie" des Critical-load-Konzepts . . . . . . . . . . . . . . . . . 5
1.4 Die Umsetzung des Critical-load-Konzepts . . . . . . . . . . . . . . . . . . 10
1.5 Die Ableitung und Kartierung von Critical Loads . . . . . . . . . . . . . . 11
1.6 Critical-load-Forschung in Deutschland . . . . . . . . . . . . . . . . . . . . . 13
Literatur . . . . . . . . . . . . . . . . . . . . . . . . . . . . . . . . . . . . . . . . . . . . 14

**2 Ökologische Wirkungsschwellen und Grenzen der Belastbarkeit** . . . . . . 17
2.1 Allgemeine Grundlagen . . . . . . . . . . . . . . . . . . . . . . . . . . . . . . . . 17
2.2 Critical Levels . . . . . . . . . . . . . . . . . . . . . . . . . . . . . . . . . . . . . . . 42
    2.2.1 Definition . . . . . . . . . . . . . . . . . . . . . . . . . . . . . . . . . . . . . 42
    2.2.2 Ozon . . . . . . . . . . . . . . . . . . . . . . . . . . . . . . . . . . . . . . . . . 43
    2.2.3 Schwefeldioxid . . . . . . . . . . . . . . . . . . . . . . . . . . . . . . . . . 46
    2.2.4 Stickoxide . . . . . . . . . . . . . . . . . . . . . . . . . . . . . . . . . . . . . 47
    2.2.5 Critical-level-Karten . . . . . . . . . . . . . . . . . . . . . . . . . . . . . 47
2.3 Critical Loads für terrestrische Ökosysteme . . . . . . . . . . . . . . . . . . 52
    2.3.1 Critical Loads für Säureeinträge . . . . . . . . . . . . . . . . . . . . . 52
    2.3.2 Critical Loads für den Stickstoffeintrag . . . . . . . . . . . . . . . . 80
    2.3.3 Critical Loads für Schwermetalle und persistente organische
          Verbindungen . . . . . . . . . . . . . . . . . . . . . . . . . . . . . . . . . 110
2.4 Critical Loads für aquatische Ökosysteme gegenüber Säurebildnern und
    eutrophierenden Stickstoffeinträgen . . . . . . . . . . . . . . . . . . . . . . . 124
    2.4.1 Methoden . . . . . . . . . . . . . . . . . . . . . . . . . . . . . . . . . . . . . 124
    2.4.2 Berechnung von Critical Loads für aquatische Ökosysteme nach der
          FAB-Methode für ausgewählte Talsperren in Sachsen . . . . . . . . . . 131
    Literatur . . . . . . . . . . . . . . . . . . . . . . . . . . . . . . . . . . . . . . . . . . . 137

**3 Überschreitungen von Critical Levels und Critical Loads durch
   aktuelle Belastungen** . . . . . . . . . . . . . . . . . . . . . . . . . . . . . . . . . . . 145
3.1 Methodik der Erfassung von Critical-level- und Critical-load-
    Überschreitungen . . . . . . . . . . . . . . . . . . . . . . . . . . . . . . . . . . . . 145
    3.1.1 Überschreitungsberechnungen im internationalen Maßstab . . . . . . . 146
    3.1.2 Überschreitungsberechnungen im nationalen Maßstab . . . . . . . . . . 147
3.2 Erfassung der Immission . . . . . . . . . . . . . . . . . . . . . . . . . . . . . . . 149

3.2.1 Ozon ................................................................. 149
3.2.2 Schwefeldioxid ................................................... 161
3.2.3 Stickoxide ......................................................... 165
3.3 Erfassung der Deposition ............................................ 167
3.3.1 Definition und Kartierungsmethoden ......................... 167
3.3.2 Erfassung der nassen Deposition ............................. 171
3.3.3 Erfassung der trockenen Deposition ......................... 194
3.3.4 Flächenhafte Gesamtdeposition .............................. 216
3.4 Critical Levels Exceedance ......................................... 223
3.4.1 Überschreitung der Critical Levels für Ozon ............... 223
3.4.2 Überschreitung der Critical Levels für Schwefeldioxid 1990–1993 ..... 224
3.4.3 Überschreitung der Critical Levels für Stickoxide 1992 und 1993 ...... 224
3.4.4 Gesamtüberschreitung der Critical Levels 1992 und 1993 ........... 225
3.5 Critical Loads Exceedance ........................................... 232
Literatur ................................................................. 234

**4 Umsetzung, Strategien und Organisation** ........................... 237
4.1 Das UN/ECE-Übereinkommen über weiträumige, grenzüberschreitende Luftverunreinigung ..................................................... 237
4.2 Internationales Kooperativprogramm zur Erfassung und Überwachung der Einwirkungen von Luftverunreinigungen auf Wälder ............... 248
4.3 Internationales Kooperativprogramm zur Wirkung von Luftschadstoffen auf Materialien, einschließlich historischer und kultureller Denkmäler ..... 248
4.4 Internationales Kooperativprogramm zur Beurteilung und Überwachung der Versauerung von Oberflächengewässern ........................... 249
4.5 Internationales Kooperativprogramm zur Bewertung der Wirkung von Luftverunreinigungen und anderen Streßfaktoren auf landwirtschaftliche Kulturpflanzen ......................................................... 250
4.6 Internationales Kooperativprogramm zur integrierten Überwachung der Wirkung von Luftschadstoffen auf Ökosysteme ........................ 251
4.7 Programm zur Kartierung von Critical Loads und Critical Levels ....... 252
Literatur ................................................................. 255

**Sachverzeichnis** ..................................................... 257

# Verzeichnis der Autoren


Dr. Becker, Rolf

ÖKO-DATA
Am Annafließ 4 D
D-15344 Strausberg

Dr. Draaijers, Geert P.J.

TNO Inst. of Environmental Sciences
P.O. Box 342
NL-7300 AH Apeldoorn

Dr. Erisman, Jan-Willem

Netherlands Energy Research
Foundation, Dept.: FB
P.O. Box 1
NL-1755 ZG Petten

Gauger, Thomas

Institut für Navigation
der Universität Stuttgart
Geschwister-Scholl-Str.24
D-70174 Stuttgart

Dr. Gregor, Heinz-Detlef

Umweltbundesamt
Fachbereich II 1.2
PF 330022
D-14191 Berlin

Henze, Claudia-Heide

Regionale Planungsgemeinschaft
Uckermark – Barnim
R.–Breitscheid–Str. 36
D-16225 Eberswalde

Köble, Renate

Institut für Navigation
der Universität Stuttgart
Geschwister-Scholl-Str.24
D-70174 Stuttgart

Dr. van Leeuwen, Erik P.

RIVM
P.O. Box 1
NL-3720 BA Bilthoven

Dr. Nagel, Hans-Dieter

ÖKO-DATA
Am Annafließ 4 D
D-15344 Strausberg


Schöber, Gabriele

UABG
Ruschestr. 103
D-10365 Berlin


Schütze, Gudrun

ÖKO-DATA
Am Annafließ 4 D
D-15344 Strausberg


Dr. Smiatek, Gerhard

Fraunhofer-Institut für
Atmosphärische Umweltforschung
Kreuzeckbahnstr. 19
D-82467 Garmisch-Partenkirchen


Dr. Spranger, Till

Umweltbundesamt
Fachbereich II 1.2
PF 330022
D-14191 Berlin


Werner, Beate

Umweltbundesamt
Fachbereich II 1.2
PF 330022
D-14191 Berlin


Dr. Werner, Lutz

UABG
Ruschestr. 103
D-10365 Berlin

# KAPITEL 1

# Konzepte für die Luftreinhaltepolitik

H.-D. Gregor

## 1.1
## Geschichtliche Entwicklung

Viele Aktivitäten des Menschen belasten die Umwelt. Dazu gehören weiträumige Eingriffe in Natur und Landschaft, die Ausbeutung von Ressourcen, die Dezimierung von Tier- und Pflanzenarten sowie die nachhaltige Störung von Stoffkreisläufen und Energiebilanzen. Die bisherige Menschheitsgeschichte zeugt mit vielen Beispielen dafür. Seit der Entstehung erster größerer Siedlungen im Neolithikum zeigten sich in deren Umgebung auch Folgen von Beweidung, Bewässerung und Kahlschlägen. Seit etwa 7 000 Jahren gibt es anthropogene Umweltschäden z. T. größten Ausmaßes. Genauso alt allerdings sind auch die Bemühungen, Belastungen zu vermeiden oder die Zerstörungen in Grenzen zu halten. Mit fortschreitender Industrialisierung und Technisierung verschärften sich die Probleme, wuchsen jedoch auch die Ansätze, diese zu thematisieren, und Überlegungen für technische Problemlösungen wurden angestellt. So schrieb der mittelalterliche Scholastiker Thomas von Aquin der Obrigkeit, *„daß die Luft der Gesundheit zuträglich"* sein müsse und stellte fest, daß *„außer der Reinhaltung der Luft nichts für die Gesundheit einer Gegend so maßgebend wie gesundes Wasser"* sei. 1231 erzwingt der Staufer-Kaiser, Friedrich II, in seinem Herrschaftsbereich umweltverträgliches Verhalten durch Androhung drakonischer Strafen für rücksichtslose Handlungen. Seine „Konstitutionen von Melfi" hatten zum Ziel, *„die Reinheit der Luft, welche dem göttlichen Urteil vorbehalten bleibt, mit sorgsamem Eifer und nach besten Kräften zu erhalten"*. Vorschriften zum Schutze des Bodens und des Wassers ergänzten die Verordnung, die fast 600 Jahre Gültigkeit behielt.

Zu der selben Zeit kämpfte das waldarme England gegen die Folgen der Kohlenutzung in Gewerbe und Haushalten. Die eingesetzte heimische Kohle war zum Teil extrem minderwertig und *„the Smoak of London"* gehörte schon im späten 13. Jahrhundert zu Englands ernsthaftesten Umweltproblemen. Der „Smog" ist lange Zeit als Charakteristikum Londons betrachtet worden und war schon früh Inhalt zahlloser Untersuchungen (Smith 1872). Aber auch andere Ballungsräume, wie z. B. Budapest (Fodor 1881) oder deutsche Städte (Wernicke 1927), litten unter atmosphärischen Belastungen.

Das enorme Bevölkerungswachstum und der enger werdende Raum, steigender Energieverbrauch, die Intensivierung von Industrie, Verkehr, Landwirtschaft und Siedlung sowie der allseits erstrebte höhere Lebensstandard haben nicht unbedeutend dazu beigetragen, daß vielerorts die Grenzen der Belastbarkeit erreicht wurden und verstärkt Umweltprobleme aufgetreten sind.

Über die Jahrhunderte haben sich die Probleme der Luftbelastung immer wirksamer bekämpfen, aber doch nicht völlig beseitigen lassen. Die akute Bedrohung der menschlichen Gesundheit durch direkte Einwirkung hoher Schadstoffkonzentrationen in industriellen Ballungsräumen in Westeuropa ist zwar weitgehend gebannt, dafür sind verstärkt großflächige chronische Schadwirkungen in der Umwelt zu beobachten. Die Schadwirkungen sind durch die Begünstigung der Ausbreitungsbedingungen in der Atmosphäre („Hochschornsteinpolitik", Kraftfahrzeuge als mobile Emittenten) vielfach nur aus dem Nahbereich in industriefernere Regionen verlagert worden.

Eine Reihe von Luftverunreinigungen ist in gewissem Umfang auch natürlichen Ursprungs. Die Ozeane tragen Meersalze in die Luft, von den Böden werden Staubpartikel aufgewirbelt, Methan, Schwefel- und Stickstoffverbindungen gelangen auch aus Böden und Gewässern, durch Brände, Vulkanismus, Stoffwechsel von Organismen etc. in die Atmosphäre. Dort vermischen sie sich mit den Luftverunreinigungen, die als Folge menschlicher Aktivitäten die Belastung der Luft verursachen.

Die Versauerung und Eutrophierung von Böden und Gewässern als Folge der Belastung der Atmosphäre mit anthropogenen Schwefel- und Stickstoffverbindungen gehören heute zu den Schwerpunkten flächenhafter Umweltbelastungen. Die Problematik erhält zusätzliches Gewicht dadurch, daß die Schäden kaum sektoral begrenzbar sind, sondern den gesamten Naturhaushalt treffen. Als Folgen der Deposition säurebildender und eutrophierender Luftschadstoffe treten Vegetationsschäden (Waldschäden), Verschiebungen im Artenspektrum, Rückgang der Artenvielfalt, Belastungen des Grund- und Oberflächenwassers und selbst eine Gefährdung der Trinkwasserqualität auf (Deutscher Bundestag 1994).

## 1.2
## Umweltqualitätsziele

Zum Schutz der Gesundheit des Menschen und seiner Umwelt, zur Vorsorge gegen und zur Sanierung von Umweltbelastungen muß die Umweltpolitik Qualitätsziele formulieren und sie auf der Basis naturwissenschaftlicher Kriterien durch Umweltstandards konkretisieren. Sie muß die Umweltqualität beschreiben, die es zu erhalten oder durch Umweltschutzmaßnahmen wiederherzustellen gilt. Welche Qualität letzten Endes erreicht werden soll, unterliegt politischer Wertung und Entscheidung. Bei der Formulierung von Zielen in der Umweltpolitik erhalten demzufolge neben rein naturwissenschaftlichen Kriterien, insbesondere Ergebnisse der Wirkungsforschung und der Umweltbeobachtung, gesellschaftliche Wertungen sowie wirtschaftliche und technische Belange Bedeutung, die miteinander abzustimmen sind, was mitunter schmerzhafte Kompromisse erfordert. Der Umfang, in dem die naturwissenschaftlichen Erkenntnisse schließlich Berücksichtigung finden, ist allerdings auch eine gute Bemessensgrundlage für den Rang oder die Wertschätzung, die das jeweilige Schutzgut in der Umweltpolitik genießt. Er beeinflußt natürlich auch die Bereitschaft der Wissenschaft, sich zum Nutzen der Umweltpolitik weiterhin bei der Erforschung von Schadensursachen, der Ermittlung von Dosis-Wirkung-Beziehungen und Schwellenwerten für Schadstoffe in der Umwelt und an der Erarbeitung von Prognose- und Wirkungsmodellen für die Umweltkompartimente zu engagieren.

Umweltqualitätsziele (UBA 1994) sind umweltpolitische Vorgaben, die auf das Erreichen oder Erhalten einer bestimmten Umweltqualität gerichtet sind. Es ist daher möglich, bisweilen auch notwendig, Umweltqualitätsziele für unterschiedliche Qualitätsniveaus zu definieren, d. h. für verschieden hohe Schutzziele. Diese können dann direkt oder in Stufen innerhalb bestimmter Fristen verwirklicht werden. Daneben muß auch unterschieden werden zwischen sog. ökologischen Qualitätszielen, die einen bestimmten „natürlichen" Umweltzustand als schützenswert festlegen, wie es z. B. mit § 20 des Bundesnaturschutzgesetzes („Schutz bestimmter Biotope") beabsichtigt ist, und solchen, die ein Maß für die „unschädliche Einwirkung" z. B. eine Immissionskonzentration oder eine Depositionsrate kennzeichnen.

Bisweilen erzwingen formale oder anlagentechnische Gründe eine Formulierung unterschiedlicher Ziele. Trotz Zusammenwirkens verschiedener Schadfaktoren an einem Schadensgeschehen (z. B. Schwefel- und Stickstoffverbindungen bei der Versauerung) können unterschiedliche Verursachergruppen oder Wirkungspfade eine individuelle Ausweisung von Qualitätszielen und Maßnahmenbedarf erforderlich machen. Nicht zuletzt können auch Erkenntnislücken oder eine wissenschaftlich begrenzte Aussagefähigkeit für einzelne Umweltkompartimente oder bestimmte Dosis-Wirkungs-Beziehungen eine differenzierte Herangehensweise bestimmen.

Es ist wissenschaftlich nicht möglich, einen einheitlichen oder übergreifenden Wert für alle Umweltqualitätsziele zu ermitteln oder zu fordern, vielmehr muß je nach Medium, Nutzung, Region, Belastungsfaktor und Belastungspfad sowie nach angestrebtem Schutzniveau versucht werden, Kriterien für eine angestrebte Umweltqualität zu ermitteln, mit denen die Qualitätsziele konkretisiert werden können.

Man wird also ggf. auf internationaler, auf Bundes-, Landes- und eventuell kommunaler Ebene konkrete, auf den Stoff oder die Medien bezogene Ziele formulieren müssen. Im Ergebnis wird es eine Bandbreite von Einzelzielen geben, die von der allgemein formulierten Umweltpolitik über die Festlegung von stofflichen oder nichtstofflichen Standards zu greifbaren Rechtsfolgen führen.

Lange haben in der Bundesrepublik Deutschland beim Immissionsschutz wirtschaftliche oder technische Kriterien die zentralen Steuergrößen für die Umweltqualitätszieldiskussion und die Ableitung entsprechender Standards gebildet. Ziel war – gestützt auf das Verursacherprinzip – luftgetragene Umwelteinwirkungen als Folge der Errichtung und des Betriebs von genehmigungsbedürftigen Anlagen durch entsprechende Maßnahmen zur Emissionsminderung nach dem Stand der Technik zu begrenzen. Diese sollten der Gefahrenabwehr und darüber hinaus der Vorsorge gegen potentiell schädliche Umwelteinwirkungen dienen. Die in Deutschland auf diese Weise erreichten Emissionsminderungen waren z. T. drastisch und sind international vielfach als Beispiel für eine erfolgreiche Umweltpolitik bezeichnet worden. Dieser Ansatz kommt ohne direkten Wirkungsbezug oder dezidierten Schädigungsnachweis aus und rechtfertigt die dem Stand der Technik entsprechenden Maßnahmen allein aus dem Vorsorgegedanken. Er erlaubt aber nicht, den Umfang, die Reihenfolge oder den räumlichen Bezug von Minderungsmaßnahmen an Risikoprognosen zu koppeln, so wie es mit wirkungsbasierten Ansätzen ohne weiteres möglich ist.

Bei der Formulierung von Qualitätszielen für die verschiedenen Schutzobjekte (z. B. empfindliche Biotope) oder medienbezogen für Mensch und Umwelt (Grundwasserschutz, Bodenschutz, Luftreinhaltung etc.) erhalten heute Wirkungsschwellenwerte zunehmende Bedeutung, da sie zu den überzeugendsten Kriterien gehören, auf die Qualitätsziele gestützt werden können. Sie kennzeichnen die zulässige Intensität einer Einwirkung für ein jeweils definiertes Schutzniveau allein aus naturwissenschaftlicher Sicht. Sie sind an den Wissensstand gekoppelt, unterliegen also ggf. dem

Zwang der Revision entsprechend dem Erkenntnisfortschritt. Die rasante Entwicklung der im Zusammenhang mit der ECE-weiten Kartierung von Critical Loads und Levels vereinbarten Zahlenwerte für Belastungsgrenzen gegenüber Schwefel- und Stickstoffverbindungen sowie bei der Ozonproblematik zeigt, wie dynamisch die Wissenschaft hier fortschreitet. Im Zuge ihrer Umsetzung können sie in mehr oder weniger verbindliche Standards oder Richt- bzw. Grenzwerte übergehen oder aber umgekehrt als naturwissenschaftliche Orientierungsgrößen zur Neuformulierung von Umweltqualitätszielen führen. Besonders geeignet sind sie bei der Beurteilung, ob durch geplante oder vollzogene Maßnahmen die erwünschte Entlastung der Umwelt auch erreicht wurde oder überhaupt erreichbar ist.

In Deutschland verfolgte Ansätze zur Bestimmung von Grenzen der Belastbarkeit für Ökosysteme haben sich lange auf die Versauerungsproblematik konzentriert. Sie ist eng an die Gebiete gebunden, deren Untergrund von Natur aus kalk- und basenarm ist (Granit, Gneis, Sandstein oder Schiefer der Mittelgebirge, Sanderflächen Norddeutschlands). Dort ist die Versauerung z. T. schon in größere Tiefen vorgedrungen und führt zu Stoffausträgen in das Grundwasser. Es ist unbestritten, daß die Versauerungsfront in den betroffenen Gebieten noch größere Tiefen erreichen wird, sofern keine wirksamen Gegenmaßnahmen ergriffen werden. Für Grundwasser in empfindlichen Gebieten wird eine Ausweitung der Schädigung angenommen (Deutscher Bundestag 1994) mit der Gefahr, daß vermehrt Metalle und Schwermetalle in die Gewässer eingetragen werden oder, wie als Trend ohnehin beobachtet, die Nitratgehalte ansteigen. Standorte mit carbonatreichem Ausgangsgestein (z. B. Lößgebiete der Rheinischen Bucht, Geschiebelehmregionen Norddeutschlands oder Kalke der Fränkisch-Schwäbischen Alb) haben grundsätzlich eine geringe Versauerungsempfindlichkeit. Wegen der landwirtschaftlichen Einflüsse (Kalkung) und Siedlungsabwässer ist das Auftreten von versauerten Gewässern v. a. auf bewaldete Höhen der Mittelgebirge, sowie auf Waldstandorte in den kalkarmen Gebieten der norddeutschen Tiefebene begrenzt.

Aufgrund der Langzeitwirkungen chemischer Reaktionsabläufe im Boden oder im System Boden-Grundwasser wird selbst bei rascher und starker Reduzierung der heute noch anzutreffenden Schadstoffeinträge eine Verbesserung der Situation nur langfristig zu erzielen sein. Der weiträumige Transport der verantwortlichen Emissionen verlangt darüber hinaus eine ähnlich weiträumige, das bedeutet europäische, Kooperation auf der Maßnahmenseite.

Ein wichtiger, ausbaufähiger Weg wird bei dieser Kooperation mit dem Schwellenwertkonzept der „Critical Levels und Loads" beschritten. Dieses macht es möglich, zu zeigen, wie weit die Grenzen der Belastbarkeit für Ökosysteme schon überschritten sind, wie weit also die Belastung zurückgeführt werden muß.

Die Situation ist nicht einfach, denn die Wirkungszusammenhänge sind komplex und auch die Umweltprobleme variieren ebenso wie die Belastungssituationen über weite Regionen in Europa. Aber gerade einer derart komplexen Problematik wird das Critical-load-Konzept am ehesten gerecht. Da das Konzept einen Ansatz zur Beurteilung der Belastungsgrenzen von Ökosystemen darstellt, ist es von besonderer Bedeutung für das Ziel einer „nachhaltigen" Entwicklung, die – einst von Hartig (1796) als Leitsatz für die Forstwirtschaft eingeführt – heute als Leitbild die Umweltdiskussion bestimmt.

Auch der Critical-load-Ansatz ist eigentlich nicht neu. Er wurde bereits Ende der 60er Jahre in Kanada entwickelt und in den 70er Jahren in die skandinavisch-europäische Umweltdiskussion eingeführt. Aber erst Mitte der 80er Jahre gelang die Einbindung in die Luftreinhaltepolitik der UN-Wirtschaftskommission für Europa (ECE). Inzwischen hat er die bisher praktizierten Luftreinhaltestrategien der Mitgliedsländer, den Prozentansatz („flat rate reduction") und das BAT-Konzept (best available technology) als Verhandlungsbasis weitgehend abgelöst.

Die „flat rate reduction" bezeichnet die Vereinbarung einer einheitlichen prozentualen Emissionsminderung eines Luftschadstoffes innerhalb eines bestimmten Zeitraums, während das „BAT-Konzept" seine mögliche Emissionsminderung vom gegenwärtigen Stand der Technik abhängig macht. Die Berücksichtigung der tatsächlichen ökologischen Belastung oder besonders gefährdeter Rezeptoren ist bei diesen beiden Ansätzen nicht möglich. Hierzu muß der „Critical-load-Ansatz" herangezogen werden.

„Critical Levels" und „Critical Loads" werden prinzipiell mit Hilfe einzelner oder kombinierter chemischer, physikalischer, geowissenschaftlich-bodenkundlicher oder biologischer Indikatoren ermittelt. Dies können z. B. die Ozonexposition in einem Waldgebiet, die Konzentration toxischer Aluminiumionen im Boden oder der pH-Wert sein. Sie bieten damit eine objektivierte Grundlage für die Bestimmung von Umweltqualitätskriterien (UBA 1994). So wie die Bundesregierung in ihrer Beantwortung einer Großen Anfrage (Deutscher Bundestag 1994) wertet daher auch der Rat von Sachverständigen für Umweltfragen (SRU 1994; Nagel *et al.* 1994) in seinem Umweltgutachten *„Für eine dauerhaft-umweltgerechte Entwicklung"* das Critical-load- und Level-Konzepts als eine geeignete Vorgehensweise *„über die unterschiedlichsten Verursacherbereiche hinweg, sowohl räumlich differenziert, als auch unter Beachtung der Zeit Grenzen festzulegen, deren Beachtung erforderlich ist, um eine dauerhaft-umweltgerechte Entwicklung zu gewährleisten"*.

## 1.3
## Die „Philosophie" des Critical-load-Konzepts

Gleich einem Faß, das unabhängig von seiner eigentlichen Größe und der Zusammensetzung seines Inhalts, durch eine auch sehr geringe Flüssigkeitszufuhr, also den sprichwörtlichen Tropfen, zum Überlaufen gebracht wird, dient ein sog. „Cup of Stresses" der Verdeutlichung des Critical-load-Ansatzes. Wie in Abb. 1.1 exemplarisch dargestellt, können viele verschiedene – auch natürliche – Streßfaktoren ein Ökosystem treffen.

In dem gezeigten Beispiel sind natürliche und anthropogene Säureeinträge, die Zufuhr von Stickstoffverbindungen, aber auch klimatische Unbilden als Streßfaktoren für die Umwelt exemplarisch aufgeführt. Jeder einzelne Faktor ist in bestimmtem Umfang belastend, aber nur die Summe der Faktoren ruft schließlich durch Überschreiten der Belastbarkeit eine Reaktion des Systems in Form sichtbarer oder meßbarer, chronischer oder akuter Veränderungen hervor. Zahllose Beispiele, wie Waldschäden, Ernteverluste, Gewässerversauerung, Artenschwund usw. belegen das Ausmaß derartiger Reaktionen in der Umwelt. Abbildung 1.2 zeigt, wie diese Reaktionen bewertet und wie die kritischen Belastungswerte ermittelt werden können.

**Abb. 1.1.** Critical-load-Philosophie: Cup of Stresses

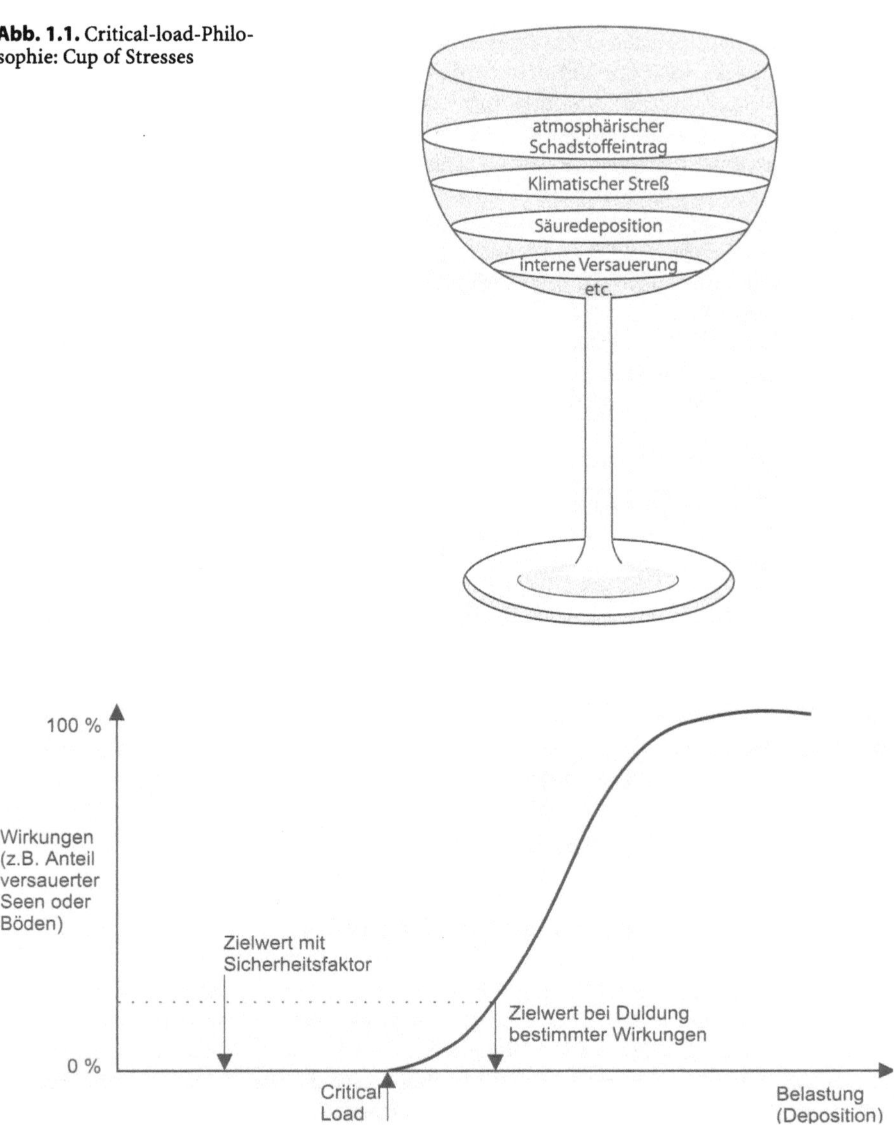



**Abb. 1.2.** Ermittlung der Wirkungsschwelle und Ableitung von Critical-load- und Zielwerten

In der Regel verfügt das belastete System über ein mehr oder weniger starkes Puffervermögen oder stabilisierende Reparaturmechanismen. Es ist also möglich, daß Schadstoffe einige Zeit lang oder in einem bestimmten Umfang eingetragen werden können, ohne daß eine Wirkung beobachtet wird.

Solange ist die Belastungssituation noch als unkritisch anzusehen. Von einem „kritischen" Wert wird dann gesprochen, wenn Wirkungen auftreten. Im gezeigten Beispiel (Abb. 1.2) wird an dieser Stelle die Abszisse überschritten. Der weitere Kur-

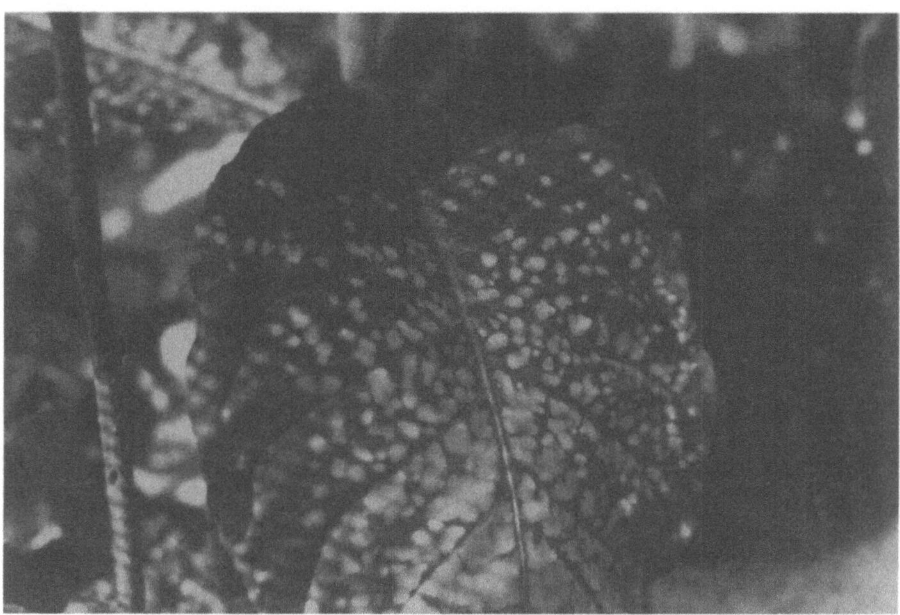

**Abb. 1.3.** Direkte Wirkungen von Luftverunreinigungen: typische Ozonschäden bei der Buschbohne

venverlauf der Schädigung, im gewählten vereinfachten Beispiel als Zunahme versauerter Gewässer infolge Säureeintrags beschrieben, soll aufzeigen, daß nach Einsetzen der Wirkungen fortschreitende oder zunehmende Belastungen zu immer stärkeren Schäden führen.

Zwei weitere Beispiele sollen den Schwellenwertansatz verdeutlichen. Eine Pflanze kann an ihrem Standort zeitlebens bestimmte Konzentrationen des natürlichen Luftbestandteils Ozon ertragen, an den sie angepaßt ist. Auch erhöhte Werte werden vorübergehend toleriert. Wird jedoch schließlich die Wirkungsschwelle überschritten, treten sichtbare Schäden auf (Abb. 1.3). Für komplexere ökosystemare Zusammenhänge sei auf das Phänomen der Waldschäden verwiesen (Abb. 1.4).

Chronische, z. T. jahrzehntelange Einwirkung von Luftschadstoffen wurde vom System zunächst intern verarbeitet, bis in verschiedenen Kompartimenten die Schwellen für einzelne oder mehrere der diversen Schadfaktoren überschritten wurden und das nun destabilisierte Ökosystem weiterem externen Streß nicht mehr gewachsen war. Im vorliegenden Fall sind langjährige Säureeinträge, direkte $SO_2$-Wirkungen, Nährstoffverluste, Wurzelschäden, Schneebruch, Windwurf und Insektenkalamitäten am Faktorenkomplex beteiligt.

Gleich dem eingangs erwähnten Faß geht der Critical-load-Ansatz zunächst davon aus, daß es für das belastete System zur Erhaltung oder Wiederherstellung seiner nachhaltigen Existenz nur erforderlich ist, die Summe der Belastungen unter die Toleranzgrenze, also den „Rand des Bechers" zu senken. Diese Grenze entspricht für den einzelnen Faktor der in Abb. 1.2 als Überschreiten der $x$-Achse dargestellten Belastung.

**Abb. 1.4.** Komplexe Wirkungen chronischer Belastung durch Schadstoffeinträge: Waldschäden im Riesengebirge 1996

Hier ist im Idealfall der kritische Belastungswert abzulesen, es sei denn, man will durch Einrechnen eines (Un-)Sicherheitsfaktors z. B. den Problemen bei der Übertragung von Laborbefunden auf ein Ökosystem Rechnung tragen und vermindert den eigentlichen Wert entsprechend. Auf der anderen Seite kann man auch ein gewisses Schadensniveau (z. B. eine bestimmte Waldschadenssituation oder einen gewissen Nitratgehalt im Grundwasser oder einen bestimmten Prozentsatz versauerter Gewässer) tolerieren und erlaubt deshalb einen entsprechend höheren Schadstoffeintrag. Beide vom eigentlichen kritischen Wert abweichenden Einträge sind vom Critical-load-Konzept nicht gedeckt, denn sie sind nicht allein naturwissenschaftlich abgeleitet, sondern einer nachträglichen Bewertung unterzogen worden. In leichter Abwandlung des hier gezeigten Ableitungsvorganges wird man in der Realität nicht von präzisen Werten, sondern vorrangig von Bandbreiten ausgehen, die auch die standörtliche Diversität besser widerspiegeln.

Auf vergleichbare Weise sind beim 2. Schwefelprotokoll, unterzeichnet 1994 in Oslo (UN/ECE 1994), die Critical Loads für die Schwefelbelastung erst nach einer Umwandlung in Zielwerte („60 % Gap Closure", s. Kap. 4) für die Zwecke des Luftreinhalteübereinkommens eingesetzt worden. Diese Form der Nachbewertung ist keine Aufgabe der beteiligten Naturwissenschaft, muß aber angesichts der Dimension der Aufgabe einer europaweiten Luftreinhaltepolitik für eine gewisse Zeit toleriert werden.

Neben der Einbeziehung auch multifaktorieller Ursache-Wirkungs-Beziehungen, versucht das Critical-load-Konzept der Tatsache Rechnung zu tragen, daß in den verschiedenen Regionen Europas drastische Unterschiede im herrschenden „chemischen Klima", d. h. deutlich abweichende Immissionstypen zu beobachten sind (Abb. 1.5). Sie sind stark vereinfacht in einen stickstoffbetonten Immissionstyp (Kraftverkehr!) in den westlichen Ländern und einen schwefelbetonten Typ (Kohle) in den Ländern Mittel- und Osteuropas zu trennen und werden durch eine dominierende Rolle der Naßdeposition im Norden sowie eine vorherrschende Belastung mit gasförmigen Schadstoffen v. a. im Mittelmeerraum charakterisiert. Diese Unterschiede erklären auch das stark differierende Interesse an den jeweiligen Umweltschäden in den verschiedenen Regionen Europas: versauerte Seen in Skandinavien, geschädigte Wälder in Deutschland, Steinzerfall bei klassischen Baudenkmälern der Antike im Mittelmeerraum, um nur einige zu nennen.

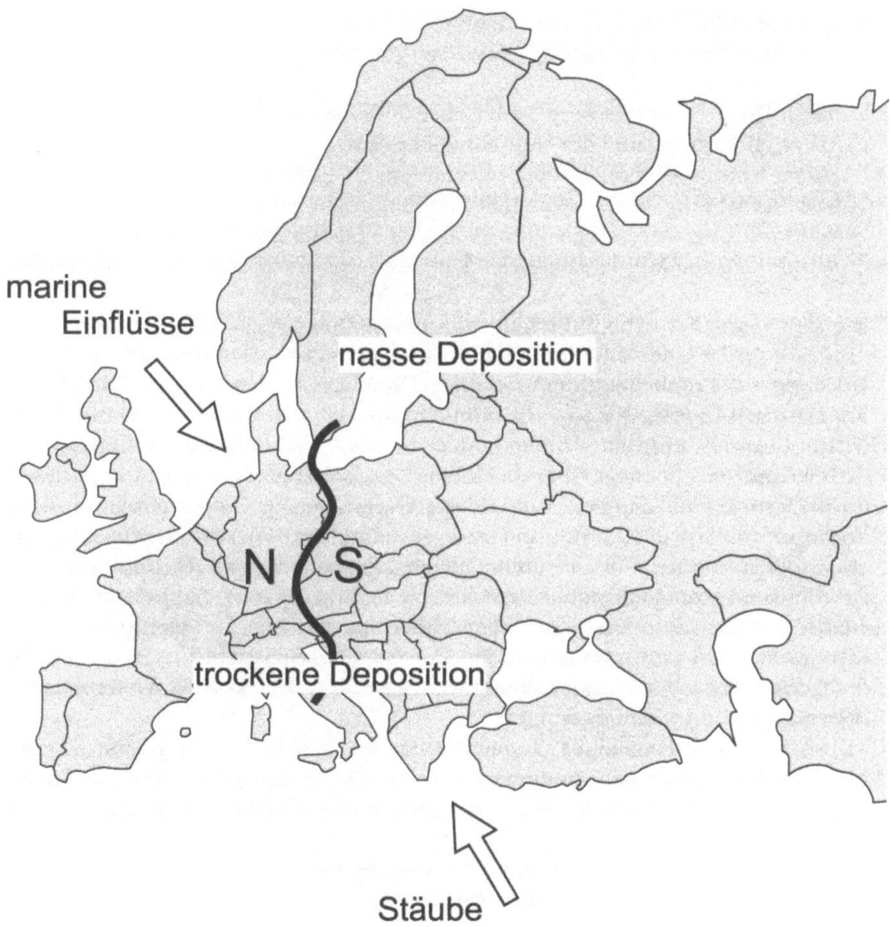


**Abb. 1.5.** Das „chemische Klima" in Europa: Depositionsverhältnisse und Immissionstypen; *N* stickstoffbetont, *S* schwefelbetont

Das Critical-load-Konzept erlaubt es, die unterschiedlichen Probleme in den verschiedenen Regionen Europas nach einem harmonisierten Verfahren objektiv zu bewerten und unter Berücksichtigung der jeweils empfindlichsten Rezeptoren die für die jeweiligen Immissionstypen am besten geeigneten Schutzmaßnahmen zu begründen. Die für eine bestimmte Region zur Bestimmung des Schutzbedarfs herangezogene Wirkung, der sog. „binding effect" und die statistischen Methoden zur Berücksichtigung der Abundanz der empfindlichsten Rezeptoren können hier nicht näher beschrieben werden; sie sind in relevanten Veröffentlichungen umfassend dargestellt (UBA 1996; CCE 1993, 1997).

## 1.4
## Die Umsetzung des Critical-load-Konzepts

Eine erfolgreiche Umsetzung der beschriebenen Gesichtspunkte in der internationalen Umweltpolitik erfordert ein schrittweises Vorgehen in der Reihenfolge:

- Ableitung von Schwellenwerten für Schadstoffwirkungen aus der experimentellen Wirkungsforschung und der Umweltbeobachtung;
- Iterative Konsensbildung mit der internationalen Fachwelt (Stand des Wissens);
- Charakterisierung der Belastungssituationen in Europa durch Darstellung der Regionen mit Überschreitung von Critical Loads („Mapping-Programm");
- Abstimmung von Minderungszielen zur Unterschreitung der Wirkungsschwellen.

Die ersten beiden Schritte sind schon vor mehreren Jahren zurückgelegt worden:

Im Jahr 1988 fanden in Deutschland und Schweden die ersten internationalen Workshops zur Problematik der Grenzwertfindung für Schwefel- und Stickstoffeinträge statt (UBA 1988; Nilsson u. Grennfelt 1988), bei dem kritische Belastungswerte (Critical Levels als Konzentrationen in der Luft und Critical Loads als Eintragsraten) definiert wurden. Ein erster Überblick über die dort gefundenen Wirkungsschwellen für die Einträge von Schwefel- und Stickstoffverbindungen, im einzelnen für direkte Wirkungen von $SO_2$, $NO_x$, $NH_y$ und Ozon sowie indirekte Wirkungen von Säure- und Stickstoffdepositionen für alle untersuchten Rezeptoren vom Hochmoor bis zum Grundwasser, wurde 1990 publiziert (deVries u. Gregor 1990). Zahlreiche Folgeveranstaltungen auf internationaler Ebene haben inzwischen die Ableitungsmethodik konsolidiert (UBA 1993, 1995, 1996) und die naturwissenschaftliche Basis aus Sicht der ökologischen Wirkungsforschung weiter gestärkt. Der aktuelle Wissensstand ist in den Kap. 2 und 3 wiedergegeben.

Die Wissenschaft beteiligt sich auch weiterhin aktiv an der laufenden Überprüfung der ökologischen Wirkungszusammenhänge. Sie hat ebenso wie die Umweltpolitik (Deutscher Bundestag 1994) das zugrundeliegende Konzept akzeptiert (SRU 1994).

Hinsichtlich des dritten Schrittes („Mapping-Programm") wird angestrebt, die Berechnung und Kartierung der Critical Loads, so wie im Rahmen der UN-ECE begonnen, auf der Grundlage europaweit einheitlicher Methoden fortzusetzen, um mit einem harmonisierten Ansatz möglichst konsistente Europakarten zu erzeugen (UBA 1993, 1996). Es handelt sich dabei zunächst noch um einen stark vereinfachenden Massenbilanzansatz, in dem nur wenige Schlüsselprozesse berücksichtigt werden, deren Bedeutung im großräumigen ökosystemaren Wirkungsgefüge jedoch u. a. durch die bisherigen Ergebnisse der Waldschadensforschung belegt ist.

Es werden derzeit praktisch nur Wirkungsmechanismen berücksichtigt, die im Maßstab von Landschaftseinheiten (1 : 200 000 bis 1 : 1 Mio) relevant und faßbar sind. In Berücksichtigung des fortschreitenden Erkenntniszugewinns werden die Ansätze wie in den vergangenen 5 Jahren jedoch auch zukünftig schrittweise verfeinert und verbessert. Das Kartierungsprogramm wird auch im ECE-Rahmen als „iterative process" gesehen.

Der vierte Schritt, die eigentliche Umsetzung des Konzepts in konkrete Vereinbarungen, ist am Beispiel des 1994 unterzeichneten 2. Schwefelprotokolls (UN/ECE 1994) aufzuzeigen (s. Kap. 4).

## 1.5
## Die Ableitung und Kartierung von Critical Loads

Um den Zusammenhang zwischen Eintrag und Schädigung abzuschätzen und ein Maß für die Sensitivität der Rezeptoren zu finden, müssen die Prozesse, die für die Reaktion eines Ökosystems auf Stoffeinträge relevant sind, benannt und quantifiziert werden. Im folgenden wird als Beispiel hierfür eine Methode dargestellt, die diese Belastungs-Wirkungs-Komplexe mit Hilfe eines Massenbilanzmodells beschreibt. Es wird hier v. a. das Prinzip erläutert; die ganze Fülle von Zahlenwerten und Bandbreiten der auf zahlreichen Workshops aus Tausenden von wissenschaftlichen Einzelpublikationen bereits abgeleiteten Critical Levels und Loads für eine große Zahl von Rezeptoren sind anderweitig veröffentlicht (u. a. UBA 1988, 1993, 1994, 1996; Nilsson u. Grennfelt 1988; Grennfelt u. Thörnelöf 1992; deVries 1991; deVries u. Gregor 1990; Gregor 1995; Gregor u. Werner 1995; CCE 1991, 1993, 1995, 1997; Fuhrer u. Achermann 1994). Sie werden in den Kap. 2 und 3 ausführlich behandelt.

Für Deutschland sind seit 1991 Critical Loads für den Säure-, Schwefel- und Stickstoffeintrag nach den international vereinbarten Methoden (UBA 1993) berechnet und kartiert worden, ferner liegen Karten der Überschreitung der Critical Loads vor (Nagel *et al.* 1994; DzU 1994; Köble *et al.* 1993). Wie in anderen Ländern wurde die Freisetzung basischer Kationen aus der Mineralverwitterung über die Bodenkarte abgeleitet. Dieser Parameter ist entscheidend von Muttergestein und Bodentextur beeinflußt. Informationen zu beiden Größen sind in der Bodenkartierung enthalten. Ausgehend von einer Anzahl von Untersuchungen in verschiedenen europäischen Gebieten erfolgt eine Zuordnung der Verwitterungsraten zu bestimmten Bodentypen. Zur Ableitung der Festlegungsraten in der Biomasse ist für die langfristige Betrachtung und unter Vernachlässigung saisonaler Prozesse weniger die aktuelle Aufnahme durch die Vegetation, als vielmehr die Menge, die dem System tatsächlich entzogen wird, von Interesse. Angaben darüber sind aus Ertragsdaten abzuleiten. Die räumliche Zuordnung von Ertragsklassen kann über ihre Abhängigkeit von den vorherrschenden standortspezifischen Einflüssen, hauptsächlich Temperatur und Feuchteversorgung, erarbeitet werden.

Die für die Massenbilanz benötigten Größen werden aus den Grundkarten der Bodentypen, der Temperatur und der Sickerwasserrate abgeleitet. Die Verarbeitung erfolgt in einem Geographischen Informationssystem unter Hinzunahme der Waldverteilungskarte. Durch Verschneiden der Grundkarten erhält man eine Karte der

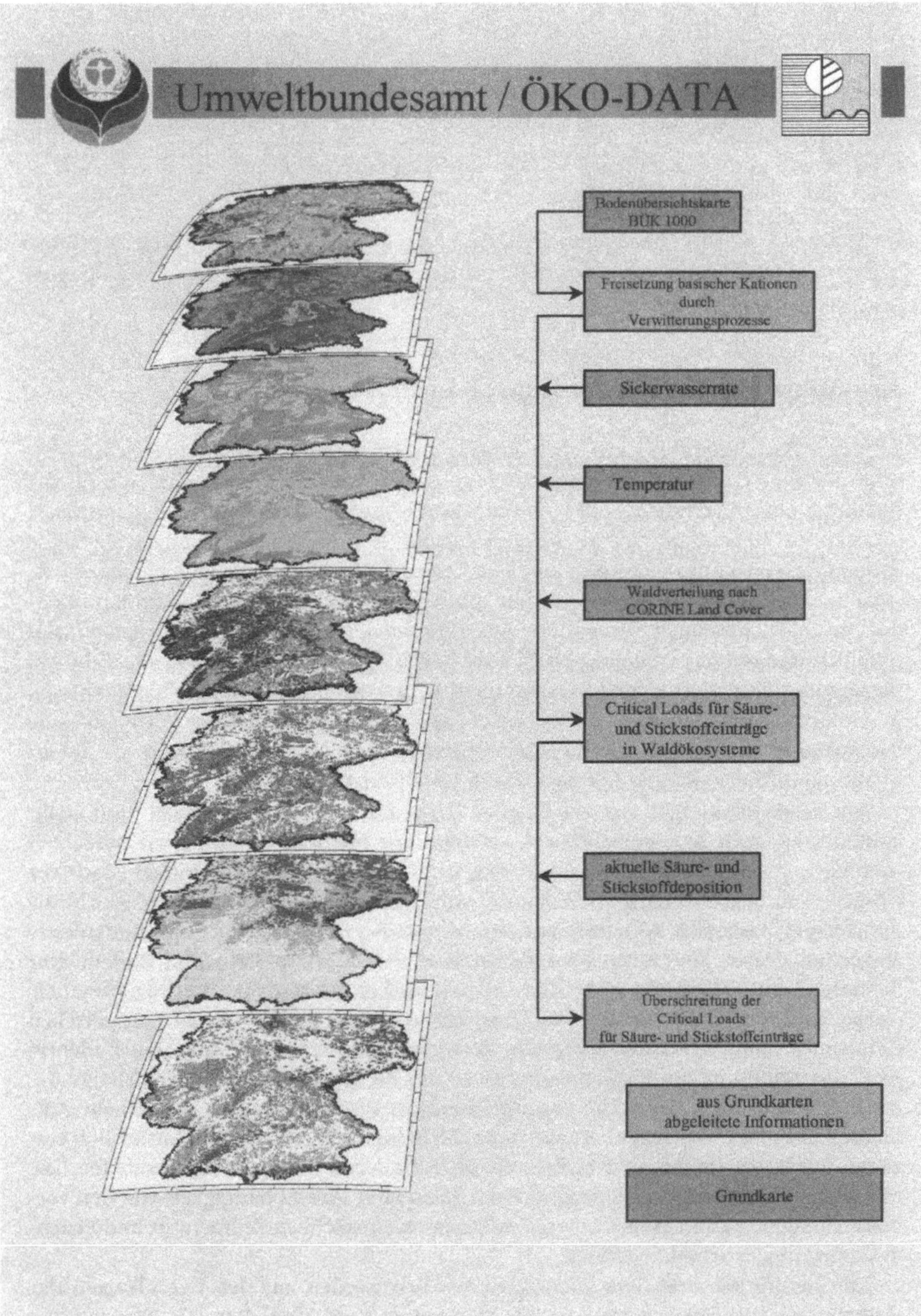


**Abb. 1.6.** Das Prinzip der Critical-load-Berechnung

Verteilung von Critical Loads für Waldböden (s. Abb. 1.6 und Kap. 2.3.1). In dieser weisen v. a. das Norddeutsche Flachland und die Hochlagen der Mittelgebirge mit niedrigen Critical-load-Werten eine hohe Versauerungsempfindlichkeit auf. Weniger gefährdet zeigen sich die Gebiete kalkreichen Ausgangsgesteins, wie z. B. die Schwäbische und Fränkische Alb und die Kalkalpen.

Dieser Darstellung müssen nun die durchschnittlichen tatsächlichen Depositionsraten von Säuren, Säurebildnern sowie basischen Kationen gegenübergestellt und mit Belastungsgrenzen verglichen werden.

Ein Blick über die Grenzen der Bundesrepublik Deutschland hinaus zeigt bei Anwendung der gleichen Kriterien, daß im übrigen Europa der skandinavische Raum und Schottland mit Critical-load-Werten unter 200 eq $ha^{-1} a^{-1}$ besonders stark versauerungsgefährdet sind, ebenso wie der zentrale Alpenraum mit vorwiegend granitisch geprägten Böden. Niedrige Critical Loads finden sich ferner vom Norddeutschen Flachland mit seinen Sandböden auf glazialen Ablagerungen bis nach Polen hinein.

Die Werte der Critical Loads und das Ausmaß ihrer Überschreitungen müssen daher auch in Szenarien einfließen, die eine gesamteuropäische Luftreinhaltepolitik untermauern, in der gemeinsame Emissionsminderungsstrategien entwickelt werden. So konnten die Ergebnisse der europaweiten Critical-load-Kartierung in die Verhandlung des im Juni 1994 unterzeichneten zweiten Schwefelprotokolls eingehen und als Grundlage für wirkungsbezogene Minderungsvereinbarungen dienen.

## 1.6
## Critical-load-Forschung in Deutschland

Langjährige gezielte Förderung der Erforschung von Wirkungen anthropogener Luftverunreinigungen in Deutschland hat geholfen, die Diskussion um das Critical-load-Konzept im Rahmen der UN-ECE anzustoßen und mit den erforderlichen wissenschaftlichen Erkenntnissen zu untermauern. Ein Review der zu Beginn der Critical-load-Aktivitäten relevanten Arbeiten in Deutschland, „Acidification research", wurde 1990 veröffentlicht (Gregor 1990). Von Beginn an traten jedoch ständig neue Wissenslücken zutage, die aus dem laufenden Forschungsbetrieb der Ökosystem- und Wirkungsforschung nicht geschlossen werden konnten. Teilweise war es in den ersten Jahren sogar noch erforderlich, bei einigen Forschergruppen Überzeugungsarbeit für die Nützlichkeit dieses für Deutschland neuen Konzepts zu leisten.

Der rasche Erkenntnisfortschritt macht es nach wie vor notwendig, zur Erfüllung der nationalen Verpflichtungen bei der Umsetzung der Luftreinhalteprotokolle, speziell der Aufforderung in Art. 7 und 8 des Luftreinhalteübereinkommens von 1979 und in Art. 6 der N- und S-Protokolle von 1988 und 1994 zur Weiterentwicklung des Critical-load-Konzepts (UN/ECE 1996), Forschungs- und Entwicklungsvorhaben in öffentlicher Förderung zu vergeben. Nur so ist es möglich, die in anderen Regionen Europas gefundenen Wirkungskriterien und Belastungsgrenzen für die Anwendung auf deutsche Umweltverhältnisse aufzubereiten und für eine harmonisierte Anwendung im Kartierungsprogramm einzusetzen. Solange in Deutschland spezielle nationale Expertengremien wie die britische „Critical Loads Advisory Group" (CLAG) des Department of the Environment fehlen, kann dies über den Beratungsauftrag des Umweltbundesamtes hinaus nur in Form von Forschungsaufträgen und Gutachten geschehen. Zum Teil sind aber selbst Basisdaten für die bereits laufende Kartierung nicht verfügbar und müssen auf diesem Wege erhoben oder errechnet werden. Eine große Rolle spielt auch die Datenfülle, die zum Zweck der Critical-load-Kartierung zusammengeführt werden muß, und die Beobachtung der Entwicklungen im internationalen Bereich. Schließlich haben zur Frage der Ermittlung und Kartierung von Critical Levels und Loads für Stickstoff- und Schwefelverbindungen und ihre Umwandlungsprodukte allein in den Jahren 1988–1996 mehr als 30 internationale z. T. sehr hochrangige Treffen stattgefunden. Der größte Teil von ihnen stand unter deutscher Federführung. Eine Zusammenfassung findet sich in UBA (1996).

Insgesamt sind in demselben Zeitraum allein vom Umweltbundesamt mit Mitteln des Umweltforschungsplans des Bundesministeriums für Umwelt, Naturschutz und Reaktorsicherheit Vorhaben auf folgenden Gebieten vergeben worden:

Critical Levels für direkte Ozon- und $NO_x$-Wirkungen (R. Guderian, Universität Essen); Critical Levels für direkte $SO_2$-Wirkungen (H.-J. Jäger u. E. Schulze, Universität Gießen und Umweltbundesamt); Acceptable Levels für Wirkungen auf Materialien (K.-F. Ziegahn, FhG; D. Knotkova, Tschechien); Critical Levels für direkte $NH_3$- und $NH_4^+$-Wirkungen (A. C. Posthumus, Wageningen, NL); Kartierung von Critical Loads (H.-D. Nagel, Berlin); Erfassung immissionsempfindlicher Biotope in Deutschland und in anderen ECE-Ländern und Kartierung von Belastbarkeit und Belastung (P. Hartl, Universität Stuttgart; H.-D. Nagel, Berlin; R. Lenz, München; J. W. Erisman, RIVM, Bilthoven, NL). Relevante Erkenntnisse konnten auch aus den zahlreichen Projekten des UBA zum Bodenschutz und aus der umfangreichen deutschen Waldschadensforschung (in 12 Jahren mehr als 800 Projekte für über 450 Mio DM) sowie deren gezielter Auswertung gewonnen werden. Selbst da, wo Fragen der Critical Loads im ursprünglichen Ansatz nicht direkt im Mittelpunkt gestanden haben, wurde schließlich durch die Fülle der Erkenntnisse und ihre ökosystemare Verknüpfung die Richtigkeit des Critical-load-Ansatzes bestätigt.

Die Forschungsergebnisse sind entweder als Originalarbeiten publiziert (und im Literaturverzeichnis enthalten), als Originalbeiträge in Workshopberichte aufgenommen oder als Arbeitsgrundlage in die Workshops, in die nationalen Berichte (CCE 1991, 1993, 1995, 1997) oder das Kartierungshandbuch (UBA 1996) eingeflossen.

Eine konsequente Fortführung dieser Forschung wird es möglich machen, die einmal übernommene Funktion Deutschlands als Pilotland in der Entwicklung und Kartierung von Critical Loads in Europa zu erhalten und seine Rolle als Motor in der europäischen Luftreinhaltepolitik zu festigen. Während der Themenbereich in der übrigen nationalen Forschungsförderung in Deutschland noch nicht berücksichtigt wird, hat die Europäische Kommission nach Aufnahme des Critical-load-Ansatzes in ihre „Acidification Strategy" auch begonnen, einschlägige Verbundprojekte unter Mitwirkung deutscher Institutionen zu fördern, die eine Überprüfung der Auswirkungen von Critical-load-Überschreitungen zum Ziel haben.

## Literatur

CCE (1991) Technical Rep. No. 1, Coordination Center for Effects, RIVM Rep. No. 259 101 001, Bilthoven, The Netherlands
CCE (1993) Status Rep. 1993; Coordination Center for Effects, RIVM Rep. No. 259 101 003, Bilthoven, The Netherlands

CCE (1995) Status Rep. 1995; Coordination Center for Effects, RIVM Rep. No. 259 101 005, Bilthoven The Netherlands

CCE (1997) Status Rep. 1997; Coordination Center for Effects, RIVM Rep. No. 259 101 007, Bilthoven The Netherlands

Deutscher Bundestag (1994) Antwort der Bundesregierung auf eine Große Anfrage zur Gewässerversauerung, Bundestagsdrucksache 12/7282

De Vries W, Gregor H-D (1990) Critical loads and levels for environmental effects of air pollutants. In: Chadwick H J, Button M (eds.) acid deposition in Europe Stockholm Environmental Institute, Sweden, pp. 171–216

De Vries W (1991) Methodologies for the assessment and mapping of critical loads and impacts of abatement strategies on forest soils, Rep. 45. Winand Staring Center, Wageningen

DzU (1994) Daten zur Umwelt 1992/1993. Schmidt, Berlin, 688 S

Foto J (1881) Hygienische Untersuchungen über Luft, Boden und Wasser, I. Die Luft. Braunschweig.

Fuhrer J, Achermann B (1994) Critical levels for ozone: A UNECE Report. Swiss Federal Research Station for Agricultural Chemistry and Environmental Hygiene, Lieberfeld-Bern, 328 pp

Gregor H D (1990) Acidification research in the Federal Republik of Germany. In: Bresser A H M, Salomons W (eds.) Acid precipitation, International Overview and Assessment, Vol.5. (Eds) Springer, Berlin Heidelberg New York Tokyo, pp. 139–158

Gregor H D (1995) Grenzen der Belastbarkeit (Critical loads) von Ökosystemen gegenüber Depositionen. In: Internationales Symposium Grundwasserversauerung durch atmosphärische Deposition; Ursachen-Auswirkungen-Sanierungsstrategien, Informationsberichte des Bayerischen Landesamtes für Wasserwirtschaft 3/1995, S. 373–385, München

Gregor H D, Werner B (1995) Das Critical Loads- und Levels-Konzept für Europäische Luftreinhaltestrategien. In: Umwelt `95/96, Jahrbuch für Umwelttechnik und ökologische Modernisierung, S. 208–219. Mediapartner-Verlagsagentur GmbH, Gütersloh

Grennfelt P, Thörnelöf E (1992) Critical loads for nitrogen. Nordic Council of Ministers NORD 41

Hartig G L (1796) In: Die Forstwissenschaft nach ihrem ganzen Umfang (1931)

Köble R, Nagel H-D, Smiatek G, Werner L, Werner B (1993) Kartierung der Critical Loads und Levels in der Bundesrepublik Deutschland. Abschlußbericht zum Vorhaben FE 108 02 080, Institut für Navigation, Universität Stuttgart

Nagel H-D, Smiatek G, Werner B. (1994) Das Konzept der kritischen Eintragsraten als eine Möglichkeit zur Bestimmung von Umweltbelastungs- und Qualitätskriterien; Materialien zur Umweltforschung, Rat von Sachverständigen für Umweltfragen (Hrsg.), Bd.20, Metzler-Poeschel, Stuttgart, 77 S

Nilsson J, Grennfelt P (1988) Critical loads for sulphur and nitrogen. Nordic Council of Ministers, Miljørapport 15, Copenhagen

Smith R A (1872) Air and rain, the beginnings of chemical climatology. Longmans Green, London

SRU (1994) Umweltgutachten 1994. Für eine dauerhaft umweltgerechte Entwicklung. Rat von Sachverständigen für Umweltfragen (Hrsg.), Metzler-Poeschel, Stuttgart

UBA (1988) UN/ECE Critical Levels Workshop, Bad Harzburg 1988, Final Draft Report, 146 pp and Annexes

UBA (1993) UN/ECE Convention on Long Range Transboundary Air Pollution, Task Force on Mapping: Manual on Methodologies and Criteria for Mapping Critical Loads/Levels and Geographical Areas where they are Exceeded; UBA Texte 25/93, 98 S., Berlin (aktualisierte Fassung 1994)

UBA (1994) Umweltqualitätsziele, Umweltqualitätskriterien und -standards, Bestandsaufnahme und konzeptionelle Überlegungen, Texte 64/94

UBA (1995) Wirkungskomplex Stickstoff und Wald. IMA-Querschnittseminar, Berlin 1994, UBA Texte 28/95, Berlin, 231 S

UBA (1996) UN/ECE Convention on Long Range Transboundary Air Pollution. Task Force on Mapping: Manual on Methodologies and Criteria for Mapping Critical Loads/Levels and Geographical Areas where they are Exceeded; UBA Texte 71/96, Berlin,142 pp and Annexe

UN/ECE (1994) Protocol to the 1979 Convention on Long-range Transboundary Air Pollution on further Reduction of Sulphur Emissions, ECE/EB.AIR/40, Genf , 32 pp

UN/ECE (1996) The 1979 convention on long-range transboundary air pollution and its protocols. UN ed., New York and Geneva, 79 pp

Wernicke E (1927) Lufthygienisches. Kl Mitteil Mitgl Verein Wasser-, Boden-, Lufthygiene, Berlin, S. 257–313

# Ökologische Wirkungsschwellen und Grenzen der Belastbarkeit

## 2.1
## Allgemeine Grundlagen

H.-D. Nagel · H.-D. Gregor

In der Ökologie sind Veränderung und Stabilität zeitbezogene Begriffe. Jedes Ökosystem ist von Natur aus in ständiger Veränderung und doch, aus dem zeitlichen Blickwinkel des Menschen betrachtet, ein Garant für Stabilität. In einer langen Sukzessionsfolge entwickeln sich die Ökosysteme von einfachen Pionier- zu intensiv verflochtenen Artengesellschaften (Abb. 2.1). Allerdings hat die Natur einige hundert bis tausend Jahre dafür vorgesehen.

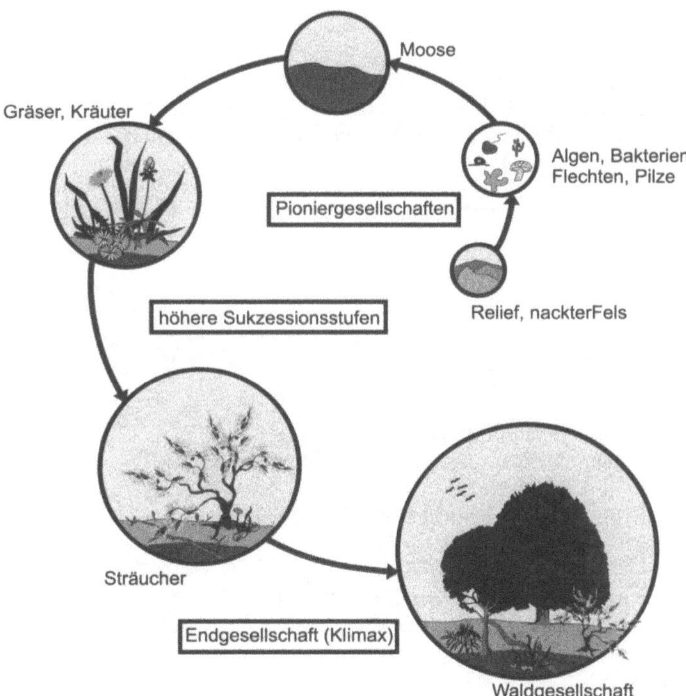


**Abb. 2.1.** Sukzessionsfolge (in Anlehnung an Klötzli 1989)

## Ökosystemtypen

*BIO – ÖKOSYSTEME*

Natürlichkeitsstufe 1

natürliche oder naturnahe Biotoptypen
keine bzw. geringe direkte menschliche Einflußnahme
Beispiele: Röhrichte, Großseggenriede

Natürlichkeitsstufe 2

halbnatürliche Biotoptypen
mäßige menschliche Einflußnahme
Beispiele: extensiv genutztes Feucht- oder Magergrünland, Sukzession – Ackerbrache

Natürlichkeitsstufe 3

kulturgeprägte / kulturbedingte Biotoptypen
mäßig starke bis starke menschliche Einflußnahme
Beispiele: artenarmes Fettgrünland, Ackerflächen

*TECHNO – ÖKOSYSTEME*

Natürlichkeitsstufe 4

künstliche Biotoptypen
sehr starke bis übermäßig starke menschliche Einflußnahme
Beispiele: Wege und Plätze, Deponien

**Abb. 2.2.** Natürlichkeitsskala für verschiedene Ökosysteme (entwickelt vom Statistischen Bundesamt und dem Bundesamt für Naturschutz) (nach König 1997)

Solche Pioniergesellschaften auf geringer Sukzessionsstufe sind in der Regel geprägt von wenigen Arten, die oft jedoch in Massen auftreten können. Diese geringe Komplexität macht sie aus ökologischer Sicht anfällig für äußere Störungen und Einwirkungen. Dagegen ist das massenhafte Auftreten weniger oder nur einer Art für den Menschen interessant; Ackerkulturen und Monoforste sind Ausdruck dessen.

Reife Ökosysteme (Klimaxstadium) hingegen zeichnen sich durch eine hohe Vielfalt der Arten und ausgeprägte ökologische Stabilität aus. Sie haben in der Regel ein entwickeltes Selbstorganisations- und Stabilisierungspotential, das besser in der Lage ist, veränderte Umweltbedingungen abzupuffern oder zu kompensieren.

Diese als Fließgleichgewicht bezeichnete Dynamik von Veränderung und Stabilität ermöglicht einerseits also den Ökosystemen, auf Veränderungen in der Umwelt zu reagieren und bestimmt andererseits das Selbstregulationsvermögen bzw. die Belastbarkeit des Systems. In Abb. 2.2 sind verschiedene Ökosysteme hinsichtlich ihrer Fähigkeit zur Selbstregulation klassifiziert. Aus Sicht des langfristigen Erhalts von Stabilität, Struktur und Funktion der Ökosysteme ist es wichtig, dieses Regenerations- und Selbstreinigungspotential sowie die Puffermechanismen zu kennen und zu quantifizieren, mit denen anthropogene Eingriffe oder Belastungen kompensiert werden können. So soll gesichert werden, daß die Belastungen nicht die ökosystemaren Belastungsgrenzen überschreiten.

In allen Reifestadien der Ökosysteme sind der Selbstreinigung, dem Puffer- und Kompensationsvermögen, jedoch natürliche Grenzen gesetzt. Ausgedrückt wird dieses Kompensationsvermögen durch den Begriff Elastizität. Wenn Ökosysteme eine hohe Elastizität besitzen, führen veränderte Umweltbedingungen in einem definierten Bereich (Elastizitätsbereich) nicht zu einem Wandel in Struktur und Funktion des Systems; die Artenzusammensetzung beispielsweise bleibt erhalten und wichtige Systemparameter, wie pH-Wert oder Ionenzusammensetzung in der Bodenlösung verändern sich nicht. Erst wenn dieser Elastizitätsbereich verlassen wird, reagiert das Ökosystem auf die Belastungen. Das kann durch den Übergang in ein neues Gleichgewichtssystem geschehen, aber auch den völligen Zusammenbruch bedeuten (Abb. 2.3).

Notwendig für die Kompensation von äußeren Einwirkungen bzw. die Einstellung neuer Gleichgewichte ist, daß Belastungen und Veränderungen sich in die ökologischen Kreisläufe einpassen lassen, und zwar nach Art, Umfang und Zeit. Nach Art würde bedeuten, daß die Belastung „der Natur bekannt ist", es also dafür Regulationsmechanismen oder Puffersysteme generell gibt. Eine Reihe von stofflichen Belastungen aus der Epoche der „Chemisierung" entsprechen nicht diesem Kriterium, weil manche Syntheseprodukte in der Natur vom Prinzip her als nicht abbaubar gelten müssen. Nährstoffeinträge hingegen werden im Ökosystem „verarbeitet". Hinsichtlich des Umfangs der Belastung mit Nährstoffen ist allerdings in besonderem Maße zu beachten, daß bei generell vorhandenen Abbaumechanismen auch die Überforderung der Abbauraten zur Überschreitung der Belastbarkeit von Ökosystemen führen kann. Wenn Quellprozesse die natürlichen Senken um Größenordnungen übertreffen, gerät das ökologische Gleichgewicht in Gefahr. Was letztendlich die Zeitabläufe betrifft, so ist hier eine besonders große Diskrepanz zwischen den sich rasch vollziehenden anthropogenen Veränderungen bzw. Einwirkungen und den „Reaktionszeiten" von Ökosystemen zu konstatieren. Das sei an einem gedanklichen Modell erläutert, bei dem die bisherige Evolution auf einen 24-Stunden-Tag umge-

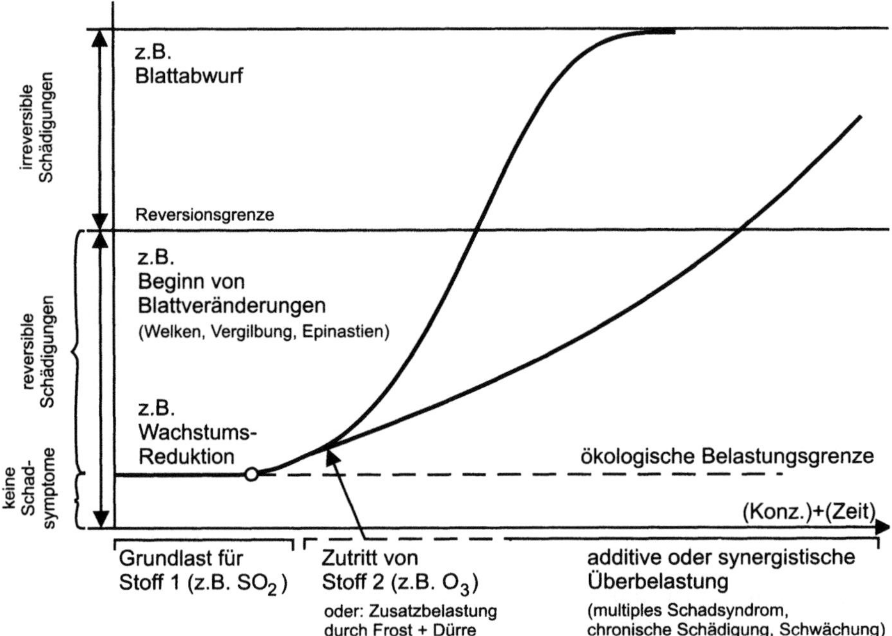


**Abb. 2.3.** Reaktion eines Ökosystems auf veränderte Umweltbedingungen (in Anlehnung an Klötzli 1989)

rechnet wird. Die belebte Natur hat davon etwa die Hälfte der Zeit, also 12–14 h, in Anspruch nehmen können, um „sich einzurichten". Den Menschen gibt es erst in den letzten 18 s dieses angenommenen Tages und die 10 000 Jahre menschlicher Kulturgeschichte machen 20 Hunderstel einer Sekunde aus (nach Klötzli 1989). Wenn dann die Menschheit in diesem Jahrhundert die Zusammensetzung von Boden, Luft und Wasser drastisch verändert, so können die in der Evolution herausgebildeten Fließgleichgewichte solchem Tempo schwerlich folgen.

Mit Blick auf die Schadstoffanreicherung in der Lufthülle der Erde läßt sich für dieses offene Gleichgewichtssystem feststellen:

Wenn die Anreicherung mit Sauerstoff bis zum Erreichen des heutigen Konzentrationswertes als letzte gravierende Veränderung angenommen werden soll, hat sich in der Evolution der Erdatmosphäre ein dynamisches Gleichgewichtssystem herausgebildet, das seit annähernd *100 Mio. Jahren* stabil funktioniert (Fabian 1989).

Erst seit etwa einem Jh. greift der Mensch so gravierend in dieses System ein (Abb. 2.4 a–d), daß anthropogene Luftverunreinigungen und Luftschadstoffe dessen Stabilität gefährden (Klimaproblematik) und in der Biosphäre negative Auswirkungen auf Pflanzen, Tiere und Materialien zu verzeichnen sind, die einhergehen mit Gesundheitsgefährdungen für den Menschen bzw. der Minderung seines Wohlbefindens.

Unter *Luftverunreinigung* wird der Eintrag von solchen Stoffen in die Atmosphäre verstanden, die die natürliche Zusammensetzung der Luft (Tabelle 2.1) verändern. Die Substanzen können dabei natürlichen Quellen entspringen, z.B. vulkanische

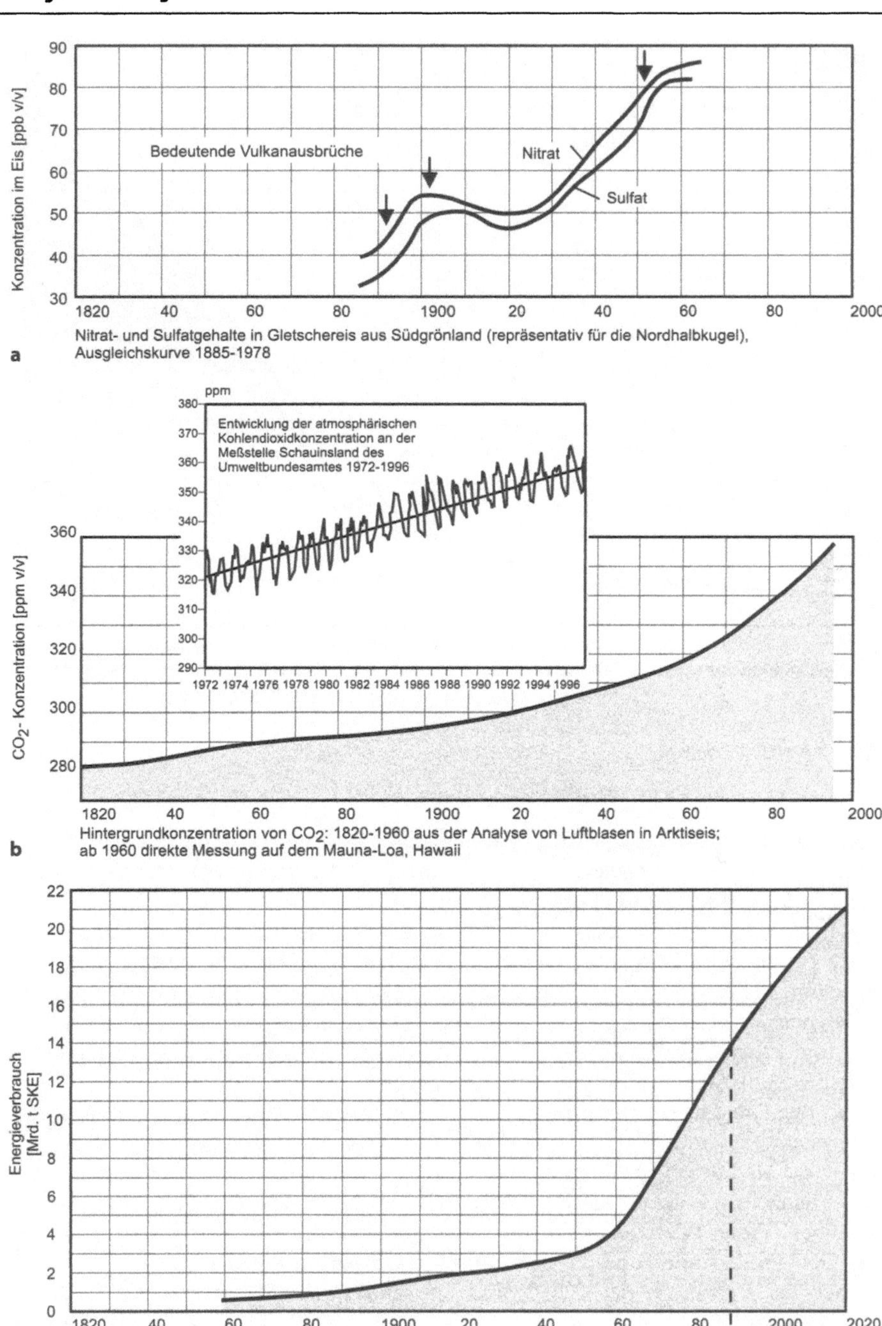


**Abb. 2.4 a–d.** Entwicklungstrends der Luftbelastung (Nitrat, Sulfat, Kohlendioxid) im Gleichlauf mit Bevölkerungsentwicklung und Energieverbrauch (nach Baumbach 1994, erweitert und ergänzt)

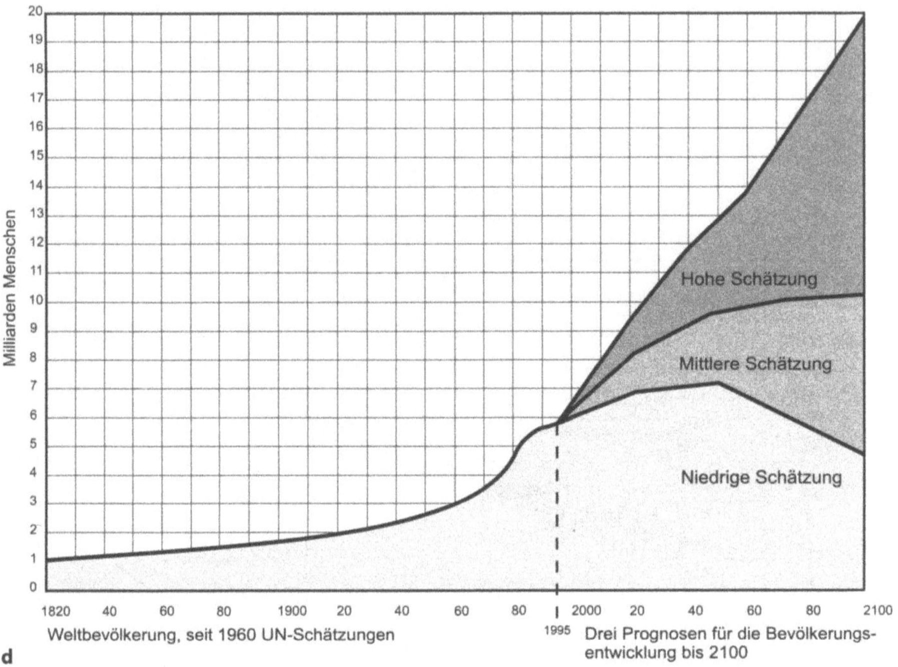



**Abb. 2.4 a–d.** *Fortsetzung*

Stäube und Gase, Meeresaerosole, pflanzliche Pollen, oder anthropogenen Ursprungs sein, also aus den Bereichen Industrie, Verkehr, Landwirtschaft emittiert werden oder aus dem kommunalen Bereich kommen.

Von vielen der zusätzlich in die Atmosphäre eingetragenen Substanzen (Tabelle 2.2) gehen schädigende Wirkungen auf den Menschen, die Ökosysteme, Bauwerke und Materialien aus, so daß eine Klassifizierung als *Luftschadstoffe* unter verschiedenen Gesichtspunkten, z. B. für die unterschiedlichen Rezeptoren Mensch, Tier- und Pflanzenwelt, Bauwerke und Materialien, oder für die verschiedenen Wirkungsmechanismen und Kontaminationswege notwendig wurde.

Die Begriffe Luftverunreinigung und Luftschadstoff sind bisher per Definition nicht exakt voneinander unterschieden. Die Weltgesundheitsorganisation (WHO) bezeichnet als Luftverunreinigung das Auftreten von Stoffen oder Stoffgemischen in der Außenluft in solchen Mengen oder über solche Zeiträume, daß dieses für den Menschen, Tiere, Pflanzen oder Materialien schädlich ist, zur Schädigung beiträgt oder das Wohlbefinden und die Besitzausübung unangemessen stören könnte.

Nach der Definition der OECD sind Luftschadstoffe (Hazardous Air Pollutants, HAP) gasförmige, aerosolische oder partikuläre Bestandteile der Umgebungsluft, die in Spurenkonzentrationen auftreten und deren Eigenschaften (z. B. Toxizität und Persistenz) eine Gefährdung für den Menschen, Pflanzen oder Tiere darstellen.

Die Untersuchungen zum Entstehen und Verbleib von Luftschadstoffen basieren ganz wesentlich auf Konzentrationsmessungen in horizontaler und vertikaler Rich-

**Tabelle 2.1.** Die natürliche Zusammensetzung der Luft (verändert nach Baumbach 1994 u. Däßler 1991)

| Natürliche Hauptbestandteile trockener Luft | | Volumenanteile [%] | |
|---|---|---|---|
| Stickstoff | $N_2$ | 78,10 | |
| Sauerstoff | $O_2$ | 20,93 | |
| Edelgase | Ar, Kr, Ne, He, Xe | 0,94 | |
| Kohlendioxid | $CO_2$ | 0,03 | (300 ppm) |
| Wasserstoff | $H_2$ | 0,01 | (100 ppm) |

1 ppm = $10^{-4}$ Vol.%.

**Tabelle 2.2.** Verunreinigungen in der Luft von Ballungsgebieten (nach Baumbach 1994)

| Luftschadstoffe | | Volumenanteile | |
|---|---|---|---|
| Kohlendioxid | $CO_2$ | 330 | – 550 ppm |
| Kohlenmonoxid | CO | 1 | – 30 ppm |
| Kohlenwasserstoffe | | 0,2 | – 2 ppm |
| Schwefeldioxid | $SO_2$ | 10 | – 300 ppb |
| Stickstoffdioxid | $NO_2$ | 10 | – 200 ppb |
| Stickstoffmonoxid | NO | 10 | – 200 ppb |
| Ozon | $O_3$ | 20 | – 200 ppb |
| Schwebstaub | | 50 | – 500 µg m$^{-3}$ |

1 ppb = $10^{-7}$ Vol.%.

tung und beschreiben das Zusammenwirken verschiedener Prozesse: die natürlichen und anthropogenen Emissionen (Quellen), der atmosphärische Transport (Transmission) mit den zeitgleich ablaufenden chemischen und physikalischen Veränderungen, wodurch sich ein bestimmter Schadstoffgehalt in der Luft einstellt (Immission) und schließlich die Entfernung (Senken) der Stoffe aus der Atmosphäre durch Regen, nässenden Nebel oder trockene Ablagerung an Pflanzen und anderen Oberflächen (Deposition).

Die meisten Luftschadstoffe unterliegen chemischen Umwandlungen. Dabei zeigt sich, daß die weniger reaktionsfähigen Verbindungen wie Methan oder Wasserstoff recht homogen verteilt sind, während die reaktionsfreudigen Gase wie Schwefelverbindungen oder die Stickoxide großen räumlichen und auch starken zeitlichen Schwankungen unterliegen. Dies hängt damit zusammen, daß die reaktiven Gase kurzlebig sind und ihre Verweilzeiten in der Troposphäre nach Tagen zu messen ist. Dagegen beträgt die Verweilzeit für Methan und Wasserstoff mehrere Jahre (Tabelle 2.3).

Im überregionalen Maßstab werden Unterschiede der Konzentration durch die Verteilung der Quellen und Senken bestimmt. Hier macht sich besonders eine Asymmetrie zwischen der nördlichen und südlichen Hemisphäre bemerkbar, die auf der Landverteilung, der Bevölkerungsdichte und dem Grad der Industrialisierung beruht. Entsprechend höher sind die Schadstoffkonzentrationen deshalb auf der Nordhalbkugel.

**Tabelle 2.3.** Verweilzeit ausgewählter chemischer Substanzen in der Atmosphäre bei Annahme einer OH-Konzentration von $10^6$ cm$^{-3}$ und O$_3$-Konzentration von 60 ppb (verändert nach Baumbach 1994)

| Substanz | Mittlere Lebensdauer | | Quelle |
|---|---|---|---|
| Methan | 5 – 8 | Jahre | Baumbach (1994) |
| | | | Fabian (1989) |
| n-Butan | 4,5 | Tage | Baumbach (1994) |
| Ethen | 1,13 | Tage | Baumbach (1994) |
| Propen | 6,4 | h | Baumbach (1994) |
| Ethin | 45,4 | Tage | Becker und Löbel (1985) |
| Benzen | 9,7 | Tage | Baumbach (1994) |
| Toluen | 1,8 | Tage | Fabian (1989) |
| Acetaldehyd | 17,4 | h | Becker und Löbel (1985) |
| Ethanol | 3,9 | Tage | Becker und Löbel (1985) |
| Ameisensäure | 33 | Tage | Baumbach (1994) |
| Kohlenmonoxid | 2 | Monate | Baumbach (1994) |
| | | | Fabian (1989) |
| Wasserstoff | 2 | Jahre | Fabian (1989) |
| Lachgas | 15 – 100 | Jahre | Fabian (1989) |
| | | | Klötzli (1989) |
| Ammoniak | 2 | Wochen | Klötzli (1989) |
| Ammonium-Stickstoff | 2 | Wochen | Klötzli (1989) |

Zu berücksichtigen ist also, daß die einzelnen Luftschadstoffe je nach Herkunft unterschiedlichen Transportphänomenen unterliegen, sehr differenzierte chemische Umsetzungen in der Atmosphäre erfahren und sich nach spezifischen Verteilungsmustern ausbreiten. Sie treten daher auch auf verschiedene Weise mit Ökosystemen und deren Komponenten einschließlich des Menschen in Wechselwirkung. Je nach Art des Schadstoffes werden dabei die einzelnen Rezeptoren in unterschiedlichem Ausmaß betroffen.

Ein weiterer Aspekt bei der Quantifizierung der Wirkung von Luftschadstoffen ist die Dauer ihres Auftretens bzw. der Einwirkung auf den Rezeptor. Viele Schadstoffe führen nicht nur in hohen Konzentrationen zu Schadwirkungen, sondern beeinträchtigen den Menschen, Pflanzen, Tiere oder das gesamte Ökosystem auch in niedrigen Konzentrationsbereichen, wenn der Rezeptor genügend lange exponiert ist. Das bedeutet, daß ebenfalls Langzeiteffekte genauer untersucht werden müssen.

Bei Schwefeldioxid, einem bereits seit langem und sehr intensiv untersuchten Luftschadstoff, ist diese Abhängigkeit von Konzentration und Expositionszeit in Abb. 2.5 dargestellt. Daraus werden die Schwierigkeiten, Grenzwerte abzuleiten und Ursache-Wirkungs-Beziehungen zu quantifizieren bzw. verschiedene Konzentrationen des Luftschadstoffs eindeutig einem Effekt zuzuordnen, deutlich.

Hinzu kommt, daß die Luftschadstoffe im Freiland meistens nicht als Einzelkomponenten, sondern oftmals in Form komplexer Mischungen vorliegen. Dadurch kön-

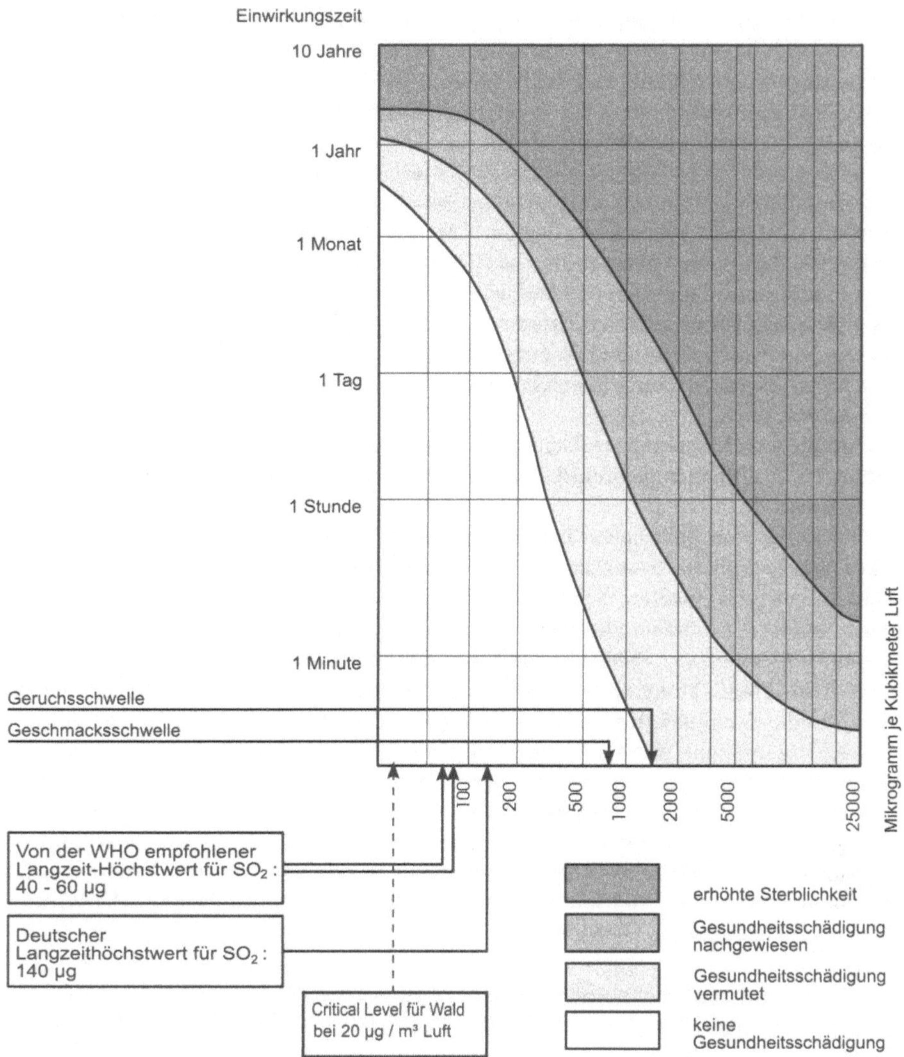



**Abb. 2.5.** Auswirkungen von Schwefeldioxid in der Außenluft auf die Gesundheit des Menschen in Abhängigkeit von Konzentration und Expositionsdauer (Umweltlexikon 1988)

nen sich die Effekte potenzieren, so daß die resultierende Gesamtwirkung auf Organismen weit höher liegt, als dies aus der Summe der Einzelwirkungen der beteiligten Komponenten zu erwarten wäre. Es treten synergistische Effekte auf. Andererseits sind auch kompensatorische Wirkungen möglich.

Selbstverständlich ist nach wie vor die menschliche Gesundheit entscheidendes Schutzziel umweltpolitischer Maßnahmen, und der Schutz der menschlichen Gesundheit vor schädlichen Umwelteinwirkungen ist auch in den Augen der Öffentlichkeit ein zentrales Anliegen. Die Diskussion über Atemwegserkrankungen wie Asthma, Bronchitis und Lungenkrebs – mitverursacht, gefördert oder ausgelöst durch luftgetragene Schadstoffe – sowie die Beeinträchtigung anderer Organe oder über die Wirkungsmechanismen einzelner Schadstoffe wie Asbest, Ozon, Dioxin, Schwermetalle usw. belegt dies nachdrücklich.

Bei den umweltbedingten Risiken für die menschliche Gesundheit handelt es sich im wesentlichen um Auswirkungen von Schadstoffen, die entweder direkt aus der Umwelt oder über Lebensmittel auf den Menschen einwirken. Die Frage, ob die Zufuhr eines Stoffes ein gesundheitliches Risiko darstellt, ist eine Frage der Dosis sowie der Einwirkungsdauer eines Stoffes, aber auch der Empfindlichkeit des Individuums bzw. seiner Zugehörigkeit zu bestimmten Risikogruppen. Ein Auftreten von Gesundheitsschäden durch die im Zusammenhang mit dem Genfer Übereinkommen betrachteten Luftverunreinigungen ist jedoch vorwiegend im Nahbereich von Emittenten zu erwarten.

Durch ferntransportierte Schadstoffe werden heute v. a. chronische Schäden an Pflanzen und Pflanzengemeinschaften, den Böden, Gewässern und Materialien hervorgerufen.

Bei der wissenschaftlichen Bearbeitung von Wirkungsfragen galt es bis etwa in die 50er Jahre, vor allem Gesundheitsprobleme und direkte, akute, sichtbare Schäden im System „ein Rezeptor/ein Schadstoff" zu untersuchen. Wirkungen an Pflanzen wie Blattnekrosen, Chlorosen, Absterben von Teilen des Sprosses oder der ganzen Pflanze resultierten damals aus meist hohen Schadstoffkonzentrationen der Luft, oft in Emittennähe. Maßnahmen haben in den vergangenen Jahrzehnten in vielen Industrieländern die Konzentrationen der vorherrschenden Luftverunreinigungen gesenkt.

Die Wissenschaft hat sich in der Folge den eher subtilen Wirkungen niedrigerer Konzentrationen auf zellulärer, ja molekularer Ebene zugewandt, muß aber auch Pflanzengemeinschaften und ganze Ökosysteme – gerade in industrieferneren Regionen – in ihre Überwachung mit einbeziehen. Zugleich müssen Fragen sekundärer Schadstoffe – wie Säure oder Photooxidantien – und indirekter sowie synergistischer Wirkungen berücksichtigt werden. Heute werden z. B. folgende ökologische Wirkungen und Schädigungen beobachtet:

- Veränderungen biochemischer und physiologischer Prozesse sowie feinstrukturelle Änderungen von Zellorganellen, die zu Schäden an der Funktion der ganzen Pflanze führen können;
- Verursachung von Wachstumshemmungen, Vitalitäts- oder Qualitätsverlusten;
- Einsetzen von signifikanten Veränderungen in der Struktur oder Funktion von Ökosystemen, Produktivitätsverluste, Populationsveränderungen oder Verminderung der genetischen Diversität.

Auch die in den letzten Jahrzehnten verstärkt zunehmenden Schäden an Kunstwerken und Baudenkmälern gehen u. a. auch auf Luftverunreinigungen zurück. Forschungsergebnisse der letzten Jahre belegen ihren Einfluß auf den Zerstörungsprozeß von Materialien, v. a. auf Naturstein, Glas (z. B. auf mittelalterliche Glasmalereien) und Metalloberflächen. Bei nahezu allen Schadensprozessen an Materialien und Werkstoffen werden Ozon, saure Luftverunreinigungen im Zusammenwirken mit Wasser, z. T. auch organische Verbindungen wirksam.

Schäden an Materialien umfassen ein breites Spektrum, angefangen von einer Beeinträchtigung des ästhetischen Aussehens bis hin zum Totalverlust. Nahezu alle Materialien und Werkstoffe sind betroffen. Nach Kostenschätzung des Umweltbundesamtes betrugen schon für das Jahr 1983 die in der Bundesrepublik Deutschland durch Luftverunreinigungen verursachten Materialschäden ca. 2 Mrd. DM und die Korrosionsschäden ca. 1,5 Mrd. DM. Die den Bürgern entstehenden Kosten für zusätzlichen Wasch- und Reinigungsmittelaufwand wurden auf 1,4 Mrd. DM geschätzt.

Die *ökologischen Wirkungen von SO$_2$* sind umfassend erforscht, da Schwefeldioxid zu den bestuntersuchten Luftverunreinigungen gehört. Schon im Jahre 1850 lagen z. B. aus dem Institut für Rauchschadensforschung in Tharandt/Sachsen Zusammenfassungen von Erkenntnissen der deutschen Forstwissenschaft über direkte Schäden an Waldbäumen vor. Erste Schadenskarten, die sich auf Luftverunreinigungen beziehen, sind von der Jahrhundertwende bekannt.

Bei höheren Pflanzen tritt direkt wirkendes Schwefeldioxid durch die Stomata in das Blatt ein und gelangt dort aufgrund seiner guten Wasserlöslichkeit in die wäßrige Phase. Die folgenden Reaktionen wie Akkumulation, Translokation, Umsetzung und die Schädigungsmechanismen sind ausreichend untersucht. Sie hängen weitgehend von den erreichten Konzentrationen ab. Der oxidierte Anteil geht in den Schwefelpool der Zellen ein, wo er der Produktion schwefelhaltiger Verbindungen dienen kann. Es bestehen aber auch Möglichkeiten zur Reduktion und zur Eliminierung von Schwefelverbindungen.

Die zellulären Wirkungen reichen von stimulierenden oder inhibierenden Einflüssen auf verschiedene Enzymsysteme in Form unspezifischer „Abwehrreaktionen" bis zu schädigenden Reaktionen auf enzymatischer Ebene, auf Membransysteme und subzelluläre Kompartimente. Dadurch werden metabolische Prozesse (z. B. der Energiestoffwechsel oder die Stoffproduktion) beeinflußt und die Struktur der Zellen gestört. Außer durch Hemmung des Gasaustauschs und Verminderung der photosynthetischen CO$_2$-Fixierung kann es auch durch Sulfatanreicherung im Gewebe zu vorzeitiger Seneszens und Blattfall, zu Nekrosen, Zuwachshemmung, Beeinträchtigung des Reproduktionsvermögens usw. kommen. Zu den bemerkenswerten direkten SO$_2$-Wirkungen gehört auch die Hemmung des Pollenschlauchwachstums bei verschiedenen Pflanzen.

Lange Zeit konzentrierte man sich in der Wirkungsforschung auf akute Schäden durch Schwefeldioxid (Chlorosen, Nekrosen, Absterben), heute richtet sich das Interesse auch auf die oft subtilen, ökologisch aber bedeutsameren Langzeit- und Kombinationswirkungen. Letztere treten bei weit geringeren Konzentrationen auf, als für akute Schäden notwendig sind, die in Deutschland aber aufgrund langjähriger Anstrengungen zur Emissionsminderung heute nur noch an wenigen, besonders extrem belasteten Standorten zu beobachten sind.

Ursachen der Belastung, Wirkungsmerkmale und Minderungsstrategien wurden vom Umweltbundesamt erstmals 1980 gemeinsam charakterisiert und für die Luftreinhaltepolitik neu bewertet (UBA 1980). Dies war erforderlich geworden, da sich herausgestellt hatte, daß der Ferntransport von Schwefeldioxid luftchemische Voraussetzungen schafft, die in einem gewissen Umfang die bis dahin bestehenden Umweltprobleme im Nahbereich der Schadstoffquellen in emissionsferne Gebiete verlagern, in Regionen also, die bisher als ungefährdete „Reinluftgebiete" angesehen wurden. Ulrich *et al.* (1979) konnten erste Belege über tatsächlich eingetretene Bodenveränderungen durch die Deposition ferntransportierter Schwefelverbindungen vorgelegt werden. Die in den 8oer Jahren verstärkt einsetzende „Saure-Regen-Diskussion" und Prognosen oder tatsächliche Nachweise sichtbarer Wirkungen und chronischer Veränderungen haben schließlich zu einer Intensivierung der Forschung und der Messungen tatsächlicher Belastungszustände geführt. Als schließlich die Waldschadensdiskussion kulminierte, wurde der Zwang zu einer stärkeren aktiven Beteiligung der Wissenschaft an der Entwicklung von Umweltqualitätszielen und Handlungskonzepten offenkundig.

Die wirkungsbezogene Betrachtung der Schwefeldioxidbelastung unter dem Gesichtspunkt der kritischen Belastungswerte wurde 1988 auf internationaler Ebene durch die Critical-level- und Critical-load-Workshops in Deutschland und Schweden etabliert. Für diese Veranstaltungen wurden die Kenntnisse über direkte und indirekte Wirkungen sowie Kombinationswirkungen mit anderen Schadstoffen und die Rolle mitwirkender nichtanthropogener Faktoren einer gründlichen Durchsicht unterzogen (UBA 1988; de Vries u. Gregor 1990).

Gemäß der Philosophie des Critical-load- und -level-Ansatzes als einem „iterativen" Prozeß, der sich am Stand des Wissens orientiert, wird diese Prüfung laufend wiederholt. Auf die jeweils zugrunde liegende Basis im Kartierungsprogramm für Critical Levels und Loads wird stets in der jeweils gültigen aktualisierten Version des Kartierungshandbuchs verwiesen (UBA 1996b).

Die *ökologischen Wirkungen von NO$_x$* betreffen auf der einen Seite den direkten Einfluß von Stickstoffverbindungen (Stickoxiden) auf Rezeptoren. Andererseits gehören sie aber auch zu dem Wirkungskomplex, der weitere gasförmige Verbindungen (Ammoniak), die über den Bodenpfad wirkenden Nitrate und das naß deponierte Ammonium umfaßt. Unabhängig von der Form der Einwirkung reagieren alle Pflanzen auf Stickstoffzufuhr (UN/ECE 1996c). Schließlich handelt es sich um einen essentiellen Nährstoff und sein Mangel führt bei den betroffenen Pflanzen zu Wachstumshemmung oder Blattvergilbung. Aufgenommener Stickstoff wird im Stoffwechsel für die Produktion von Aminosäuren, Proteinen und anderen Zellbestandteilen benötigt, und jede Pflanzenart hat hierbei einen spezifischen individuellen Stickstoffbedarf. Aus diesem Grunde kann auch ein Überschuß Folgen haben, z. B. eine Überproduktion von Blättern zum Nachteil des Fruchtansatzes.

Die übliche Aufnahme erfolgt im Boden über die Wurzeln, aber die Pflanze kann Stickstoffverbindungen und hier ganz besonders gasförmige Stickstoffoxide unter Umgehung des üblichen Pfades auch durch die Spaltöffnungen der Blätter aufnehmen, in die diversen Zellbestandteile einbauen und eine Wachstumssteigerung erfahren. Werden aber die üblichen Stickstoffassimilationsprozesse der betroffenen Pflanze überladen, treten auf der Zellebene Membranschäden und im Endeffekt sichtbare Blattschäden auf (Wellburn 1994). Bei Pflanzenarten mit geringem Stickstoffbedarf (z. B. Moose) kann dies schon bei relativ geringer atmosphärischer Belastung der Fall sein, während bei anderen Arten, insbesondere landwirtschaftlichen Nutzpflanzen, es eher unwahrscheinlich ist, daß durch Stickstoffaufnahme über die Blätter derartige Wirkungen ausgelöst werden. Dies ist umsomehr der Fall, als die Züchtung landwirtschaftliche Pflanzen hervorgebracht hat, deren besonders hoher Stickstoffbedarf (bei Weizen z. B. bis zu 250 kg ha$^{-1}$ a$^{-1}$) eine optimale Ausnutzung der Stickstoffdüngung erlaubt und die demzufolge durch die vergleichsweise geringen atmosphärischen Einträge kaum beeinflußt werden könnten. Wirkungen könnten allenfalls bei Leguminosen auftreten, die atmosphärischen Stickstoff binden und die daher üblicherweise nicht mit Stickstoff zusätzlich gedüngt werden.

### Kritische Belastungswerte für Ozon

Anders als in den USA (Kalifornien), wo bei sonnenscheinreicher Witterung Peroxiacetylnitrat (PAN)-Episoden für weitreichende Umweltschäden, z. B. in Beständen der Ponderosakiefer in den San Bernhardino Mountains verantwortlich gemacht werden, ist in Deutschland Ozon die Leitsubstanz für photochemischen Smog. In Europa generell ist Ozon das wichtigste phytotoxische Photooxidans. PAN-Konzentrationen liegen hier beträchtlich niedriger. Minderungsmaßnahmen gegenüber Ozonkonzentrationen dürften aber auch für Photooxidantien wie PAN und andere organische Peroxide eine Reduzierung unter eventuelle Wirkungsschwellen gewährleisten. Gemeinsam mit Wirkungen von $SO_2$ und $NO_x$, also den versauernden und eutrophierenden Wirkungen von Luftverunreinigungen, spielt Ozon heute eine so wichtige Rolle unter den anthropogenen Belastungsfaktoren in der Atmosphäre, daß Maßnahmen mehr denn je erforderlich werden.

Zahlreiche zusammenfassende Arbeiten spiegeln die Ergebnisse langjähriger Forschungsanstrengungen zu den *Ursache-Wirkungs-Beziehungen* wider (Guderian *et al.* 1983; Guderian 1985; Heagle 1989; Jäger *et al.* 1993; Fuhrer und Achermann 1994; Wellburn 1994; UN/ECE 1996c). Danach sind unsere wichtigsten Getreide, Weizen, Hafer, Roggen, Gerste, aber auch Kartoffeln durch hohe $O_3$-Konzentrationen gefährdet. Reben, Lärche, Kiefer und andere Waldbäume gehören in Mitteleuropa zu den empfindlichsten Rezeptoren. Der Stand des Wissens über die Wirkungen bei krautigen Wildpflanzen ist noch lückenhaft.

Ozon wirkt auf die Oberfläche der Pflanze, wird aber auch durch die Stomata in das Blatt aufgenommen. Dieser Weg der Aufnahme wird sogar als Hauptursache für die Auslösung von Schäden angesehen. Im Blattinnern selbst reagiert es schnell mit der Feuchtigkeit an den Zelloberflächen und bildet dort hochreaktive Sauerstoffspezies, die die natürlichen Schutzmechanismen der Pflanze überfordern.

Biochemisch beruhen die Wirkungen des Ozons letzten Endes auf seiner Fähigkeit zu oxidieren, freie Radikale zu bilden. Vor allem Doppelbindungen ungesättigter Fettsäuren, Schwefelwasserstoffgruppen und -brücken werden angegriffen. Die Durchlässigkeit und/oder Barrierefunktionen auf der Ebene der Cuticula oder auch bei zellulären Membranen werden beeinflußt. Dies wiederum stört den Stoffaustausch oder zerstört die Kompartimentierung in der Pflanzenzelle, was zu Verlusten an Wasser, Nährstoffen oder Syntheseprodukten führt. Membranassoziierte Enzyme werden freigesetzt, cytoplasmatische Enzyme werden gehemmt oder ihre Cofaktoren zerstört. Insgesamt resultiert eine mehr oder weniger ausgeprägte Störung der zellulären Funktionen. Primäre biochemische Wirkungen werden von strukturellen Veränderungen auf Organellebene gefolgt. Die Schädigung insgesamt wird letzten Endes als chlorotische oder nekrotische Veränderung an der Blattoberfläche sichtbar. Als Ergebnis kann es aber auch zur Produktion toxischer phenolischer Sekundärverbindungen, vorgezogener Seneszens, Vitalitätsverlust und erhöhter Anfälligkeit gegenüber anderen Streßfaktoren kommen. Lang anhaltender subakuter Ozonstreß löst physiologische Veränderungen aus, z. B. verringerte Photosyntheseraten, erhöhte Atmungsaktivität oder Ernährungsstörungen, die zu Produktivitätsverlusten oder zumindest zu Veränderungen in der Allokation von Assimilaten zwischen Wurzeln,

Blättern und Samen führen. Später erst werden Folgen wie Wachstums- und Ertragseinbußen in Form einer verminderten Anzahl oder Masse gebildeter Samen und Früchte offenbar. Eine typische Beobachtung ist auch die insgesamt verringerte Blattfläche der betroffenen Pflanzen und ein vorzeitiger Laubfall. Aufgrund eines ausgeprägten Feedback zwischen ober- und unterirdischen Pflanzenteilen (begründet in der Verteilung der Assimilate) können spätere Schäden im Wurzelbereich die im exponierten oberirdischen Teil der Pflanze gar übertreffen.

Auf der Ebene von Pflanzengesellschaften kann eine nachhaltige Schädigung oder das Ausfallen einer empfindlichen Art durch die o. g. Schadwirkungen die Struktur und Funktion des gesamten Ökosystems gefährden. Dies kann Auswirkungen auf das Zusammenwirken von Produzenten, Konsumenten und Destruenten haben, aber auch auf der genetischen Ebene zu Tage treten. Selektionsvorgänge bedeuten immer auch die Gefahr von Genverlusten.

Die beschriebenen Folgen der Ozonbelastung lassen sich experimentell in *Dosis-Wirkungs-Beziehungen* (dose-response relationships) zusammenführen.

Bei steigender Ozonkonzentration steigt das Ausmaß von Blattschäden an, auch wenn die Dosis (Konzentration mal Zeit) gleich gehalten wird. Das heißt, wie bei $SO_2$ sind Spitzenkonzentrationen besonders schädlich. Das bedeutet auch, daß bei Langzeitexposition die Schäden mehr mit der $O_3$-Konzentration ansteigen, als mit der Zeit. Unter gewissen Belastungsbedingungen (z. B. sehr hohe Konzentrationen bei sehr hohen Außentemperaturen) kann allerdings ein sog. Ozonparadoxon beobachtet werden: D. h., wegen geschlossener Spaltöffnungen kann das Schadgas nicht aufgenommen werden und Wirkungen treten nicht verstärkt auf. Eine wichtigere Rolle als Strahlungsintensität und Temperatur spielt dabei die Luftfeuchtigkeit, da sie die Öffnung der Stomata und somit auch die Aufnahme von Schadstoffen ins Blattinnere reguliert. Aus diesen Zusammenhängen wird klar, daß in mediterranen Regionen die sommerliche Bewässerung von landwirtschaftlichen Kulturen deren Ozonempfindlichkeit drastisch steigern kann. Andererseits kann aber auch Ozon selbst regulierend auf die Spaltöffnungen wirken.

Die inneren und äußeren Faktoren, die die Wirkung von Ozon weiter beeinflussen, sind weitgehend bekannt. Die Blätter dicotyler Pflanzen scheinen in späteren Entwicklungsphasen empfindlicher zu sein, Nadeln von Koniferen sind am empfindlichsten kurz vor Erreichen ihrer endgültigen Länge und aus Begasungsexperimenten ist bekannt, daß $O_3$, $SO_2$ und $NO_x$ synergistisch zusammenwirken können. Da Ozon nie allein auftritt, oder Ozonbelastung von Episoden anderer Schadstoffe gefolgt sein kann oder ihnen folgt, müssen derartige Kombinationswirkungen bei der Bewertung von Dosis-Wirkungs-Beziehungen und der Ableitung von Grenz- oder Richtwerten berücksichtigt werden. Experimentellen Befunden zufolge sind die Spaltöffnungen von Waldbäumen nachts nicht immer völlig geschlossen, so daß die Ableitung von Wirkungsschwellen die Summe der Belastung über 24 h berücksichtigen sollte.

In vielen Teilen Europas treten Ozonepisoden auf, die Schäden an landwirtschaftlichen Pflanzen hervorrufen. In einem internationalen Expositionsprogramm (UN/ECE 1994, 1995a) wurden 1994 an Standorten in Spanien, Südfrankreich, Italien, Schweiz, Österreich, Ungarn, England, Belgien, Holland, Deutschland, Polen, Schweden und Rußland Ozonschäden bei Klee und Bohne (*Trifolium* und *Phaseolus*) beobachtet.

Frühere Ansätze zur Ableitung von kritischen Belastungswerten für Ozon und ihre Kartierung (UBA 1988; Gregor 1991) haben durch die Fülle inzwischen gewonnener experimenteller Daten (Fuhrer u. Achermann 1994) und die wissenschaftliche Überprüfung zusätzlich relevanter Faktoren deutlich an Qualität gewonnen.

Es ist also erwiesen, daß der Mensch hinsichtlich der Wirkungen von Luftschadstoffen bei weitem nicht der empfindlichste Rezeptor ist. Zum Vergleich sind in Abb. 2.5 auch die Konzentrationswerte für $SO_2$ eingetragen, bei deren Überschreitung nachweislich Schädigungen von Waldökosystemen auftreten. Die Begrenzung des Eintrags von Luftschadstoffen hat sich demzufolge an den sensitiven ökologischen Rezeptoren zu orientieren.

Das ist auch der Grundgedanke in der Philosophie der Critical Loads und Levels (s. Kap. 1.2 und 1.3). Unter dem Begriff Critical Loads und Levels sind naturwissenschaftlich begründete Belastungsgrenzen für verschiedene empfindliche Rezeptoren (Ökosysteme, Teilökosysteme und Organismen bis hin zu Materialien) zu verstehen. Diese Belastungsgrenzen gelten unter festen Randbedingungen, wie Raum, Zeit und Ökosystem. Sie sind rezeptornah und wirkungsbezogen zu formulieren.

Abhängig vom Schadstoff und seiner Wirkung im Ökosystem werden ökologische Belastungsgrenzen allgemein wie folgt definiert (UBA 1996a):

*Critical Levels* sind die quantitative Abschätzung der Konzentration von Schadstoffen in der Atmosphäre (Immission), oberhalb der direkte Schadeffekte an Rezeptoren (Menschen, Pflanzen, Tiere, Ökosysteme, Materialien) nach derzeitigem Wissen zu erwarten sind.

*Critical Loads* sind die quantitative Abschätzung der Deposition eines oder mehrerer Schadstoffe (Exposition), unterhalb der nach bisherigem Wissen keine schädigenden Wirkungen an spezifizierten sensitiven Elementen (Rezeptoren) nachweisbar sind.

Der methodische Ansatz zur Kartierung kritischer Immissionsbelastungen, der *Critical Levels,* basiert auf den neuesten Forschungsergebnissen hinsichtlich der Dosis-Wirkungs-Beziehungen gasförmiger Schadstoffe gegenüber verschiedenen Rezeptoren. Auf zahlreichen internationalen Workshops wurden die zu ermittelnden Grenzwerte oder Critical Levels bestimmt.
Zur Ermittlung der Critical Levels wurden v. a. folgende Kriterien berücksichtigt:

- Rolle von Einwirkungsdauer und Schadstoffkonzentration, also der Dosis, die zu Schadensmerkmalen an verschiedenen Rezeptoren, zumeist Pflanzen, führt;
- Auftreten von antagonistischen, additiven oder synergistischen Effekten bei kombinierter Einwirkung der Schadgase;
- Einfluß externer Faktoren, wie Temperatur, Luftfeuchte und Lichtintensität, die den Stoffhaushalt (bezüglich Nähr- und Schadstoffe) der Pflanzen regulieren;
- interne Wachstumsfaktoren, wie das Entwicklungsstadium oder der genetische Aufbau der Pflanzen, und Wachstumsdepressionen in Folge äußerer Belastungen;
- Reaktion von Pflanzen als Individuen und von Pflanzengemeinschaften unter Berücksichtigung der Konkurrenz zwischen den einzelnen Arten.

Anhand der Ergebnisse aus Laboruntersuchungen, Begasungsversuchen in offenen und geschlossenen Klimakammern sowie Feldexperimenten in belasteten Gebieten konnten Grenzwerte für verschiedene Rezeptoren wie Wald, landwirtschaftliche Nutzpflanzen, die natürliche oder die gesamte Vegetation ermittelt werden (ausführlich in Kap. 2.2).

Als Wert für die *Critical Loads* wird in quantitativer Abschätzung diejenige Luftschadstoffdeposition bestimmt, bei deren Unterschreitung nach derzeitigem Kenntnisstand keine signifikant schädlichen Effekte an Ökosystemen und Teilen davon zu erwarten sind.

Zur Bestimmung der Critical Loads haben sich 3 Methoden auf unterschiedlichen hierarchischen Ebenen herausgebildet, die sowohl einzeln als auch in Kombination miteinander, angewendet werden können. Die Entscheidung für einen bestimmten methodischen Ansatz wird in der Regel von der Datenverfügbarkeit abhängen. Da grundsätzlich im Endergebnis flächendeckende Aussagen zu treffen sind, lassen sich vereinfachte Darstellungen von Ursache-Wirkungs-Beziehungen und eine räumliche Generalisierung nicht vermeiden. Ein weiteres Argument dafür ist die notwendige Vergleichbarkeit der Ergebnisse zwischen den einzelnen europäischen Ländern. Für regionale und lokale Untersuchungen der Belastbarkeit von Ökosystemen bieten die Methoden jedoch genügend Spielraum für die differenzierte Darstellung und höhere räumliche Auflösung, wie mit Fallstudien zum Critical-load-Ansatz nachgewiesen wurde (u. a. Lenz *et al.* 1997; Kopp *et al.* 1995).

Die Auswahl der ökologischen Rezeptoren, deren Belastbarkeit gegenüber atmosphärischen Schadstoffeinträgen ermittelt werden soll, beeinflußt ebenfalls die methodischen Ansätze. In Deutschland wurden in Übereinstimmung mit den meisten anderen europäischen Ländern Wald- bzw. Forstökosysteme ausgewählt, die ein empfindliches, gleichzeitig aber auch flächenmäßig repräsentatives Schutzgut sind.

Darüber hinaus wurden ebenfalls Ansätze zur Bestimmung der Critical Loads in aquatischen Ökosystemen erprobt (Kap. 2.4).
Methodisch unterscheiden sich:

- **Empirische Ansätze (level 0).** Bei den empirischen Ansätzen werden auf Erfahrungen und Felduntersuchungen beruhende Grenzwerte für einen Schadstoff einem bestimmten ökologischen Rezeptor bzw. einem definierten Ökosystem zugewiesen. Die Zuweisung solcher Erfahrungswerte basiert in der Regel auf langjährigen Beobachtungen. Auf dem Lökeberg-Workshop wurde von Nilsson u. Thörnelöf (1992) eine empirische Zuweisungstabelle für verschiedene Ökosystemtypen Europas vorgestellt, die in Überarbeitung von H. Ellenberg Eingang in das Sachverständigengutachten zu Umweltfragen 1994 fand (SRU 1994). Derartige empirische Zuweisungen werden im Kap. 2.3.2 vorgestellt.
- **Massenbilanzmethode (level 1).** Mit einer einfachen Massenbilanz wird bei dieser Methode versucht, die Ein- und Austragsberechnungen von Schadstoffen für ein Ökosystem vorzunehmen. Die Grundannahme dabei ist, daß die langfristigen Stoffeinträge gerade noch so hoch sein dürfen, wie diesen ökosysteminterne Prozesse gegenüberstehen, die den Eintrag puffern, speichern oder aufnehmen können bzw. in unbedenklicher Größe aus dem System heraustragen.

  Es werden also die Quellen und Senken der betrachteten (Schad-)Stoffe gegeneinander aufgewogen. Versauernd wirkende Stoffeinträge z. B. dürfen danach höchstens der gesamten Säureneutralisationskapazität des Systems entsprechen.

**Abb. 2.6.** Anwendung der Massenbilanzmethode zur Bestimmung von Critical Loads

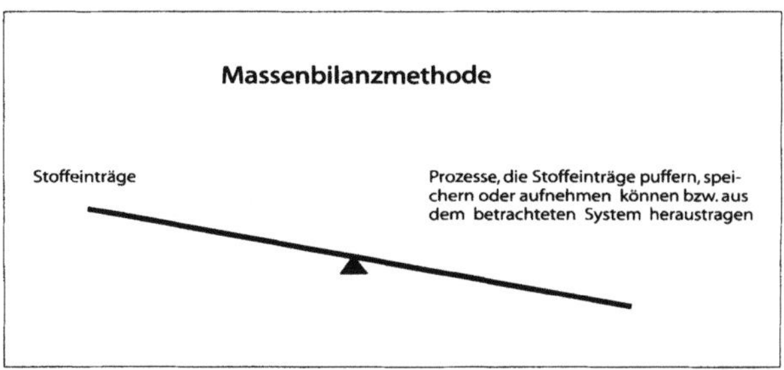


Den anthropogenen Stickstoffdepositionen werden die stickstoffspeichernden bzw. -verbrauchenden Prozesse im Ökosystem gegenübergestellt. Zu diesen zählen die Nettofestlegung von Stickstoff in der Holzbiomasse, die Nettoimmobilisierung in der Humusschicht, die Denitrifikation und ein zu tolerierender bzw. unvermeidbarer Nitrataustrag mit dem Sickerwasser.

Nach dem Prinzip einer Waage (Abb. 2.6) werden auf der einen Seite anthropogene Einträge nur in einem solchen Maße zugelassen, wie auf der anderen Seite das Gleichgewicht durch ökosystemare Bedingungen hergestellt werden kann. Mit Einstellung des Gleichgewichts wird die maximal zulässige (anthropogene) Deposition, der Critical-load-Wert, erreicht (ausführlich in Kap. 2.3).

Das Critical-load-Konzept beinhaltet somit als Grundgedanken einen langfristigen Stabilitätsansatz, das Ökosystem kann durch einen sog. Steady-state-Zustand charakterisiert werden. Heute wird dafür auch gerne der Begriff von der Nachhaltigkeit der Entwicklung verwendet.

- **Dynamische Modelle (level 2).** Bei den dynamischen Modellen ist en der Zeitbezug gewährleistet und damit können auch Entwicklungsszenarien beschrieben und verschiedene Depositionsmengen in ihren Auswirkungen dargestellt werden. Diese dynamischen Modelle stellen sehr hohe Ansprüche an die Datenverfügbarkeit bzw. die modellhafte Abbildung ökosystemarer Zusammenhänge. Deshalb werden dynamische Ansätze in erster Linie in räumlich abgegrenzten, kleineren und wohldefinierten Untersuchungsgebieten angewendet. Deutschland beteiligt sich am Meßprogramm zur integrierten Überwachung der Wirkung von Luftschadstoffen auf Ökosysteme (ICP Integrated Monitoring) mit 2 Intensivmeßstationen, eine im Forellenbachtal im Nationalpark Bayerischer Wald (seit 1990) und eine zweite im Naturschutzgebiet Stechlin (Land Brandenburg, seit 1995 im Aufbau). Die Ergebnisse der Meßprogramme sollen zur Validierung von Modellen und zur Simulation bzw. Vorhersage der Reaktionen von Ökosystemen auf sich ändernde anthropogene Stoffeinträge aus der Atmosphäre herangezogen werden und auf diese Weise zur Ableitung von Ursache-Wirkungs-Beziehungen beitragen (UBA ICP 1995).

Andere dynamische Modellansätze befinden sich in Entwicklung und werden auch für Deutschland zukünftig zu berücksichtigen sein.

In der Mehrheit der an diesem ECE-Projekt beteiligten Länder gilt der Wald als vordringlich zu schützendes Ökosystem, und Critical Loads werden für den Eintrag von Säurebildnern und eutrophierenden Stickstoffverbindungen auf Waldstandorten bestimmt.

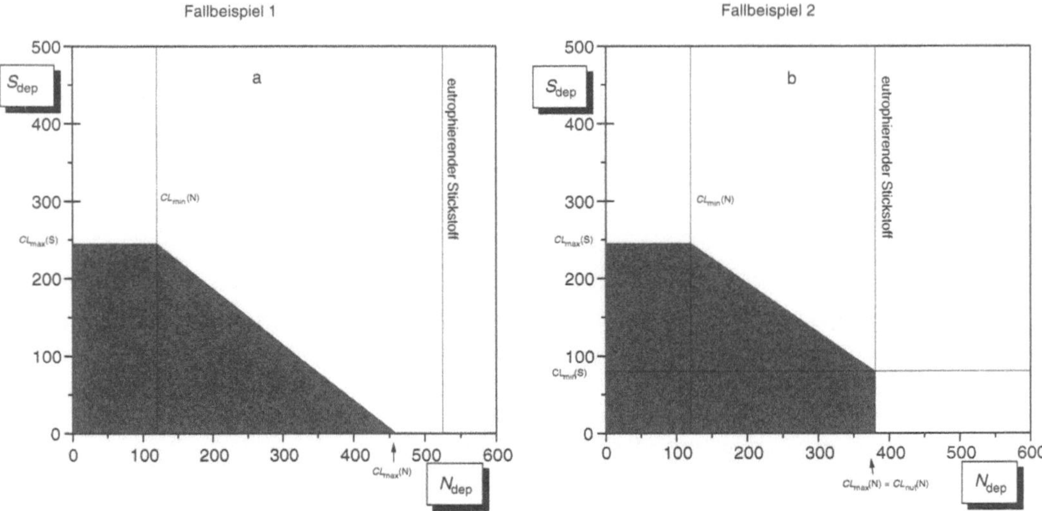


**Abb. 2.7 a, b.** Grundtypen der Critical-load-Funktion für Schwefel- und Stickstoffverbindungen (nach CCE 1995); Erläuterungen im Text

Um die versauernd wirkenden Einträge von Schwefel- und Stickstoffverbindungen sowie die Eutrophierungswirkung des Stickstoffs im Zusammenhang bewerten sowie notwendige Maßnahmen zur Senkung des Schadstoffeintrags ableiten zu können, wird eine Critical-load-Funktion genutzt (Abb. 2.7).
Für die Critical-load-Funktion werden bestimmt:

- maximaler zulässiger Eintrag von versauernden Schwefelverbindungen $CL_{max}(S)$, der unter der Annahme errechnet wird, daß ausschließlich Schwefel- und keine Stickstoffverbindungen ($N_{dep} = 0$) zur Versauerung beitragen;
- Critical Load für den zulässigen Stickstoffeintrag $CL_{max}(N)$, der analog zum maximalen Schwefeleintrag im Fallbeispiel 1 (Abb. 2.7 a) unter der Annahme bestimmt wird, daß ausschließlich Stickstoff zu den Versauerungsprozessen führt ($S_{dep} = 0$);
- maximale Deposition von eutrophierenden Stickstoffverbindungen $CL_{nut}(N)$, wobei dieser Wert für den Fall $CL_{nut}(N) < CL_{max}(N)$ die Funktion begrenzt (Fallbeispiel 2 in Abb. 2.7 b);
- der Wert für den minimal notwendigen Stickstoffeintrag $CL_{min}(N)$, da dieser als Nährstoff nicht völlig aus dem System herausgenommen und deshalb, anders als beim Schwefel, die Stickstoffdeposition nicht auf den Wert Null reduziert werden kann.

Die aktuellen Depositionswerte von Schwefel- und Stickstoffverbindungen (Depositionspunkt) in Beziehung zur Critical-load-Funktion dargestellt, ermöglichen eine Bewertung zur Höhe der Überschreitung von ökologischen Belastungsgrenzen. Es wird deutlich, bei welchem Schadstoff und in welchem Umfang Maßnahmen zur Emissionsreduzierung getroffen werden müssen (Abb. 2.8).

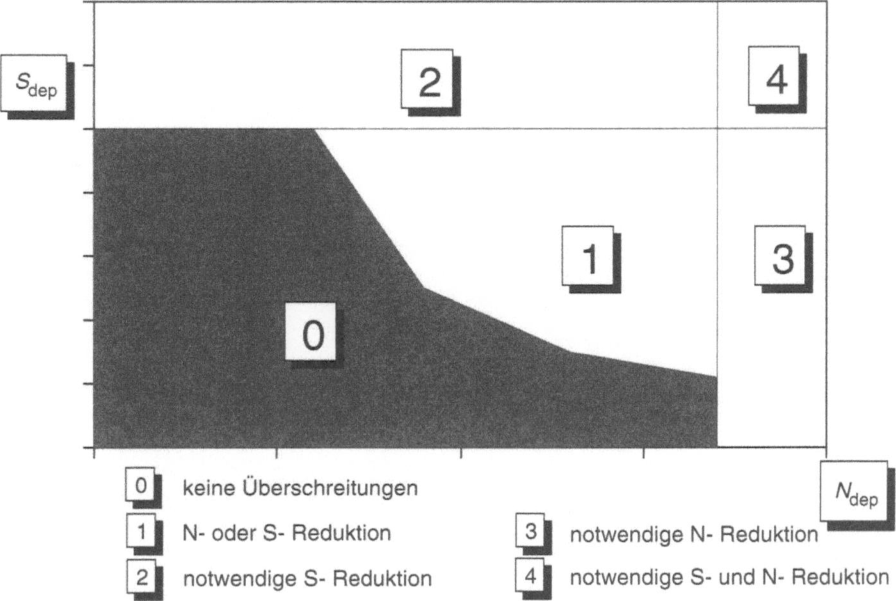



**Abb. 2.8.** Notwendigkeit von Emissionsminderungsmaßnahmen im Bezug zur Critical-load-Funktion

Befindet sich der Depositionspunkt von Stickstoff- und Schwefeleinträgen innerhalb der Critical-load-Funktion (mit 0 gekennzeichneter Bereich), so ist keine Überschreitung der Belastungsgrenzen gegeben und emissionsmindernde Maßnahmen sind nicht erforderlich. Außerhalb der Critical-load-Funktion ist entweder die Verminderung der Schwefeleinträge zwingend erforderlich (Bereich 2), sind Maßnahmen zur Reduzierung der Stickstoffdeposition zu treffen (Bereich 3) oder kann die Überschreitung der Belastungsgrenzen wahlweise durch eine Senkung der Stickstoff- oder Schwefeldepositionen bzw. einer Kombination von beiden vermieden werden (Bereich 1). Im Bereich 4 allerdings ist eine gleichzeitige Reduktion beider Schadstoffe unabdingbar.

In Europa orientieren sich die Maßnahmen zur Senkung der Schadstoffbelastung zunehmend an den ökologischen Belastungsgrenzen (Critical Loads und Levels). Dabei sind im europäischen Maßstab erste Erfolge des Konzepts zu verzeichnen. In der ECE-Region haben die Bemühungen zur Verbesserung der Luftqualität zu einem stetigen Rückgang der Emissionen von Schwefeldioxid (Tabelle 2.4) geführt. Bisher nur eine geringe Verminderung gab es allerdings bei den typischen Verkehrsemissionen, den Stickstoffoxiden (Tabelle 2.5) und den flüchtigen Kohlenwasserstoffen (Tabelle 2.6). Mit der Fortsetzung des wirkungsbezogenen Ansatzes zur Begründung der Luftreinhaltepolitik (Kap. 4) werden jedoch weitere und auch höher gesteckte Umweltqualitätsziele erreichbar sein.

**Tabelle 2.4.** Schwefelemissionen in den ECE-Ländern 1980–2010 (UN/ECE 1995a)

| | 1980 | 1981 | 1982 | 1983 | 1984 | 1985 | 1986 | 1987 | 1988 |
|---|---|---|---|---|---|---|---|---|---|
| Belgien | 828 | 712 | 694 | 560 | 500 | 400 | 377 | 367 | 354 |
| Bosnien-Herzegowina | | | | | | | | | |
| Bulgarien | 2050 | | | | | | | 2420 | 2228 |
| Dänemark | 451 | 362 | 369 | 314 | 296 | 339 | 284 | 251 | 242 |
| Deutschland | 3166[b] | 3010[b] | 2843[b] | 2666[b] | 2578[b] | 2369[b] | 2230[b] | 1907[b] | 1218[b] |
| Deutschland, ehem. DDR | 4320 | 4374 | 4611 | 4678 | 5084 | 5385 | 5406 | 5434 | 5255 |
| Finnland | 584 | 534 | 484 | 372 | 366 | 383 | 332 | 328 | 302 |
| Frankreich | 3338 | 2588 | 2490 | 2094 | 1866 | 1470 | 1342 | 1290 | 1226 |
| Griechenland | 400 | | | | | 500 | | | |
| Großbritannien | 4898 | 4438 | 4213 | 3682 | 3721 | 3726 | 3897 | 3900 | 3813 |
| Irland | 222 | 192 | 158 | 142 | 142 | 140 | 162 | 174 | 152 |
| Island | 6 | | | | 6 | 6 | | | |
| Italien | 3800[c] | | | 3150[c] | 2656[c] | 2244[c] | 2257[c] | 2274[c] | 2216[c] |
| Jugoslawien | 406[h] | 408[h] | 409[h] | 440[h] | 456[h] | 478[h] | 470[h] | 484[h] | 502[h] |
| Kanada | 4614 | 4241 | 3612 | 3625 | 3955 | 3692 | 3627 | 3762 | 3835 |
| Kroatien | 150[a] | | | | | | | | |
| Liechtenstein | 0,4 | | | | 0,1 | | | | |
| Luxemburg | 24 | | | 14 | | 16 | | | |
| Niederlande | 489 | 463 | 403 | 323 | 299 | 261 | 263 | 262 | 247 |
| Norwegen | 142 | 127 | 110 | 103 | 95 | 98 | 91 | 74 | 67 |
| Österreich | 397 | | | 242 | | 195 | | 152 | 122 |
| Polen | 4100[e] | | | | | 4300[e] | 4200[e] | 4200[e] | 4180[e] |
| Portugal | 266 | | | 306 | | 198 | 234 | 218 | 204 |
| Rumänien | | | | | | | | 1762 | 2397 |
| Russische Föderation | 7161[g] | 6949[g] | 7090[g] | 6934[g] | 6503[g] | 6191[g] | 5707[g] | 5622[g] | 5145[g] |
| Schweden | 507 | 431 | 371 | 304 | 296 | 267 | 272 | 226 | 224 |
| Schweiz | 126 | | | | 95 | | | 80 | 73 |
| Slowakei | 780 | | | | | 613 | 604 | 614 | 589 |
| Slowenien | 235 | 254 | 256 | 270 | 249 | 240 | 244 | 218 | 210 |
| Spanien | 3319 | | | 2543 | | 2190 | 1961 | 1903 | 1587 |
| Tschech. Republik | 2257 | 2341 | 2387 | 2338 | 2305 | 2277 | 2177 | 2164 | 2066 |
| Türkei | 860 | | | | 276 | 322 | 354 | | |
| Ukraine | 3850 | 3492 | 3427 | 3498 | 3470 | 3463 | 3393 | 3264 | 3211 |
| Ungarn | 1633 | | | | | 1404 | 1362 | 1285 | 1218 |
| USA | 23779 | 22512 | 21211 | 20618 | 21467 | 21218 | 20391 | 20520 | 20948 |
| Weißrußland | 740 | 730 | 710 | 710 | 690 | 690 | 690 | 811 | 780 |
| Zypern | | | | | | 36 | 37 | 41 | 46 |

[a] Schätzung.
[b] Werte beziehen sich auf die frühere Bundesrepublik Deutschland bis 1989.
[c] Vorläufige Werte.
[d] Geringfügig abweichend von CORINAIR 1990.
[e] Basiert nicht auf der EMEP/CORINAIR-Methodik.
[f] 3273 kt bezogen auf EMEP/CORINAIR-Methodik.
[g] Werte beziehen sich auf den europäischen Teil innerhalb EMEP.
[h] Nur Emissionen von stationären Quellen.
* Prognose basierend auf den gegenwärtigen staatlichen Emissionsminderungszielen.

**Tabelle 2.4.** *Fortsetzung*

| | 1989 | 1990 | 1991 | 1992 | 1993 | 1995[*] | 2000[*] | 2005[*] | 2010[*] |
|---|---|---|---|---|---|---|---|---|---|
| Belgien | 325 | 317 | 324 | 304 | | | 248 | 232 | 215 |
| Bosnien-Herzegowina | | 480 | | | | | | | |
| Bulgarien | 2 180 | 2 020 | 1 667 | 1 120 | 1 422 | 1 380 | 1 374 | 1 230 | 1 127 |
| Dänemark | 193 | 180 | 242 | 189 | 157 | 169 | 90 | 90 | |
| Deutschland | 939[b] | 5 633 | 4 430 | 3 896[c] | | | 1 300 | 990 | |
| Deutschland, ehem. DDR | 5 250 | | | | | | | | |
| Finnland | 244 | 260 | 194 | 139 | 121 | | 116 | 116 | 116 |
| Frankreich | 1 334 | 1 298 | 1 378 | 1 238 | 1 136 | | 868 | 770 | 737 |
| Griechenland | | 510 | | | | | 595 | 580 | 570 |
| Großbritannien | 3 721 | 3 780 | 3 574 | 3 500 | 3 069[c] | 2 951 | 2 320 | 1 470 | 980 |
| Irland | 162 | 178 | 179 | 160 | | 155 | | | |
| Island | | | | | | | | | |
| Italien | 2 001[c] | 2 251 | | | | 1 535 | 1 209 | 1 042 | |
| Jugoslawien | 506[h] | 508[h] | 446[h] | 396[h] | 401[h] | 508[h] | 680[h] | 889[h] | 1 135[h] |
| Kanada | 3 695 | 3 267 | 3 151 | 3 030 | 3 042 | 2 831 | 2 969 | 3 075 | 3 120 |
| Kroatien | | 180 | | | | | 133 | 125 | 117 |
| Liechtenstein | | 0,1 | | | | | 0,1 | | |
| Luxemburg | | | | | | | 10 | | |
| Niederlande | 205 | 201[d] | 177 | 167[c] | 168[c] | | 92 | | 56 |
| Norwegen | 59 | 54 | 45 | 37 | 37 | | 34 | | |
| Österreich | 93 | 90 | 84 | 76 | 71 | 80 | 78 | | |
| Polen | 3 910[e] | 3 210f | 2 996[e] | 2 830e | 2 725 | | 2 583 | 2 173 | 1 397 |
| Portugal | | 282 | 290[c] | 346[c] | 290[c] | | 304 | 294 | |
| Rumänien | 1 647 | 1 504 | 1 167 | 559 | | | | | |
| Russische Föderation | 4 677[g] | 4 460[g] | 4 392[g] | 3 839[g] | 3 456[g] | | 4 440[g] | 4 297[g] | 4 297[g] |
| Schweden | 160 | 130 | 113 | 102 | 103[c] | 100 | 100 | | |
| Schweiz | 68 | 62 | 62 | 59 | 58 | 55[c] | 57[c] | 58[c] | 60[c] |
| Slowakei | 573 | 543 | 446 | 380 | 325 | | 337 | 295 | 240 |
| Slowenien | 211 | 195 | 180 | 188 | 182 | | 92 | 45 | 37 |
| Spanien | 1 950 | 2 316 | | | | | 2 143 | | |
| Tschech. Republik | 1 998 | 1 876 | 1 776 | 1 538 | 1 419 | 1 128 | 538 | | |
| Türkei | | | | | | | | | |
| Ukraine | 3 073 | 2 782 | 2 538 | 2 376 | 2 194 | 2 073 | 2 069 | 2 069 | 2 069 |
| Ungarn | 1 102 | 1 010 | 913 | 827 | | | 898 | 816 | 653 |
| USA | 21 042 | 20 701 | 20 659 | 20 621 | | | 15 000 | | 14 220 |
| Weißrußland | 720 | 710 | 724 | 509 | 433 | 592 | 552 | 490 | |
| Zypern | 47 | 51 | 41 | 45 | 43 | 50 | 62 | 62 | 62 |

**Tabelle 2.5.** $NO_x$-Emissionen in den ECE-Ländern 1980–2010 (UN/ECE 1995a)

| | 1980 | 1981 | 1982 | 1983 | 1984 | 1985 | 1986 | 1987 | 1988 |
|---|---|---|---|---|---|---|---|---|---|
| Belgien | 442 | | | | | 315 | 307 | 321 | 335 |
| Bulgarien | | | | | | | | 416 | 415 |
| Dänemark | 274 | 240 | 260 | 254 | 266 | 294 | 312 | 302 | 292 |
| Deutschland | 2926[b] | 2842[b] | 2817[b] | 2862[b] | 2923[b] | 2908[b] | 2939[b] | 2861[b] | 2777[b] |
| Deutschland, ehem. DDR | 514 | 510 | 513 | 514 | 550 | 568 | 572 | 590 | 596 |
| Finnland | 264 | 248 | 245 | 236 | 233 | 252 | 256 | 270 | 276 |
| Frankreich | 1823 | 1701 | 1688 | 1645 | 1632 | 1615 | 1618 | 1630 | 1615 |
| Griechenland | | | | | | 306 | | | |
| Großbritannien | 2392 | 2328 | 2312 | 2332 | 2321 | 2438 | 2533 | 2644 | 2749 |
| Irland | 73 | 86 | 86 | 85 | 84 | 91 | 100 | 115 | 122 |
| Island | 13 | | | | 12 | 12 | | | |
| Italien | 1480[c] | | | | 1568[c] | 1741[c] | 1804[c] | 1904[c] | 1982[c] |
| Jugoslawien | 47[k] | 50[k] | 50[k] | 53[k] | 58[k] | 58[k] | 58[k] | 60[k] | 63[k] |
| Kanada | 1959 | 1907 | 1897 | 1884 | 1871 | 1984 | 1959 | 2037 | 2117 |
| Kroatien | 60[a] | | | | | | | | |
| Liechtenstein | 1 | | | | | 1 | | | |
| Luxemburg | 23 | | | 21 | | 19 | | | |
| Niederlande | 582 | 575 | 561 | 554 | 571 | 573 | 586 | 597 | 599 |
| Norwegen | 186 | 178 | 183 | 190 | 205 | 216 | 230 | 237 | 229 |
| Österreich | 246 | | | 241 | | 245 | | 234 | 226 |
| Polen | 1500[g] | | | | | 1500[g] | 1590[g] | 1530[g] | 1550[g] |
| Portugal | 166 | | | 192 | | 96 | 110 | 116 | 122 |
| Rumänien | | | | | | | | 369 | 253 |
| Russische Föderation | 1734[i] | 1915[i] | 2002[i] | 1976[i] | 1879[i] | 1903[i] | 1871[i] | 2653[i] | 2358[i] |
| Schweden | 424 | 417 | 412 | 401 | 411 | 426 | 432 | 434 | 412 |
| Schweiz | 196 | | | | 214 | | | 200 | 194 |
| Slowakei | | | | | | | | 197 | |
| Slowenien | 48[j] | 49[j] | 49[j] | 48[j] | 49[j] | 50[j] | 54[j] | 53[j] | 55[j] |
| Spanien | 950 | | | 937 | | 839 | 854 | 892 | 892 |
| Tschech.Republik | 937 | 819 | 818 | 830 | 844 | 831 | 826 | 816 | 858 |
| Türkei | | | | | | | | | |
| Ukraine | 1145 | 1145 | 1153 | 1153 | 1102 | 1059 | 1112 | 1094 | 1090 |
| Ungarn | 273 | | | | | 262 | 264 | 265 | 258 |
| USA | 18672 | 18609 | 18048 | 17488 | 17952 | 17785 | 17614 | 18028 | 18677 |
| Weißrußland | 234 | 235 | 235 | 237 | 240 | 238 | 258 | 263 | 262 |
| Zypern | | | | | | | 9 | 9 | 10 | 10 |

[a] Schätzung.
[b] Werte beziehen sich auf die frühere Bundesrepublik Deutschland bis 1989.
[c] Vorläufige Werte.
[d] Basierend auf derzeitigen Verwaltungsvorschriften.
[e] Geringfügig abweichend von CORINAIR 1990.
[f] Wert für 1998, Zielwert.
[g] Basiert nicht auf der EMEP/CORINAIR-Methodik.
[h] 1446 kt bezogen auf EMEP/CORINAIR-Methodik.
[i] Werte beziehen sich auf den europäischen Teil innerhalb EMEP.
[j] Neue Emissionsfaktoren.
[k] Nur Emissionen von stationären Quellen.
* Prognose basierend auf den gegenwärtigen staatlichen Emissionsminderungszielen.

**Tabelle 2.5.** *Fortsetzung*

| | 1989 | 1990 | 1991 | 1992 | 1993 | 1995[*] | 2000[*] | 2005[*] | 2010[*] |
|---|---|---|---|---|---|---|---|---|---|
| Belgien | 347 | 343 | 347 | 350 | | | | | |
| Bulgarien | 411 | 376 | 273 | 260 | 238 | 300 | 380 | 350 | 290 |
| Dänemark | 272 | 269 | 319 | 274 | 264 | 254 | 203 | 192 | |
| Deutschland | 2617[b] | 3033 | 2934 | 2904[c] | | | | | |
| Deutschland, ehem. DDR | 604 | | | | | | | | |
| Finnland | 284 | 284 | 286 | 257 | 253 | | 224 | 224 | 224 |
| Frankreich | 1772 | 1584 | 1619 | 1599 | 1519 | | | | |
| Griechenland | | | | | | | | | |
| Großbritannien | 2842 | 2860 | 2835 | 2750 | 2752[c] | 2460 | 2000 | 1842 | 1860 |
| Irland | 127 | 115 | 119 | 125 | | 130[d] | 129[d] | 121[d] | |
| Island | | | | | | | | | |
| Italien | 2035[c] | 2053 | | | | 2128 | 2098 | 2060 | |
| Jugoslawien | 62[k] | 66[k] | 57[k] | 49[k] | 54[k] | 66[k] | 88[k] | 115[k] | 147[k] |
| Kanada | 2120 | 1999 | 1976 | 1939 | 1952 | 1972 | 2000 | 2059 | 2167 |
| Kroatien | | 83 | | | | | | | |
| Liechtenstein | | 1 | | | | | | | |
| Luxemburg | | | | | | | | | |
| Niederlande | 583 | 570[e] | 561 | 550[c] | 568[c] | | 249 | | 120 |
| Norwegen | 233 | 231 | 220 | 220 | 225 | | 161[f] | | |
| Österreich | 221 | 222 | 216 | 201 | 182 | 171 | 155 | | |
| Polen | 1480[g] | 1280[h] | 1205[g] | 1130[g] | 1140 | | 1345 | | |
| Portugal | | 221 | 232[c] | 248[c] | 245[c] | | | | |
| Rumänien | 1753 | 883 | 805 | 443 | | | | | |
| Russische Föderation | 2553[i] | 2675[i] | 2571[i] | 2298[i] | 2269[i] | | | | |
| Schweden | 404 | 398 | 397 | 391 | 391[c] | 376 | 312 | 303 | 311[a] |
| Schweiz | 189 | 184 | 175 | 161 | 150 | 127[c] | 100[c] | 98[c] | 99[c] |
| Slowakei | 227 | 227 | 212 | 192 | 184 | | | | |
| Slowenien | 54[j] | 53[j] | 50[j] | 51[j] | 57[j] | | | | |
| Spanien | 992 | 1257 | | | | | 892 | | |
| Tschech.Republik | 920 | 742 | 725 | 698 | 574 | 573 | 398 | | |
| Türkei | | | | | | | | | |
| Ukraine | 1065 | 1097 | 989 | 830 | 700 | 700 | 700 | 700 | 700 |
| Ungarn | 246 | 238 | 203 | 183 | | 280 | 279 | | |
| USA | 18512 | 18599 | 18535 | 18217 | | | 18180 | | 20070 |
| Weißrußland | 263 | 285 | 281 | 224 | 206 | 251 | 217 | 184 | |
| Zypern | 11 | 11 | 13 | 13 | 14 | 15 | 18 | 20 | 20 |

**Tabelle 2.6.** Emissionen flüchtiger organischer Verbindungen (VOC) in den ECE-Ländern 1980–2010 (UN/ECE 1995a)

| | 1980 | 1981 | 1982 | 1983 | 1984 | 1985 | 1986 | 1987 | 1988 |
|---|---|---|---|---|---|---|---|---|---|
| Belgien | | | | | | 688 | | | |
| Bulgarien | | | | | | | | | |
| Dänemark | 154[b] | 150[b] | 151[b] | 153[b] | 157[b] | 159[b] | 161[b] | 161[b] | 162[b] |
| Deutschland | 2676[c] | 2596[c] | 2600[c] | 2584[c] | .2595[c] | 2569[c] | 2560[c] | 2513[c] | 2439[c] |
| Deutschland, ehem. DDR | 667 | 672 | 639 | 652 | 676 | 706 | 717 | 742 | 771 |
| Finnland | | | | | | | | 210 | 215 |
| Frankreich | | | | | | | | | |
| Griechenland | | | | | | 614[d] | | | |
| Großbritannien | 2432 | 2421 | 2427 | 2401 | 2405 | 2435 | 2477 | 2514 | 2567 |
| Irland | | | | | | | | | |
| Island | | | | | | | | | |
| Italien | | | | | | 1771[a] | 1798[a] | 1865[a] | 1879[a] |
| Jugoslawien | | | | | | | | | |
| Kanada | | | | | | 2107 | 2120 | 2161 | 2181 |
| Kroatien | | | | | | | | | |
| Liechtenstein | | | | | | | | | |
| Luxemburg | | | | | | | | | |
| Niederlande | 579[g] | 555[g] | 543[g] | 526[g] | 513[g] | 500[g] | 489[g] | 485[g] | 479[g] |
| Norwegen | 168 | 179 | 188 | 201 | 212 | 221 | 236 | 241 | 241 |
| Österreich | 374 | | 391 | | | 412 | | 439 | 432 |
| Polen | 1431[l] | | | | | 1439[l] | 1466[l] | 1471[l] | 1468[l] |
| Portugal | | | | | | | | | |
| Rumänien | | | | | | | | | |
| Russische Föderation | 5513[n] | 5356[n] | 4886[n] | 4534[n] | 4400[n] | 4585[n] | 4307[n] | 4837[n] | 2790[o] |
| Schweden | | | | | | 600[q] | | | 586 |
| Schweiz | 311 | | | | 339 | | | | |
| Slowakei | | | | | | | | | |
| Slowenien | | | | | | | | | 39 |
| Spanien | | | | | | 1265[b] | 882[b] | 922[b] | 955[b] |
| Tschech. Republik | | | | | | 275 | | | |
| Türkei | | | | | | | | | |
| Ungarn | 215 | | | | | 232 | 263 | 228 | 205 |
| Ukraine | | | | | | 1626 | 1660 | 1687 | 1604 |
| USA | 25719 | 24044 | 22556 | 23053 | 23712 | 22691 | 22997 | 22430 | 22698 |
| Weißrußland | 549 | 546 | 543 | 543 | 540 | 516 | 506 | 509 | 535 |
| Zypern | | | | | | | | | |

[a] Vorläufige Werte.
[b] Ohne natürliche Quellen.
[c] Werte beziehen sich auf die frühere Bundesrepublik Deutschland bis 1989.
[d] Einschließlich $CH_4$.
[e] Basiert auf den Emissionen nach Quellenkategorie.
[f] Basiert auf den Emissionen nach Quellenkategorie ohne natürliche und landwirtschaftliche Quellen.
[g] Einschließlich natürliche Quellen (3 kt) und $CH_4$ nach Quellenkategorie 4 (3,7 kt 1992).
[h] Geringfügig abweichend von CORINAIR 1990. Einschließlich natürliche Quellen (3 kt), CFC (3 kt 1992) und $CH_4$ nach Quellenkategorie 4 (3,7 kt 1992).
[i] Einschließlich natürliche Quellen (3 kt), ohne $CH_4$ und CFC.
[j] Vorläufige Werte. Einschließlich natürliche Quellen (3 kt), CFC (3 kt 1992) und $CH_4$ nach Quellenkategorie 4 (3,7 kt 1992).

**Tabelle 2.6.** *Fortsetzung*

| | 1989 | 1990 | 1991 | 1992 | 1993 | 1995[*] | 2000[*] | 2005[*] | 2010[*] |
|---|---|---|---|---|---|---|---|---|---|
| Belgien | | 395 | 393 | 399 | | | | | |
| Bulgarien | | 393 | 380 | 375 | 375 | 357 | 357 | 276 | 265 |
| Dänemark | 161[b] | 165[b] | 168[b] | 166[b] | 148 | | 112[b] | | |
| Deutschland | 2 350[c] | 3 008 | 2 881 | 2 791[a] | | | | | |
| Deutschland, ehem. DDR | 769 | | | | | | | | |
| Finnland | | 209 | | | | | 151 | 108 | 108 |
| Frankreich | | 2 402[b] | 2 361[b] | 2 332[b] | 2 286[b] | | | | |
| Griechenland | | | | | | | | | |
| Großbritannien | 2 631 | 2 612 | 2 609 | 2 556 | 2 565[a] | 2 100 | 1 519 | 1 340 | 1 276 |
| Irland | | 197[e] | 105[f] | 104[f] | | | | | |
| Island | | | | | | | | | |
| Italien | 1 913[a] | 2 554 | | | | | | | |
| Jugoslawien | | | | | | | | | |
| Kanada | 2 191 | 2 086 | 2 014 | 1 985 | 1 994 | 1 997 | 2 017 | 2 122 | 2 266 |
| Kroatien | | | | | | | | | |
| Liechtenstein | | | | | | | | | |
| Luxemburg | | | | | | | | | |
| Niederlande | 468[g] | 451[h] | 429[i] | 439[j] | 423[j] | | 196 | | 120 |
| Norwegen | 258 | 251 | 255 | 265 | 270 | | 181[k] | | |
| Österreich | 434 | 430 | 419 | 403 | 388 | 366 | 305 | | |
| Polen | 1 452[l] | 1 221[m] | 1 231[l] | 1 058[l] | 1 058 | | | | |
| Portugal | | 644 | 663[a] | 620[a] | 624[a] | | | | |
| Rumänien | | | | 109 | | | | | |
| Russische Föderation | 3 715[o] | 3 566[o] | 3 259[o] | 3 204[o] | 2 475[o] | | | | |
| Schweden | | 533 | 516[q] | 501 | 489[r] | 445[b] | 342[b] | 287[b] | |
| Schweiz | | 297 | 290 | 274 | 262 | 240[s] | 243[s] | 265[s] | 289[s] |
| Slowakei | | 146[p] | | 124[p] | | | | | |
| Slowenien | | 35 | | | | | | | |
| Spanien | | 1 112[b] | | | | | | | |
| Tschech. Republik | | 574[a] | 537[a] | 499[a] | 478[a] | | | | |
| Türkei | | | | | | | | | |
| Ungarn | 205 | 205 | 144 | 136 | | | | | |
| Ukraine | 1 512 | 1 369 | 1 302 | 1 171 | 972 | 972 | 972 | 972 | 972 |
| USA | 21 690 | 21 477 | 21 232 | 20 617 | | | 15 930 | | 15 750 |
| Weißrußland | 511 | 533 | 545 | 412 | 372 | 442 | 380 | 323 | |
| Zypern | | | | | | | | | |

[k] Daten für 1999. Zielwert.
[l] Basiert nicht auf der EMEP/CORINAIR-Methodik.
[m] 1 295 kt bezogen auf EMEP/CORINAIR-Methodik.
[n] Gesamte Emission von Kohlenwasserstoffen durch die Brennstoffindustrie einschließlich $CH_4$. Werte beziehen sich auf den europäischen Teil innerhalb EMEP. Stationäre und mobile Quellen.
[o] Gesamte Emission von Kohlenwasserstoffen ohne $CH_4$. Werte beziehen sich auf den europäischen Teil innerhalb EMEP. Stationäre und mobile Quellen.
[p] Nur anthropogen.
[q] Schätzung. Ohne natürliche Quellen.
[r] Vorläufige Werte. Ohne natürliche Quellen.
[s] Vorläufige Werte. Einschließlich $CH_4$ aus mobilen Quellen.
[*] Prognose basierend auf den gegenwärtigen staatlichen Emissionsminderungszielen.

## 2.2
## Critical Levels

G. Smiatek · R. Köble

### 2.2.1
### Definition

Die Bewertungsbasis des Gefährdungspotentials verschiedener Vegetationseinheiten durch erhöhte Immissionen stellen *Critical Levels* (kritische Luftschadstoffkonzentrationen) dar, die als Ergebnis verschiedener Workshops im Rahmen der UN/ECE-Konvention über weitreichende, grenzüberschreitende Luftverschmutzung (*Longe Range Transboundary Air Pollution*) festgelegt wurden. Der methodische Ansatz basiert auf Forschungsergebnissen über Dosis-Wirkungs-Beziehungen gasförmiger Schadstoffe gegenüber verschiedenen Rezeptoren. *Critical Levels* wurden auf dem UN/ECE Critical-level-Workshop in Bad Harzburg (UN/ECE 1988) definiert als: „*concentrations of air pollutants in the atmosphere above which direct adverse effects on receptors, such as plants, ecosystems or materials, may occur according to present knowledge*". Der Rat von Sachverständigen für Umweltfragen (1994) empfiehlt in seinem Umweltgutachten als deutschsprachige Übersetzung die Definition: „*Luftschadstoffkonzentrationen, bei deren Unterschreitung nach derzeitigem Wissen keine direkten Schäden an Rezeptoren zu erwarten sind*".

Als *Rezeptoren* werden einzelne Pflanzenarten, Pflanzengemeinschaften, Ökosysteme und auch anorganische Materialien (z. B. Mauerwerk) betrachtet. Die *Schäden* können chronisch oder akut sein, müssen sich aber von der natürlichen Streuung des Erscheinungsbilds des Rezeptors unterscheiden lassen. Es wird sowohl das *kurzzeitige* (z. B. 1-h-Mittelwert), als auch das *langfristige* (z. B. Jahresmittelwert) Auftreten von Luftschadstoffkonzentrationen berücksichtigt. Weiterhin müssen die Schäden auf die *direkte* Einwirkung eines Schadstoffes, zum Beispiel bei der Aufnahme über die Blattoberfläche, zurückzuführen sein.

Eine ständige Neubewertung des Wissenstandes ist Teil des Konzepts (Gregor 1993). Dies bedeutet einerseits die Ausweitung des Konzepts auf neue Stoffgruppen, weitere Rezeptoren und Critical Levels sowie andererseits die Überprüfung der bestehenden Critical Levels, unter dem jeweils aktuellen Kenntnisstand der Schadstoff-Rezeptor-Wirkungsbeziehungen.

Über die Definition von Schadstoff, Critical Level und Rezeptor und deren räumliche Darstellung werden Critical-level-Karten erstellt. Werden diese Karten mit den tatsächlich gemessenen bzw. modellierten Schadstoffkonzentrationen überlagert, so lassen sich Gebiete ermitteln, in denen eine Schädigung der Rezeptoren durch Überschreitung der Critical Levels nicht auszuschließen ist. Die Art und Anzahl der überschrittenen Levels ermöglicht, wenn auch nur qualitativ, eine weitere regionale Klassifizierung des Schädigungsrisikos. Gerade der regionale Aspekt ist für die Entwicklung optimaler Minderungsstrategien (Kosten-Nutzen) von entscheidender Bedeutung.

Die Kartierung der Critical Levels gliedert sich in 2 Erhebungsstufen. Level 1 konzentriert sich hinsichtlich der Rezeptorebene auf Pflanzengemeinschaften. Im Level 2 wird eine höhere Erhebungstiefe bis hin zu einzelnen Pflanzenarten angestrebt. Hier finden auch Faktoren, die zur Modifikation der Schadstoff-Rezeptor-Wirkungsbeziehung führen können wie z. B. verminderte Schadstoffaufnahme durch geschlossene Stomata bei Trockenheit, Berücksichtigung. Der hierarchische Ansatz ermöglicht eine stufenweise Kartierung der Critical Levels in Abhängigkeit von der Datenverfügbarkeit.

## 2.2.2
## Ozon

In den letzten Jahren ist Ozon ins Zentrum der Diskussion über Schadgase in der Troposphäre gerückt. Zahlreiche Forschungsvorhaben wurden mit dem Ziel initiiert, die Auswirkungen erhöhter Ozonkonzentrationen auf menschliche Gesundheit, Fauna und Flora sowie die Beteiligung von Ozon am Treibhauseffekt zu beschreiben. Vorrangig war die Frage nach dem natürlichen „Hintergrundwert" zu klären, der einen Maßstab für die Definition „erhöhter Ozonkonzentrationen" bilden könnte.

Die ältesten Messungen des Ozongehaltes bodennaher Luftmassen wurden im Zeitraum 1876–1910 in Montsouris bei Paris durchgeführt. Nach Volz-Thomas u. Kley (1988) kann aufgrund dieser Daten von einer mittleren Ozonkonzentration von etwa 10 ppb Anfang dieses Jahrhunderts ausgegangen werden. An vergleichbaren Orten im ländlichen Raum werden heute 2–3fach höhere Jahresmittel gemessen. Bach *et al.* (1995) geben als langjähriges Mittel an Meßstellen des Umweltbundesamtes Ozonkonzentrationen von 37 ppb (1980–1990) in den alten Bundesländern und 20 ppb (1982–1990) an den ländlichen Meßstellen der ehemaligen DDR an. Trendanalysen langjähriger Meßreihen am Hohenpeißenberg (Vandersee *et al.* 1993), in Payern in der Schweiz (Staehelin u. Schmid 1991) und an ländlichen Stationen der ehemaligen DDR (Feister u. Warmbt 1988) ergaben eine mittlere jährliche Zunahme der Ozonkonzentration von 1–3 %. Ähnliche Werte wurden auch an weiteren Meßstationen sowohl auf dem europäischen als auch auf dem nordamerikanischen Kontinent dokumentiert. Es ist ein Faktum, daß für die Nordhalbkugel die troposphärische Ozonzunahme ein Ereignis kontinentalen Ausmaßes ist (Bach *et al.* 1995). In den letzten Jahren zeichnet sich zwar eine leicht rückläufige Tendenz der mittleren jährlichen Ozonkonzentrationen ab. Inwieweit es sich hierbei um eine Folge der Reduktion von atmogenen Schadstoffen oder um ein klimatisch bedingtes Phänomen handelt, ist jedoch stark umstritten.

Bezüglich der Wirkung von Ozon auf die menschliche Gesundheit, Flora und Fauna sind freilich nicht Jahresmittelwerte, sondern kurzzeitige Spitzenkonzentrationen (Stundenmittel, Tageshöchstwerte etc.) und die Häufigkeit ihres Auftretens von entscheidender Bedeutung (Elstner 1996). Die Ozonspitzenwerte zeigen jedoch im Gegensatz zum langjährigen Anstieg der Jahresmittelwerte in ländlichen Gebieten, im letzten Jahrzehnt keinen klaren Trend (Bruckmann 1991). Die höchsten Ozonkonzentrationen wurden bereits 1976 in Mannheim mit etwa 270 ppb (3-h-Mittel) gemessen. In einigen Gebieten treten nach wie vor Stundenmittel von > 150 ppb auf. Sie liegen damit weit über der Maximalen Immissionskonzentration (MIK) von 60 ppb (Halbstundenmittel), die die VDI-Kommission zur Reinhaltung der Luft zum Schutze des Menschen und seiner Umwelt empfiehlt. Aus diesem Grunde sind Minderungsstrategien für die Vorläufersubstanzen Stickstoffoxide ($NO_x$) und flüchtige organische Kohlenwasserstoffe (VOC) sowohl zur Vermeidung kurzfristiger Sommersmogperioden als auch zur Kontrolle des langfristigen Trends dringend notwendig.

Die Überschreitung ökologisch begründeter Belastungsgrenzen – der Critical Levels – wird zur Definition des Handlungsbedarfs und zur Entwicklung von Minderungsstrategien innerhalb des Genfer Luftreinhalteübereinkommens eingesetzt. Die erste Festlegung von Critical Levels für das Schadgas Ozon erfolgte im Jahre 1988 (UN/ECE 1988). Sie basierte, den Schwellenwerten der VDI-Kommission vergleichbar, auf der Bestimmung von maximalen Kurzzeitmittelwerten sowie auf längerfristigen saisonalen Mittelwerten (s. Tabelle 2.7). Neuere Forschungsergebnisse zeigten jedoch bald, daß

- das Regenerationspotential der meisten Pflanzenarten ausreicht, um kurzzeitige Spitzenkonzentrationen zu kompensieren und
- die Schadwirkung von Ozon nicht allein von der mittleren Konzentration innerhalb eines längeren Zeitraums abhängig ist.

Diese Erkenntnisse forderten eine neue Bezugsbasis, die sowohl die Höhe der Spitzenkonzentrationen als auch ihre Häufigkeit berücksichtigt. Die Analyse von Begasungsversuchen an unterschiedlichen Pflanzenarten ergab einen hohen korrelativen Zusammenhang von Schädigungen bzw. Biomasseverlusten mit der kumulativen Überschreitung eines Stundenmittelwertes von 40 ppb. Als Resultat dieser Forschungsergebnisse wurde vom Critical-level-Workshop in Egham, England (UN/ECE 1992) der sog. AOT40-Wert (Accumulated exposure Over a Threshold of 40 ppb) definiert. Bei der Berechnung des AOT40 werden in einer definierten Periode alle Überschreitungen eines Stundenmittels von 40 ppb summiert. Das Limit von 40 ppb ist hierbei nicht als Grenzwert, sondern als statistisch ermittelte „cut-off-line" zu verstehen, deren Überschreitungssumme nach gegenwärtigen Kenntnissen am besten mit Ozonschäden an verschiedenen Pflanzenarten korreliert ist. Die Summe wird in ppb-Stunden (ppb-hours) angegeben. Der Berechnungszeitraum des AOT40-Wertes wird auf die Phasen eingeschränkt, in denen

- der Rezeptor zur Ozonaufnahme befähigt ist, d. h. Die Stomata sind geöffnet. Dieser Zeitraum wird definitionsgemäß den Tageslichtstunden mit einer Globalstrahlung von > 50 W m$^{-2}$ gleichgesetzt;
- der Rezeptor die höchste Sensitivität gegenüber Schadstoffeinwirkungen zeigt, nämlich der Hauptwachstumsphase, und
- die Bodenfeuchte keinen limitierenden Faktor darstellt.

Bisher konnten Critical Levels für Waldökosysteme, landwirtschaftliche Nutzpflanzen und naturnahe Ökosysteme definiert werden (UN/ECE 1996a). Der AOT40-Wert für Waldökosysteme darf im Zeitraum April bis September den Critical Level von 10 000 ppb-h nicht überschreiten. Für landwirtschaftliche Nutzpflanzen liegt dieser Grenzwert in der Höhe von 3 000 ppb-h als Summe in den Monaten Mai bis Juli. Grundlage für diesen Grenzwert bildet ein potentieller Ernteverlust von 5 %. Der Grenzwert für naturnahe Ökosysteme liegt ebenfalls bei 3 000 ppb-h.

Kurzzeit-critical-levels für Ozon werden bislang nur für landwirtschaftliche Nutzpflanzen berücksichtigt. In Abhängigkeit vom Dampfdrucksättigungsdefizit der Luft darf der AOT40 innerhalb von 5 aufeinanderfolgenden Tagen den Critical Level von 200 ppb-h bzw. 500 ppb-h nicht überschreiten. Der letzte Wert gilt für Phasen mit hohem Sättigungsdefizit von > 1,5 hPa, da mangelnde Luftfeuchte zu einer verminderten Stoffaufnahme durch die Pflanze führt.

Die Ozonbildung ist eng mit jährlich schwankenden klimatischen Faktoren, v. a. der Sonneneinstrahlung, verknüpft. Aus diesem Grunde sollten die AOT40-Berechnungen für 5 aufeinanderfolgende Jahre durchgeführt und die Ergebnisse gemittelt werden.

Die Berechnung der AOT-Werte sei exemplarisch anhand von Daten, die am 06.05.1992 von der Meßstation Balingen gemessen wurden (s. Abb. 2.9), erläutert. Die Säulen geben das Stundenmittel der Ozonkonzentration (ppb) von 1 Uhr bis 24 Uhr an. Die punktierte Fläche im Hintergrund zeigt die Globalstrahlung (W m$^{-2}$) im Tagesverlauf. Bei Überschreitung der „cut-off-line" (Ozonkonzentration > 40 ppb und Globalstrahlung > 50 W m$^{-2}$) werden die Ozonkonzentrationen addiert (kreuzschraffierter Anteil der Ozonkonzentrationssäulen). Für diesen Tag beträgt die Summe 383 ppb-h.

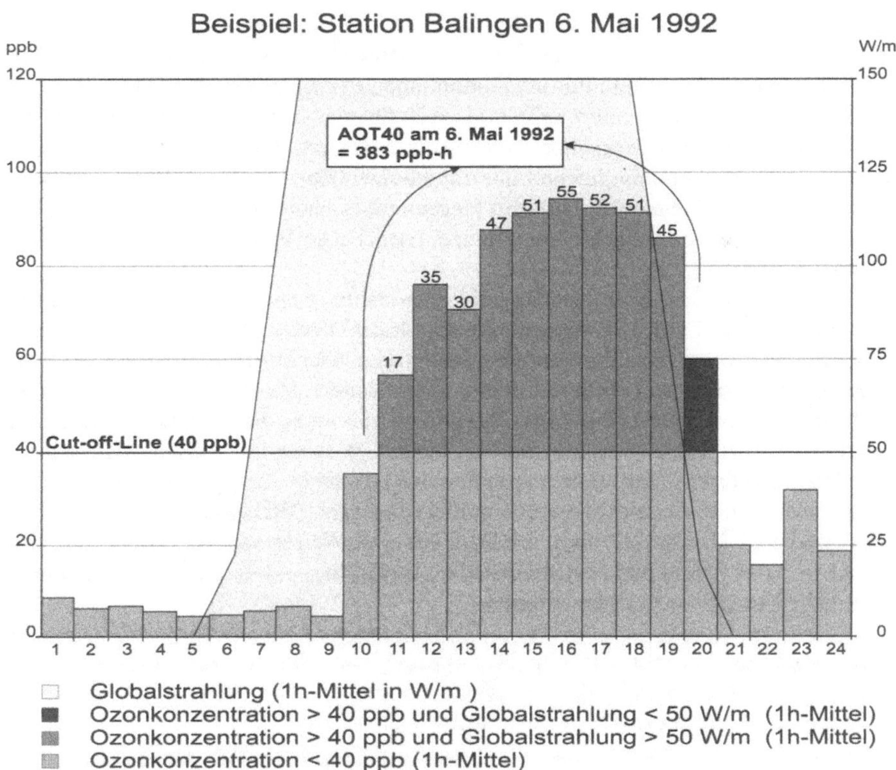


**Abb. 2.9.** Berechnung der AOT40-Werte

In Tabelle 2.7 (S. 51) sind die Critical Levels für Ozon, die seit Beginn der Kartierungsarbeiten im Jahre 1988 festgelegt wurden, zusammengestellt. Gerade auf dem Sektor der Schädigung der Vegetation durch erhöhte Ozonkonzentrationen wurden die Forschungsarbeiten in den letzten Jahren stark intensiviert. Diese Forschungsergebnisse bezüglich der Dosiswirkung führten 1992 zur Definition des AOT40 als Bezugsbasis der Critical Levels, einer weiteren Differenzierung auf der Rezeptorebene (1993) sowie der Berücksichtigung von Einflußfaktoren wie Strahlungsintensität und Dampfdrucksättigungsdefizit für die aktuellen Werte (1996).

### 2.2.3
### Schwefeldioxid

Bereits Mitte des letzten Jahrhunderts wurden sog. Rauchschäden, die in unmittelbarer Umgebung von Industriebetrieben auftraten, in Verbindung mit $SO_2$ gebracht. Intensive Industrialisierung in Mitteleuropa, verbunden mit weiträumigem Schadstofftransport in der Atmosphäre, verursachte in den 70er Jahren beträchtliche ökologische Probleme auch in emittentenfernen Regionen, die unter dem Stichwort „saurer Regen" bekannt wurden. Diese Probleme führten zur Entwicklung von Schadstoffreduktionsprogrammen, die anfangs eine prozentuale Reduktion vorsahen und später auf der Basis des Best-available-technology (BAT)-Konzepts konzipiert wurden. Ende der 80er Jahre wurde begonnen, das rezeptororientierte Critical-level-Konzept in die Definition von Schadstoffreduktionsmaßnahmen in Europa einzubeziehen.

Die erste Festlegung der Critical Levels für das Schadgas $SO_2$ geht auf den UN/ECE Critical-level-Workshop in Bad Harzburg, 1988 (UN/ECE 1988) zurück. Basierend auf einem umfangreichen Literatur-Review über die Dosis-Wirkungs-Beziehungen für verschiedene Rezeptoren (Jaeger und Schulze 1988) wurden Schwellenwerte für landwirtschaftliche Nutzpflanzen, natürliche Vegetation und Wald festgelegt (s. Tabelle 2.7).

Eine Revision der Critical Levels erfolgte im Jahre 1992 auf der Grundlage neuerer Erkenntnisse vom UN/ECE Workshop über Critical Levels in Egham (UN/ECE 1992). Verschiedene Untersuchungen hatten gezeigt, daß Wachstumseinbußen stärker mit langzeitigen, saisonalen Durchschnittskonzentrationen als mit kurzzeitigen Spitzenbelastungen korrelieren (Bell 1992). Dies führte zu einer Abschaffung des Kurzzeitcritical-levels für den 24-h-Zeitraum (s. Tabelle 2.7). Einer höheren Sensitivität verschiedener Spezies in den Wintermonaten wird durch ein zusätzliches Kriterium bezüglich des Langzeit-critical-level-Rechnung getragen (Bell 1992). Der Critical Level darf weder im Jahresmittel, noch im Mittel über die Wintermonate Oktober bis März 20 µg m$^{-3}$ für Waldgebiete und natürliche Vegetation, bzw. 30 µg m$^{-3}$ für landwirtschaftliche Nutzpflanzen, überschreiten.

Eine zweite Kartierungsstufe (Level 2), sieht eine höhere Auflösung auf der Rezeptorebene und die Berücksichtigung des Einflusses von klimatischen und edaphischen Faktoren vor. Als Resultat des Workshops in Egham (UN/ECE 1992) wurde auch erstmals ein Critical Level für Flechten festgelegt.

Untersuchungen zum Einfluß klimatischer Faktoren ergaben ferner eine höhere Sensitivität verschiedener Pflanzenspezies in Hochlagen mit geringer Jahresmitteltemperatur und kurzer jährlicher Vegetationsperiode. Aus diesem Grunde wurde für Gebiete, in denen die effektive Temperatursumme (*ETS*) über 5 °C die Schwelle von

1 000 °C-Tagen unterschreitet, der Critical Level auf 15 µg m$^{-3}$ erniedrigt (Tabelle 2.7). Diese effektive Temperatursumme *ETS* über 5 °C errechnet sich aus:

$$ETS = \sum_{i=1}^{n} d_i (T_i - 5 \ °C) \, ,$$

wobei:
- $T_i$ = mittlere Tagestemperatur,
- $d_i$ = 1 wenn $T_i >$ +5 °C und
- $d_i$ = 0 wenn $T_i \leq$ +5 °C für $n$ Tage des Jahres.

## 2.2.4
## Stickoxide

Stickstoffmonoxid und Stickstoffdioxid kommen in der bodennahen Atmosphäre in Konzentrationen vor, die toxikologisch relevant sein können. Sie entstehen bei Verbrennungsprozessen bei hohen Temperaturen durch Oxidation des Stickstoffs, der im Brennstoff fixiert ist und des Stickstoffs in der Verbrennungsluft. Rund 70 % der Stickstoffoxidemissionen in Deutschland sind verkehrsbedingt (Rat von Sachverständigen für Umweltfragen 1994). Durch den Rückgang der Emissionen an stationären NO$_x$-Quellen ist der Anteil aus dem Kraftfahrzeugverkehr in den letzten Jahren stetig gestiegen.

In Abhängigkeit von der Konzentration können Stickstoffoxide sowohl Düngeeffekte als auch toxische Wirkung zeigen. Beide Wirkungen werden als nachteilig angesehen, da Düngung nicht nur zur erwünschten Wachstumssteigerung bei Kulturpflanzen, sondern auch zur Veränderung der Artenzusammensetzung naturnaher bzw. natürlicher Ökosysteme, z. B. durch die Beeinflussung der intraspezifischen Konkurrenz, führen kann.

Der erste Critical-level-Workshop in Bad Harzburg (UN/ECE 1988) definierte ein Critical Level von 30 µg m$^{-3}$ NO$_x$ im Jahresmittel (s. Tabelle 2.7). Neuere Untersuchungen ergaben jedoch verminderte Nettophotosyntheseraten bei kurzfristig hohen Belastungen. Dies führte zur Festlegung eines Kurzzeit-Schwellenwerts von 95 µg m$^{-3}$ NO$_x$ (4-h-Mittel) auf dem Folgeworkshop in Egham (UN/ECE 1992). Dabei ist NO$_x$ als Summe aus NO$_2$ (in ppb) und NO (in ppb) definiert. Die Schwellenwerte gelten unter der Bedingung, daß die Critical Levels für SO$_2$ und O$_3$ nicht überschritten werden (UN/ECE 1996b).

Aufgrund mangelnder Untersuchungen über Dosis-Wirkungs-Beziehungen für einzelne Vegetationstypen, kann derzeit noch keine Unterscheidung hinsichtlich der Rezeptorebene getroffen werden. Doch es ist anzunehmen, daß die höchste Sensitivität gegenüber der direkten Wirkung von Stickstoffoxiden (vor allem NO) die natürliche Vegetation aufweist.

## 2.2.5
## Critical-level-Karten

Grundlage für die Critical-level-Karten für Ozon bildet die digitale Waldkarte, die vom Umweltbundesamt, Berlin, erstellt wurde. Allen „Nicht-Wald-Flächen" werden die Berechnungsergebnisse für landwirtschaftliche Nutzflächen, die definitionsgemäß

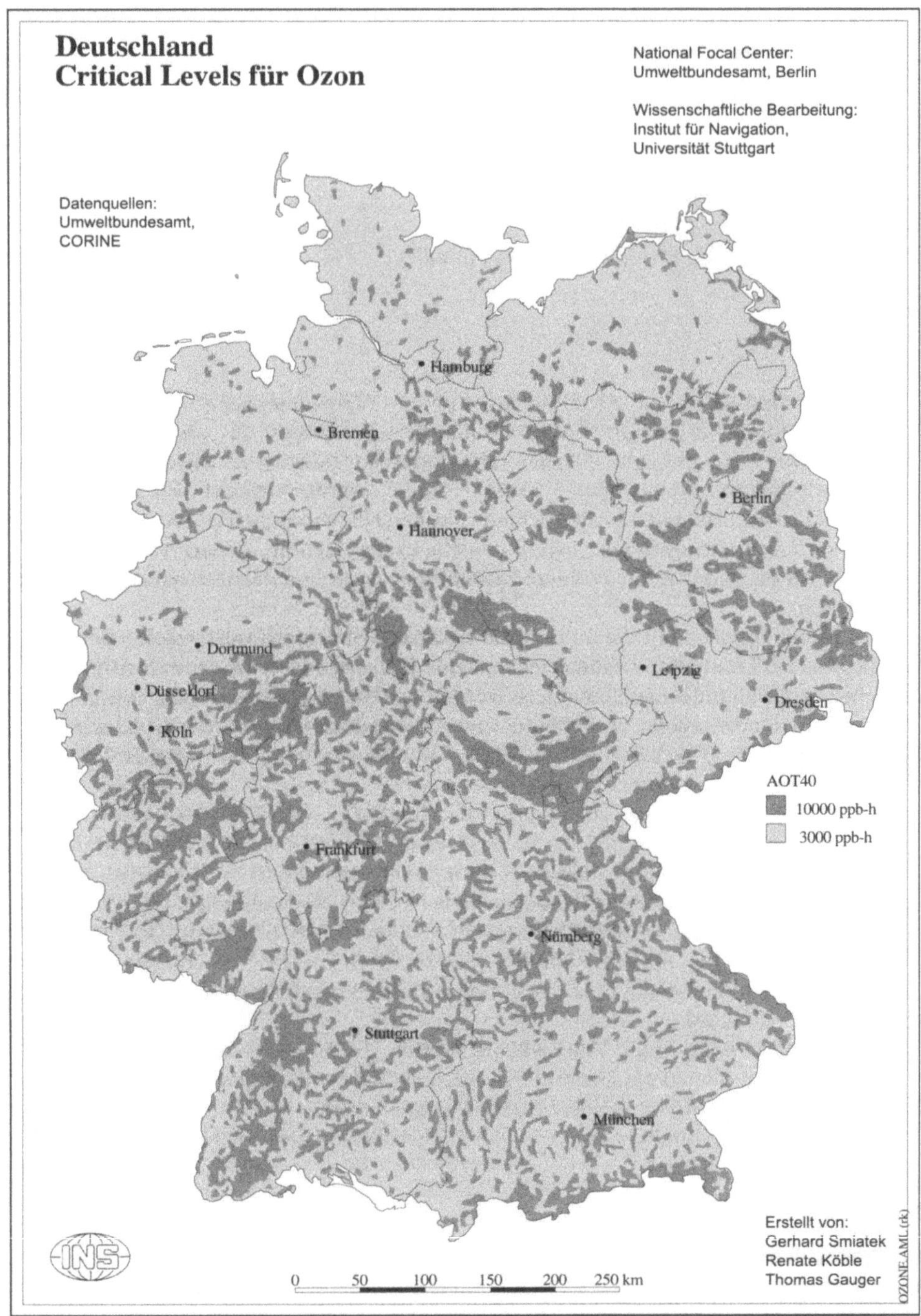


**Abb. 2.10 a.** Flächenhafte Darstellung der Critical Levels für Ozon

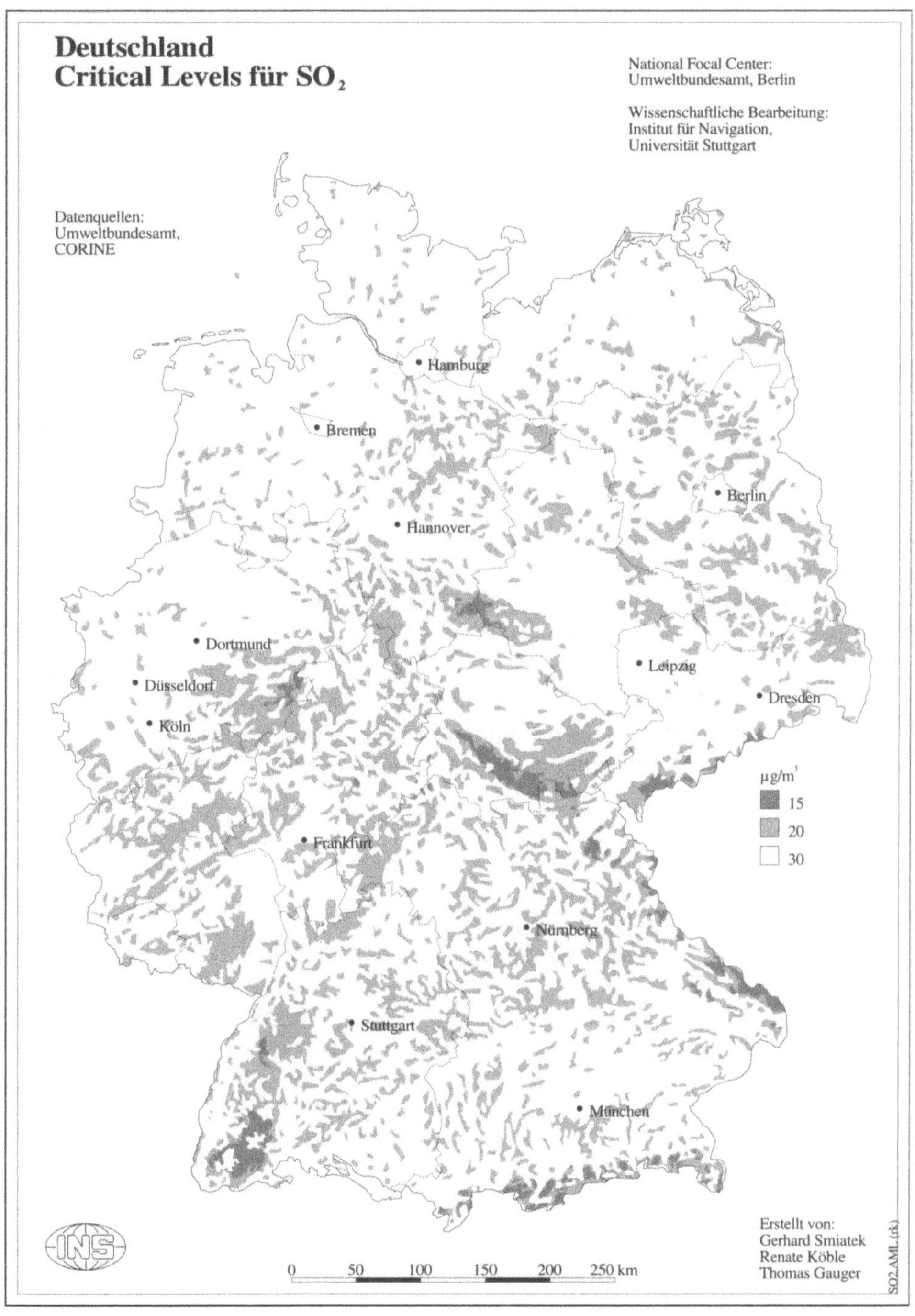


**Abb. 2.10 b.** Flächenhafte Darstellung der Critical Levels für Schwefeldioxid

auch für naturnahe Ökosysteme gelten, zugewiesen. Die Verteilung der Rezeptoren (Wald = dunkelgrau, landwirtschaftliche Nutzflächen = hellgrau) unter Angabe der gültigen Critical Levels für Ozon zeigt Abb. 2.10 a. Eine wesentlich verbesserte Erfassung der Rezeptorebene werden in naher Zukunft die Corine-land-cover-Daten liefern, die derzeit für Deutschland erhoben werden.

Die Erfassung der räumlichen Verteilung der Rezeptoren und damit des Geltungsbereichs der Critical Levels für das Schadgas $SO_2$ basiert ebenfalls auf der digitalen Waldkarte des Umweltbundesamtes. Für Waldgebiete  gilt der Critical Level von 20 µg m$^{-3}$ und für alle „Nicht-Wald-Flächen" der Critical Level für landwirtschaftliche Nutzpflanzen von 30 µg m$^{-3}$ (Abb. 2.10 b). Eine räumliche Zuordnung des Rezeptors Flechten ist aufgrund ihres potentiell bundesweiten Vorkommens nicht notwendig. Die Konzentrationskarten (s. Kap. 3) können dahingehend interpretiert werden, daß in Arealen mit Überschreitung von 10 µg m$^{-3}$ dieser Rezeptor gefährdet ist.

Regionen, in denen der $SO_2$-Critical-level für Waldgebiete und natürliche Vegetation aufgrund geringer effektiver Temperatursumme 15 µg m$^{-3}$ beträgt, sind in Abb. 2.10 b in dunklem Grau dargestellt. Die Analyse einer größeren Anzahl von Meßstationen in unterschiedlichen Lagen in Deutschland zeigt einen hohen korrelativen Zusammenhang zwischen der ETS und der Jahresmitteltemperatur (s. Abb. 2.11). Diese Beziehung ermöglicht auf der Basis einer flächendeckenden Karte zur Jahresmitteltemperatur, Gebiete mit einer ETS < 1000 °C Tagen abzu-grenzen. Hierbei handelt es sich ausschließlich um die Hochlagen der Mittelgebirge und der Alpen.

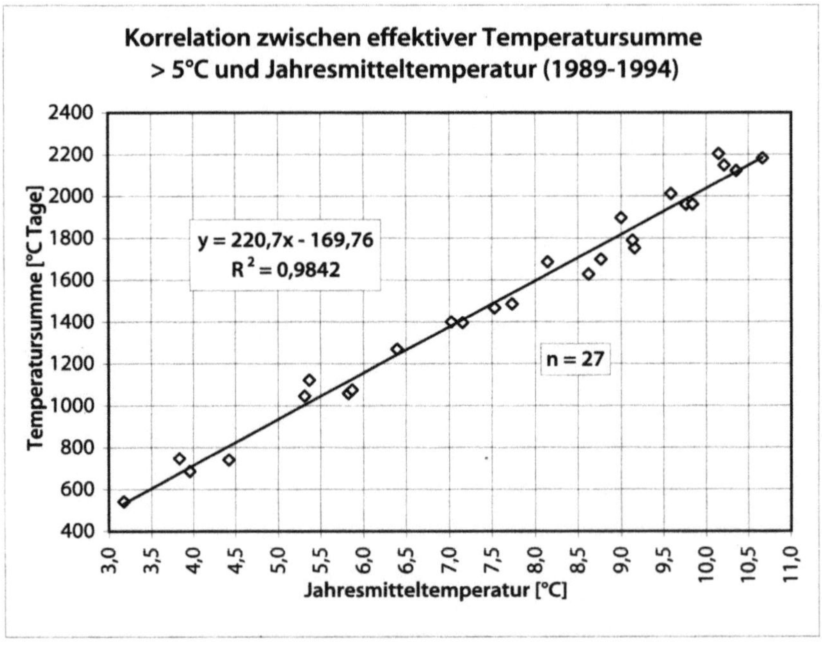


**Abb. 2.11.** Effektive Temperatursumme in Abhängigkeit von der Jahresmitteltemperatur

**Tabelle 2.7.** Critical Levels für empfindliche Ökosysteme (1988–1996)

| Schadgas | Critical Levels[a] 1988 | 1992 | 1993 | 1996 | Zeitbezug | Rezeptor |
|---|---|---|---|---|---|---|
| SO$_2$ [µg m$^{-3}$] | _70_[b] | – | | | Maximales 24-h-Mittel | Gesamte Vegetation |
| | | **10** | | | Jahresmittel | Flechten |
| | _20_ | – | | | Jahresmittel | Waldökosysteme und Natürliche Vegetation |
| | | **20** | | | Jahresmittel und Halbjahresmittel; (Oktober–März) | |
| | | **15** | | | Jahresmittel; wenn die effektive Temperatursumme über 5°C (Tagesmitteltemperatur) weniger als 1000°C-Tage beträgt | |
| | _30_ | – | | | Jahresmittel | Landwirtschaftliche Nutzpflanzen |
| | | **30** | | | Jahresmittel und Halbjahresmittel; (Oktober–März) | |
| NO$_x$ [µg m$^{-3}$] | | **95** | | | Maximales 4-h-Mittel | Gesamte Vegetation |
| | _30_ | **30** | | | Jahresmittel | |
| NH$_4$ [µg m$^{-3}$] | _1000_ | **3300** | | | Maximales 1-h-Mittel | Gesamte Vegetation |
| | _600_ | **270** | | | Maximales 24-h-Mittel | |
| | _100_ | **23** | | | Maximales Monatsmittel | |
| | | **8** | | | Jahresmittel | |
| O$_3$ [µg m$^{-3}$] | _150_ | – | | | Maximales 1-h-Mittel | Gesamte Vegetation |
| | _60_ | – | | | Maximales 8-h-Mittel; in Intervallen 1–8, 9–16 u. 17–24 Uhr | |
| | _50_ | – | | | Maximales 7-h-Mittel; 9–16 Uhr in der Vegetationsperiode (evtl. April–September) | |
| O$_3$ AOT40[c] [ppb-h] | | _300_ | – | | Vegetationsperiode; während der Tageslichtstunden zwischen astronomischem Sonnenaufgang und -untergang | Gesamte Vegetation |
| | | | _5300_ | **3000** | 3 Monate der Hauptwachstumsphase; (evtl. Mai–Juli), während Tageslichtstunden[d] | Landwirtschaftliche Nutzpflanzen und naturnahe Ökosysteme |
| | | | _700_ | – | 3 aufeinanderfolgende Tage; während Tageslichtstunden | Landwirtschaftliche Nutzpflanzen |
| | | | | **500** | 5 aufeinanderfolgende Tage; während Tageslichtstunden mit einem Dampfdrucksättigungsdefizit >1,5 kPa (Mittel 9.30–16.30 Uhr) | |
| | | | | **200** | 5 aufeinanderfolgende Tage; während Tageslichtstunden mit einem Dampfdrucksättigungsdefizit <1,5 kPa (Mittel 9.30–16.30 Uhr) | |
| | | | _10000_ | – | 6 Monate höchster Sensitivität des Rezeptors; (evtl. April–September), ganztags | Waldökosysteme |
| | | | | **10000** | 6 Monate höchster Sensitivität des Rezeptors; (evtl. April–September), während Tageslichtstunden | |

[a] Die Critical Levels wurden festgelegt aufgrund der Ergebnisse der Workshops in Bad Harzburg (UN/ECE 1988), in Egham (UN/ECE 1992), in Bern (UN/ECE 1993) und in Kuopio (UN /ECE 1996).
[b] kursiv gekennzeichnete Critical Levels wurden revidiert, aktuell gültige sind fett gedruckt.
[c] **A**ccumulated Exposure **O**ver a **T**hreshold of **40** ppb (Erläuterung s. Text).
[d] Tageslichtstunden sind definiert als der Zeitraum mit einer Globalstrahlung > 50 W m$^{-2}$.

## 2.3
## Critical Loads für terrestrische Ökosysteme

### 2.3.1
### Critical Loads für Säureeinträge

R. Becker · H.-D. Nagel · L. Werner

In Anlehnung an die generelle Definition der Critical Loads im Sinne von ökologischen Belastungsgrenzen für den Eintrag von Luftschadstoffen (Prinzip der Waage, vgl. Kap. 2) wird hier als „Critical Load für Säureeinträge" die höchste Deposition von säurebildenden Verbindungen verstanden, die nicht infolge chemischer Veränderungen langfristig schädliche Effekte in Struktur und Funktion der Ökosysteme hervorruft. Die Höhe der tolerierbaren Deposition richtet sich damit allein nach den Eigenschaften des betrachteten Ökosystems.

Nach Ablauf des ersten ECE-Protokolls zur Minderung der Emissionen von Schwefeldioxid in Europa (1985–1993), das eine Emissionsminderung von 30 % vorsah (Kap. 1), legte das zweite Schwefelprotokoll für Europa (Oslo, 1994) Reduzierungsziele unter Berücksichtigung der Critical Loads fest. Im Zusammenhang mit der Vorbereitung dieses ECE-Protokolls wurden zunächst Critical Loads für den Eintrag von Schwefelverbindungen bestimmt, aufgrund der ökosystemaren Bedeutung sind die Berechnungen jedoch auf die gesamte saure Deposition erweitert und sowohl die Schwefel- als auch die Stickstoffverbindungen berücksichtigt worden. Folgende Prozesse sind in der Atmosphäre für die Abgabe von Protonen ($H^+$) verantwortlich:

$$SO_2 + H_2O + O_3^{\circledcirc} \rightarrow SO_4^{2-} + O_2 + 2\,H^+\,,$$

$$2\,NO_2 + H_2O + O_3^{\circledcirc} \rightarrow 2\,NO_3^- + O_2 + 2\,H^+\,,$$

$$NH_3 + 2\,O_2 \rightarrow NO_3^- + H_2O + H^+\,;$$

■ $^{\circledcirc}$ Ozon ist nur eines der möglichen Oxidationsmittel.

Der Eintrag von Protonen in ein Ökosystem kann in ihm direkte und indirekte Schädigungen hervorrufen. Bei der direkten Einwirkung von Säuren auf Blätter oder Nadeln kann es – je nach Konzentration der $H^+$-Ionen und Schutzmechanismen der Pflanzen (z. B. Dicke und Aufbau der Cuticula) – zu deren Schädigungen bis hin zum Absterben der betroffenen Blattzellen kommen.

Langfristige Schädigungen, die für den Critical-load-Ansatz von Bedeutung sind, wirken sich indirekt über bodenchemische Veränderungen auf die Vegetation aus. Daher soll im folgenden näher auf diese Wirkungsmechanismen eingegangen werden. Neben den direkten Protoneneinträgen durch Luftschadstoffe werden im Boden $H^+$-Ionen freigesetzt, wenn Ammonium nitrifiziert wird bzw. organische Stickstoffverbindungen mineralisiert werden und anschließend das gebildete Nitrat ausgewaschen wird (vgl. Kap. 2). Dieser Vorgang spielt in Richtung Bodenversauerung nur dann eine Rolle, wenn mehr Ammonium- als Nitratstickstoff deponiert wird. Des weiteren wird der Prozeß durch das Verhältnis der N-Verbindungen bei der Aufnahme durch die Vegetation beeinflußt.

$$NH_4^+ + 2\,O_2 \rightarrow NO_3^- + H_2O + 2\,H^+ + 2\,e^-\;;$$

- $2\,e^-$ = Energiegewinn der umsetzenden Mikroorganismen.

Dem Eintrag bzw. der Bildung von Protonen wird seitens des Bodens durch diverse Puffermechanismen entgegengewirkt, die pH-Wert abhängig sind (s. Tabelle 2.8). Reicht die Wirkung einer Puffersubstanz nicht mehr aus, den Protoneneintrag zu kompensieren, findet eine Absenkung des pH-Wertes statt und der im folgenden pH-Bereich befindliche Puffer wird wirksam. Die Geschwindigkeit der pH-Wertabsenkung ist neben der Höhe der deponierten Protonen von diversen Faktoren wie der Bodenverwitterung, dem Klima, der Vegetation u. a. abhängig.

Als Folge dieser Pufferwirkungen werden – je nach Puffersubstanz – bodenchemische Veränderungen hervorgerufen. Basenreiche Böden puffern eingetragene Protonen über die Freisetzung basischer Kationen ab. In der Critical-load-Berechnung liegen 2 Definitionen für basische Kationen vor, die deren Wirkung auf Boden und Pflanze Rechnung tragen. Unter *Bc* ist die Summe der basischen Kationen Calcium, Magnesium, Kalium und Natrium zu verstehen:

$$BC = Ca + Mg + K + Na\,.$$

Da Natrium nicht pflanzenphysiologisch wirksam ist, wird es bei der Bestimmung pflanzenrelevanter basischer Kationen (*Bc*) nicht berücksichtigt.

$$Bc = Ca + Mg + K\,.$$

Bei pH-Werten von 5,0–4,2 findet eine Änderung der Ausstattung der Böden mit Nährstoffen, insbesondere mit basischen Kationen, statt, da $Al^{3+}$-Ionen die Bodenaustauscher aufgrund ihrer hohen Ladung blockieren und freigesetzte basische Kationen Auswaschungsprozessen unterliegen (Matzner 1988; Ulrich 1985). Infolgedes-

**Tabelle 2.8.** Puffersysteme in Böden (verändert nach Ulrich 1985)

| Puffersubstanz | pH-Bereich | Bodenchemische Veränderung |
|---|---|---|
| Carbonatpuffer ($CaCO_3$) | 8,6 – 6,2 | Basenauswaschung |
| Silicatpuffer (primäre Silicate) | > 5,0 | Vergrößerung der Kationenaustauschkapazität |
| Austauscherpuffer (Tonminerale) | 5,0 – 4,5 | Reduktion der Kationenaustauschkapazität |
| Mangan-Oxide | 5,0 – 4,5 | Reduktion der Basensättigung |
| Tonminerale | 5,0 – 4,2 | Reduktion der Basensättigung |
| n [$Al(OH)_x^{(3-x)+}$] | 4,5 – 4,2 | |
| Aluminiumpuffer (n [$Al(OH)_x^{(3-x)+}$], Auminiumhydroxosulfate) | < 4,2 | Aluminiumauswaschung |
| Aluminium-Eisen-Puffer wie Aluminiumpuffer, „Boden-$Fe(OH)_3$") | < 3,8 | Organische Fe-Komplexe |
| Eisenpuffer (Eisenhydrit) | < 3,2 | $Fe^{3+}$ |

sen stehen den Pflanzen weniger basische Kationen zur Aufnahme zur Verfügung, was insgesamt – verstärkt durch hohe Depositionen eutrophierenden Stickstoffs – zu Nährstoffinbalancen und den bekannten Mangelerscheinungen bis hin zu Nekrosen führt. Hier ist insbesondere der Mg- und K-Mangel zu nennen. Ein in der Critical-load-Methodik hierzu eingesetzter Indikator ist das Bc/Al-Verhältnis. In verschiedenen Untersuchungen fand man ein Bc/Al-Verhältnis von 1 als eine kritische Größe hinsichtlich der zu erwartenden Schädigungen. Ein gesunder Boden zeichnet sich hingegen durch ein Ca + Mg + K/Al-Verhältnis zwischen 10 und 100 aus (Rost-Siebert 1985; Sverdrup u. Warfvinge 1993).

Sinken die pH-Werte unter 4,2 (Aluminiumpuffer) ab, gehen die $Al^{3+}$-Ionen in Lösung und wirken, da sie nun in höherem Maß pflanzenverfügbar sind, zunehmend phytotoxisch. Die Wirkung tritt primär in der Rhizosphäre ein, wo es zu eingeschränkter Funktionstüchtigkeit bis hin zum Absterben von Feinwurzeln kommt. Die negative Wirkung beruht hierbei auf verschiedenen Mechanismen. Zum einen kann – je nach Aluminiumkonzentration und Aluminiumtoleranz der Pflanze – ein vermindertes Wachstum der Feinwurzeln diagnostiziert werden (verkürzte und verdickte Wurzelzellen). Zum anderen wirkt Aluminium auf die Mechanismen der Pflanzenwurzeln, die die Aufnahme und Abgabe von Stoffen und Protonen regeln. Gravierende Auswirkungen auf das Vermögen der Vegetation, ausreichend Wasser und die für das Wachstum und die Gesundheit notwendigen Nährstoffe aufzunehmen, sind die Folge (Block *et al.* 1996; Eichhorn 1987).

Als weitere Veränderung des Rezeptors Boden ist zu nennen, daß geringe pH-Werte in der Bodenlösung die Aktivität von Bodenorganismen mindern und somit zu einer Entkopplung des Nährstoffkreislaufs führen, indem infolge mangelnder Bioturbation und verminderter Mineralisierung vermehrt Humus akkumuliert bzw. Stickstoff immobilisiert wird (Block *et al.* 1996).

Indirekt wirken sich Schädigungen des Bodenchemismus von terrestrischen Ökosystemen auch negativ auf aquatische Systeme aus, da in der Regel das terrestrische System gleichzeitig Einzugsgebiet von Oberflächengewässern bzw. des Aquifers ist.

Von den durch die o. g. Luftschadstoffe betroffenen Ökosystemen wurde allgemein für Europa wie auch in Deutschland zunächst der Wald bzw. der Waldboden als empfindlicher Rezeptor für die Bestimmung von Critical Loads gegenüber Säureeinträgen ausgewählt (Nagel *et al.* 1994, 1995). Darüber hinaus können jedoch auch für weitere terrestrische Ökosysteme, Oberflächen- und Grundwasser ökologische Belastungsgrenzen ermittelt werden (vgl. auch Kap. 2.3.2 und 2.4).

Chemische Veränderungen infolge saurer Deposition, die langfristig Schäden in Struktur und Funktion eines Ökosystems hervorrufen, lassen sich für den Wald anhand der Zusammensetzung der Bodenlösung nachweisen.

**Tabelle 2.9.** Kritische chemische Werte in Waldböden (Downing 1993)

| Parameter | Einheit | Wert |
|---|---|---|
| [Al] | $mol\,m^{-3}$ | 0,2 |
| Bc/ Al | $mol\,mol^{-1}$ | 1,0 |
| pH | – | 4,0 |
| ANC | $mol\,m^{-3}$ | −0,3 |

Signifikante Schäden sind zu erwarten, wenn kritische chemische Werte der Bodenlösung solche Abweichungen vom Normalbereich aufweisen, daß dieses zu einer Destabilisierung der Bodenprozesse oder zu direkten Schäden an der Vegetation führt
(UN/ECE 1991). Hierbei dienen folgende chemische Indikatoren, die aus den zuvor
aufgeführten Wirkungen abgeleitet wurden und deren kritische Werte sind in Tabelle 2.9 aufgeführt sind, zur Ermittlung des Versauerungsgrades:

- Konzentration der Aluminiumionen [Al];
- Verhältnis der Aluminiumionen zu den basischen Kationen Calcium und Magnesium (Ca + Mg / Al) oder das der basischen Kationen (base cations, *Bc*) insgesamt
  zu Aluminium (Bc/ Al);
- pH-Wert;
- Säureneutralisationskapazität (Acid Neutralizing Capacity, *ANC*).

Die Entwicklung der Verfahren und Modelle zur Bestimmung und Kartierung von
ökologischen Belastungsgrenzen wird seit 1990 in einem Methodenhandbuch dokumentiert. Dieses „Manual on Methodologies and Criteria for Mapping Critical Le-
vels/Loads and Geographical Areas where they are Exceeded", herausgegeben im Ergebnis mehrerer internationaler Expertentreffen (1988, 1989) und seitdem ständig
aktualisiert (UBA 1993, 1996b), sichert die Vergleichbarkeit der Ergebnisse auf inter-
nationalem Niveau. Auf Grundlage der in den einzelnen ECE-Ländern berechneten
und kartierten Critical Loads konnten seit 1991 Europakarten der Belastbarkeit der
Ökosysteme durch saure Depositionen veröffentlicht und Aussagen zu deren Überschreitung durch die aktuelle Schadstoffdeposition getroffen werden (CCE 1991, 1993,
1995).

Für die Berechnung der Critical Loads stehen 3 methodisch differierende Ansätze
zur Verfügung, die in den folgenden Kapiteln näher erläutert werden sollen:

- Level-0-Ansatz;
- Level-1-Ansatz;
- Level-2-Ansatz.

Prinzipiell betrachten alle Ansätze bodeninterne Prozesse, die in der Lage sind
Säureeinträge zu puffern. Diese Prozesse lassen sich aus Grunddaten wie Bodeninformationen, Bodenbedeckung und Klima ableiten (vgl. Kap. 2). Die 3 Ansätze
unterscheiden sich jedoch durch die Genauigkeit der Abbildung des betrachteten
Rezeptors Waldboden in Hinsicht auf die bodenchemischen und ökosystemaren
Prozesse sowie auf die Komponente Zeit. Die Komplexität der Modelle nimmt mit
dieser Genauigkeit bzw. mit dem Level des betrachteten Ansatzes zu; gleichzeitig
steigen jedoch auch die qualitativen und quantitativen Anforderungen an die Datengrundlage.

### 2.3.1.1
*Level-0-Ansatz*

Ein sehr einfacher methodischer Ansatz zur Bestimmung der Critical Loads für Säureeinträge, der einem Level-0-Ansatz entspricht, ist die Begrenzung der zulässigen

Säureeinträge auf die durch Verwitterung im Boden freigesetzten basischen Kationen als einziger langfristig pufferwirksamer Größe.

$$CL_{Ac} = BC_w \; ; \tag{2.1}$$

- $CL_{Ac}$ = Critical Load für Acidität [eq ha$^{-1}$ a$^{-1}$];
- $BC_w$ = Freisetzung von basischen Kationen durch Verwitterung [eq ha$^{-1}$ a$^{-1}$].

Bei diesem Ansatz ist der Critical Load nur vom Boden bzw. den ihm zugeordneten Parametern abhängig; andere abiotische Standortfaktoren wie Temperatur und Sickerwasserspende sowie die Bodenbedeckung finden keine Berücksichtigung.

### *Freisetzung basischer Kationen durch Verwitterung*

Bei der Verwitterung werden eine physikalische, eine chemische und eine biologische Komponente unterschieden. Für die Critical-load-Berechnung kommt insbesondere der chemischen Verwitterung eine große Bedeutung zu. Die Geschwindigkeit dieses Verwitterungsprozesses ist von der verwitterbaren Oberfläche, der Bodentemperatur sowie dem Sauerstoff- und Wassergehalt des Bodens abhängig. Für die Verwitterung basischer Kationen spielt weiterhin die Zusammensetzung des verwitternden Materials (Gehalte an basischen Kationen) eine große Rolle.

Eine auf Messungen beruhende Bestimmung der Verwitterungsrate durch Ableitung aus dem prozentualen Anteil unverwitterter Minerale am Boden (zur Vereinfachung wird auf Indexminerale zurückgegriffen) ist bisher nur an wenigen Intensivuntersuchungsstandorten erfolgt; flächendeckende Aussagen lassen sich aufgrund dieser Datenbasis nicht treffen.

Es wurde jedoch festgestellt, daß die Freisetzung basischer Kationen durch Verwitterung entscheidend vom Muttergestein sowie der Bodentextur bestimmt wird; diese Informationen sind in den flächendeckend vorhandenen Bodendaten enthalten.

Die Muttergesteinsklassen kennzeichnen den Typus des Ausgangsmaterials, welches der Verwitterung unterliegt, hinsichtlich des Basengehaltes. Sie lassen sich – wie in Tabelle 2.10 beschrieben – aus den Bodentypen der FAO-Bodenkarte ableiten, da sich die Charakteristika der Ausgangsmaterialien in den aus ihnen entstandenen Bodentypen widerspiegeln. Die Kürzel der FAO-Bodentypen sind in Tabelle 2.15 erläutert, die sich im anschließenden Abschnitt „Bodendaten" befindet.

**Tabelle 2.10.** Zuordnung der Muttergesteinsklassen zu den FAO-Bodentypen

| Muttergesteinsklasse | | FAO-Bodentypen |
|---|---|---|
| 0 | Torfe | O, Od, Oe, Ox |
| 1 | Saure Gesteine | Ah, Ao, B, Bd, Be, Bh, D, Dd, De, Dg, Gx, I, Jd, P, Pg, Ph, Pl, Po, Pp, Q, Qc, Ql, Rd, Rx, U, Wd |
| 2 | Neutrale Gesteine | Af, Bv, C, Cg, Ch, Cl, G, Gd, Ge, Gh, Gm, H, Hg, Hh, Hl, J, Je, Jt, Kh, L, La, Lf, Lg, Lo, Mo, R, Re, V, Vp, W, We |
| 3 | Basische Gesteine | F, T, Th, Tm, To, Tv |
| 4 | Kalkhaltige Gesteine | Bc, Bg, Bk, Ck, E, Gc, Hc, Jc, K, Kk, Kl, Lc, Lv, Rc, S, Sg, Sm, So, Vc, X, Xh, Xk, Xl, Xy, Zg, Zm, Zo |

**Tabelle 2.11.** Gliederung der Texturklassen

| Texturklasse | Mittlerer Tonanteil [%] |
| --- | --- |
| 1 | 8 |
| 1/2 | 15 |
| 1/3 | 25 |
| 1/4 | 35 |
| 2 | 25 |
| 2/3 | 40 |
| 2/4 | 55 |
| 3 | 50 |
| 3/4 | 60 |
| 4 | 65 |
| 5 | 75 |

Die Höhe der Verwitterung basischer Kationen wird weiterhin entscheidend durch die Textur des betrachteten Bodens bestimmt, der die verwitterungswirksame Oberfläche des Ausgangsmaterials charakterisiert. So ermittelten Sverdrup (1990) einen linearen Zusammenhang zwischen dem Tongehalt eines Bodens, welcher als Indikator für dessen Textur dient, und der Verwitterungsrate. Die Gliederung der Texturklassen nach dem repräsentativen Tongehalt eines Bodens ist Tabelle 2.11 für den deutschen Ansatz zu entnehmen, der sich aufgrund der nationalen Bodencharakteristika durch die erhöhte Anzahl der Texturklassen vom europäischen Ansatz unterscheidet (vgl. UBA 1996b). Treten 2 verschiedene Texturklassen in einer Kartiereinheit auf, werden Zwischenstufen gebildet (1/2, 1/3, ...).

Ausgehend von lokalen Untersuchungen haben de Vries (1991), de Vries *et al.* (1991) sowie Sverdrup u. Warfvinge (1988) Matrizen zur Bestimmung der Verwitterungsrate bzw. -klasse aus den zuvor erläuterten Parametern Muttergesteinsklasse und Bodentextur erstellt (Tabelle 2.12). Für Deutschland wurde diese Tabelle aufgrund der Bodencharakteristika (u. a. im europäischen Vergleich überdurchschnittliche Tongehalte) um weitere Muttergesteins- und Texturklassen ergänzt (Tabelle 2.13).

Die Temperaturabhängigkeit der Verwitterung basischer Kationen wird mittels der Arrhenius-Gleichung korrigiert (Sverdrup 1990). Den jeweiligen Verwitterungsklassen werden aus Literaturangaben Referenztemperaturen zugeordnet (de Vries 1991). Für Mitteleuropa schwanken diese Referenztemperaturen um 7,5 °C. Die temperaturkorrigierte Verwitterungsrate (Tabellen 2.12 und 2.14) wird nach (2.2) berechnet.

$$BC_w(T) = BC_w(T_0) \cdot e^{A/T_0 - A/T} , \tag{2.2}$$

wobei:

- $BC_w$ = Verwitterungsrate [eq ha$^{-1}$ a$^{-1}$];
- $T_0$ = Referenztemperatur [°K];
- $T$ = lokale Temperatur [°K];
- $A$ = Quotient aus Aktivierungsenergie und idealer Gaskonstante.

Weiterhin ist zu berücksichtigen, daß die in den Tabellen 2.12 und 2.14 dargestellten Verwitterungsraten für eine Bodenschicht von 1 m gelten; für die Critical-load-Berechnungen für Waldökosysteme wird jedoch nur eine Bodenschicht von 0,5 m zu-

**Tabelle 2.12.** Bestimmung der Verwitterungsrate [eq ha$^{-1}$ a$^{-1}$] (de Vries *et al.* 1991, einfacher Ansatz)

| Muttergesteins-klasse | Texturklasse | | | | | |
|---|---|---|---|---|---|---|
| | 1 | 1/2 | 1/3 | 2 | 2/3 | 3 |
| 1 | 250 | 750 | – | 1 250 | 1 750 | 2 250 |
| 2 | 750 | 1 250 | 1 750 | 1 750 | 2 250 | 2 750 |
| 3 | 750 | 1 250 | – | 2 250 | 2 750 | 2 750 |

**Tabelle 2.13.** Bestimmung der Verwitterungsklasse (de Vries 1991; de Vries *et al.* 1991, verändert nach Bodenkarte Deutschland)

| Muttergesteins-klasse | Texturklasse | | | | | | | | | | |
|---|---|---|---|---|---|---|---|---|---|---|---|
| | 1 | 1/2 | 1/3 | 1/4 | 2 | 2/3 | 2/4 | 3 | 3/4 | 4 | 5 |
| 0 | 0 | 0 | 0 | 0 | 0 | 0 | 0 | 0 | 0 | 0 | 0 |
| 1 | 1 | 2 | 3 | 3 | 3 | 4 | 4 | 5 | 5 | 6 | 6 |
| 2 | 2 | 3 | 4 | 4 | 4 | 5 | 5 | 6 | 6 | 6 | 6 |
| 3 | 2 | 3 | 4 | 4 | 5 | 6 | 6 | 6 | 6 | 6 | 6 |
| 4 | 10 | 10 | 10 | 10 | 10 | 10 | 10 | 10 | 10 | 10 | 10 |

**Tabelle 2.14.** Klassen der Verwitterungsrate

| Verwitterungsklasse | Verwitterungsrate [eq ha$^{-1}$ a$^{-1}$] | Wert in der Berechnung der Critical Loads [eq ha$^{-1}$ a$^{-1}$] |
|---|---|---|
| 0 | 0 | 0 |
| 1 | 0 – 500 | 250 |
| 2 | 500 – 1 000 | 500 |
| 3 | 1 000 – 1 500 | 750 |
| 4 | 1 500 – 2 000 | 1 000 |
| 5 | 2 000 – 2 500 | 1 250 |
| 6 | 2 500 – 3 000 | 1 500 |
| 10 | > 3 000 | 2 500 |

grunde gelegt, da in diesem Bereich die Hauptwechselwirkungen zwischen Boden, Vegetation und Säureeintrag stattfinden. Die in Tabelle 2.14 dargestellten Werte in der Critical-load-Berechnung sind daher gegenüber den angegebenen Verwitterungsraten halbiert, wobei die Konvention besteht, daß nicht die Klassenmitte der Verwitterunsraten, sondern deren Klassenobergrenze zugrunde gelegt wird.

Hinsichtlich der Pufferung durch Kationenaustausch am Bodenkomplex wird im Steady-state-Ansatz angenommen, daß sich die gesamte Austauscherkapazität des Bodens im betrachteten Zeitraum von mehreren Jahrhunderten nicht ändert und daher keine Nettoänderung der Basensättigung für die Pufferung des Säureeintrags berücksichtigt wird (Sverdrup 1990).

## Benötigte Eingangsdaten für den Level-0-Ansatz

**Bodendaten.** Bodendaten werden zur Bestimmung der Basensättigung und der Freisetzung basischer Kationen durch Verwitterung benötigt. Diese sind wiederum eine Grundlage für weitere ableitbare Größen. Es werden Angaben zu Bodentypen sowie Textur und Muttergestein benötigt. In der Anfangsphase des europäischen Projektes wurde eine Anpassung vorliegender Bodenkarten, CORINE-Bodenkarte nach FAO-Systematik (alte Bundesländer) und Atlas DDR (ebenfalls FAO- Systematik) vorgenommen. Die Datensätze wurden geometrisch und inhaltlich angeglichen, so daß insgesamt 35 Bodentypen aus der FAO-Systematik unterschieden werden konnten (Tabelle 2.15). Eine deutliche Verbesserung der Ausgangsdaten hat sich mit der Einbeziehung der Bodenübersichtskarte (BÜK 1000) der Bundesanstalt für Geowissenschaften und Rohstoffe ergeben.

**Tabelle 2.15.** FAO-Bodentypen in Europa

| A | ACRISOLS | I | LITHOSOLS | R | REGOSOLS |
|---|---|---|---|---|---|
| Ao | Orthic acrisols | | | Re | Eutric regosols |
| Af | Ferric acrisols | J | FLUVISOLS | Rc | Calceric regosols |
| Ah | Humic acrisols | Je | Eutric fluvisols | Rd | Dystric regosols |
| | | Jc | Calceric fluvisols | Rx | Gelic regosols |
| B | CAMBISOLS | Jd | Dystric fluvisols | | |
| Be | Eutric cambisols | Jt | Luvic fluvisols | S | SOLONETZ |
| Bd | Dystric cambisols | | | So | Orthic solonetz |
| Bh | Humic cambisols | K | KASTANOZEMS | Sm | Mollic solonetz |
| Bg | Gleyic cambisols | Kh | Haplic kastanozems | Sg | Gleyic solonetz |
| Bk | Calcic Cambisols | Kk | Calcic kastanozems | | |
| Bc | Chromic cambisols | Kl | Luvic kastanozems | T | ANDOSOLS |
| Bv | Vertic cambisols | | | To | Orthic andosols |
| | | L | LUVISOLS | Tm | Mollic andosols |
| C | CHERNOZEMS | Lo | Orthic luvisols | Th | Humic andosols |
| Cg | Glossic chernozems | Lc | Chromic luvisols | Tv | Vitric andosols |
| Ch | Haplic chernozems | Lk | Calcic luvisols | | |
| Ck | Calcic chernozems | Lv | Vertic luvisols | U | RANKERS |
| Cl | Luvic chernozems | Lf | Ferric luvisols | | |
| | | La | Albic luvisols | V | VERTISOLS |
| D | PODZOLUVISOLS | Lg | Gleyic luvisols | Vp | Pellic vertisols |
| De | Eutric podzoluvisols | | | Vc | Chromic vertisols |
| Dd | Dystric podzoluvisols | M | GREYZEMS | | |
| Dg | Gleyic podzoluvisols | Mo | Orthic greyzems | W | PLANOSOLS |
| | | | | We | Eutric planosols |
| E | RENDZINAS | O | HISTOSOLS | Wd | Dystric planosols |
| | | Oe | Eutric histosols | | |
| G | GLEYSOLS | Od | Dystric histosols | X | XEROSOLS |
| Ge | Eutric gleysols | Ox | Gelic histosols | Xh | Haplic xerosols |
| Gc | Calcaric gleysols | | | Xk | Calcic xerosols |
| Gd | Dystric gleysols | P | PODZOLS | Xy | Gypsic xerosols |
| Gm | Mollic gleysols | Po | Orthic podzols | Xl | Luvic xerosols |
| Gh | Humic gleysols | Pl | Leptic podzols | | |
| Gx | Gelic gleysols | Ph | Humic podzols | Y | YERMOSOLS |
| | | Pp | Placic podzols | Yk | Calcic yermosols |
| H | PHAEOZEMS | Pg | Gleyic podzols | | |
| Hh | Haplic phaeozems | | | Z | SOLONCHAKS |
| Hc | Calcaric phaeozems | Q | ARENOSOLS | Zo | Orthic solonchaks |
| Hl | Luvic phaeozems | Qc | Cambic arenosols | Zm | Mollic solonchaks |
| Hg | Gleyic phaeozems | Ql | Luvic arenosols | Zg | Gleyic solonchaks |

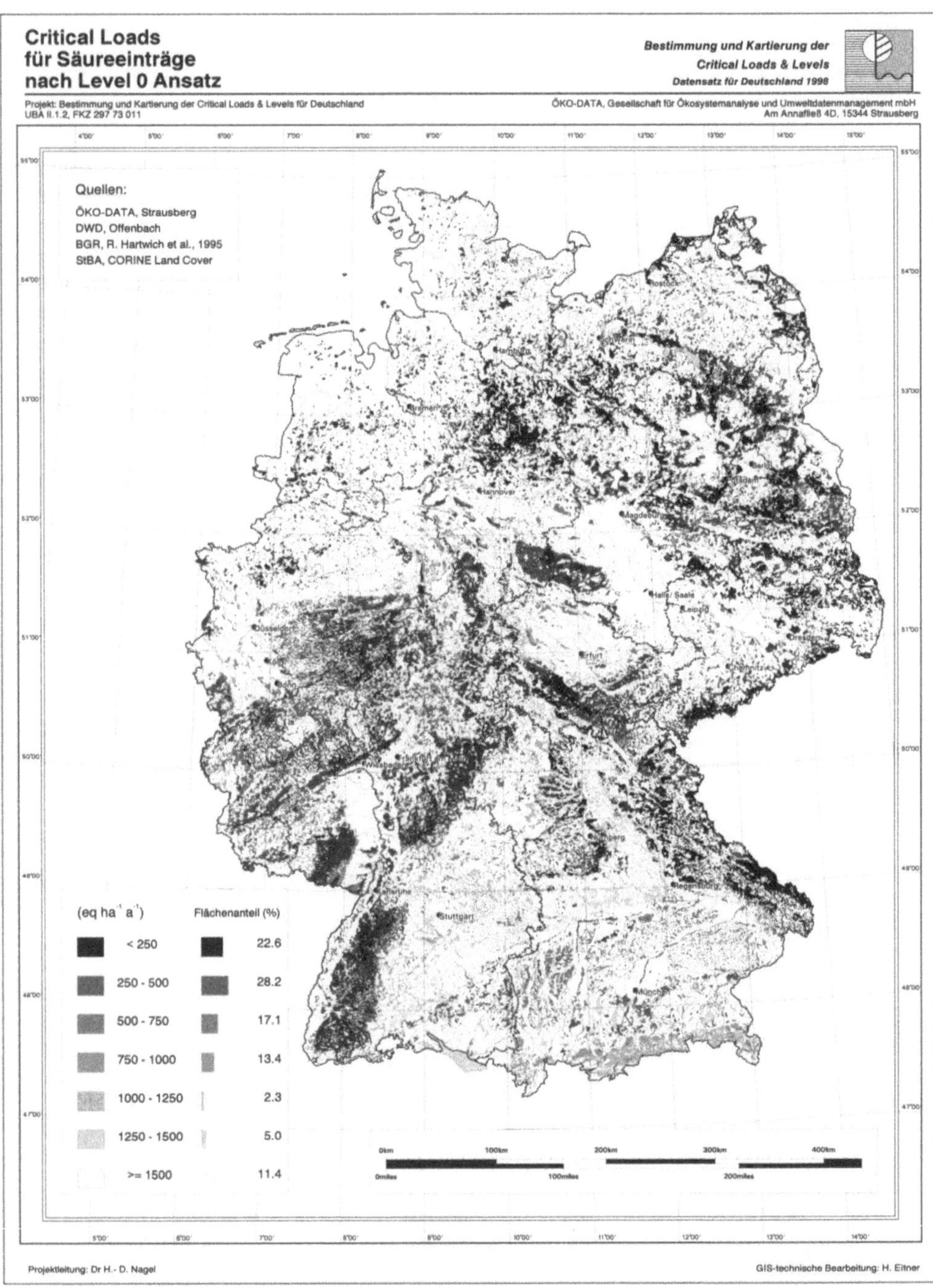


**Abb. 2.12.** Critical Loads für Säureeinträge nach Level-o-Ansatz (gleich Freisetzung basischer Kationen durch Verwitterung)

### *Critical Loads für Säureeinträge nach Level-0-Ansatz*

Aus den oben veranschaulichten Matrizen sowie der Zuordnung zu den FAO-Bodentypen ergibt sich die Verwitterung basischer Kationen, die nach Level-0-Ansatz gleichzeitig den Critical Loads für Säureeinträge entspricht (Abb. 2.12). Insbesondere die norddeutsche Tiefebene zeichnet sich durch geringe Verwitterungsraten unter 500 eq ha$^{-1}$ a$^{-1}$ aus (32 % der Fläche Deutschlands). Jedoch weisen einige basenreiche Mittelgebirge (Schwäbische Alb, Alpen), Bördegebiete sowie Flußläufe mit einem Flächenanteil von 30 % eine Freisetzung basischer Kationen über 1 000 eq ha$^{-1}$ a$^{-1}$ auf.

### 2.3.1.2
### *Level-1-Ansatz*

Im Gegensatz zum Level-0-Ansatz werden beim Level-1-Ansatz – auch Massenbilanzansatz genannt (vgl. Kap. 2.1) – neben den Bodencharakteristika die abiotischen Standortfaktoren Temperatur und Sickerwasserrate sowie die Ausprägung des Waldökosystems bei der Berechnung der Critical Loads für Säureeinträge berücksichtigt. Zudem werden die bereits im einleitenden Abschn. 2.3.1 (Tabelle 2.9) benannten chemischen Indikatoren für den kritischen Versauerungsgrad eines durch Säureeinträge gefährdeten Forstökosystems (UBA 1996b; Rost-Siebert 1985; Hüttermann u. Ulrich 1984) in die Methodik integriert.

Für die Critical-load-Berechnung gelten eine Alkalität von –0,3 eq m$^{-3}$, eine Aluminiumkonzentration von 0,2 eq m$^{-3}$ und ein *Bc*/Al-Verhältnis von 1 als kritische Werte für die Bodenlösung (UBA 1996b). Zu den maßgeblichen Schlüsselprozessen, die die zuvor genannten Werte neben der Säuredeposition hauptsächlich beeinflussen, gehören die Verwitterung und Deposition basischer Kationen, der Nährstoffentzug durch Biomasse sowie die Auswaschung mit dem Sickerwasser.

Gemäß dem Prinzip der Waage entsprechen die Critical Loads für Säuredeposition der Säuremenge, die von der gesamten Säureneutralisationskapazität (*ANC* von Acid Neutralizing Capacity) des Systems neutralisiert werden kann (UN/ECE 1990; UBA 1996b). Diese Gesamt-*ANC* setzt sich aus der *ANC* der Festsubstanz und der *ANC* der Bodenlösung zusammen. Letztere ist von den Raten der kationenliefernden Prozesse im Boden abhängig. Nach der Massenbilanzmethode ist die *ANC* als die Summe aller Prozesse im System aufzufassen, durch die Protonen aus dem System entfernt, gepuffert oder freigesetzt werden (2.3).

$$CL_{(Ac_{pot})} = BC_w - BC_u + N_i + N_u + N_{de} - ANC_{le(crit)} ,$$ (2.3)

wobei:
- $CL_{(Ac_{pot})}$ = Critical Load für den potentiellen Säureeintrag [eq ha$^{-1}$ a$^{-1}$];
- $BC_w$ = Verwitterungsrate (Freisetzung basischer Kationen) [eq ha$^{-1}$ a$^{-1}$];
- $BC_u$ = Aufnahme basischer Kationen durch die Vegetation [eq ha$^{-1}$ a$^{-1}$];
- $N_i$ = Stickstoffimmobilisierung [eq ha$^{-1}$ a$^{-1}$];
- $N_u$ = Stickstoffaufnahme durch die Vegetation [eq ha$^{-1}$ a$^{-1}$];
- $N_{de}$ = Stickstoffdenitrifikation [eq ha$^{-1}$ a$^{-1}$];
- $ANC_{le(crit)}$ = kritischer Austrag der *ANC* der Bodenlösung [eq ha$^{-1}$ a$^{-1}$].

Um nur originäre Eigenschaften des Ökosystems zu betrachten, besteht eine weitere Konvention darin, Größen, die sich – in langen Zeiträumen betrachtet – nur aufgrund von Landnutzungsmaßnahmen ändern, nicht in die Critical-load-Berechnung einzubeziehen. Dazu gehören die Kationenaufnahme durch die Vegetation ($BC_u$) sowie die stickstoffumsetzenden Prozesse ($N_u$, $N_i$ und $N_{de}$; vgl. Kap. 2.3.2). Die Critical Loads für den aktuellen Säureeintrag lassen sich somit vereinfachend gemäß (2.4) berechnen (UBA 1996b):

$$CL_{(Ac_{act})} = BC_w - ANC_{le(crit)} \, , \tag{2.4}$$

wobei:
- $CL_{(Ac_{act})}$ = Critical Load für den aktuellen Säureeintrag [eq ha$^{-1}$ a$^{-1}$].

Neben der Freisetzung basischer Kationen durch Verwitterung (vgl. Level-o-Ansatz) wird der kritische Austrag von *ANC* aus der Bodenlösung ($ANC_{le(crit)}$) zum zentralen Prozeß zur Bestimmung der Critical Loads. $ANC_{le(crit)}$ läßt sich wie folgt ableiten:

$$[ANC] = [HCO_3]^- + [RCOO]^- - [H]^+ - [Al]^{3+} \, , \tag{2.5}$$

wobei:
- $[RCOO]^-$ = Konzentration organischer Anionen [eq m$^{-3}$];
- $[HCO_3]^-$ = Konzentration von Hydrogencarbonationen [eq m$^{-3}$];
- $[H]^+$ = Konzentration von H$^+$-Ionen [eq m$^{-3}$];
- $[Al]^{3+}$ = Konzentration von Aluminiumionen [eq m$^{-3}$].

Unter der Annahme, daß Critical Loads vorrangig für saure Forstböden mit pH-Werten < 5 bestimmt werden sollen, kann die Konzentration von Hydrogencarbonat und organischen Anionen vernachlässigt werden (de Vries 1991). Somit ergibt sich die kritische Konzentration von *ANC* aus:

$$[ANC]_{(crit)} = -[H]^+_{(crit)} - [Al]^{3+}_{(crit)} \, , \tag{2.6}$$

wobei:
- $[H]^+_{(crit)}$ = kritische Konzentration H$^+$-Ionen [eq m$^{-3}$];
- $[Al]^{3+}_{(crit)}$ = kritische Konzentration von $[Al]^{3+}$-Ionen [eq m$^{-3}$].

Dementsprechend ist die kritische Auswaschung der *ANC*:

$$[ANC]_{le(crit)} = -[H]^+_{le(crit)} - [Al]^{3+}_{le(crit)} \, , \tag{2.7}$$

wobei:
- $[H]^+_{le(crit)}$ = Auswaschung der kritischen $[H]^+$-Ionenkonzentration [eq ha$^{-1}$a$^{-1}$];
- $[Al]^{3+}_{le(crit)}$ = Auswaschung der kritischen $[Al]^{3+}$-Ionenkonzentration [eq ha$^{-1}$a$^{-1}$].

Um $[H]^+_{le(crit)}$ und $[Al]^{3+}_{le(crit)}$ zu berechnen, werden die in Tabelle 2.9 dargestellten kritischen chemischen Werte der Bodenlösung als Grenzkriterien einbezogen. Zur Berechnung einfacher Massenbilanzgleichungen (Simple Mass Balance – SMB) durch Integration in (2.7) gibt es 3 verschiedene Ansätze:

- Die SMB$_{Al}$-Gleichung ist ein stark vereinfachter Ansatz, bei dem die kritische Aluminiumkonzentration als Kriterium zur Festlegung des Critical-load-Wertes verwendet wird (UN/ECE 1991).

- Bei der SMB$_{\text{Al/Bc}}$-Gleichung – ebenfalls ein stark vereinfachter Ansatz – bildet das kritische Verhältnis von Aluminiumionen zu Kationen, (Al/Bc)$_{\text{crit}}$, das Grenzkriterium zur Festlegung des Critical-load-Wertes (UN/ECE 1991).
- Die SMB$_{\text{mod}}$-Gleichung stellt einen modifizierten Massenbilanzansatz dar, bei dem ebenfalls das (Al/Bc)$_{\text{crit}}$ als Grenzkriterium verwendet, Vereinfachungen der anderen Methoden jedoch zurückgenommen werden (Sverdrup 1992).

### SMB$_{\text{Al}}$

Bei der Berechnung der kritischen Protonenkonzentration, $[H]^+_{\text{(crit)}}$, fließt die kritische Aluminiumkonzentration unter Verwendung des Gibbsitgleichgewichtes (negativer Logarithmus der Lösungskonstante für die Löslichkeit von Gibbsit: $Al(OH)_3 + 3\,H^+ \rightarrow Al^{3+} + 3\,H_2O$) in die Gleichung ein.

$$[H]^+_{\text{(crit)}} = \left( \frac{[Al]^{3+}_{\text{(crit)}}}{K_{\text{gibb}}} \right)^{1/3} . \tag{2.8}$$

Für $K_{\text{gibb}}$ (Gibbsitkonstante) wird ein Wert von $3 \cdot 10^2$ $(\text{mol m}^{-3})^{-2}$ und für die kritische Aluminiumkonzentration, $[Al]^{3+}_{\text{(crit)}}$, der Wert von 0,2 eq m$^{-3}$ eingesetzt (Tabelle 2.9). Daraus resultiert für $[H]^+_{\text{(crit)}}$ ein Wert von 0,09 eq m$^{-3}$. Um die Auswaschung der kritischen Protonenkonzentration zu erhalten, wird $[H]^+_{\text{(crit)}}$ mit der Sickerwasserrate multipliziert:

$$[H]^+_{\text{le(crit)}} = [H]^+_{\text{(crit)}}\, PS, \tag{2.9}$$

wobei:
- $PS$ = Sickerwasserrate in $[\text{m}^3\,\text{ha}^{-1}\,\text{a}^{-1}]$.

Zur Bestimmung von $[Al]^{3+}_{\text{le(crit)}}$ wird der Grenzwert der kritischen Aluminiumkonzentration $[Al]^{3+}_{\text{(crit)}}$ von 0,2 eq m$^{-3}$ ebenfalls mit der Sickerwassermenge multipliziert:

$$[Al]^{3+}_{\text{le(crit)}} = [Al]^{3+}_{\text{crit}}\, PS . \tag{2.10}$$

Integriert man die Ergebnisse von (2.9) ($[H]^+_{\text{(crit)}} = 0{,}09$ eq m$^{-3}$) und (2.10) ($[Al]^{3+}_{\text{(crit)}} = 0{,}2$ eq m$^{-3}$) (2.7) und (2.4), erhält man folgende Formel für die Berechnung Critical Loads für Säureeinträge:

$$CL_{(\text{Ac}_{\text{act}})} = BC_{\text{w}} + 0{,}09\, PS + 0{,}2\, PS . \tag{2.11}$$

### SMB$_{\text{AL/Bc}}$

Bei der SMB$_{\text{AL/Bc}}$-Methode wird der kritische Protonenaustrag $[H]^+_{\text{le(crit)}}$ ebenfalls nach (2.8) und (2.9) berechnet. Der kritische Aluminiumaustrag $[Al]^{3+}_{\text{le(crit)}}$ ergibt sich hingegen aus seinem Verhältnis zu den in die Lösung eingetragenen basischen Kationen (Deposition + Verwitterung – Nettoaufnahme durch die Vegetation). Dieses Verhältnis muß größer oder gleich dem kritischen, physiologisch wirksamen Bc/Al-Verhältnis, dem (Bc/Al)$_{\text{crit}}$ sein, das in seinem molaren Verhältnis mit 1 angegeben werden kann (UBA 1996b; Rost-Siebert 1985; Hüttermann u. Ulrich 1984). Der Faktor 2/3 bzw. 1,5 im Kehrwert stellt die Umrechnung zwischen der Einheit mol und der in der Critical-load-Berechnung verwendeten Einheit eq dar.

$$\frac{Bc_{\mathrm{w}} + Bc_{\mathrm{d}} - Bc_{\mathrm{u}}}{[\mathrm{Al}]^{3+}{}_{\mathrm{le(crit)}}} \geq \frac{2}{3}\left(\frac{BC}{Al}\right) . \tag{2.12}$$

Somit ergibt sich:

$$[\mathrm{Al}]^{3+}{}_{\mathrm{le(crit)}} = 1{,}5\left(\frac{Al}{Bc}\right)_{\mathrm{crit}} \left(Bc_{\mathrm{w}} + Bc_{\mathrm{d}} - Bc_{\mathrm{u}}\right) , \tag{2.13}$$

wobei:

- $(\mathrm{Al/Bc})_{\mathrm{crit}}$ = kritisches Al/Bc-Verhältnis in der Bodenlösung = 1 mol mol$^{-1}$;
- $Bc_{\mathrm{d}}$ 　　　 = Rate der Deposition basischer Kationen [eq ha$^{-1}$ a$^{-1}$];
- $Bc_{\mathrm{u}}$ 　　　 = Rate der Nettoaufnahme basischer Kationen durch die Vegetation [eq ha$^{-1}$ a$^{-1}$].

Setzt man (2.13) für den Aluminiumaustrag und (2.9) für den Protonenaustrag in (2.4) und (2.7) ein, läßt sich der Critical Load für den kritischen Säureeintrag wie folgt ermitteln:

$$CL_{(\mathrm{Ac_{act}})} = BC_{\mathrm{w}} + 0{,}09\,PS + 1{,}5\left(\frac{Al}{Bc}\right)_{\mathrm{crit}} \left(Bc_{\mathrm{w}} + Bc_{\mathrm{d}} - Bc_{\mathrm{u}}\right) . \tag{2.14}$$

Sowohl der SMB$_{\mathrm{Al}}$- als auch der SMB$_{\mathrm{Al/Bc}}$-Ansatz bilden den betrachteten Rezeptor Waldboden stark vereinfachend ab. Die Critical-load-Werte steigen linear mit höheren Sickerwasserraten an, wobei bei Verwendung der kritischen $[\mathrm{Al}]^{3+}$-Konzentration als Grenzkriterium die Critical-load-Werte überschätzt werden. Hier sind insbe-sondere Gebiete mit hohen Sickerwassermengen anzuführen, wie die Hochlagen der Mittelgebirge und die Alpen. Bei der SMB$_{\mathrm{Al/Bc}}$-Methode tritt ebenfalls der genannte Effekt auf, da auch hier bei der Berechnung von $[\mathrm{H}]^{+}{}_{\mathrm{le(crit)}}$ die $[\mathrm{Al}]^{3+}$-Konzentration als Kriterium beibehalten wird [(2.8) und (2.9)]. Für Gebiete mäßiger Niederschläge, geringer Verwitterungsraten und hoher Kationenaufnahmen werden dagegen die Critical Loads unterschätzt, da hier die Parameter Kationendeposition und -aufnahme dominieren. Zur Korrektur der zuvor genannten Nachteile wurde die modifizierte Massenbilanz (SMB$_{\mathrm{mod}}$-Gleichung) entwickelt. Die SMB$_{\mathrm{mod}}$-Methode stellt einen derzeitigen Standard in der internationalen Critical-load-Berechnung dar (UBA 1996b).

### SMB$_{\mathrm{mod}}$

Bei der modifizierten Massenbilanz (SMB$_{\mathrm{mod}}$) werden Veränderungen bei der Berechnung des Kationenvorrates bezüglich des Al/Bc-Verhältnisses und des kritischen Protonenaustrages vorgenommen.

Zur Bestimmung des kritischen Austrags von Aluminiumionen wird (2.13) wie folgt erweitert:

$$[Al]^{3+}{}_{\mathrm{le(crit)}} = 1{,}5\left(\frac{Al}{Bc}\right)_{\mathrm{crit}} \left(0{,}8Bc_{\mathrm{w}} + Bc_{\mathrm{d}} - Bc_{\mathrm{u}} - Bc_{\mathrm{lemin}}\right) , \tag{2.15}$$

wobei:

- $Bc_{\mathrm{lemin}}$ = Minimum der Auswaschung von basischen Kationen [eq ha$^{-1}$ a$^{-1}$].

Der Faktor 0,8 bringt zum Ausdruck, daß nur 80 % der aus Verwitterung theoretisch verfügbaren Kationen tatsächlich durch Pflanzen aufgenommen werden können. $Bc_{lemin}$ bezeichnet eine unvermeidbare Kationenauswaschung, die auf der Tatsache beruht, daß die Vegetation Kationen unterhalb einer bestimmten Grenzkonzentration nicht mehr verwerten kann und diese somit ausgewaschen werden. Dementsprechend ergibt sich die Berechnung von $Bc_{lemin}$ aus der Grenzkonzentration, die nach Sverdrup (1992) für $Mg^{2+}$, $Ca^{2+}$ und $K^+$ bei einem Durchschnittswert von 15 µeq $l^{-1}$ beträgt, multipliziert mit der Sickerwasserrate:

$$Bc_{lemin} = 0{,}015\, PS \ .  \tag{2.16}$$

Für die Berechnung von $[H]^+_{le(crit)}$ läßt sich über die Gibbsitgleichung ebenfalls der Ausdruck für $[Al]^{3+}_{le(crit)}$ aus (2.15) verwenden [vgl. (2.8 und 2.9)]:

$$[H]^+_{le(crit)} = \left(\frac{[Al]^{3+}_{(crit)}}{K_{gibb}}\right)^{1/3} PS \ .  \tag{2.17}$$

Die kritische Aluminiumkonzentration ergibt sich aus (2.10):

$$[Al]^{3+}_{(crit)} = \frac{[Al]^{3+}_{le(crit)}}{PS} \ .  \tag{2.18}$$

Nach Umformung erhält man für die kritische Protonenkonzentration $[H]^+_{le(crit)}$:

$$[H]^+_{le(crit)} = \left(1{,}5\,\frac{0{,}8\,Bc_w + Bc_d - BC_u - PS \cdot 0{,}015}{(Bc/Al)_{crit}\,K_{gibb}}\right)^{1/3} \cdot PS^{2/3} \ .  \tag{2.19}$$

Durch Einsetzen von (2.14) und (2.19) als Bestandteile der Berechnung von $ANC_{le(crit)}$ ergibt sich die modifizierte Massenbilanzgleichung, bei der sowohl für den kritischen Protonenaustrag, als auch für den kritischen Austrag von Aluminiumionen der Grenzwert des Al/Bc-Verhältnisses als Kriterium verwendet wird.

$$CL_{(Ac_{act})} = BC_w + \left(1{,}5\,\frac{0{,}8\,Bc_w + Bc_d - Bc_u - PS \cdot 0{,}015}{(Bc/Al)_{crit}\,K_{gibb}}\right)^{1/3} PS^{2/3}$$

$$+ 1{,}5\left(\frac{Al}{Bc}\right)_{crit}(0{,}8\,Bc_w + Bc_d - Bc_u - PS \cdot 0{,}015) \ .  \tag{2.20}$$

Diese modifizierte Massenbilanz (2.20) weist keinen linearen Zusammenhang von Critical Load und Versickerung auf und bildet die ökosystemaren Prozesse des Rezeptors Waldboden wesentlich besser als die $SMB_{Al}$- und die $SMB_{Al/Bc}$-Methode ab.

### *Critical Loads für die Säurebildner Schwefel und Stickstoff*

Neben dem Ansatz, Critical Loads für Säureeinträge zu bestimmen (vgl. 2.20), werden gemäß (2.21) Critical Loads für die sauer wirkenden Stoffe Schwefel und Stickstoff ermittelt, $ANC_{le(crit)}$ wird analog zu (2.20) berechnet und neben den bekannten Eingangsgrößen nach (2.3) findet der Chlorideintrag ($Cl_d$) Berücksichtigung:

$$\begin{aligned} CL(S{+}N) &= CL(S) + CL(N) \\ &= BC_d - CL_d + BC_w - BC_u + N_i + N_u + N_{de} - ANC_{le(crit)} \end{aligned} \ .  \tag{2.21}$$

Da die Stickstoffsenken $N_i$, $N_u$ und $N_{de}$ keine Säureeinträge durch Schwefel kompensieren können, wird der maximale Critical Load für Schwefel wie folgt bestimmt:

$$CL_{max}(S) = BC_d - Cl_d + BC_w - BC_u - ANC_{le(crit)} \ . \tag{2.22}$$

Es sei angemerkt, daß die kritische Schwefeldeposition, berechnet aus dem Produkt aus $CL_{max}(S)$ und dem sog. Schwefelfaktor („sulfur fraction", vgl. Posch *et al.* 1993), die Grundlage für die internationalen Verhandlungen zum zweiten „Schwefelprotokoll" darstellt.

Falls die Deposition von Stickstoff im Vergleich zu den Stickstoffsenken $N_i$, $N_u$ und $N_{de}$ einen geringeren Betrag einnimmt, wird der minimale Critical Load für Stickstoff gleich dem Betrag der Senken gesetzt:

$$N_d \leq N_i + N_u + N_{de} = CL_{min}(N) \ . \tag{2.23}$$

Somit ergibt sich der maximale Critical Load für Stickstoff – für eine Schwefeldeposition gleich 0 – aus:

$$CL_{max}(N) = CL(S + N) = CL_{max}(S) + CL_{min}(N) \ . \tag{2.24}$$

Bei der Bestimmung von Critical Loads wird definitionsgemäß davon ausgegangen, daß diese unabhängig von anthropogenen Einflüssen sind, wie sie die aktuellen Deposition von Säurebildnern (Schwefel und Stickstoff) darstellen (vgl. Kap. 2.1). Für die Ermittlung der Denitrifikation von Stickstoff unter Critical-load-Bedingungen, eine der Senken in (2.23), müßte zunächst dieser Critical Load bekannt sein. Ein Weg aus dieser „Zwickmühle" besteht darin, das Verhältnis von Schwefel- und Stickstoffsenken zur Deposition zu verwenden.

Nach einem einfachen Ansatz besteht eine Linearität zwischen der Denitrifikation und dem Nettostickstoffeintrag (vgl. de Vries *et al.* 1991).

$$N_{de} = \begin{cases} f_{de} \ (N_{dep} - N_u - N_i) & wenn \quad N_{dep} > N_u + N_i \\ 0 & andernfalls \end{cases}, \tag{2.25}$$

wobei:

- $f_{de}$ = Denitrifikationsfaktor (Funktion der Bodentypen mit einem Wert zwischen 0 und 1).

Nach Umformung und Integration von (2.25) in (2.21) ergibt sich (vgl. Kap. 2.3.2):

$$CL(S) + (1 - f_{de})CL(N) = BC_d + BC_w - BC_u + (1 - f_{de})(N_i + N_u) - ANC_{le(crit)} \ . \tag{2.26}$$

Der minimale Critical Load für Stickstoff läßt sich nun wie folgt bestimmen:

$$CL_{min}(N) = N_i + N_u \ . \tag{2.27}$$

Die maximal zulässige Stickstoffdeposition wird – für eine Schwefeldeposition gleich 0 – folgendermaßen ermittelt:

$$CL_{max}(N) = CL_{min}(N) + \frac{CL_{max}(S)}{1 - f_{de}} \ . \tag{2.28}$$

Mittels der so berechneten Werte für $CL_{max}(S)$, $CL_{min}(N)$ und $CL_{max}(N)$ sowie dem in Abschn. 2.3.2 dargelegten Critical Load für eutrophierenden Stickstoff ($CL_{nut}(N)$) läßt sich für jede Ökosystemfläche eine Critical Load-Funktion erstellen, aus der dann Strategien zu Erreichung der Critical Loads durch eventuell notwendige Verminderungen der Schwefel- und Stickstoffdeposition ableitet werden können (vgl. Abschn. 2.5).

### Nettoaufnahme basischer Kationen durch die Vegetation

Für die Bestimmung der in der Bodenlösung vorliegenden Kationenmenge ist die Angabe des durchschnittlichen jährlichen Entzuges basischer Kationen infolge der Nährstoffaufnahme durch die Vegetation und anschließender anthropogener Nutzung (Holzernte) nötig. Die in Blätter, Nadeln, Ästen und z. T. auch der Rinde inkorporierten basischen Kationen werden bei der Bestimmung der Critical Loads nicht berücksichtigt, da sie Bestandteil mehr oder weniger langfristiger Nährstoffkreisläufe sind (z. B. Blattfall, Ernterückstände) und dem Boden bzw. der Bodenlösung wieder zur Verfügung stehen. Entscheidend für die Nährstoffentzüge über die Holzernte ist somit neben den abiotischen Standortfaktoren die Erntepraxis. Da ein großer Teil der Nährstoffe in der Rinde gespeichert wird, ist es von Bedeutung, ob das Derbholz entrindet und das Material wieder im Bestand verteilt wird. In der Praxis wird recht unterschiedlich verfahren, und es lassen sich keine einheitlichen Aussagen treffen, zumal der nicht unbeträchtliche Anteil der Privatwälder diesbezüglich schlecht erfaßbar ist. Die im folgenden angegebenen Stoffaufnahmeraten dürfen demnach nur als eine grobe Approximation interpretiert werden.

Nach de Vries (1991) kann der Stoffentzug mit Stammholz und Rinde als Funktion von Wachstumsrate und Elementgehalt quantifiziert werden. Hierbei werden die Stoffgehalte des Astholzes als Näherung zu den Gehalten der Rinde verwendet:

$$X_\mathrm{u} = k_\mathrm{gr} \cdot \rho_\mathrm{st} \cdot (ctX_\mathrm{st} + f \cdot ctX_\mathrm{as}) \,, \tag{2.29}$$

wobei:
- $X_\mathrm{u}$ = Aufnahme für Stoff X [eq ha$^{-1}$ a$^{-1}$];
- $k_\mathrm{gr}$ = jährliche Wachstumsrate bezogen auf das Derbholz [m$^3$ ha$^{-1}$ a$^{-1}$];
- $\rho_\mathrm{st}$ = Holzdichte [kg m$^{-3}$];
- $ctX_\mathrm{st}$ = Gehalt von Element X im Stamm [eq kg$^{-1}$];
- $ctX_\mathrm{as}$ = Gehalt von Element X in den Ästen [eq kg$^{-1}$];
- $f$ = Verhältnis von Ast zu Stamm [kg kg$^{-1}$].

Angaben über jährliche Wachstumraten liegen derzeit für die Bundesrepublik Deutschland nicht flächendeckend vor. Eine Abschätzung des Holzzuwachses eines Bestandes kann jedoch erreicht werden, wenn diese als Funktion der abiotischen Standortfaktoren bestimmt wird. Hierbei wird so verfahren, daß die jährlichen Holzzuwächse über die forstlichen Ertragsklassen (Bonitäten) abgeschätzt werden, welche wiederum den abiotischen Standortfaktoren Verwitterungsrate basischer Kationen, Temperatur und Sickerwasserrate zugeordnet werden können.

Es wird davon ausgegangen, daß bei ausreichender Nährstoffversorgung (basische Kationen), hohen Jahresmitteltemperaturen und günstigen Bodenfeuchteverhältnissen die Pflanzen optimale Wachstumsbedingungen vorfinden. Unter diesen Bedingungen werden die höchsten Bonitäten (Ia; I) vergeben. Die Überprüfung dieser Ergebnisse anhand eines Vergleichs mit forstwirtschaftlichen Erkenntnissen und Daten aus Fallstudien ergab eine gute Übereinstimmung. Die Zuordnung der Ertragsklassen zu den einzelnen Faktoren ist in Tabelle 2.16 dargestellt.

**Tabelle 2.16.** Matrix zur Ableitung von Ertragsklassen aus den abiotischen Standortfaktoren

| $BC_w$ [eqha$^{-1}$a$^{-1}$] | >500 | | | | | | 250–500 | | | | | | <250 | | | | | |
|---|---|---|---|---|---|---|---|---|---|---|---|---|---|---|---|---|---|---|
| $T$ [°C] | >8 | 8 | 7 | 6 | 5 | <5 | >8 | 8 | 7 | 6 | 5 | <5 | >8 | 8 | 7 | 6 | 5 | <5 |
| $PS$ [mm] | | | | | | | | | | | | | | | | | | |
| ≥ 1 000 | | | Ia | I | II | IV | | | I | II | III | IV | | | I | II | IV | V |
| 999 – 800 | | Ia | Ia | I | II | IV | | | I | II | III | IV | | | I | II | IV | V |
| 799 – 600 | Ia | Ia | I | I | II | IV | | I | I | II | III | IV | | I | II | II | IV | V |
| 599 – 400 | Ia | I | I | I | II | | | I | II | II | III | IV | | II | II | III | IV | |
| 399 – 200 | I | II | II | II | III | | II | II | III | III | III | | II | III | IV | IV | | |
| < 200 | III | III | III | III | | | III | III | IV | IV | | | III | IV | V | V | | |

Ertragstafeln beschreiben das Holzwachstum baumartenspezifisch. Die den Berechnungen zugrunde liegende Ertragstafel von Schober (1975), ist neben der von Wiedemann (1951) und anderen (z. B. Mitscherlich 1957; Schwappach 1912) in der heutigen Forstwirtschaft gebräuchlich. Die darin angegebenen Werte für den altersabhängigen durchschnittlichen Gesamtzuwachs (DGZ, Derbholz) liegen in weiten Teilen mittlerweilen jedoch höher.

In wachstumskundlichen Untersuchungen wurden die Zuwachsraten früherer Bestände mit denen der heutigen Zeit verglichen. Die Ergebnisse weisen für fast alle Baumarten – besonders in den letzten Jahrzehnten – ein deutlich gesteigertes Zuwachsverhalten der Bestände nach. Als Kriterium für den Vergleich wurden Untersuchungsergebnisse des Höhenwachstums herangezogen. Dieser Parameter erschien besonders geeignet, da er weniger auf Standraumveränderungen (z. B. Verdichtung der Bestände) reagiert, als der Zuwachs im Durchmesser (Klädtke 1994). Im Ergebnis der Untersuchungen wurde für Fichte eine Verbesserung der Bonitäten im Zeitraum von 1963–1988 um mehr als 0,5 Bonitätsstufen nachgewiesen (Schöpfer *et al.* 1994). Die größten Zuwachssteigerungen konnten bei schwachen und mittleren Bonitäten ermittelt werden. Bei besseren Bonitäten war dieser Effekt geringer. Ähnliche Ergebnisse wurden auch für Buchen- und Tannenbestände ermittelt.

Für diese Änderungen werden verschiedene Ursachen diskutiert. Einerseits haben sich die Bestände aufgrund einer Verringerung und später Aufgabe der in vorindustrieller Zeit üblichen Nutzung (Streurechen, Waldweide) erholt (Lenz 1994). In jüngster Zeit kann des weiteren von einem „Düngungseffekt" erhöhter $CO_2$-Konzentrationen ausgegangen werden. Zudem wirken vor allem anthropogene Stickstoffeinträge wachstumsfördernd. Die beiden zuletzt genannten, anthropogen verursachten Einflüsse auf das Wachstum der Pflanzen dürfen bei der Bestimmung der Aufnahme basischer Kationen sowie eutrophierenden Stickstoffs (vgl. Kap. 2.3.2) durch die Vegetation keine Berücksichtigung finden, da ihre Einbindung dem Critical-load-Ansatz widersprechen würde (Steady-state-Bedingungen des Massenbilanzansatzes, Kap. 2.1).

Abbildung 2.13 zeigt die nach Tabelle 2.16 aus den abiotischen Standortfaktoren abgeleitete flächendeckende Karte der Ertragsklassen.

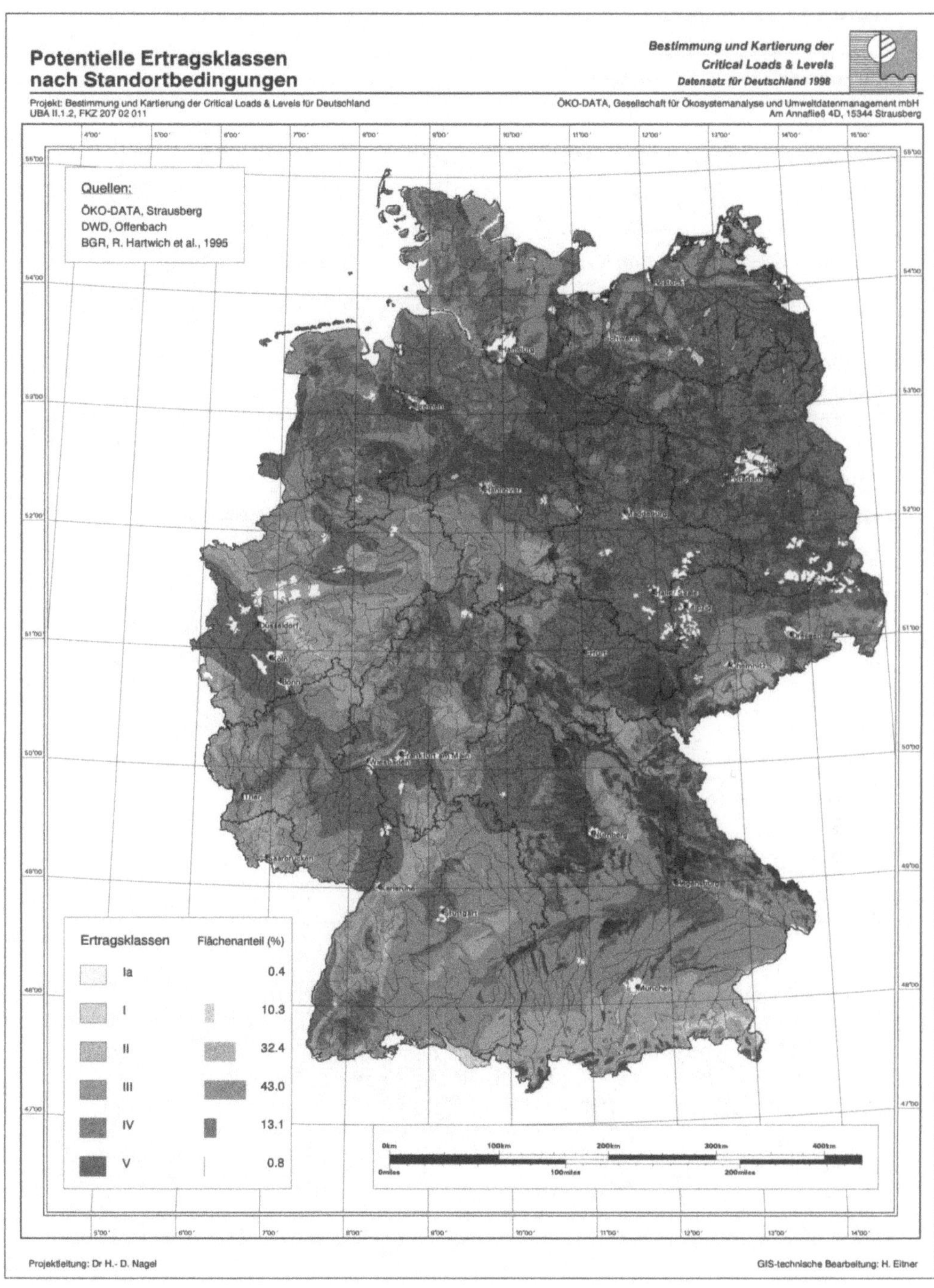


**Abb. 2.13.** Potentielle Ertragsklassen abgeleitet aus den Standortbedingungen

**Tabelle 2.17.** Ermittlung der Nettoaufnahmeraten basischer Kationen für Laubbäume

| Datengrundlage | Buche | | | | Eiche | | | |
|---|---|---|---|---|---|---|---|---|
| Ertragsklasse | I | II | III | IV | I | II | III | IV |
| *DGZ 100* [m$^3$ ha$^{-1}$ a$^{-1}$] | 8,6 | 7,2 | 5,2 | 4,4 | 6,4 | 5,0 | 3,6 | 2,4 |
| *TS*-Dichte [kg m$^{-3}$] | 550 | | | | 560 | | | |
| *DGZ* [t ha$^{-1}$ a$^{-1}$] | 4,73 | 3,96 | 2,86 | 2,42 | 3,58 | 2,80 | 2,02 | 1,34 |
| *Bc*-Gehalte [g kg$^{-1}$] | Derbholz | | Zweige | | Derbholz | | Zweige | |
| Ca | 1,1 | | 2,4 | | 1,0 | | 4,2 | |
| Mg | 0,3 | | 0,2 | | 0,2 | | 0,3 | |
| K | 1,0 | | 1,3 | | 1,3 | | 1,8 | |
| Zweig/Stamm-Verhältnis | 0,25 | | | | 0,30 | | | |
| Ø Aufnahme [eq ha$^{-1}$ a$^{-1}$] | 692 | 587 | 425 | 353 | 666 | 521 | 375 | 248 |

DGZ 100 = Durchschnittlicher Gesamtzuwachs (100 Jahre).

**Tabelle 2.18.** Ableitung der Nettoaufnahmeraten basischer Kationen für Nadelbäume

| Datengrundlage | Fichte | | | | | Kiefer | | | |
|---|---|---|---|---|---|---|---|---|---|
| Ertragsklasse | I | II | III | IV | V | I | II | III | IV |
| *DGZ 100* [m$^3$ ha$^{-1}$ a$^{-1}$] | 12,8 | 9,8 | 7,4 | 5,7 | 4,0 | 8,1 | 6,3 | 4,6 | 3,3 |
| *TS*-Dichte [kg m$^{-3}$] | 380 | | | | | 430 | | | |
| *DGZ* [t ha$^{-1}$ a$^{-1}$] | 4,86 | 3,72 | 2,81 | 2,17 | 1,52 | 3,48 | 2,70 | 1,97 | 1,42 |
| *Bc*-Gehalte [g kg$^{-1}$] | Derbholz | | Zweige | | | Derbholz | | Zweige | |
| Ca | 1,4 | | 2,3 | | | 0,9 | | 1,9 | |
| Mg | 0,2 | | 0,8 | | | 0,2 | | 0,4 | |
| K | 0,7 | | 3,7 | | | 0,5 | | 2,1 | |
| Zweig/Stamm-Verh. | 0,15 | | | | | 0,15 | | | |
| Ø Aufnahme [eq ha$^{-1}$a$^{-1}$] | 702 | 537 | 405 | 326 | 219 | 356 | 276 | 202 | 144 |

Für jede dieser Ertragsklassen wurde – getrennt nach Laub- und Nadelwald – ein repräsentativer Wert für die Einbindung basischer Kationen in die Biomasse zugeordnet. Hierzu wurde der Holzzuwachs aus der Ertragstafel von Schober (1975), die Dichte nach Kramer (1988) und die durchschnittliche Konzentration basischer Kationen im Holz und das Verhältnis von Stammholz und Zweigen (de Vries 1991) herangezogen. Da die Ertragsklasse Ia zum Zeitpunkt der Erstellung der Schober-Ertragstafeln noch nicht ausgewiesen war, wurden die Werte für die Einbindung basischer Kationen dafür aus Felddaten abgeleitet. Die Herleitung der Aufnahmeraten für basische Kationen beschreiben Tabellen 2.17 bis 2.19 am Beispiel der auf dem Gebiet der Bundesrepublik vorkommenden Hauptbaumarten Buche, Eiche, Fichte und Kiefer.

**Tabelle 2.19.** Forstliche Ertragsklassen und die dazugehörigen Nettoaufnahmeraten basischer Kationen ($Bc_u$)

| $Bc_u$ Nettoaufnahmeraten basischer Kationen für Laubwald bzw. Nadelwald [eq ha$^{-1}$ a$^{-1}$] | | |
|---|---|---|
| Ertragsklasse | Laubwald | Nadelwald |
| Ia | 770 | 760 |
| I | 700 | 690 |
| II | 590 | 540 |
| III | 425 | 405 |
| IV | 350 | 330 |
| V | 250 | 210 |

Da in kleinmaßstäbigen Bodenbedeckungskarten keine Baumarten ausgewiesen werden, wird folgende – aus Tabelle 2.17 und Tabelle 2.18 abgeleitete – Zuordnung von Ertragsklassen und Nettoaufnahmeraten basischer Kationen getroffen.

In Abb. 2.14 sind die regional differenzierten Nettoaufnahmeraten basischer Kationen dargestellt. Aufgrund der aus Tabelle 2.19 ersichtlichen, im Vergleich zur Nettostickstoffaufnahme (vgl. Kap. 2.3.2) relativ geringen Unterschiede zwischen Laub- und Nadelwald überwiegt bei der Aufnahme basischer Kationen der Einfluß der Ertragsklassen.

### Benötigte Eingangsdaten

**Bodendaten.** Die verwendeten Bodeninformationen sowie die Verwitterungsrate basischer Kationen werden beim Level-0-Ansatz in Kap. 2.3.1.1 ausführlich beschrieben.

**Bodenbedeckung.** Detaillierte Daten zur Bodenbedeckung stellen die wichtigste Datengrundlage dar, um – neben den natürlichen Standortbedingungen – nach Ökosystemen differenzierte Critical Loads berechnen zu können. Hierbei werden hohe Anforderungen sowohl – wegen der zumeist geringen Größe der Ökosystemtypen – an die geometrische Auflösung wie auch an eine möglichst detaillierte Beschreibung bei genau abgegrenzter Definition der einzelnen Ökosysteme gestellt. Für deutschlandweite Betrachtungen kommen daher als Ausgangsdaten nur entsprechend aufbereitete Satellitenbildszenen in Frage. Seit Anfang diesen Jahres ist aus dem CORINE-Programm (Coordination of Information on the Environment) der Europäischen Union der Teilbereich Landnutzung (Daten zur Bodenbedeckung) verfügbar. Bei der Erarbeitung des Datensatzes bildeten Satellitenbildszenen die Hauptdatengrundlage. Unterstützend wurden Luftbilder, topographische Karten (Maßstab 1 : 100 000) und statistische Erhebungen genutzt. Die Erhebungsmethodik ist detailliert vom Statistischen Bundesamt beschrieben worden, die Daten sind digital verfügbar (CD 819 0120-97900, Statistisches Bundesamt, Wiesbaden 1997). Auf drei Ebenen, die jeweils einen bestimmten maßstabsabhängigen Generalisierungsgrad der Landnutzung beschreiben, sind 44 potentiell ausweisbare Bodenbedeckungen bzw. Nutzungen enthalten, darunter die Kategorien 3.1.1 bis 3.1.3, Laub-, Nadel- und Mischwald (s. Tabelle 2.20). Eine exakte Quantifizierung der Anteile von Laub- und Nadelwald in den Mischwaldtypen ist jedoch nicht möglich.

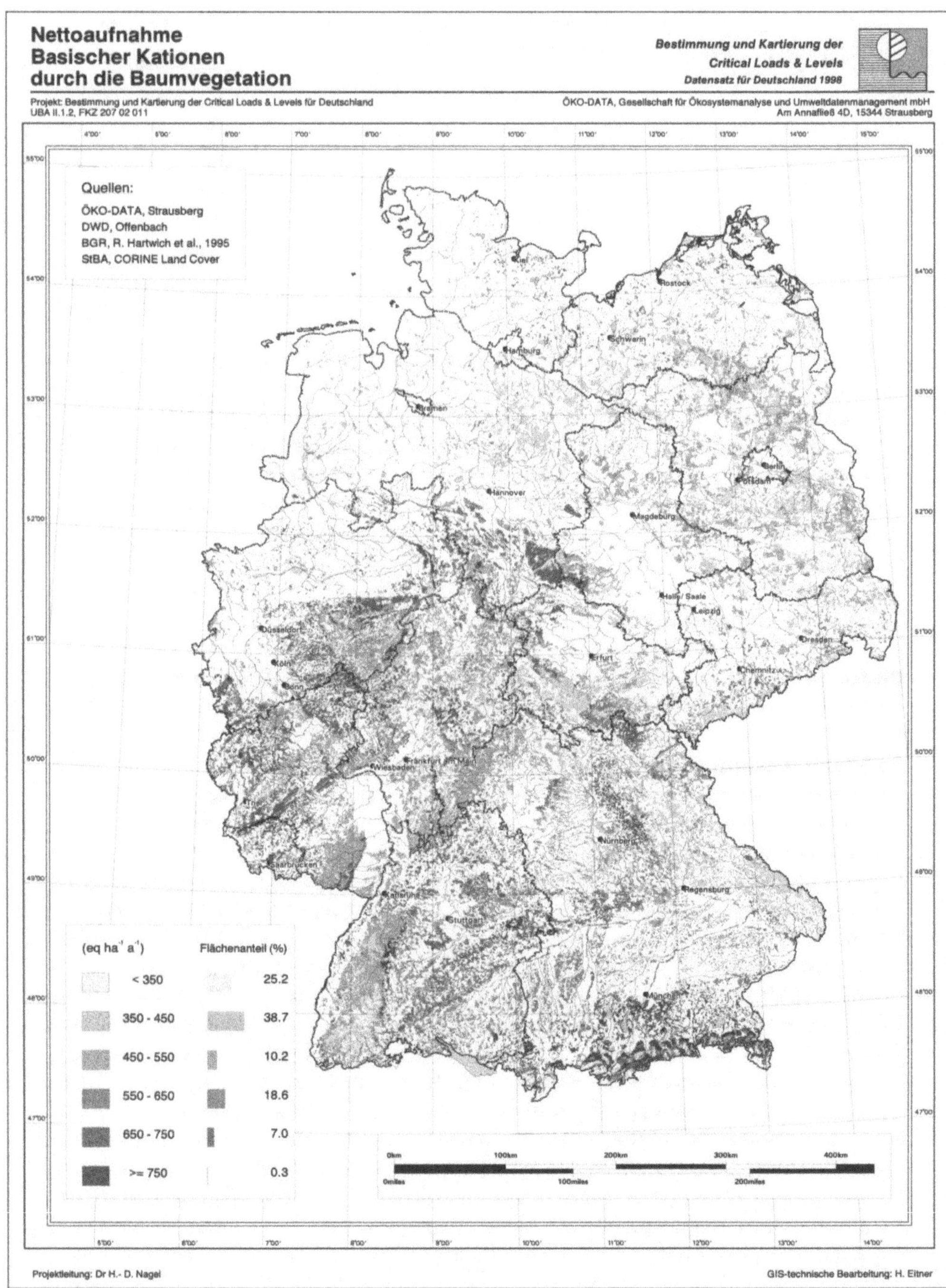


**Abb. 2.14.** Nettoaufnahme basischer Kationen durch die Baumvegetation

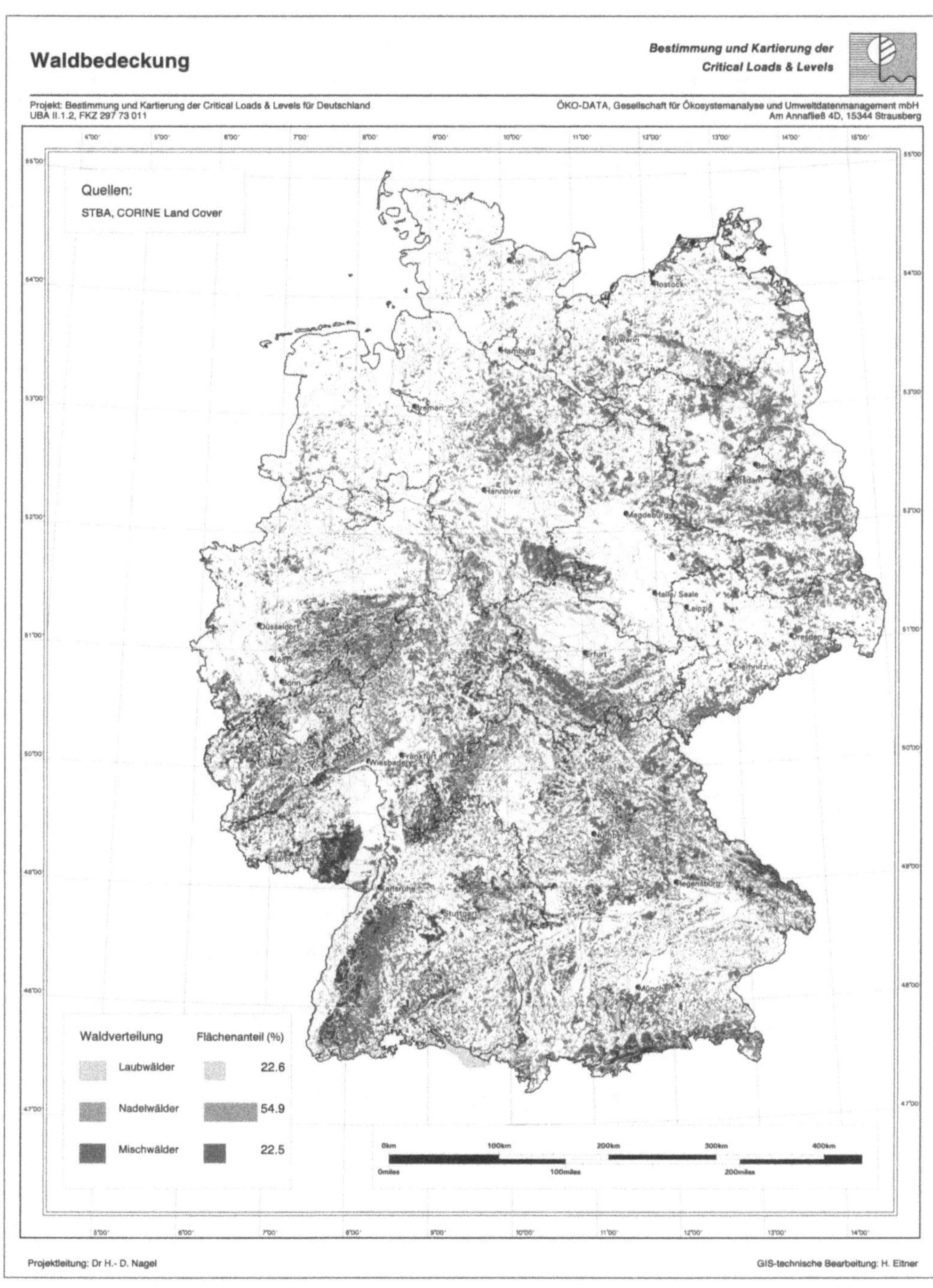


**Abb. 2.15.** Waldbedeckung in der Bundesrepublik Deutschland

**Tabelle 2.20.** Kategorien der Daten zur Bodenbedeckung in Deutschland (Statistisches Bundesamt 1997)

**CORINE Land Cover**

| *1. Ebene* | *2. Ebene* | *3. Ebene* |
| --- | --- | --- |
| 1 Bebaute Flächen | 1.1 Städtisch geprägte Flächen | 1.1.1 Durchgängig städtische Prägung |
| | | 1.1.2 Nicht durchgängig städtische Prägung |
| | | 1.2.1 Industrie- und Gewerbeflächen |
| | 1.2 Industrie-, Gewerbe- und Verkehrsflächen | 1.2.2 Straßen-, Eisenbahnetze und funktionell zugeordnete Flächen |
| | | 1.2.3 Hafengebiete |
| | | 1.2.4 Flughäfen |
| | 1.3 Abbauflächen, Deponien und Baustellen | 1.3.1 Abbauflächen |
| | | 1.3.2 Deponien und Abraumhalden |
| | | 1.3.3 Baustellen |
| | 1.4 Künstlich angelegte, nicht landwirtschaftlich genutzte Grünflächen | 1.4.1 Städtische Grünflächen |
| | | 1.4.2 Sport- und Freizeitanlagen |
| 2 Landwirtschaftliche Flächen | 2.1 Ackerflächen | 2.1.1 Nicht bewässertes Ackerland |
| | | 2.1.2 Regelmäßig bewässertes Ackerland |
| | | 2.1.3 Reisfelder |
| | 2.2 Dauerkulturen | 2.2.1 Weinbauflächen |
| | | 2.2.2 Obst- und Beerenobstbestände |
| | | 2.2.3 Olivenhaine |
| | 2.3 Grünland | 2.3.1 Wiesen und Weiden |
| | 2.4 Landwirtschftliche Flächen heterogener Struktur | 2.4.1 Einjährige Kulturen in Verbindung mit Dauerkulturen |
| | | 2.4.2 Komplexe Parzellenstrukturen |
| | | 2.4.3 Landwirtschaftlich genutztes Land mit Flächen natürl. Bodenbedeckung von signifik. Größe |
| | | 2.4.4 Land- und forstwirtschaftliche Flächen |
| 3 Wälder und naturnahe Flächen | 3.1 Wälder | 3.1.1 Laubwälder |
| | | 3.1.2 Nadelwälder |
| | | 3.1.3 Mischwälder |
| | 3.2 Strauch- und Krautvegetation | 3.2.1 Natürliches Grünland |
| | | 3.2.2 Heiden und Moorheiden |
| | | 3.2.3 Hartlaubbewuchs |
| | | 3.2.4 Wald-Strauch-Übergangsstadien |
| | 3.3 Offene Flächen ohne / mit geringer Vegetation | 3.3.1 Strände, Dünen und Sandflächen |
| | | 3.3.2 Felsflächen ohne Vegetation |
| | | 3.3.3 Flächen mit spärlicher Vegetation |
| | | 3.3.4 Brandflächen |
| | | 3.3.5 Gletscher und Dauerschneegebiete |
| 4 Feuchtflächen | 4.1 Feuchtflächen im Landesinnern | 4.1.1 Sümpfe |
| | | 4.1.2 Torfmoore |
| | 4.2 Feuchtflächen an der Küste | 4.2.1 Salzwiesen |
| | | 4.2.2 Salinen |
| | | 4.2.3 In der Gezeitenzone liegende Flächen |
| 5 Wasserflächen | 5.1 Wasserflächen im Landesinnern | 5.1.1 Gewässerläufe |
| | | 5.1.2 Wasserflächen |
| | 5.2 Meeresgewässer | 5.2.1 Lagunen |
| | | 5.2.2 Mündungsgebiete |
| | | 5.2.3 Meere und Ozeane |

Mit der aus den Daten zur Bodenbedeckung abgeleiteten Waldkarte (Abb. 2.15) konnten für ca. 98 % der Waldstandorte Deutschlands Critical-load-Berechnungen vorgenommen werden.

In Zukunft soll für die Critical-load-Berechnung der Datensatz CORINE Land Cover genutzt werden. Grundlage zur Ermittlung sind wiederum Satellitenaufnahmen, die mit Hilfe von topographischen Karten und Luftbildern interpretiert und validiert wurden. Erste Vergleiche ergaben bereits eine gegenüber der bisherigen Waldverteilungskarte erhöhte Repräsentanz der tatsächlichen Waldstandorte.

**Jährliche Sickerwasserspende.** Die Auswaschung von gelösten Stoffen aus den oberen Bodenschichten wird entscheidend durch die Sickerwasserrate (Precipitation Surplus, $PS$) bestimmt. Daher ist eine möglichst exakte, nach Ökosystemen differenzierte Bestimmung der jährlichen Sickerwassermenge aus der Differenz zwischen Niederschlag $P$, Evapotranspiration $ETR$ und Oberflächenabfluß $RO$ für die Critical-load-Berechnung wichtig.

$$PS = P - ETR - RO \ . \tag{2.30}$$

Für die hier vorgenommen Critical-load-Berechnungen wurde Datenmaterial aus den angepaßten Abflußkarten des Atlas der DDR (1986) im Maßstab 1 : 750 000 und dem Hydrologischen Atlas der Bundesrepublik Deutschland (1978) im Maßstab 1 : 1 500 000 verwendet. Es wird angestrebt, eine nach der Bodenbedeckung (hier: Laub-, Nadel- und Mischwald) differenzierte Neuberechnung der Sickerwasserspende vorzunehmen.

**Jahresmitteltemperatur.** Die Jahresmitteltemperatur dient primär zur Festlegung der regionalen Verteilung der Stoffaufnahmeraten und der Korrektur der ermittelten Verwitterungsraten. Für die Berechnungen wurden die Daten der langjährigen Mittel aus den bisher verfügbaren Quellen, Atlas der DDR (1986, Maßstab 1 : 750 000) und digitale Vektorkarte (Bundesamt für Naturschutz, Maßstab 1 : 1 000 000), genutzt. Die Datenanpassung 1998 konnte auf aktualisierte digitale Karten des Deutschen Wetterdienstes zurückgreifen.

**Deposition basischer Kationen.** Zur Methodik für die Ermittlung der Deposition basischer Kationen sowie deren Größenordnung sei auf Kap. 3 verwiesen.

### *Critical Loads für Säureeinträge ohne Basensättigungskorrektur*
Unter Nutzung der zuvor dargestellten Ausgangsdaten ergaben sich die in Tafel 1 veranschaulichten Critical Loads für Säureeinträge für die Bundesrepublik Deutschland, welche gemäß (2.20) ermittelt wurden. Ein Drittel der Waldfläche weist Critical Loads von unter 1 000 eq ha$^{-1}$ a$^{-1}$ auf. Diese Gebiete sind in Nord- und Ostdeutschland sowie im Bayerischen Wald zu finden. Regionen, in denen aufgrund der Bodencharkteristika hohe Freisetzungsraten basischer Kationen anzutreffen sind, zeichnen sich durch Critical Loads von über 2 000 eq ha$^{-1}$ a$^{-1}$ aus. Insbesondere in den Mittelgebirgen, deren Substrate sich durch mittlere Basengehalte auszeichnen, liegen die Werte zwischen 1 000 und 2 000 eq ha$^{-1}$ a$^{-1}$.

### Critical Loads für Säureeinträge mit Basensättigungskorrektur

Ein bekannter Schwachpunkt des ECE-Ansatzes liegt darin, daß die Berechnungsmethodik eigentlich nur auf saure Forstböden angewendet werden kann. Ein Grund dafür ist, daß die Critical-load-Berechnung in Skandinavien besonders intensiv betrieben wurde und dort andere geologische Bedingungen vorherrschen, als in Mittel- und Südeuropa. Es dominieren Bodentypen mit geringem Basengehalt.

Entsprechend der Formel (2.20) zur Berechnung der Critical Loads mit der $SMB_{mod}$-Methode ergeben sich für die letzten beiden Terme in der Regel positive Werte, die zur Verwitterungsrate ($BC_w$) addiert werden. Die resultierenden Critical Loads sind somit höher als die Verwitterungsraten der Böden. Eine Auswaschung basischer Ionen in tiefere Bodenschichten bei Böden mit mittlerer bis guter Basenversorgung bleibt unberücksichtigt.

In Fällen, bei denen in der Bodenlösung basische Anionen vorhanden sind, die in der Summe eine höhere Äquivalentkonzentration aufweisen als die Summe der sauren Kationen (2.6), wird jedoch der Wert für die Auswaschung der *ANC* positiv. Entsprechend der (2.4) muß dieser Wert von der Verwitterungsrate abgezogen werden und verringert somit die Critical Loads. Allgemein kann festgestellt werden, daß bei der Anwendung der $SMB_{mod}$-Methode auf gut gepufferten Böden eine Überbewertung der Pufferkapazität der Böden gegenüber sauren atmosphärischen Depositionen erfolgt.

Dieses Problem könnte dadurch gelöst werden, daß bei der Berechnung der *ANC* in der Bodenlösung nach (2.5) alle notwendigen Ionenkonzentrationen berücksichtigt und zusammen mit der Sickerwasserbildung die entsprechenden Austragsfrachten ermittelt werden. Die recherchierte Datenbasis hierzu ist jedoch sehr unzureichend, so daß diese Variante für regionale oder gar bundesweite Aussagen zunächst verworfen werden mußte.

Ein allgemeines Kriterium, das flächendeckend vorliegt bzw. ableitbar ist und die Bodenreaktion hinsichtlich ihrer Pufferleistung gegenüber sauren atmosphärischen Einträgen gut widerspiegelt, ist die Basensättigung (Base saturation – *BS*, auch als *V*-Wert bezeichnet).

Die Basensättigung ist definiert als der prozentuale Anteil basischer Kationen an der gesamten Kationenaustauschkapazität (*KAK*, Cation Exchange Capacity – *CEC*) des Bodens. Hierbei ist ein allgemeiner Zusammenhang zwischen dem pH-Wert im Boden und der Basensättigung gegeben, die in bestimmten Fehlergrenzen und für großräumige Aussagen den vorhandenen Bodentypen zugeordnet werden können (s. Tabelle 2.21) (Werner 1992, verändert).

Ausgehend von einer Literaturrecherche wurde den in Deutschland vorhandenen Bodentypen (FAO-Systematik, s. Tabelle 2.15) ein Basensättigungsbereich zugeordnet (FAO-UNESCO 1989; Fitzpatrick 1980; Mückenhausen 1977; Müller 1980; Lieberoth 1982; Scheffer u. Schachtschabel 1989; Veerhoff u. Brümmer 1994). Im Ergebnis ist festzustellen, daß aufgrund unterschiedlicher Standort- und Klimabedingungen die Streubreite der Basensättigungswerte für einen Bodentyp stark variieren kann. Es erscheint jedoch zulässig, für eine bundesweite Kartierung als Durchschnittsgrößen die in Tabelle 2.22 gezeigten Wertebereiche anzugeben.

Aufbauend auf die deutsche Bodenkarte konnte somit eine Karte der Basensättigung erstellt und, entsprechend Tabelle 2.22, vier Basensättigungsklassen unter-

**Tabelle 2.21.** Zuordnung von Bodentypen, pH-Wert und Basensättigung (verändert nach Werner 1992)

| Bodentyp | pH (KCl) | BS [%] |
|---|---|---|
| Schwarzerde | 6,9 | 93 |
| Rendzina | 6,5 | 83 |
| Braunerde (basenreich) | 6,1 | 83 |
| Gley (basenreich) | 5,9 | 64 |
| Staugley (basenreich) | 5,0 | 58 |
| Parabraunerde (mittlerer Basengehalt) | 4,6 | 41 |
| Ranker | 4,1 | 19 |
| Braunerde (basenarm) | 3,8 | 13 |
| Parabraunerde (basenarm) | 3,7 | 13 |
| Gley (basenarm) | 3,8 | 12 |
| Podsol | 3,6 | 12 |
| Staugley (basenarm) | 3,7 | 6 |

**Tabelle 2.22.** Zuordnung Bodentyp – Basensättigung (BS)

| Basensättigung [%] | BS-Klasse | FAO-Bodentyp |
|---|---|---|
| 0 – 20 | 4 | Bd, Bds, Dd, Gd, Jd, Od, Pg, Ph, Phf, Pl, Po |
| 20 – 40 | 3 | Dg, Oe, Rd, U |
| 40 – 80 | 2 | Be, Bea, Bec, Bg, Bh, Bv, Bvc, Bvg, De, Ge, Gm, Jc, Jcf, Jcg, Jeg, Lc, Le, Lg, Lgs, Lo, Rc |
| > 80 | 1 | Bk, Bkf, Ch, Ck, Eo, Hc, Hh, Hl |

schieden werden (Abb. 2.16). Die in der Karte dargestellten Basensättigungsbereiche wurden mit Meßwerten von ca. 750 Standorten in den alten Bundesländer verglichen (Veerhoff u. Brümmer 1994). Hierbei müssen kleinräumige Bodentypvariationen auf-grund des kleinen Kartenmaßstabes der Bodenkarte von 1 : 1 Mio. unberücksichtigt bleiben. Trotzdem zeigte sich eine gute Übereinstimmung zwischen den aus den Bodentypen abgeleiteten Basensättigungswerten und den realen Meßwerten.

Alle Böden mit Basensättigungswerten < 20 % können als stabil versauert angesehen werden. Diese befinden sich im Aluminium- bzw. Eisenpufferbereich. Böden mit Basensättigungswerten > 20 % besitzen einen gewissen Basenpool, der bei der Pufferung von Säureeinträgen berücksichtigt werden muß. Bei diesen Böden kommt es in Folge von Puffermechanismen zur Auswaschung von relevanten Mengen an Säureneutralisierungskapazität in tiefere Bodenschichten und somit zur Reduzierung der Pufferkapazität.

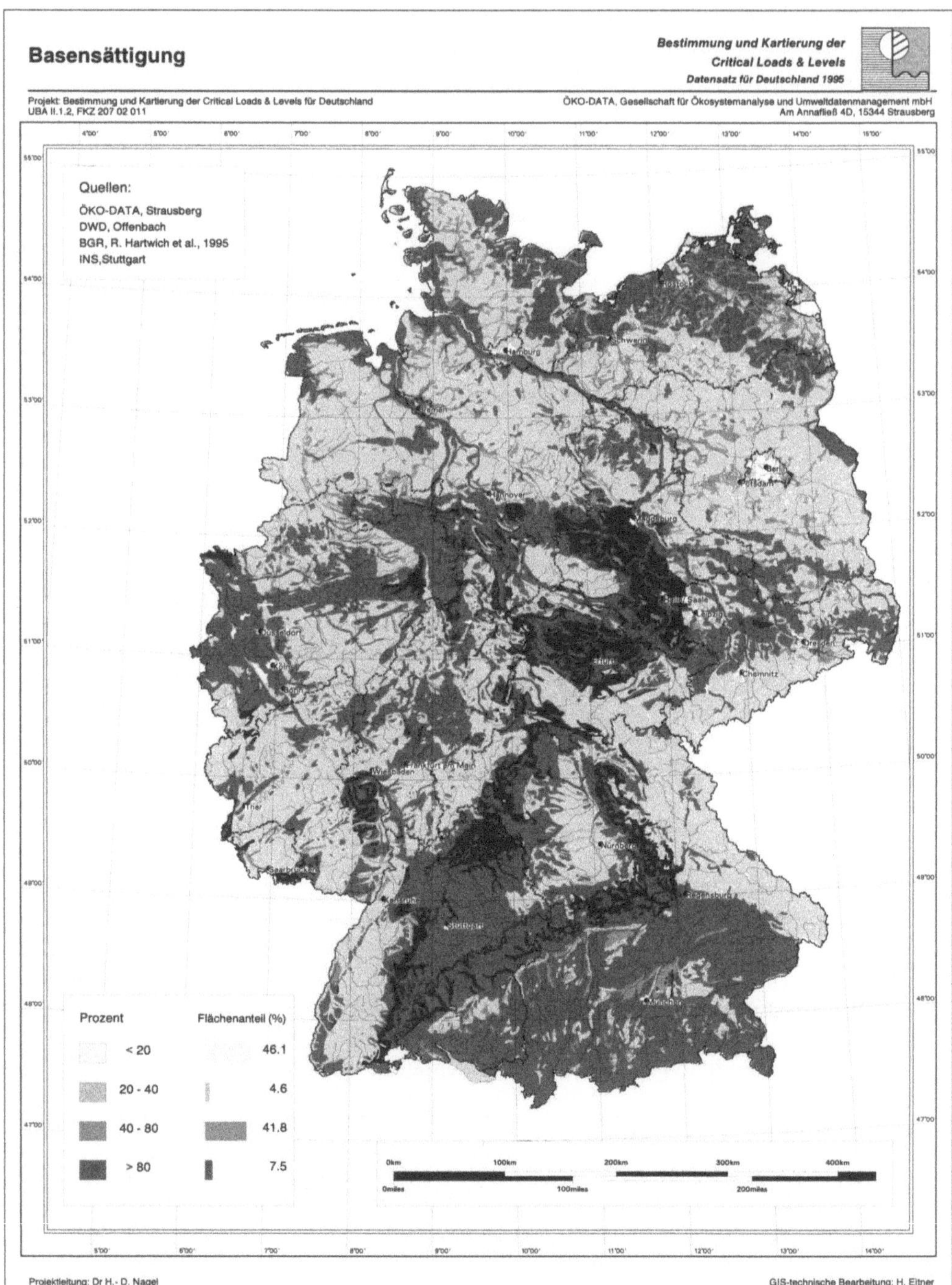


**Abb. 2.16.** Basensättigung

**Tabelle 2.23.** Verteilung der Böden in den jeweiligen Basensättigungsklassen

| Basensättigung [%] | Anteil [%] |
| --- | --- |
| < 20 | 46,1 |
| 20 – 40 | 4,6 |
| 40 – 80 | 41,8 |
| > 80 | 7,5 |

**Tabelle 2.24.** Flächenverteilung der Critical Loads nach der $SMB_{mod}$- und $BS$-Methode

| Critical Loads [eq ha$^{-1}$ a$^{-1}$] | Ohne Basensättigungskorrektur [%] | Mit Basensättigungskorrektur [%] |
| --- | --- | --- |
| < 200 | 1,5 | 2,8 |
| 200 – 500 | 9,5 | 9,0 |
| 500 – 1 000 | 20,4 | 33,0 |
| 1 000 – 2 000 | 39,7 | 37,8 |
| > 2 000 | 28,9 | 17,4 |

Aus Tabelle 2.23 ist ersichtlich, daß ca. 50 % der deutschen Böden über eine Basensättigung von mehr als 20 % verfügen. Diese werden nach der $SMB_{mod}$-Methode jedoch wie saure Böden ($BS$ < 20 %) behandelt.

Für Böden mit Basensättigungen > 20 % wird die Berechnung der Säureneutralisierungskapazität $ANC$ komplizierter, da alle Komponenten von (2.5) berücksichtigt werden müßten. Aufgrund der vielfältigen Standortfaktoren ist die Datenbasis hierfür derzeitig nicht ausreichend, so daß für die Bestimmung der Critical Loads für Deutschland die folgende Festlegung getroffen wurde.

Bei allen Böden mit einer Basensättigung > 20 % wird der Wert $ANC_{le}$ = 0 gesetzt, so daß der Säureeintrag (Critical Load) nicht größer sein darf, als die Menge der durch Verwitterung freigesetzten basischen Kationen.

Die bei der $SMB_{mod}$-Methode vorhandene Überschätzung der Pufferkapazität bei basenreichen Böden wird damit vermieden.

Für die $BS$-Methode (Tafel 2) kam für die Berechnung der modifizierte Massenbilanzansatz zur Anwendung. Auch bei dieser Karte werden die empfindlichsten Gebiete für das norddeutsche Tiefland und einige Gebirgsregionen ausgewiesen. Der Anteil der Critical Loads < 1 000 eq ha$^{-1}$ a$^{-1}$ beträgt jedoch fast 45 % gegenüber 31,4 % ohne Basensättigungskorrektur.

In Tabelle 2.24 werden die Kartierungsergebnisse nach beiden Methoden gegenübergestellt.

In den unteren Bereichen mit Critical-load-Werten bis 500 eq ha$^{-1}$a$^{-1}$ sind keine großen Veränderungen der Ergebnisse sichtbar. Die Ursache hierfür liegt sicherlich darin, daß in diesem Bereich ein großer Anteil der Böden Basensättigungen < 20 % aufweist, also keine Berechnungsunterschiede vorhanden sind. Eine deutliche Verschiebung wird bei der $BS$-Methode vom Bereich der hohen Werte zu mittleren Critical-load-Werten sichtbar.

Da die Berechnung der Critical Loads für Säureeinträge unter Berücksichtigung der Basensättigung aus methodischer Sicht plausibler erscheint, wird diese Methode eindeutig favorisiert und die resultierende Karte als deutscher Datensatz für das Critical-load-Projekt hinsichtlich der Säureeinträge bestätigt.

### 2.3.1.3
### *Level-2-Ansatz*

Sowohl beim Level-0- wie auch beim Level-1-Ansatz ist die Komponente Zeit nicht integriert. Diesem Aspekt wird bei dynamischen Modellen (Level-2-Ansatz) Rechnung getragen. Hierdurch lassen sich die Übergangsstadien bis zum Gleichgewichtszustand des betrachteten Rezeptors Boden infolge von Schadstoffdepositionen sowie die zum Erreichen des Gleichgewichts benötigte Zeit veranschaulichen. Bodenchemische Prozesse wie der Kationenaustausch oder die Anionenadsorbtion können nur mittels dynamischer Modelle in die Critical-load-Berechnung einbezogen werden. Des weiteren ermöglichen diese Modelle Untersuchungen bezüglich der Auswirkung von Änderungen z. B. der Schadstoffdeposition oder der Bewirtschaftung des betrachteten Standorts auf den Stoffgehalt des Bodens bzw. der Bodenlösung.

Die Berücksichtigung der Zeitkomponente bei der Berechnung von Critical Loads sowie die genauere Abbildung der bodenchemischen Prozesse haben zur Folge, daß die Modelle stark an Komplexität zunehmen. Daher stellen sie hohe Anforderungen an die Qualität und Quantität der Eingangsdaten, weshalb in Deutschland nur Critical-load-Berechnungen für detailliert untersuchte Standorte vorliegen. Flächendeckende Aussagen können nur bei ausreichender Anzahl und Repräsentanz (abiotische und biotische Faktoren) dieser Einzelstandorte für die Gesamtfläche getroffen werden. Hierfür ist jedoch die Datengrundlage – zumindest in der Bundesrepublik Deutschland – unzureichend.

Bekannte dynamische Modelle sind SAFE sowie das semidynamische Modell PROFILE, welche in Schweden – bei ausreichender Datenverfügbarkeit – erfolgreich zur Bestimmung landesweiter Critical Loads für Säureeinträge verwendet werden. Auch diesen Modellen liegen die in Tabelle 2.9 dargelegten kritischen chemischen Grenzwerte als Critical-load-Kriterien zugrunde. An dieser Stelle sollen die Level-2-Modelle nicht näher erläutert werden; es sei auf Sverdrup u. Warfvinge (1995), Jönsson (1994), Barkman (1997) sowie UBA (1996b) verwiesen.

### 2.3.2
### Critical Loads für den Stickstoffeintrag

B. Werner · C.-H. Henze · H.-D. Nagel

Aus ökologischer Sicht sind die Wirkungen von anthropogenen Stickstoffeinträgen in Ökosystemen deshalb so gravierend, weil unter naturnahen Bedingungen Stickstoff in der Regel knapp ist. Terrestrische Ökosysteme haben sich in der Evolution zumeist auf Bedingungen eingestellt, bei denen nutzbarer Stickstoff zu den begrenzenden Faktoren im Stoffkreislauf gehört.

Obwohl der molekulare Stickstoff in der Atmosphäre im Überfluß vorliegt, ist dessen Einbindung in den biologischen Kreislauf nur einigen wenigen Organismenarten vorbehalten. Zumeist führen Mikroorganismen die Stickstoffbindung in Symbiose mit höheren Pflanzen durch. Leguminosen (Bohnen, Erbsen, Klee, Luzerne) binden z. B. über die symbiontische N-Fixierung (*Rhizobium*-Bakterien) molekularen Stickstoff aus der Atmosphäre in einer Größenordnung von 100 kg ha$^{-1}$a$^{-1}$. Für die Mehrheit der naturnahen Pflanzengesellschaften spielt die N-Fixierung jedoch

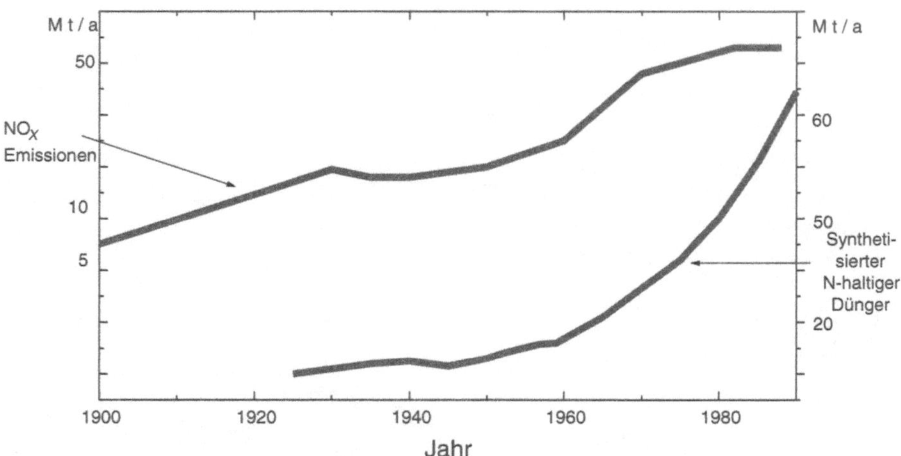


**Abb. 2.17.** Entwicklung der anthropogenen $NO_X$-Emissionen seit 1900 und weltweite Synthese stickstoffhaltiger Mineraldünger (Smil 1990)

eine untergeordnete Rolle. Für Waldökosysteme werden Werte von < 0,5 bis maximal 3 kg N $ha^{-1}a^{-1}$ für stark mit Epiphyten durchsetzte Wälder angegeben (Hornung *et al.* 1995).

Durch anthropogene Prozesse, insbesondere der Verbrennung von fossilen Energieträgern, aber auch der weltweiten Synthese von stickstoffhaltigen Düngemitteln (Abb. 2.17), werden Stickstoffverbindungen in großen Mengen freigesetzt und als pflanzenverfügbare Nährstoffe zusätzlich, teilweise mit exponentiellen Steigerungsraten, in den globalen Kreislauf eingetragen.

Vor allem durch diese anthropogenen Einträge wird der pflanzenverfügbare Stickstoff im internen Nährstoffzyklus (Abb. 2.18) vermehrt. Anders als die auf die natürlichen Vorräte aufbauenden N-Quellen und N-senkende Faktoren (im weiteren Senken genannt) haben die zivilisationsbedingten Freisetzungen von oxidierten Stickstoffverbindungen (Verbrennung fossiler Energieträger in den Bereichen Verkehr, Industrie und zur Energieversorgung) und reduzierten N-Verbindungen (Landwirtschaft) die natürlichen Kreisläufe dahingehend verändert, daß der einstmalige Mangelnährstoff nun vielerorts im Überfluß vorhanden ist.

Wir sprechen von einer Übersättigung des Systems mit Stickstoff, wenn die Verfügbarkeit organisch gebundenen Stickstoffs den Gesamtbedarf aller konsumierenden Prozesse übersteigt (Aber *et al.* 1989).

In vielen Wäldern und anderen naturnahen Ökosystemen überschreitet der Stickstoffeintrag den Verbrauch bei weitem, so daß die Ökosysteme nicht mehr in der Lage sind, den eingetragenen Stickstoff vollständig in ihren Kreislauf einzubauen.

Durch die Belastung mit diesen Überschüssen wurde das bislang funktionierende System von Standortfaktoren, Vegetation, Produktivität und Stabilität der Wälder verändert (Ellenberg 1985; Hofmann 1994). Forstökologische Effekte oder Wirkungen, die dabei zur Destabilisierung des Systems beitragen können, sind in Tabelle 2.25 dargestellt.

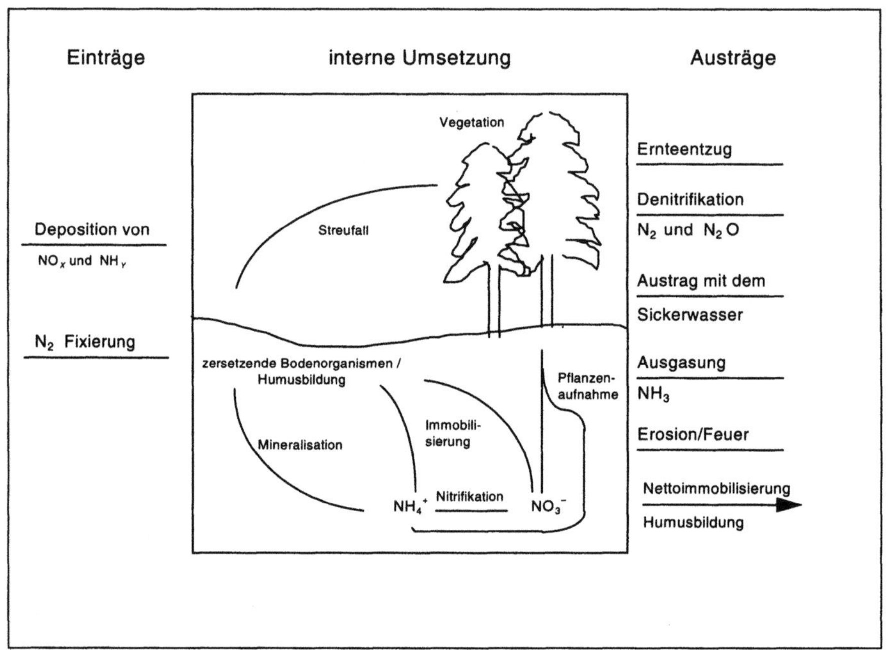



**Abb. 2.18.** Interner Stickstoffzyklus eines Waldökosystems sowie Ein- und Austräge (UN/ECE 1995b)

Eine Akkumulation von Stickstoff in der Biomasse stellt sich v. a. über eine Nährkraftveränderung des Bodens ein. Es werden nitrophile Arten im Konkurrenzkampf gegenüber Arten, die nährstoffarme Standorte bevorzugen, übervorteilt und können sich verstärkt entwickeln. Folge ist meist ein Rückgang gerade der gefährdeten, auf Sonderstandorte angewiesenen, Arten. Verstärktes Höhenwachstum oder die Ausbildung einer dichten Bodenvegetation verändern dann zusätzlich Standortfaktoren wie Licht- und Wasserverfügbarkeit. Auf basenarmen Standorten kommt es ferner zu Nährstoffungleichgewichten.

Untersuchungen an Kiefernbeständen des nordostdeutschen Tieflandes wiesen für die atmogene Stickstoffbelastung in Verbindung mit anderen Einflußfaktoren zwei Wirkungslinien, eine strukturelle und eine funktionale nach (Hofmann 1994), welche wie folgt definiert sind:

- **Strukturelle Wirkungen:** – Auflichtung der Kronendachdichte;
  – Verdichtung der Waldbodenbedeckung (Zunahme von Großsträuchern; Rückgang von Moosen, Flechten und Zwergsträuchern);
  – Veränderung der Humusformen;
- **Funktionale Wirkungen:** – Änderung von Wachstumsverlauf und Ernährungsstatus;
  – Veränderung der Wasser- und Stoffkreisläufe der Bestände.

**Tabelle 2.25.** Forstökologische Auswirkungen einer überhöhten Stickstoffdeposition (nach Gundersen 1989)

| Eintragspfad | Wirkung | Destabilisierung |
|---|---|---|
| **Direkter Eintrag über Blätter/Nadeln** | | |
| | • Direkter Schaden an Blättern/Nadeln | |
| | • Auswaschung von Nährstoffen | |
| | • Akkumulation von Protonen in den Blattzellen | |
| **Akkumulation in der Biomasse** | | |
| Aktiv | • Höhere Holzproduktion | Steigender Wasserbedarf; |
| | • Erhöhtes Sproß-Wurzel-Verhältnis | $\Rightarrow$ Erhöhte Anfälligkeit für Trockenheit |
| | • Zunahmen nitrophiler Arten in der Bodenvegetation | und Nährstoffmangel |
| | • Vergrößerung von Holzzellen | $\Rightarrow$ Erhöhtes Windwurfrisiko |
| | • Verstärktes Algenwachstum | $\Rightarrow$ Verminderte Lichtintensität zur Photosynthese |
| Passiv | • Erhöhter N-Gehalt in den Blättern | $\Rightarrow$ Relative Nährstoffungleichgewichte $\Rightarrow$ Verminderte Frosthärte $\Rightarrow$ Steigende Schädlingsanfälligkeit |
| | • Erhöhter Argeningehalt der Blätter | $\Rightarrow$ Wachstumshemmung |
| **Akkumulation im Boden** | | |
| Nichtnitrifizierende Böden | • Versauerung der Rizosphäre bei Ammoniumaufnahme | |
| | • Erhöhter Austrag von Ca, Mg, K durch Kationenaustausch | |
| | • Nährstoffungleichgewichte im Boden (Erhöhte $NH_4^+/K^+$- und $NH_4^+/Mg^{2+}$-Verhältnisse) | $\Rightarrow$ Gestörte Kationenaufnahme durch Ammoniumkonkurrenz |
| Nitrifizierende Böden | • Verstärkung von Häufigkeit und Wirkung von Versauerungsschüben | $\Rightarrow$ Wurzelschäden |
| **Austrag aus dem Ökosystem** | | |
| Nichtnitrifizierende Böden | • Ammoniumaustrag | $\Rightarrow$ Grundwassergefährdung |
| Nitrifizierende Böden | • Bodenversauerung und Verlust basischer Kationen | $\Rightarrow$ Nährkraftverlust |
| | • Mobilisierung von Aluminium; Wurzeltoxizität | $\Rightarrow$ Gestörte Wasser- und Nährstoffaufnahme |
| | • Nitrataustrag | $\Rightarrow$ Grundwassergefährdung |

Über das Ausmaß der zu beobachtenden Veränderungen entscheiden wesentlich die Höhe und die Dauer der Stickstoffeinträge. Generell wurde der Rückgang von Ökosystemtypen, die auf nährstoffarmen Standorten vorkommen, sowie die Zunahme von Ökosystemen, in denen nitrophile Arten eine Rolle spielen, im Verlauf der letzten Jahrzehnte deutlich.

Seit 1970 sind im nordostdeutschen Tiefland beispielsweise

| | |
|---|---|
| • nahezu völlig verschwunden: | – Flechten-Kiefern-Forsten und<br>– Heidekraut-Kiefern-Forsten. |
| • Ein deutlicher Rückgang wurde beobachtet bei | – Blaubeer-Kiefern-Forsten und<br>– Beerkraut-Kiefern-Wäldern. |
| • Stark ausgebreitet haben sich hingegen: | – Himbeer-Kiefern-Forsten und<br>– Sandrohr-Kiefern-Forsten. |
| • Eine Neustrukturierung wurde beobachtet bei | – Holunder-Kiefern-Forsten und<br>– Traubenkirschen-Kiefern-Forsten (spät blühende Art). |

Eines von vielen typischen Beispielen ist der Wandel eines ehemaligen Flechten-Kiefern-Forstes (in der Nähe von Templin/Brandenburg) zum Drahtschmielen-Kiefernforst (Hofmann 1994). In der Regel sind derartige Veränderungen mit einem Rückgang der Artenvielfalt verbunden, da durch die Eutrophierung der Konkurrenzdruck seitens nitrophiler Spezies verstärkt wird.

Die Akkumulation von Stickstoff im Boden führt in stärker oder schwächer nitrifizierenden Böden zu unterschiedlichen Effekten (Tabelle 2.25). Nitrifikationsprozesse laufen in allen Böden, jedoch mit unterschiedlicher Intensität ab. Zu den reinen Nitrifikationsbodentypen zählen u. a. Waldböden mit höheren pH-Werten (z. B. Rendzinen), großen Populationen autotropher Nitrifizierer und der Humusform Mull. Bei diesen Böden erfolgt die Mineralisation organischen Stickstoffs vorwiegend über Nitrifikation. Die Ammonifikation findet zwar ebenfalls statt, spielt jedoch insofern eine untergeordnete Rolle, als gebildetes $NH_4^+$ umgehend zu $NO_3^-$ oxydiert wird (Beese 1986).

In sauren Waldböden dagegen findet eine aufgrund gehemmter Ammonifikation reduzierte Mineralisation statt – allerdings mit durchaus zu beachtenden Nitrifikationsraten. Untersuchungsergebnisse belegen, daß selbst bei pH-Werten um 3,5 Nitrifikationsprozesse stattfinden, wobei 50–90 % des mineralisierten Stickstoffs in Nitratform vorliegen.

Eine weitere negative Auswirkung übermäßiger Stickstoffeinträge ist die damit verbundene Versauerung im Oberboden. Dieser Vorgang kann einerseits initiiert werden, wenn das Verhältnis von deponiertem Ammonium-Stickstoff zu Nitratstickstoff größer 1 ist oder wenn ein Austrag von Nitrat erfolgt. Bei der Deposition von $NH_4NO_3$ werden, die vollständige Aufnahme oder Denitrifikation des Stickstoffs vorausgesetzt, keine Protonen freigesetzt, da bei Nitrataufnahme oder Denitrifikation jeweils ein Proton verbraucht wird. Die Deposition von z. B. $NH_4SO_4$ bewirkt über Ammoniumaufnahme oder Nitrifikation einen Protonenüberschuß. Auch bei ausgeglichenem Ammonium/Nitrat-Verhältnis ist jedoch ein Protonenüberschuß aus der Umsetzung deponierten oder fixierten Stickstoffs zu verzeichnen und zwar: a bei jeglichem Nitrataustrag, da dann die aus der Nitrifikation stammenden Protonen nicht wieder aufgenommen werden können (Überschußnitrifikation), oder b bei einer räumlichen oder zeitlichen Entkopplung des N-Kreislaufes (Matzner 1988; Beese 1986; Türk 1992; Ulrich 1981). Auf diesem Wege kann eine bodenprozeßbedingte Säurebelastung des Wurzelraumes hervorgerufen werden, die z. T. quantitativ bedeutsamer als der direkte Protoneneintrag über die Deposition sein kann (Büttner *et al.* 1986; Matzner 1988). Die beschriebene versauernde Wirkung von Stickstoffeinträgen erfolgt in der Rhizosphäre, also einem für die Stabilität der Ökosysteme sehr kritischen Bereich (Schaller u. Fischer 1985).

Die schädlichen Wirkungen der Bodenversauerung hinsichtlich der Erscheinungen Basenverlust und Säure-Aluminium-Toxizität sind in Kap. 2.3.1 ausführlich beschrieben.

Neben der Säurewirkung führen erhöhte Nitratausträge zu einer Belastung des Grundwassers, die unter dem Aspekt der Trinkwassernutzung gerade in Waldeinzugsgebieten negative Auswirkungen auch auf den Menschen haben.

Um, entsprechend der Definition von Critical Loads, langfristig schädigenden Wirkungen auf das Ökosystem vorzubeugen, ist es deshalb erforderlich, den Eintrag von Stickstoffverbindungen zu begrenzen und dauerhaft tolerierbare Depositionsraten zu ermitteln, bei denen keine negativen Effekte für das Ökosystem oder dessen Elementhaushalt zu erwarten sind.

Auf europäischer Ebene ist im Rahmen der „Task Force on Mapping" der UN/ECE-Luftreinhaltekonvention ein allgemein gültiger Methodenvorschlag zur Berechnung von Critical Loads und Levels ausgearbeitet worden und im Kartierungshandbuch (UBA 1996b) festgeschrieben. Die Methodik wird von allen an den Kartierungsarbeiten teilnehmenden Ländern verwendet, Abweichungen ergeben sich lediglich durch die Verwendung verschiedener Alternativen, die auf unterschiedliche Datenverfügbarkeit abgestimmt sind. Im folgenden werden die Methodenvorschläge in ihrer speziellen deutschen Anwendung beschrieben.

Wie für die Berechnung der Critical Loads für den Säureeintrag (Kap. 2.3.1) werden auch für die Berechnung der Critical Loads für den Stickstoffeintrag 3 Methoden mit jeweils verschiedener Differenzierung verwendet. Dies ist zum einen die empirische Abschätzung (Level 0), als hier hauptsächlich verwendete Methode die „Steady-state-Massenbilanz" (Level 1) und schließlich die dynamische Modellierung (Level 2).

### 2.3.2.1
#### *Level-0-Ansatz*

Für viele Ökosysteme liegen aus Naturbeobachtungen oder Feldstudien langjährig gesicherte Erfahrungen zur Belastbarkeit mit Stickstoff vor. Eine modellhafte Abbildung der ökosystemaren Zusammenhänge ist oft jedoch wegen der fehlenden Datenverfügbarkeit nicht möglich. In diesen Fällen lassen sich mit einem empirischen Ansatz Critical-load-Werte den ökologischen Rezeptoren zuweisen.

Die empirische Critical-load-Bestimmung wurde bisher in der Regel für naturnahe Sonderstandorte und halbnatürliche Ökosystemtypen angewendet (vgl. Tabelle 2.26).

Bei der empirischen Critical-load-Bestimmung werden Critical Loads für Stickstoff, die in der Regel auf langjährigen Beobachtungen der Reaktionen von Vegetationstypen auf Stoffeinträge und experimentellen Ergebnissen beruhen, einem konkret definierten Ökosystem zugewiesen. Dabei wird, soweit dies möglich ist, die potentielle Nettomineralisation des Bodens sowie dessen Nutzungsgeschichte und aktuelle Nutzungsart, insbesondere der Ernteentzug auf genutzten Flächen in die Bestimmung des maximal zulässigen Stickstoffeintrages einbezogen.

Als Schwellenwert wird dabei ein Bereich des zulässigen Stoffeintrages angegeben, bei dem im betrachteten Ökosystem keine irreversiblen Veränderungen hinsichtlich des Stoffhaushaltes oder der Zusammensetzung der wild-spontanen Pflanzengesellschaften zu erwarten sind.

Die Veränderungen der Artenzusammensetzung und deren Dominanzverhältnisse sind auf sich ändernde Konkurrenzbedingungen bei längerandauerndem Stickstoffeintrag zurückzuführen. Arten mit einem besseren Stickstoffaufnahmevermögen wachsen schneller und größer und rauben den anderen Arten Licht, Wasser und Nährstoffe. Besonders konkurrenzempfindliche Arten können so am Standort aussterben. Die Artenzusammensetzung und die Dominanzverhältnisse (gleichzeitig Kennzeichen der Pflanzengesellschaften) der aktuell ermittelten Vegetation sind im Vergleich zu den standorttypischen unbeeinflußten Vegetationsgesellschaften also Indikatoren für das Ausmaß der Stickstoffzufuhr bei gleichzeitiger Berücksichtigung des Regenerierungs- und Pufferungsvermögens der Ökosysteme.

Die Auswirkungen des Stickstoffeintrages z. B. in oligotrophe oder mesotrophe Moore wurden von Verhoeven u. Schmitz (1991) beschrieben. Solange diese nicht in Nutzung sind und ein Stickstoffentzug durch Entnahme von Erntegut nicht stattfindet, kann im unbeeinflußten Zustand von relativ geschlossenen Stoffkreisläufen ausgegangen werden. Mit zunehmender Stickstoffdeposition wurde in diesen Gebieten ein Anstieg der Wachstumsrate höherer Gräser beobachtet. Durch den entstandenen Lichtmangel kam es zum Rückgang kleinwüchsiger Pflanzenarten, eine andere als die standorttypische Pflanzengesellschaft stellte sich ein.

Die Abgrenzung der Zuweisung experimentell bestimmter empirischer Werte zur modellhaft prozessorientierten Massenbilanzmethode ist fließend, weil empirische Wertezuweisungen auch innerhalb einer Massenbilanzgleichung angewendet werden können. Für einen empirischen Ansatz (Level 0), bei dem die Zuweisung von Critical Loads auf langjährigen Erfahrungswerten beruht, ist im Rahmen der wirkungsorientierten Arbeit zum Luftreinhalteübereinkommen eine empirische Zuweisungstabelle für verschiedene Ökosystemtypen Europas erarbeitet worden (Bobbink *et al.* 1992; 1995), die in Überarbeitung von H. Ellenberg auch Eingang in das Sachverständigengutachten zu Umweltfragen 1994 fand (SRU 1994) (Tabelle 2.26).

Um die auf europäischer Ebene diskutierten Werte für eine Kartierung in Deutschland anwenden zu können, bestimmte Schlutow (1995) in Anlehnung an die Ergebnisse von Bobbink *et al.* (1992, 1995) Critical Loads für Stickstoffeinträge für besonders empfindliche Naturräume, die im Rahmen einer Fallstudie in Brandenburg im Landkreis Märkisch-Oderland ausgewiesen werden konnten. Die ausgewählten Rezeptoren sind Pflanzengesellschaften wenig oder nicht genutzter, waldfreier Sonderstandorte. Charakteristisch für diese Standorte sind Extrembedingungen, wie z. B. Nährstoffarmut, starke Hydromorphie oder eine besondere Strahlungsexposition. Diese speziellen Eigenschaften bieten Pflanzengesellschaften mit einer hohen Anzahl von Spezialisten Lebensraum. Da das Regenerierungs- und Pufferungsvermögen der Ökosysteme immer sowohl von den abiotischen als auch von den biotischen Standortfaktoren abhängt, erfolgte die Charakterisierung und Typisierung der Ökosysteme nach den Standortfaktoren Hydromorphiegrad, Substrattyp, Relief und Nährkraft (Schlutow 1994). Diesen Naturraumtypen wurden als weiteres charakteristisches Merkmal die jeweils standorttypischen Vegetationseinheiten zugeordnet, die in der Lage sind, Stickstoffeinträge bis zur Höhe des Critical-load-Wertes zu puffern bzw. sich zu regenerieren.

**Tabelle 2.26.** Critical Loads für eutrophierende Stickstoffeinträge [kg N ha$^{-1}$ a$^{-1}$] nach Bobbink *et al.* (1995). Übersetzung und Ergänzung auf der Grundlage von H. Ellenberg (SRU 1994)

| Ökosysteme | Kritische Eintragsraten u. Zuverlässigkeit der Werte | Beobachtungsmerkmale |
|---|---|---|
| **Bäume und Waldökosysteme** | | |
| Nadelbäume (auf sauren Böden niedriger Nitrifikation) | 10 – 15[c] | Nährstoffungleichgewichte |
| Nadelbäume (auf sauren Böden mäßiger bis hoher Nitrifikation) | 20 – 30[b] | Nährstoffungleichgewichte |
| Laubbäume | 15 – 20[b] | Nährstoffungleichgewichte, erhöhtes Sproß-Wurzel-Verhältnis |
| Saure Nadelwälder | 7 – 20[c] | Veränderungen der Bodenflora und Mykorrhiza, erhöhter Stoffaustrag |
| Saure Laubwälder | 10 – 20[b] | Veränderungen der Bodenflora und Mykorrhiza |
| Wälder auf kalkreichen Böden | 15 – 20[a] | Veränderungen der Bodenflora |
| Wälder humider Klimate | 5 – 10[a] | Rückgang von Flechten, Zunahme freilebender Algen |
| Nicht bewirtschaftete Wälder saurer Standorte | 7 – 15[a] | Veränderungen der Bodenflora und erhöhter Stoffaustrag |
| **Heiden** | | |
| Tieflandheiden trockener Standorte | 15 – 20[c] | Verdrängung der Heide durch Gräser; funktionelle Änderungen (Streuproduktion, Blüte, N-Akkumulation) |
| Tieflandheiden feuchter Standorte | 17 – 22[c] | Verdrängung der Heide durch Gräser |
| Artenreiche Heiden/Magerrasen saurer Standorte | 10 – 15[b] | Abnahme empfindlicher Arten |
| Montane Heiden | 10 – 20[a] | Verdrängung der Heide, Moose und Flechten; N-Akkumulation |
| Arktische/alpine Heiden | 5 – 15[a] | Abnahme von Flechten, Moosen, und immergrünen Zwergsträuchern |
| **Artenreiche Magerrasen** | | |
| Artenreiche Kalk-Magerrasen | 15 – 35[c] | Zunahme von Hochgräsern, Abnahme der Artendiversität |
| Magerrasen auf schwach bis stark sauren Standorten | 20 – 30[b] | Zunahme von Hochgräsern, Abnahme der Artendiversität |
| Montane und subalpine Magerrasen | 10 – 15[a] | Zunahme von Grasartigen, Abnahme der Artendiversität |
| **Feuchtgebiete** | | |
| Flache Weichwassertümpel | 5 – 10[c] | Abnahme von Isoetis-Arten |
| Niedermoore | 20 – 35[b] | Zunahme von Grasartigen, Abnahme der Artendiversität |
| Hochmoore (Regenwassermoore) | 5 – 10[b] | Abnahme von typischen Moosarten, Zunahme von Grasartigen |

[a] Bestmögliche Schätzung.
[b] Weitestgehend verläßlich.
[c] Verläßlich.

Die folgende Übersicht ist eine Zusammenstellung der empirischen Critical Loads für waldfreie Sonderstandorte des norddeutschen Tieflandes und damit ein Beispiel für die Umsetzung der auf internationaler Ebene vorgenommenen Klassifizierung auf eine in Deutschland verwendete Systematik. Eine Kurzbeschreibung der Standorte faßt die ökologisch relevanten abiotischen Standortfaktoren zusammen. Die Bezeichnung des Vegetationskomplexes folgt der Übersetzung nach Bobbink *et al.* (1992). Die Nummer des Biotoptyps entspricht dem Brandenburger Biotoptypenschlüssel. Die angegebenen Pflanzengesellschaften sind die Indikatorgesellschaften für eine reversible (puffer- und regenerierungsfähige) Belastung durch Stickstoffdepositionen unterhalb der Critical Loads.

| Naturraummosaiktyp | Biotoptyp | Indikatorgesellschaft für den regenerierungsfähigen Zustand | Belastbarkeitsgrenzen für N-Einträge [kg ha$^{-1}$ a$^{-1}$] |
|---|---|---|---|
| Regen-Armmoor in der Moränensenke, nährstoffarm, saurer | Oligotrophe Moore, Biotoptyp 04101 (Torfmoos-Bulten) | Sphagnetum recurvi<br>Sphagnetum fusci | 10<br>5 |
| Anhydromorphes Sand-Mosaik mit flachem Relief, ziemlich arme Nährkraft, sauer | Artenreiche Tieflandheide/saures Grasland, Biotoptyp: Borstgrasrasen | Polygalactetum vulgaris | 12 |
| Anhydromorphes Sand-Mosaik mit flachem Relief, ziemlich arme Nährkraft, basenreich | Trockene Tieflandheide, Biotoptyp: trockene Sandheiden | Pulsatilla-Calluna-Ges.<br>Thymo-Festucetum ovinae | 17<br>17 |
| Breit- und wenig hydromorphe Sand-Mosaike mit flachem Relief, ziemlich arme Nährkraft, sauer | Feuchte Tieflandheide, Biotoptyp 06101 (Feucht- und Moorheiden) | Ericetum tetralicis | 20 |
| Anhydromorphe Sand-/Geschiebelehm-Mosaike mit welligem, kuppigem oder hängigem Relief, mittlere bis kräftige Nährkraft, subneutral bis kalkreich | Artenreiche Kalktrockenrasen, Biotoptyp 05122 (Trockenrasen) | Koelerietum glaucae<br>Phleetum phleoidis<br>Festucetum trachyphyllae<br>Agrostidetum tenuis<br>Stipetum capillatae<br>Brachipodietum pinnati | 20<br>20<br>18<br>22<br>20<br>20 |
| Stark hydromorphe Verlandungs-, Durchströmungsmoor-Mosaike, mittlere bis kräftige Nährkraft, subneutral bis kalkhaltig | Subneutrales artenreiches Feuchtgrasland, Biotoptyp: arme Feuchtwiesen | Eu-Molinetum<br>Galio-Molinetum<br>Parnassietum palustris<br>Succietum pratensis | 20<br>25<br>25<br>25 |
| Verlandungs-, Versumpfungs-, Durchströmungsmoor aller Relieftypen, mittlere Nährkraft, sauer | Mesotrophe Moore, Biotoptyp: Schwingrasen, Groß- und Kleinröhricht in Kessel- und Verlandungsmooren | Juncetum bulbosi<br>Rhynchosporetum albae<br>Caricetum limosae<br>Sphagno-Caricetum inflatae<br>Sphagno-Caricetum canescentis<br>Sphagno-Caricetum canescentis<br>Sphagnum-Juncus effusus-Ges. | 23 – 26<br>22<br>20<br>10 – 15<br>15 – 20<br>20 – 23<br>25 |
| Durchströmungs- und Quellmoor aller entsprechenden Relieftypen, mittlere bis kräftige Nährkraft, kalkreich | Mesotrophe Moore, Biotoptyp: Basen- und Kalkzwischenmoor | Campylium-Juncus subnudilosus-Ges. | 25 |

## 2.3.2.2
### *Massenbilanzmethode*

In Deutschland erfolgt die Critical-load-Berechnung vorrangig mit dem Massenbilanzansatz gemäß Level 1.

Wie auf einer Waage werden auf der einen Seite anthropogene Einträge nur in einem solchen Maße zugelassen, wie auf der anderen Seite das Gleichgewicht durch ökosystemare Bedingungen hergestellt werden kann.

Dazu ist eine qualitative und quantitative Erfassung möglichst aller Quellen- und Senkenprozesse des Nährstoffes Stickstoff im betrachteten Ökosystem notwendig. Dabei werden Stoffeinträge (Deposition) gegen fixierende Prozesse (dauerhafte Immobilisierung im Humus, langfristige Stickstoffaufnahme in der Biomasse) und Stoffausträge (Denitrifikation, Stickstoffauswaschung mit dem Sickerwasser) aufgewogen. Es werden stets die langjährigen Mittel der Stoffflüsse verwendet. Kurzfristige Änderungen der Flußraten wie z. B. saisonale Schwankungen sowie jährliche Schwankungen, die auf eine Ernte oder andere kurzzeitige Störungen zurückgehen, werden nicht bzw. nur in ihrer langfristigen Wirkung berücksichtigt. In diesem Sinne ist die Critical-load-Berechnung für einen Zeitraum von wenigstes 100 Jahren angesetzt. Generell geht zum Schutz des Ökosystems die Begrenzung von Stickstoffakkumulation, Nährstoffungleichgewichten und Stickstoffausträgen in die Modellbildung ein. Nicht berücksichtigt sind Wechselwirkungen wie Artenkonkurrenz oder der Einfluß von Krankheiten und Schadinsekten. Ferner wird die Adsorbtion von $NH_4^+$ in Tonmineralen vernachlässigt.

Die Massenbilanz wird wie folgt formuliert:

$$N_{\text{dep}} = N_{\text{u}} + N_{\text{i}} + N_{\text{l}} + N_{\text{de}} , \tag{2.31}$$

wobei:
- $N_{\text{dep}}$ = Deposition von Stickstoff in kg ha$^{-1}$ a$^{-1}$;
- $N_{\text{u}}$ = Festlegung von Stickstoff in der Biomasse in kg ha$^{-1}$ a$^{-1}$;
- $N_{\text{i}}$ = Immobilisierung von Stickstoff in kg ha$^{-1}$ a$^{-1}$;
- $N_{\text{l}}$ = Austrag von Stickstoff mit dem Sickerwasser in kg ha$^{-1}$ a$^{-1}$;
- $N_{\text{de}}$ = Denitrifikation von Stickstoff in kg ha$^{-1}$ a$^{-1}$.

Im europäischen Ansatz wird darüber hinaus vorgeschlagen, die Verluste von Stickstoff über Brände (natürliche sowie zum traditionellen Management gehörend), aus Erosionsvorgängen und über die Volatilisation von $NH_3$ in die Massenbilanz einzubeziehen. Für Deutschland werden diese Prozesse als nicht relevant betrachtet und zusammen mit der Immobilisierung in der Humusschicht und der Fixierung von Luftstickstoff in den Term der Immobilisierung gefaßt.

Für alle Prozesse wird von vornherein angenommen, daß sie unter der dem Critical Load entsprechenden Deposition stattfinden. Sie können so depositionsunabhängig formuliert werden. Andernfalls wäre eine iterative Berechnung des Critical-load-Wertes bei sich ändernden Depositionen notwendig.

Unter diesen Voraussetzungen entspricht $N_{\text{dep}}$ dem Critical Load für den eutrophierenden Stickstoffeintrag, d. h. dem Stickstoffdepositionswert, bei dem für das System keine schädlichen Veränderungen in Struktur und Funktion zu erwarten sind und keine Stickstoffübersättigung erfolgt.

Die Höhe der Critical Loads wird demzufolge bestimmt von den natürlichen Eigenschaften der betrachteten Ökosysteme. Die zulässige Stickstoffdeposition kann dabei als die Einstellung des Gleichgewichts zwischen Stoffein- und -austrägen beschrieben werden. Zeitweilige Abweichungen vom Gleichgewichtszustand sind nur tolerierbar, solange das System aus sich selbst heraus regenerationsfähig bleibt (quasistationärer Zustand). Eine modellhafte Beschreibung des Stickstoffhaushalts von Waldökosystemen unter diesen Bedingungen stellt (2.32) dar. Die Teilgrößen für die Biomassefestlegung, die Immobilisierung und den Austrag von Stickstoff mit dem Sickerwasser verstehen sich als begrenzende Werte zur Erhaltung des beschriebenen Gleichgewichtszustandes von Stoffquellen und -senken (Critical-load-Bedingungen).

$$CL_{nut}(N) = N_{u(crit)} + N_{i(crit)} + N_{l(acc)} + N_{de} \, , \qquad (2.32)$$

wobei:

- $CL_{nut}(N)$ = Critical Load für den eutrophierenden Stickstoffeintrag in $kg\,ha^{-1}\,a^{-1}$;
- $N_{u(crit)}$ = Stickstoffaufnahme durch die Vegetation unter Critical Load in $kg\,ha^{-1}\,a^{-1}$;
- $N_{i(crit)}$ = Stickstoffimmobilisierung im Humus unter Critical Load in $kg\,ha^{-1}\,a^{-1}$;
- $N_{l(acc)}$ = tolerierbarer Stickstoffaustrag mit dem Sickerwasser in $kg\,ha^{-1}\,a^{-1}$;
- $N_{de}$ = Denitrifikationsrate in $kg\,ha^{-1}\,a^{-1}$.

Die Teilgrößen in (2.32) können nach den im Manual (UBA 1996b) beschriebenen Methoden ermittelt werden.

Für die Ableitung der Ausgangswerte in den deutschen Berechnungen wurde nicht ausschließlich der europäische Ansatz verwendet, sondern entsprechend der Datenlage die Methodik erweitert oder generalisiert. Die Grundlagen der Datenerhebung, Gemeinsamkeiten und Unterschiede zum Methodenvorschlag des Kartierungshandbuches werden im folgenden jeweils erläutert.

### Aufnahme von Stickstoff im Gleichgewicht mit basischen Kationen

Die Aufnahme von Stickstoff durch die Vegetation stellt eine zentrale Senke im Stoffhaushalt von Wäldern dar. Für die Berechnung von Critical Loads spielt allerdings nur der langfristig im jährlichen Holzzuwachs festgelegte Teil eine Rolle, da der in Blättern oder Nadeln inkorporierte Stickstoff dem System (Boden) in regelmäßigen Abständen wieder zugeführt wird (Streufall). Dabei ist jedoch auch die Erntemethode, die bestimmt, welche Teile des Baumes dem System entzogen werden, von Bedeutung.

Die Stickstoffnettoaufnahme $N_u$ bzw. Stickstoffnettofestlegung ist zum einen von den das Wachstum bestimmenden klimatischen Faktoren wie Temperatur und Feuchtigkeit abhängig, zum anderen von der Nährstoffausstattung des Standortes. Zu den bedeutendsten, neben dem Stickstoff gleichgewichtig aufzunehmenden Makronährstoffen zählen die basischen Kationen. Für eine optimale Entwicklung und die Vermeidung von Ungleichgewichten müssen diese in einem spezifischen Verhältnis zum Stickstoff aufgenommen werden.

Zur Bestimmung der Stickstoffaufnahme für die Critical-load-Berechnung wurde ein kombinierter Ansatz verwendet, in dem die verfügbaren klimatischen Wachstumsbedingungen und die Frage der Nährstofflimitierung gleichermaßen berücksichtigt werden. Es wird dann das Minimum der beiden Werte verwendet.

Danach richtet sich die Stickstoffaufnahme erstens nach den verfügbaren Kationen:

$$X_u^{(n)} = \max\{X_{dep} + X_W - PS \cdot [X]_{min}, 0\} \qquad \text{für} \qquad X = Ca, Mg, K \;, \tag{2.33}$$

wobei:

- $X_u^{(n)}$ = Grenzwert der Verfügbarkeit von Element X [eq ha$^{-1}$ a$^{-1}$];
- $X_{dep}$ = atmosphärische Deposition des Stoffes X [eq ha$^{-1}$ a$^{-1}$];
- $X_w$ = Freisetzung des Elementes X durch Verwitterung [eq ha$^{-1}$ a$^{-1}$];
- $PS$ = Sickerwasserrate [m$^3$ ha$^{-1}$ a$^{-1}$];
- $[X]_{min}$ = kritische Konzentration für die Aufnahme des Stoffes X aus Bodenlösung [eq m$^{-3}$].

Falls Einzelwerte für die basischen Kationen nicht verfügbar sind, besteht auch die Möglichkeit, die Summe der basischen Kationen in (2.33) zu verwenden. ($X = Bc = Ca + Mg + K$). Als genereller Wert für $[X]_{min}$, bzw. $[Bc]_{min}$ kann in unseren Breiten ein Wert von 0,01 eq m$^{-3}$ angenommen werden.

Ähnlich wird die der Verfügbarkeit entsprechende Stickstoffaufnahme berechnet:

$$N_u^{(n)} = \max\left\{N_{dep} - N_i - PS \cdot 0{,}01, \quad 0\right\}. \tag{2.34}$$

Da das Baumwachstum außer von der Nährstoffverfügbarkeit auch von einigen Standortfaktoren wie Temperatur und Wasserverfügbarkeit abhängig ist, wird nun für die Basenkationen wie für Stickstoff das Minimum aus der oben beschriebenen Aufnahmerate $X_u^{(n)}$ bzw. $N_u^{(n)}$ und den auf der Grundlage von Standortverhältnissen bestimmten Aufnahmeraten ($X_u^{(g)}$ bzw. $N_u^{(g)}$) gebildet (Tabellen 2.27 bis 2.30). Die Bestimmung der Aufnahme basischer Kationen ist in Kap. 2.3.1 beschrieben.

$$X_u^{|} = \min\left\{X_u^{(n)}, X_u^{(g)}\right\} \qquad \text{für} \qquad X = Ca, Mg, K \qquad \text{oder} \qquad X = Bc \qquad \text{bzw.} \tag{2.35}$$

$$N_u^{|} = \min\left\{N_u^{(n)}, N_u^{(g)}\right\} \tag{2.36}$$

Da das optimale Verhältnis von Kationen und Stickstoffaufnahme sich nach dem optimalen Verhältnis der Stoffe in der Pflanze richtet, wird der in der Critical-load-Berechnung zu verwendende Wert für (2.35) und (2.36) wie folgt abgeleitet.

$$a \quad \textit{wenn} \quad \frac{Bc_u^{|}}{N_u^{|}} = x_{Bc/N} \quad \textit{dann} \quad Bc_u = Bc_u^{|} \qquad \textit{und} \quad N_u = N_u^{|}$$

$$b \quad \textit{wenn} \quad \frac{Bc_u^{|}}{N_u^{|}} < x_{Bc/N} \quad \textit{dann} \quad Bc_u = Bc_u^{|} \qquad \textit{und} \quad N_u = \frac{Bc_u^{|}}{x_{Bc/N}} \tag{2.37}$$

$$c \quad \textit{wenn} \quad \frac{Bc_u^{|}}{N_u^{|}} > x_{Bc/N} \quad \textit{dann} \quad Bc_u = x_{Bc/N} \cdot N_u^{|} \quad \textit{und} \quad N_u = N_u^{|}$$

$x_{Bc/N}$ ist dabei das Verhältnis der Nährstoffe in der betrachteten Baumart. Fall b tritt in Regionen mit niedriger Basenversorgung ein, Fall c unter stickstofflimitierten Bedingungen.

Für einige bedeutende Wirtschaftsbaumarten sind die Nährstoffrelationen, von denen man annimmt, daß sie über längere Zeit konstant sind in Tabelle 2.27 zusammengestellt.

Eine Möglichkeit, die Stickstoffnettoaufnahme ($N_u^{(g)}$) gemäß den Standortfaktoren Verwitterungsrate, Temperatur und Sickerwasserrate bzw. Feuchte zu ermitteln, bietet die Berechnung der Stickstoffeinbindung mit dem jährlichen Holzzuwachs unter Berücksichtigung der forstlichen Ertragsklassen (Bonitäten). Die Ermittlung der in den Tabellen 2.28 und 2.29 verwandten Ertragsklassen für die Stickstoffnettoaufnahmeraten sind in Tabelle 2.16 (Kap. 2.3.1.2) in ihrer räumlichen Zuordnung abgeleitet.

Die Stickstoffnettoaufnahmeraten werden für Nadel- und Laubwälder wie in Tabelle 2.30 zusammengefaßt.

Für die Waldstandorte ergibt sich nach dieser Berechnungsmethode in Deutschland die in Tabelle 2.31 dargelegte Verteilung der kritischen Stickstoffnettoaufnahme.

Der größte Teil der Waldfläche (ca. 80 %) weist Stickstoffnettoaufnahmeraten zwischen 4 und 10 kg ha$^{-1}$ a$^{-1}$ auf. Die ermittelten Werte können unter der Annahme eines langfristig stabilen Gleichgewichts als realistisch angesehen werden.

Neuere Arbeiten ermittelten experimentell Werte zwischen 8,0 kg ha$^{-1}$ a$^{-1}$ am Standort Villingen und 27,8 kg ha$^{-1}$ a$^{-1}$ am Standort Schluchsee (Feger 1993). Für den Göttinger Wald errechneten Meiwes und Beese (1988) 11,2 kg ha$^{-1}$ a$^{-1}$ und am Standort Solling konnten für Buche 12 und für Fichte 10 kg ha$^{-1}$ a$^{-1}$ ermittelt werden

**Tabelle 2.27.** Nährstoffverhältnisse einiger Baumarten (*Quelle:* CCE 1993)

| Baumart | $X_{Ca/N}$ | $X_{Mg/N}$ | $X_{K/N}$ | $X_{P/N}$ | $X_{BC/N}$ |
|---|---|---|---|---|---|
| *Pinus sylvestris* (Kiefer) | 0,60 | 0,20 | 0,20 | 0,20 | 0,90 |
| *Picea abies* (Fichte) | 0,50 | 0,15 | 0,12 | 0,20 | 0,70 |
| *Fagus sylvatica* (Buche) | 0,40 | 0,20 | 0,20 | 0,20 | 0,70 |

**Tabelle 2.28.** Ermittlung der Stickstoffnettoaufnahmeraten für Laubbäume

| Datengrundlage | Buche | | | | Eiche | | | |
|---|---|---|---|---|---|---|---|---|
| Ertragsklasse | I | II | III | IV | I | II | III | IV |
| *DGZ 100* [m$^3$ ha$^{-1}$ a$^{-1}$] | 8,6 | 7,2 | 5,2 | 4,4 | 6,4 | 5,0 | 3,6 | 2,4 |
| *TS*-Dichte [kg m$^{-3}$] | 550 | | | | 560 | | | |
| *DGZ* [t ha$^{-1}$ a$^{-1}$] | 4,73 | 3,96 | 2,86 | 2,42 | 3,58 | 2,80 | 2,02 | 1,34 |
| N-Gehalte [g kg$^{-1}$] | Derbholz 1,5 – 2,5 | | Zweige 3,5 – 7,5 | | Derbholz 1,5 – 2,5 | | Zweige 3,5 – 7,5 | |
| Zweig/Stamm-Verhältnis | 0,25 | | | | 0,30 | | | |
| N-Gesamt [g kg$^{-1}$] | 2,37 – 4,37 | | | | 2,55 – 4,75 | | | |
| Aufnahme [kg N ha$^{-1}$ a$^{-1}$] Min | 11,2 | 9,4 | 6,8 | 5,7 | 9,1 | 7,1 | 5,1 | 3,4 |
| Max | 20,7 | 17,3 | 12,5 | 10,6 | 17,0 | 13,3 | 9,6 | 6,4 |
| Aufnahme [keq ha$^{-1}$ a$^{-1}$] Min | 0,79 | 0,67 | 0,48 | 0,4 | 0,65 | 0,5 | 0,36 | 0,24 |
| Max | 1,47 | 1,23 | 0,89 | 0,75 | 1,21 | 0,94 | 0,68 | 0,45 |
| Ø Aufnahme [kg N ha$^{-1}$ a$^{-1}$] | 15,9 | 13,4 | 9,7 | 8,1 | 13,0 | 10,2 | 7,3 | 4,9 |

DGZ 100 = Durchschnittlicher Gesamtzuwachs (100 Jahre).

**Tabelle 2.29.** Ableitung der Stickstoffnettoaufnahmeraten für Nadelbäume

| Datengrundlage | Fichte | | | | | Kiefer | | | |
|---|---|---|---|---|---|---|---|---|---|
| Ertragsklasse | I | II | III | IV | V | I | II | III | IV |
| $DGZ\,100$ [m³ ha⁻¹ a⁻¹] | 12,8 | 9,8 | 7,4 | 5,7 | 4,0 | 8,1 | 6,3 | 4,6 | 3,3 |
| $TS$-Dichte [kg m⁻³] | 380 | | | | | 430 | | | |
| $DGZ$ [t ha⁻¹ a⁻¹] | 4,86 | 3,72 | 2,81 | 2,17 | 1,52 | 3,48 | 2,70 | 1,97 | 1,42 |
| N-Gehalte [g kg⁻¹] | Derbholz 0,8 – 2,0 | | Zweige 3,5 – 7,5 | | | Derbholz 0,8 – 2,0 | | Zweige 2,0 – 5,0 | |
| Zweig/Stamm-Verhältnis | 0,15 | | | | | 0,15 | | | |
| N-Gesamt [g kg⁻¹] | 1,32 – 3,12 | | | | | 1,1 – 2,75 | | | |
| Aufnahme [kg N ha⁻¹ a⁻¹] Min | 6,4 | 4,9 | 3,7 | 2,9 | 2,0 | 3,8 | 3,0 | 2,2 | 1,6 |
| Max | 15,2 | 11,6 | 8,8 | 6,8 | 4,7 | 9,6 | 7,4 | 5,4 | 3,9 |
| Aufnahme [keq ha⁻¹ a⁻¹] Min | 0,45 | 0,35 | 0,26 | 0,21 | 0,14 | 0,27 | 0,21 | 0,16 | 0,11 |
| Max | 1,08 | 0,82 | 0,62 | 0,48 | 0,33 | 0,68 | 0,52 | 0,38 | 0,28 |
| ∅ Aufnahme [kg N ha⁻¹ a⁻¹] | 10,8 | 8,2 | 6,2 | 4,8 | 3,3 | 6,7 | 5,2 | 3,8 | 2,7 |

**Tabelle 2.30.** Forstliche Ertragsklassen und die dazugehörigen Stickstoffnettoaufnahmeraten ($N_\mathrm{u}$)

$N_\mathrm{u}$ Stickstoffnettoaufnahmeraten für Laubwald bzw. Nadelwald [kg ha⁻¹ a⁻¹]

| Ertragsklasse | Laubwald | Nadelwald |
|---|---|---|
| Ia | 15 | 10 |
| I | 13,5 | 8,5 |
| II | 11,5 | 6,5 |
| III | 8 | 5 |
| IV | 7 | 4 |
| V | 3,5 | 2 |

**Tabelle 2.31.** Flächenmäßige Verteilung der Stickstoffnettoaufnahme

| Wertebereich [kg N ha⁻¹ a⁻¹] | Waldfläche [%] |
|---|---|
| ≥ 2 bis < 4 | 15,2 |
| ≥ 4 bis < 6 | 19,9 |
| ≥ 6 bis < 8 | 31,4 |
| ≥ 8 bis < 10 | 17,9 |
| ≥ 10 bis 12 | 12,8 |
| ≥ 12 | 2,8 |
| Gesamtfläche | 100,0 |

(Matzner 1988). Kurzfristig mögliche Stickstoffaufnahmeraten von ca. 50 kg ha⁻¹ a⁻¹ auf hochproduktiven Waldstandorten (Lenz 1994) können für das Gebiet der Bundesrepublik nicht als repräsentativ gelten. Es soll hier ein langfristiger, über die Vegetationsperiode gemittelter Wert angenommen werden.

Die räumliche Verteilung der Nettoaufnahmeraten zeigt Abb. 2.19.

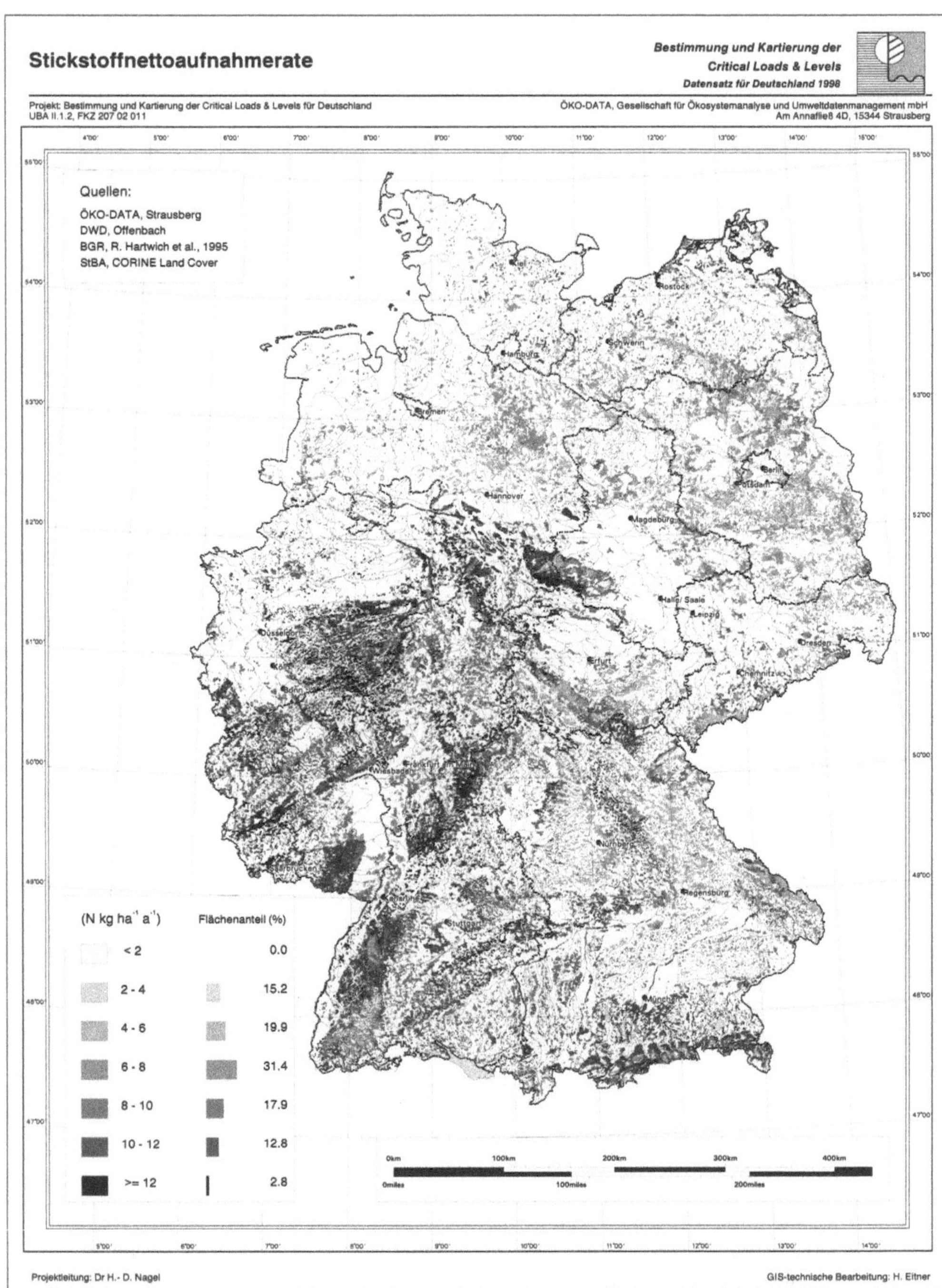


**Abb. 2.19.** Stickstoffnettoaufnahmerate

### *Stickstoffimmobilisierung*

Ein erheblicher Teil des eingetragenen Stickstoffs wird im Waldboden immobilisiert. Als Immobilisierung bezeichnet man die dauerhafte Festlegung von Stickstoffverbindungen in organischer Form. Sie umfaßt sowohl die Stickstoffakkumulation in der Humusschicht als auch die mikrobielle Fixierung. Im allgemeinen stehen Humusaufbau durch Immobilisierung und Humusabbau hauptsächlich durch Ammonifikation und Nitrifikation im Gleichgewicht. Durch geringe biologische Aktivität der Böden wie z. B. durch niedrige pH-Werte oder Temperaturen wird eine Humusakkumulation oder Nettoimmobilisierung begünstigt.

Etwa seit den 70er Jahren wird an vielen Waldstandorten eine Nettoimmobilisierung verstärkt beobachtet. Es geht damit sowohl eine Zunahme der Gesamthumusmenge als auch eine Umwandlung der Humusformen z. B. von Rohhumus über rohhumusartigen Moder bis zum Moder und auch eine Verengung des C/N-Verhältnisses, d. h. eine Zunahme des Stickstoffgehaltes, einher. Es gibt Hinweise darauf, daß bei einer weiteren Umwandlung zum Mull der Stickstoffgehalt eher wieder abnimmt.

Böden mit einem engen C/N-Verhältnis speichern Stickstoff schlechter als solche mit einem weiten C/N-Verhältnis (Matzner 1994). Höhere Immobilisierungsraten sollten demzufolge nur für einen begrenzten Zeitraum toleriert werden, da die Fixierungskapazität der Böden durch die Verengung der C/N-Verhältnisse begrenzt wird.

Bezüglich der Humusbildung unter ungestörten Verhältnissen werden zwischen Laub- und Nadelbaumbeständen erhebliche Unterschiede deutlich. Laubbaumbestände bilden aufgrund ihrer gut zersetzbaren Streu, die eine schnelle Rückführung von Stickstoff und basischen Kationen in den Nährstoffkreislauf ermöglicht, vorwiegend Humusformen mit engem C/N-Verhältnis aus, die gut in den Mineralboden eingearbeitet sind.

Unter Nadelwaldbeständen werden vorwiegend Auflagehumusformen ausgebildet. Ursache dafür sind u. a. die schwere Zersetzbarkeit der Streu (durch weites C/N-Verhältnis, Gehalt an Tanninen), eine aufgrund höherer Interzeptionsverluste geringere Bodenfeuchte und niedrigere Temperaturen.

Die durch das weite C/N-Verhältnis begründete Artenzusammensetzung der Bodenorganismen in Nadelwaldböden hat eine schlechtere Tiefenbioturbation zur Folge. Hierdurch gelangen weniger Mineralkationen an die Oberfläche. Es findet eine Entkopplung der $NH_4^+$-Aufnahme und Ammonifikation statt. Somit sind die pH-Werte im Humus unter Nadelbäumen meist wesentlich niedriger als unter Laubholzbeständen (Gulder u. Kölbel 1993).

Die exakte Quantifizierung von Vorratsänderungen in der Humusdecke von Waldböden auf experimenteller Basis ist ein bisher unzureichend geklärtes Problem. Brutversuche liefern lediglich qualitative Aussagen (Kneib u. Runge 1989). Die Bestimmung der Akkumulationsrate mittels Lysimetern ergab im Solling im Vergleich mit den Ergebnissen der Humusinventuren lediglich für den Buchenbestand ein realistisches Bild der Veränderungen (Matzner 1988).

Andere Forschungsansätze schätzen die Raten der Vorratsänderung mit Hilfe von Ein- und Austragsbilanzen ab. Feger (1993) ermittelte auf diese Weise für Stickstoff Vorratsänderungen von 1,7 kg ha$^{-1}$ a$^{-1}$ auf Podsol, 18,3 kg ha$^{-1}$ a$^{-1}$ auf Braunerde und 7,3 kg ha$^{-1}$ a$^{-1}$ auf einem Stagnogley. Die Literaturwerte basieren jedoch auf den aktuellen Stickstoffdepositionen und sind somit mit den im folgenden berechneten kritischen Stickstoffimmobilisierungsraten nur eingeschränkt vergleichbar.

Relativ genau scheinen regelmäßige Inventuren der Humusdecke die Vorratsveränderungen widerzuspiegeln. Dabei werden sowohl beim Vergleich der unterschiedlichen Böden als auch unter verschiedenen Beständen Differenzen deutlich.

Im Solling wurde über einen Zeitraum von ca. 15 Jahren mit dieser Methode eine Stickstoffimmobilisierung von 27 kg ha$^{-1}$ a$^{-1}$ unter Buche und 82 kg ha$^{-1}$ a$^{-1}$ unter Fichte nachgewiesen. Die Immobilisierung führte während dieser Zeit v. a. unter dem Fichtenbestand zu einer Verdoppelung der Stickstoffvorräte und war somit im Untersuchungszeitraum die größte Senke für den deponierten Stickstoff in diesem Gebiet. Von einem anfänglichen Vorrat von 960 kg N ha$^{-1}$ (1968) ausgehend, konnten am Ende des Untersuchungszeitraumes (1983) 2 034 kg N ha$^{-1}$ nachgewiesen werden, was einer Steigerung um ca. 110 % entspricht. Dabei ist zu beachten, daß sich bei der Humusakkumulation nahezu alle Elemente in gleichem Maße anreicherten, es also keine Veränderung der Konzentrationen innerhalb der gebildeten organischen Substanz gab, sondern lediglich eine mengenmäßige Zunahme.

Für die Critical-load-Berechnung ist die Stickstoffimmobilisierung als die über einen längeren Zeitraum vertretbare Stickstoffestlegung, einschließlich der Fixierung durch Mikroorganismen, definiert.

Der Grenzwert der Stickstoffimmobilisierung $N_i$ wurde im europäischen Ansatz ebenso wie für Deutschland aus Felduntersuchungen abgeleitet. Für den Steady-state-Ansatz werden in Auswertung der Ergebnisse internationaler Workshops (Nancy 1994, Grange over Sands 1994, Wien 1995) in Abhängigkeit von der Jahresmitteltemperatur für Deutschland als langfristig natürliche Immobilisierung (theoretische) Werte zwischen 1 und 5 kg N ha$^{-1}$ a$^{-1}$ angenommen.

Für die Bestimmung der Immobilisierungsrate im Rahmen der deutschen Kartierung wurden 2 Varianten getestet und in den Critical-load-Berechnungen miteinander verglichen.

**1. Variante:** Der Wert für $N_i$ wird als konstant über alle Flächen angenommen.
Die Festlegung eines konstanten Wertes erfolgte in Anlehnung an internationale Workshops und sollte unter Critical-load-Bedingungen im Bereich der langfristig natürlichen Immobilisierungsrate von 1–5 kg N ha$^{-1}$ a$^{-1}$ (Nettoimmobilisierung, eingeschlossen mikrobielle Fixierung) liegen (CCE 1993).

In der Schweiz wurden 2 verschiedene Immobilisierungsraten den Bodentypen, je nach ihren Eigenschaften, zugeordnet. So werden für Podsole und Histosole [FAO-Typen P(x), Od u. Oe] 3 kg N ha$^{-1}$ a$^{-1}$ und für alle anderen Bodentypen 2 kg N ha$^{-1}$ a$^{-1}$ für die Berechnung verwendet. In Deutschland gewonnene Erfahrungswerte sprechen hingegen dafür, daß für das Gebiet der Bundesrepublik flächendeckend mit einer einheitlichen Immobilisierungsrate von 3 kg ha$^{-1}$ a$^{-1}$ gerechnet werden könnte.

**2. Variante:** Die Immobilisierungsrate der Böden wird erheblich von der Temperatur beeinflußt, wobei Wärme die Immobilisierung hemmt. Niedrigere Temperaturen hingegen begünstigen die Immobilisierung von Stickstoff (Hornung *et al.* 1995).

Zur Ermittlung der Stickstoffimmobilisierung wurde deshalb ein Wertebereich von 1–5 kg ha$^{-1}$ a$^{-1}$ auf die in Deutschland gemessenen Jahresmitteltemperaturen in Form einer Matrix verteilt (Tabelle 2.32).

**Tabelle 2.32.** Matrix zur Ermittlung der Immobilisierungsrate für Stickstoff

| Temperatur [°C] | <5 | 5 | 6 | 7 | 8 | >8 |
|---|---|---|---|---|---|---|
| N-Immobilisierung [kg ha$^{-1}$ a$^{-1}$] | 5 | 4 | 3 | 2 | 1,5 | 1 |

**Tabelle 2.33.** Flächenverteilung der Stickstoffimmobilisierung der Waldböden

| N-Immobilisierung [kg ha$^{-1}$ a$^{-1}$] | Waldfläche [%] |
|---|---|
| < 1 | 6,9 |
| ≥ 1 bis < 2 | 42,6 |
| ≥ 2 bis < 3 | 32,3 |
| ≥ 3 bis < 4 | 13,1 |
| ≥ 4 bis < 5 | 4,2 |
| ≥ 5 | 0,9 |
| Gesamtfläche | 100,0 |

Die Zuordnung nach dieser Variante ergab für 80 % der Waldflächen eine Stickstoffimmobilisierung unter 3 kg ha$^{-1}$ a$^{-1}$, also unterhalb des Erfahrungswertes der ersten Variante. Um die Immobilisierung als Stickstoffsenke nicht zu überschätzen, wurde deshalb die temperaturabhängige Berechnungsvariante bevorzugt.

Immobilisierungsraten von 27–82 kg ha$^{-1}$ a$^{-1}$, wie sie im Solling ermittelt wurden (Matzner 1988), können für intakte Ökosysteme kaum als repräsentativ angesehen und sollten über längere Zeiträume keineswegs toleriert werden. Sie sind mit relativ starken Stickstoffausträgen mit dem Sickerwasser gekoppelt, was auf erhebliche anthropogene Beeinträchtigungen schließen läßt.

Die Verteilung der Immobilisierungsraten auf die Waldflächen zeigt die Tabelle 2.33 und Abb. 2.20.

### Stickstoffauswaschung

Das Risiko der Stickstoffauswaschung unterliegt vielfältigen Einflußfaktoren, wie der Höhe und Dauer der Deposition von Stickstoffverbindungen, der Aufnahmefähigkeit des Bestandes, der Immobilisierungsrate des Bodens, der Nitrifikationsrate, der Durchwurzelungstiefe oder der Vornutzung (z. B. stärkere Immobilisierung bei Humusdefizit durch ehemalige Streunutzung).

Die Auswaschung von Stickstoffverbindungen mit dem Sickerwasser sollte bei stabilen Ökosystemen im Gleichgewichtszustand nur sehr gering sein. In intakten, nicht stickstoffübersättigten Waldökosystemen mit geschlossenem Kreislauf dürfte in der Regel kein Austrag ins Grundwasser erfolgen bzw. nicht mehr als 1 kg ha$^{-1}$ a$^{-1}$ ausgewaschen werden (Matzner 1988).

Ein hoher Stickstoffaustrag ins Grundwasser ist zumeist gleichbedeutend mit einer Störung des Gleichgewichts, Stickstoffübersättigung (Beese 1986) oder der Entkopplung des Stickstoffkreislaufs, z. B. durch Überschußnitrifikation (Matzner 1988; Türk 1992).

Der Stickstoffaustrag mit dem Sickerwasser erfolgt zum überwiegenden Teil in Nitratform. Neben dem direkten Eintrag der Nitratdeposition entsteht Nitratstickstoff einerseits bei der Nitrifikation von deponiertem Ammonium-Stickstoff und an-

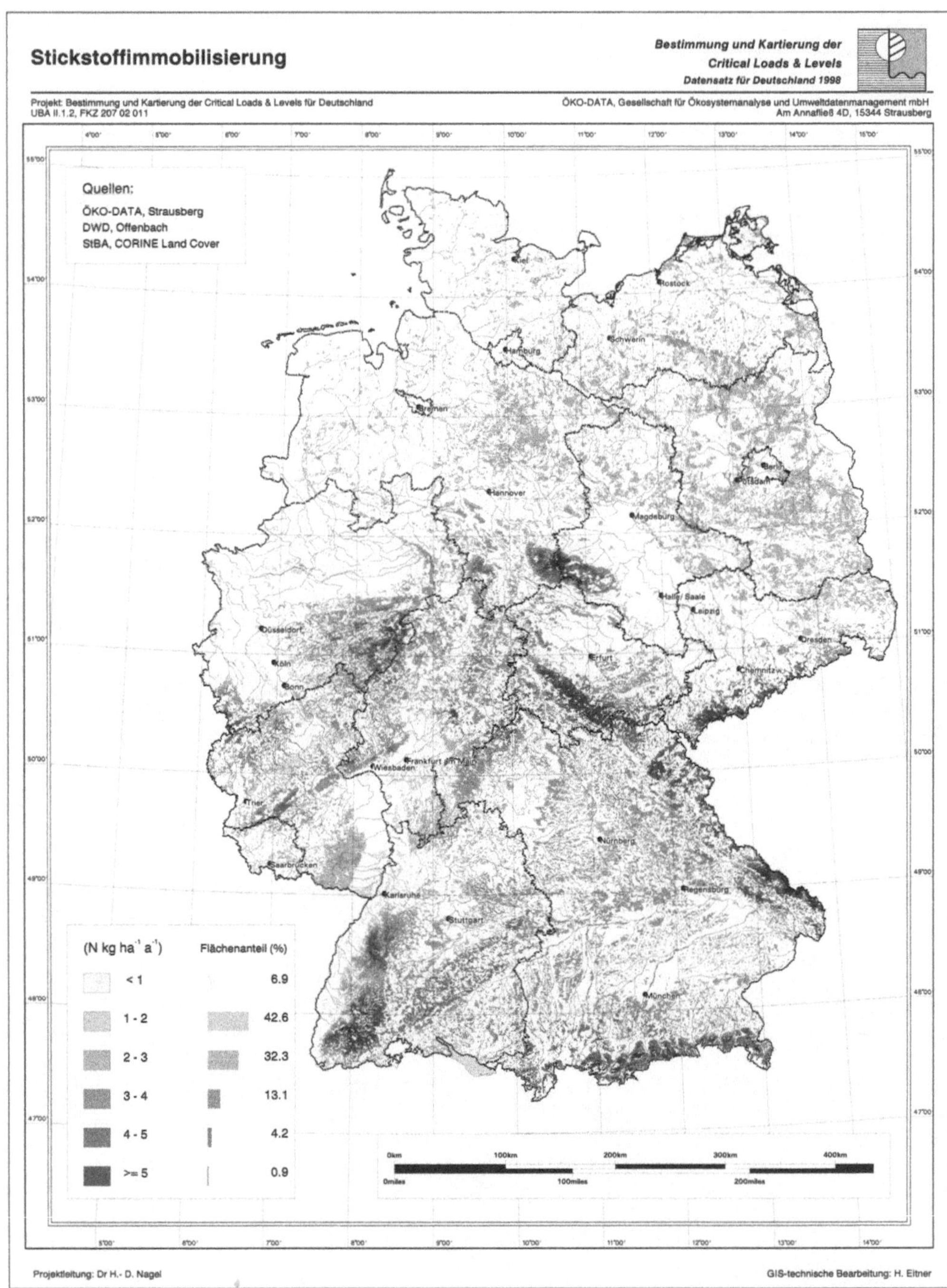


**Abb. 2.20.** Stickstoffimmobilisierung

dererseits bei der Mineralisierung organischer Stickstoffverbindungen aus dem Humus. Da in jedem Fall dabei Protonen ($H^+$) frei werden, ist die Auswaschung von gebildetem oder deponiertem Nitrat in der Regel mit Versauerungsprozessen gekoppelt (Scheffer u. Schachtschabel 1989).

Als eine der wichtigsten Ursachen für zeitweilige saisonal schwankende Erhöhungen der $NO_3^-$-Konzentrationen im Sickerwasser können verstärkte Nitrifikationsprozesse angesehen werden, die zu zeitweiliger Überschußnitrifikation führen. Diese wurden mit besonderer Intensität in warm/trockenen Jahren bzw. nach Austrocknung und anschließender Wiederbefeuchtung des Bodens beobachtet (Ulrich 1981).

Untersuchungen unter Fichten- und Buchenbeständen im Solling wiesen saisonal recht unterschiedliche Nitratgehalte im Sickerwasser nach (Matzner 1988). Die festgestellten Maxima der Nitratauswaschung wurden dabei stets von ökologisch negativen Effekten, wie Versauerungserscheinungen in der Rhizosphäre bzw. Freisetzung toxischer $Al^{3+}$-Ionen in die Bodenlösung aus der Neutralisation der gebildeten Protonen durch Aluminiumverbindungen, begleitet (vgl. Kap. 2.3.1).

Bei vergleichbaren Boden- und Eintragsverhältnissen ist es möglich, Abweichungen in den Stickstoffaustragsraten auch auf die unterschiedliche Nährstoffversorgung der Standorte und das damit verbundene Immobilisierungsvermögen der Humusschicht für Stickstoff zurückzuführen. Untersuchungen an 2 Fichtenbeständen im Schwarzwald, für die eben diese Bedingungen zutrafen, ergaben auf einem Standort mit guter Nährstoffversorgung (Schluchsee) einen höheren Stickstoffaustrag mit dem Sickerwasser als unter einem etwa gleichalten Bestand (Villingen) mit mangelhafter Nährstoffversorgung, der durch ehemalige Streunutzung degradiert war (Feger 1993).

Andere Feldergebnisse verschiedener Studien zeigen für Waldgebiete mit durchschnittlichen Stickstoffeinträgen stark voneinander abweichende Austragsraten. Die in einer Literaturrecherche ermittelten Angaben über Stickstoffausträge lagen zwischen 0,1 und 70 kg N $ha^{-1}$ $a^{-1}$ (s. Tabelle 2.34). Erhebliche Schwankungen wurden dabei v. a. unter Fichten-Forstökosystemen nachgewiesen. Differenzen traten nicht nur zwischen z. T. benachbarten Untersuchungsgebieten auf, sondern wurden auch an einigen Standorten innerhalb der mehrjährigen Meßphasen nachgewiesen.

Im allgemeinen werden die $NO_3^-$-Austräge unter Fichten jedoch als höher angesehen. So belegen beispielsweise Untersuchungsergebnisse von Weber *et al.* (1993), daß trotz geringerer Stickstoffvorräte unter einem ca. 100jährigen Fichtenbestand 3fach höhere Nitratfrachten zu ermitteln waren, als unter einem Dauerwald aus Nadel- und Laubbaumarten auf vergleichbarem Standort mit höheren Einträgen.

Als Ursache für die verstärkten Nitratausträge unter Fichtenreinbeständen wird neben der höheren Interzeptionsdeposition von Stickstoffverbindungen eine selektive $NH_4^+$-Aufnahme der Fichte gegenüber anderen Bestockungstypen vermutet (Kreutzer *et al.* 1986; Matzner 1988). Hinzu kommt, daß $NH_4^+$ als austauschbares Kation im Boden Sorptionsprozessen unterliegt, die trotz guter Wasserlöslichkeit seine Mobilität verringern (Kuntze *et al.* 1988). Dadurch verbleibt $NH_4^+$ im Gegensatz zu $NO_3^-$ länger im durchwurzelten Bereich, was die selektive Aufnahme begünstigt.

Bei reinen Fichtenbeständen auf Flächen, die ehemals eine Laubholzbestockung trugen, wurden stark erhöhte Nitratausträge ermittelt, welche einerseits auf die veränderte Eintragssituation (höhere Bestandesdeposition) und andererseits auf den Abbau des über lange Zeiträume im Mineralboden entstandenen Humusvorrats (s. Immobilisierung) zurückgeführt wurden (Block 1994). Die wesentlich flacher wur-

**Tabelle 2.34.** Literaturdaten zu Stickstoffausträgen unter Waldökosystemen

| $N_{ges}$-Austrag [kg N ha$^{-1}$ a$^{-1}$] | Baumart | Ort | Bemerkungen | Autor |
|---|---|---|---|---|
| 5 | Fichte | Fichtelgebirge | | Kreutzer u. Weiger (1974) |
| 0,3 – 1,0 | Kiefer | Nürnberger Reichswald | Podsol-Braunerde, Hum-Fe-Podsole, Nullparzellen | Ewiger u. Kreutzer (1975) Weiger (1986) |
| 2,8 – 9,1 | Koniferen | | | Bücking (1975) |
| 1,4 – 3,9 | Koniferen | Göttinger Wald, Solling | ∅ N-Austrag unter Koniferen; Laubwald höher | Beese (1984) |
| 19,2 | Fichte | Wingst | Podsol | Büttner *et al.* (1986) |
| 1,5 12,6 | Buche Fichte | Solling | Podsolige Braunerde | Ellenberg *et al.* (1986) |
| 4,4 | Fichte | Versuch Hölldick | Nullparzellen | Weiger (1986) |
| 6,0 | Fichte | Hilskamm | Podsol | Wiedey u. Gerriets (1986) |
| 0,5 0,6 | Eiche Kiefer | Lüneburger Heide | Podsol-Braunerde | Bredemeier (1987) |
| 12,8 8,9 | Buche Fichte | Harste Spanbeck | Parabraunerde Podsolige Braunerde | Cassens-Sasse (1987) |
| 19,7 10,6 | Fichte Fichte | Oberwarmensteinach, Wülfersreuth | Podsol Podsol-Braunerde | Hantschel (1987); Hantschel *et al.* (1988) |
| 0 – 21,0 | Fichte, Buche | Solling | Podsolige, schwach pseudovergleyte Braunerde | Matzner (1988) |
| 16,9 | Buche | Göttinger Wald | Rendzina-Terra fusca | Meiwes u. Beese (1988) |
| 47,8 6,4 23,3 20,6 | Buche/Eiche Buche/Eiche Eiche/Kiefer Fichte | Siggen Siggen Segeberger Forst Segeberger Forst | Parabraunerde Parabraunerde-Pseudogley Parabraunerde-Pseudogley Pods. Braunerde, Podsol | Blume *et al.* (1989) |
| 42,0 | Fichte | Bayerischer Wald | Podsol | Kreutzer u. Heil (1989) |
| 19,8 68,9 34,2 | Fichte Fichte Fichte | Hils | Podsolige Braunerde Braunerde-Podsol podsolige Braunerde | Wiedey u. Raben (1989) |
| 10,6 0,6 | Fichte Fichte | Schluchsee Villingen | Pseudogley-Braunerde Podsol | Zöttl *et al.* (1989) |
| 6,7 – 9,7 0,3 – 1,4 | Fichte Fichte | Oberwarmensteinach, Wülfersreuth | Mittelwerte 1984–90 Mittelwerte 1988–90 | Türk (1992) |
| 6,2 – 10,0 0,1 – 0,6 | Fichte Fichte/Tanne | Schluchsee Villingen | Gleiche Eintragsverhältnisse, unterschiedliche Nährstoffversorgung der Standorte | Feger (1993) |
| 70,1 0 | Fichte | 13 Flächen in Bayern 1 Versuchsfläche | Nach Sturmwurf, Altbestand, intakt | Kölling (1993) |
| 0,6 – 19,2 0,2 – 2,3 | Fichte Kiefer | Fichtelgebirge | | Durka (1994) |

zelnde Fichte kann die in tieferen Bodenschichten freiwerdenden Nährstoffe nicht aufnehmen, so daß diese der Auswaschung unterliegen.

Das Risiko der Nitratauswaschung unter Laub- und Mischbaumbeständen kann also aufgrund mehrerer, die Tiefenverlagerung hemmender Einflußgrößen (tiefere Durchwurzelung, keine erhöhte $NH_4^+$-Aufnahme, Mineralbodenhumus statt Bildung einer Humusauflage) und der geringeren Interzeptionsdeposition generell als niedriger angesehen werden als unter Fichtenforsten.

Einen Überblick über die Ergebnisse der Literaturrecherche gibt Tabelle 2.34. Betrachtet wurden dabei die Stickstoffausträge in Ammonium- und Nitratform.

In der auf europäischer Ebene vorgeschlagenen Methodik wurde ein weiter Wertebereich diskutiert (Grennfelt u. Thörnelöf 1992; Hornung *et al.* 1995; UBA 1996b).

Dabei wurden für den tolerierbaren Austrag unter Critical Load unter Nadelwäldern Werte zwischen 0,5 und 3 sowie 2–4 kg N ha$^{-1}$ a$^{-1}$ unter Laubwäldern angenommen. Letztendlich spielt für eine realistische Abschätzung dieser Größe der Massenbilanz die Sickerwasserrate eine entscheidende Rolle.

So können für die Begrenzung der Stickstoffauswaschung mit dem Sickerwasser $N_l$ für verschiedene Vegetationstypen bestimmte kritische Stickstoffkonzentration in der Bodenlösung herangezogen werden. Bei einer Überschreitung dieser Werte sind Vegetationsveränderungen bzw. ein erhöhter Stickstoffaustrag ins Grundwasser zu erwarten (Gefährdung von Trinkwasser und Oberflächengewässern). Die Berechnung des tolerierbaren Stickstoffaustrages erfolgt dann unter Verwendung der Sickerwasserrate nach (2.38)

Eine Zusammenstellung der kritischen Stickstoffkonzentrationen in der Bodenlösung verschiedener Vegetationstypen zeigt Tabelle 2.35.

Die kritische Stickstoffkonzentration in der Bodenlösung $[N]_{crit}$ wurde dabei in Anlehnung an Vorschläge des europäischen Koordinierungszentrums „Wirkungen" (CCE 1993) flächendeckend für Deutschland und unabhängig vom Vegetationstyp mit 0,2 mg N l$^{-1}$, das entspricht 0,0143 eq m$^{-3}$, angenommen.

$$N_{l(acc)} = PS\,[N]_{crit} \tag{2.38}$$

Die aus dieser Berechnung resultierende Flächenverteilung der Werte für $N_{l(acc)}$ zeigt Tabelle 2.36.

Auf 80 % der Waldfläche würde danach unter Critical-load-Bedingungen ein Stickstoffaustrag kleiner 1 kg N ha$^{-1}$ a$^{-1}$ toleriert werden. Das entspricht der Annah-

**Tabelle 2.35.** Grenzwerte der Stickstoffkonzentration in der Bodenlösung (*Quelle:* CCE 1993)

| Vegetationstyp | | $[N]_{crit}$ [mg N l$^{-1}$] | $[N]_{crit}$ [eq m$^{-3}$] |
|---|---|---|---|
| Nadelwald | → Nährstoffungleichgewicht | ≤0,2 | ≤0,0143 |
| Laubwald | → Nährstoffungleichgewicht | ≤0,2–0,4 | ≤0,0143–0,0276 |
| Flechten | → Moosbeeren | ≤0,2–0,4 | ≤0,0143–0,0276 |
| Heide | → Blaubeeren | ≤0,4–0,6 | ≤0,0276–0,0429 |
| Blaubeeren | → Gräser | ≤1 –2 | ≤0,0714–0,1429 |
| Gräser | → Krautvegetation | ≤3 –5 | ≤0,2143–0,3571 |

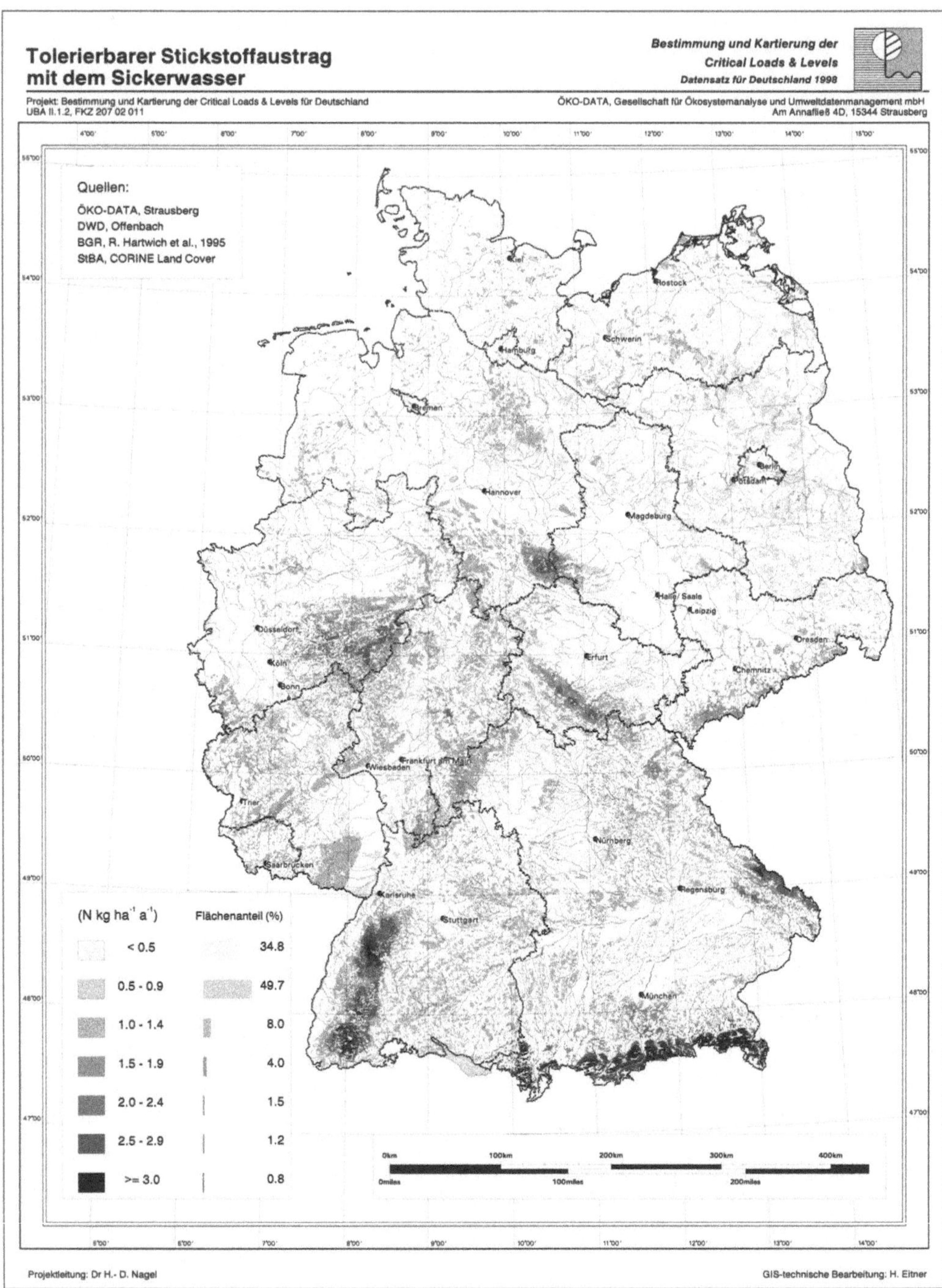


**Abb. 2.21.** Tolerierbarer Stickstoffaustrag mit dem Sickerwasser

**Tabelle 2.36.** Flächenanteile der tolerierbaren Stickstoffaustragsraten mit dem Sickerwasser

| $N_l$ [kg ha$^{-1}$ a$^{-1}$] | Waldfläche [%] |
|---|---|
| 0   – 0,5 | 34,8 |
| 0,5 – 1 | 49,7 |
| 1   – 1,5 | 8,0 |
| 1,5 – 2 | 4,0 |
| 2   – 2,5 | 1,5 |
| 2,5 – 3 | 1,2 |
| 3   – 3,5 | 0,8 |
| Gesamtfläche | 100,0 |

me, daß unter intakten Waldökosystemen mit geschlossenem Stickstoffkreislauf kein oder nur ein geringer Austrag zu erwarten ist.

In Gebieten mit einem hohen Oberflächenabfluß (Mittelgebirge, Alpenregion) wurde ein höherer Stickstoffaustrag zugelassen. Ein Ersatz der verwendeten Formel durch einen festgesetzten Wert (ca. 1 kg N ha$^{-1}$ a$^{-1}$) und damit die Verringerung des zu tolerierenden Stickstoffaustrags wäre beim derzeitigen Kenntnisstand kaum zu begründen. Andererseits würde eine Erhöhung des zulässigen Stickstoffaustrages in Auswertung einiger experimentell ermittelter Meßergebnisse (Tabelle 2.34) nur zur Überbewertung des Stickstoffaustrages führen, da diese unter Stickstoffbelastungen ermittelt wurden, die meist erheblich höher als die Critical Loads liegen.

Die Darstellung der räumlichen Verteilung der in der Massenbilanz verwendeten Werte für $N_{l(acc)}$ erfolgt in Abb. 2.21.

### Denitrifikation

Über den Umfang der Denitrifikationsprozesse in Waldökosystemen ist bisher wenig bekannt, obwohl sie einen erheblichen Teil am Gesamtumsatz des Stickstoffs ausmachen (Beese 1986) und der bedeutendste nitratabbauende Prozeß im Boden sind (Hoffmann 1991).

Unter dem Begriff Denitrifikation wird eine Reihe dissimilatorischer Nitratreduktionsreaktionen zusammengefaßt. Den Ausgangsstoff für diese katalytischen Reaktionen bildet zumeist Nitrat, welches unter anaeroben Bedingungen über mehrere Zwischenstufen reduziert wird. Hauptprodukte dieses Prozesses sind molekularer Stickstoff ($N_2$), Distickstoffmonoxid (Lachgas, $N_2O$) und Stickstoffoxid (NO). Aufgrund der für die Denitrifikation erforderlichen Reaktionsbedingungen findet diese hauptsächlich im Inneren von Bodenaggregaten und in der Rhizosphäre statt (Lieberoth 1982). Die Nitratreduktion verläuft schematisch gesehen (nach Heinrich u. Hergt 1990) über folgende Zwischenstufen:

$$NO_3^- \rightarrow NO_2^- \rightarrow NO \rightarrow N_2O \rightarrow N_2 \uparrow . \tag{2.39}$$

Die Denitrifikation ist von einer Reihe unterschiedlicher Einflußfaktoren abhängig. Zu den wichtigsten gehören:

- Sauerstoffgehalt im Boden;
- Bodenfeuchte;
- Temperatur;
- Gehalt an leicht abbaubarer organischer Substanz;
- pH-Wert.

Von entscheidender Bedeutung für eine hohe Denitrifikationsrate ist das Vorliegen anaerober Verhältnisse. Verstärkend wirken sich deshalb eine hohe Lagerungsdichte und starke Aggregation der Böden sowie ein hoher Wassergehalt des Bodens aus (Matzner 1988). Untersuchungen von Parkin u. Tiedje (1984) an Lehmböden wiesen bei einem Sauerstoffgehalt < 2 % in den Grobporen einen leichten und bei weniger als 0,5 % Sauerstoff einen starken Anstieg der Denitrifikation nach. Die für die Denitrifikanten günstigste Sauerstoffkonzentration im Boden ist schwer zu definieren, da die verschiedenen Spezies bei unterschiedlichen Konzentrationen das Maximum ihrer Aktivität erreichen.

Ebenfalls begünstigend für eine hohe Denitrifikationsrate wirkt sich eine hohe Bodenfeuchte, wie sie durch Stauwassereinfluß, Grundwasseranstieg, Überflutung oder Starkregenereignisse entstehen kann, aus, da die Versorgung des Bodens mit Luftsauerstoff so nahezu vollständig unterbunden wird. Durch Felduntersuchungen wurde innerhalb von Trockenperioden ein drastischer Rückgang der Denitrifikation ermittelt. Mit einsetzender Wiederbefeuchtung und zunehmendem Wassergehalt im Boden stieg die Denitrifikationsrate dann je nach Bodenart mehr oder weniger stark an (Groffman u. Tiedje 1988).

Hinsichtlich der Temperatur ist eine Aussage zur Wirkung auf die Denitrifikation schwierig, da sie die gesamte biologische Aktivität der Böden beeinflußt. In Laborexperimenten wurde nachgewiesen, daß mit steigenden Temperaturen (um 20 °C) der gasförmige Stickstoffaustrag einen größeren Teil des Gesamtumsatzes stellt, als bei 4 °C (Beese 1986). Feldergebnisse belegen die Temperaturabhängigkeit dahingehend, daß N-Verluste durch Denitrifikation erst oberhalb 5–8 °C bedeutsam werden (Benckiser *et al.* 1987).

Eine weitere direkte Einflußgröße stellt der Gehalt des Bodens an leicht abbaubarer organischer Substanz dar, da die organotrophe Form der Denitrifikation den quantitativ größten Teil an der Gesamtreaktion bildet und die entsprechenden Mikroorganismen die erforderliche Energie und den Kohlenstoff dafür aus organischer Substanz gewinnen. Der Grund für den Anstieg der Denitrifikation nach Wiederbefeuchtung ist neben der Drosselung der Sauerstoffzufuhr im Boden die erhöhte Menge an während der Trockenphase abgestorbener leicht abbaubarer organischer Substanz.

Hinsichtlich der Bodenreaktion findet die Denitrifikation ihr Optimum bei pH 7 bis 8, ist aber auch bei pH-Werten um 4 noch meßbar. Untersuchungsergebnisse belegen allerdings, daß im sauren Milieu die Reaktion häufig nur bis zur Stufe des $N_2O$ abläuft, was vermuten läßt, daß die $N_2O$-Reduktion weniger auf sinkende pH-Werte reagiert als andere Teilprozesse (Beese 1986). Oberhalb des Optimums verlangsamt sich die Reaktion und bei pH 10,5 wurde keine Denitrifikation mehr nachgewiesen. Genaue Angaben zu optimalen pH-Werten sind schwer möglich, da das Maximum der Stickstoffentgasung ($N_2$, $N_2O$ usw.) organismenspezifisch bei unterschiedlichen pH-Werten erreicht wird (Burth u. Ottow 1982).

Stickstoffausträge über Denitrifikation korrelieren des weiteren eng mit den Raten der Nitrifikation, da diese neben atmosphärischen Stoffeinträgen das Ausgangspotential für Denitrifikationsprozesse in Form von Nitrat liefert (Matzner 1988; Beese 1984, 1986; Brumme 1986).

Bei Denitrifikationsprozessen werden Protonen konsumiert, da der bei der Reduktion von Nitraten freigesetzte Sauerstoff als Akzeptor für Wasserstoffionen fungiert (Müller 1980). Die Denitrifikation stellt demzufolge, wenn sie bis zum reinen Stickstoff verläuft, eine Stickstoffsenke für das Ökosystem bei gleichzeitiger Entlastung des Säurestatus des Bodens dar (Beese 1986).

Bei der Denitrifikation kann Distickstoffmonoxid ($N_2O$) nicht nur als Zwischenprodukt, sondern auch als Endprodukt auftreten. Vorausgesetzt, daß es in der obersten Bodenschicht entsteht, wird es in die Atmosphäre emittiert. In tieferen Bodenschichten gebildetes $N_2O$ wird mikrobiell abgebaut (Scheffer u. Schachtschabel 1989). Verläuft die Reaktion nur bis zum $N_2O$, NO oder $NO_2$ werden dabei ebenfalls Protonen konsumiert. In diesem Fall ist damit aber eine Belastung benachbarter Ökosysteme verbunden (Beese 1986). Einerseits werden dann die in die Atmosphäre emittierten gasförmigen Reaktionsprodukte teilweise in benachbarten Ökosystemen deponiert, wo sie erneut in den Stickstoffkreislauf einfließen. Andererseits kann hauptsächlich Distickstoffmonoxid in der Stratosphäre photochemisch zu NO reagieren, wo es wiederum zur Verringerung der Ozonkonzentration beiträgt bzw. mit Wasserdampf zu Salpetersäure umgewandelt und nach Diffusion in die Troposphäre als saurer Niederschlag ausgewaschen werden kann.

Vor allem aber trägt Lachgas ($N_2O$) durch seine hohe Absorption im Infrarotbereich zur Verstärkung des Treibhauseffektes bei (Mc Elroy *et al.* 1977; Dickinson u. Cicerone 1986).

Eine Quantifizierung denitrifikativer Stickstoffausträge unter Feldbedingungen durch Bilanzierung der Stickstoffflüsse oder durch Messung des Gasflusses aus der Oberfläche der Böden lieferte bisher mit keiner Methode zufriedenstellende Ergebnisse (Hoffmann 1991).

Im Rahmen des ARINUS-Programms wurde auf den Versuchsflächen Schluchsee und Villingen der Einfluß von Düngung und Kalkung auf die Raten der Denitrifikation untersucht (Papen *et al.* 1995). Dabei konnte festgestellt werden, daß ein erhöhtes Stickstoffangebot im Boden zu einer signifikanten Steigerung der Emissionen von $N_2O$ (Lachgas) und NO führte. Die Kalkung der Waldböden hingegen erhöhte lediglich die Emissionsraten von NO. Innerhalb des Untersuchungszeitraumes (1991–1993) waren starke Schwankungen der gasförmigen Stickstoffausträge (hauptsächlich $N_2O$) zu verzeichnen. Insgesamt wurden die Emissionsraten am Standort Schluchsee mit 4–5 kg N ha$^{-1}$ a$^{-1}$ und am Standort Villingen mit 6–7 kg N ha$^{-1}$ a$^{-1}$ angegeben (Zöttl *et al.* 1989).

Gasförmige Stickstoffausträge in Form von $N_2O$ wurden von Brumme (1994) an ungedüngten Flächen untersucht. Dabei wurden Böden in Ground-Level-Typen ($N_2O$-Austräge < 0,5 kg N ha$^{-1}$ a$^{-1}$), Ereignistypen (in Auftauphasen, nach Niederschlagsereignissen bzw. Bodenbearbeitung) und saisonale Typen (Austräge > 0,5 kg N ha$^{-1}$ a$^{-1}$) unterteilt. $N_2O$-Austräge > 1 kg N ha$^{-1}$ a$^{-1}$ wurden hingegen kaum gemessen und wären nur bei stickstoffgesättigten Systemen und hohen Stickstoffdepositionen denkbar.

Die Denitrifikation stellt eine echte Stickstoffsenke im Ökosystem dar und muß deshalb nicht als Grenzwert betrachtet werden. Bei vollständigem Ablauf der Reaktion werden Stickstoffverbindungen in molekularen Stickstoff, also in einen innerhalb des Systems inerten Zustand überführt.

Auf europäischer Ebene ist eine Gleichung vorgeschlagen worden, die die Denitrifikation in Abhängigkeit von der Verfügbarkeit des Stickstoffs für diesen Prozeß und damit auch abhängig von der Deposition stellt.

| **Tabelle 2.37.** Matrix zur Ermittlung der Denitrifikationsfaktoren (*Quelle:* de Vries (1991), verändert nach Bodenkarte Deutschland) | Texturklasse | Mittlerer Tonanteil [%] | $f_{de}$ |
|---|---|---|---|
| | 1 | 8 | 0,1 |
| | 1/2 | 15 | 0,1 |
| | 1/3 | 25 | 0,2 |
| | 1/4 | 35 | 0,3 |
| | 2 | 25 | 0,2 |
| | 2/3 | 40 | 0,3 |
| | 2/4 | 60 | 0,3 |
| | 3 | 50 | 0,3 |
| | 3/4 | 55 | 0,3 |
| | 4 | 65 | 0,5 |
| | 5 | 75 | 0,5 |

$$N_{de} = \begin{cases} f_{de}\,(N_{dep} - N_u - N_i) & wenn \quad N_{dep} > N_u + N_i \\ 0 & andernfalls \end{cases} . \qquad (2.40)$$

wobei:

- $f_{de}$ = Denitrifikationsfaktor (Funktion der Bodentypen; Wert zwischen 0 und 1);
- $N_{dep}$ = atmosphärische Stickstoffdeposition [kg ha$^{-1}$ a$^{-1}$];
- $N_u$ = Stickstoffnettoaufnahme in der Biomasse [kg ha$^{-1}$ a$^{-1}$];
- $N_i$ = Stickstoffimmobilisierung in der Humusschicht [kg ha$^{-1}$ a$^{-1}$].

Da jedoch die Critical Loads für den eutrophierenden Stickstoff gemäß dem Steady-state-Massenbilanzansatz als eine von anthropogenen Einflüssen unabhängige Größe ermittelt werden soll, ist es erforderlich, (2.32) und (2.40) zur Deposition hin aufzulösen:

$$N_{dep} = N_u + N_i + \frac{N_l}{(1 - f_{de})} . \qquad (2.41)$$

Durch die Gleichsetzung der zulässigen Deposition mit dem Critical Load für den pflanzenverfügbaren Stickstoff lautet die Gleichung:

$$CL_{nut}(N) = N_{u(crit)} + N_{i(crit)} + \frac{N_{l(acc)}}{1 - f_{de}} . \qquad (2.42)$$

Gemäß den Erkenntnissen über die die Denitrifikation bestimmenden Faktoren wurden zur Abschätzung des Denitrifikationsfaktors $f_{de}$ die Eigenschaften der verschiedenen Bodentypen v.a. hinsichtlich ihrer Durchlüftung herangezogen (Tabelle 2.37). Anhydromorphe Sandböden sind aufgrund ihrer Korngröße und des hohen Grobporenanteils in der Regel gut durchlüftet und haben einen geringen Wassergehalt. Lehm- und Tonböden hingegen haben durch ihre wesentlich geringere Korngröße zwar ein höheres Gesamtporenvolumen, weisen aber mit einem sehr geringen Anteil an Grobporen ein besseres Wasserrückhaltevermögen sowie eine geringere Durchlüftung auf.

Je höher der Tonanteil im Boden ist, desto wahrscheinlicher ist daher eine hohe Denitrifikationsrate. Da unter allen bisher beschriebenen Einflußfaktoren das Vorliegen von sauerstofffreien Verhältnissen und hoher Bodenfeuchte die Denitrifikations-

**Tabelle 2.38.** Denitrifikations-raten der Waldflächen

| Denitrifikation [kg ha$^{-1}$ a$^{-1}$] | Waldfläche [%] |
|---|---|
| $\geq$ 0 bis < 1 | 90,5 |
| $\geq$ 1 bis < 2 | 6,1 |
| $\geq$ 2 bis < 3 | 1,4 |
| $\geq$ 3 bis < 4 | 0,7 |
| $\geq$ 4 bis < 7 | 1,0 |
| $\geq$ 7 bis <10 | 0,2 |
| $\geq$ 10 | 0,1 |
| Gesamtfläche | 100,0 |

rate am stärksten beeinflussen, erfolgte für die Critical-load-Berechnung die Ableitung der Denitrifikationsfaktoren $f_{de}$ mittels einer Matrix nach der Texturklasse und dem Tonanteil der Böden (vgl. Tabelle 2.11).

Für Histosole und Podsole wurden generell folgende Denitrifikationsfaktoren eingesetzt:

- Histosole (Bodentypen Od und Oe) $f_{de} = 0,8$ ;
- Podsole (Bodentypen P(x)) $f_{de} = 0,1$ .

Die prozentuale Flächenverteilung der Wertebereiche der so berechneten Denitrifikation ist in Tabelle 2.38 dargestellt.

Für den weitaus größten Teil der Waldfläche (ca. 90 %) wurde eine Denitrifikation von weniger als 1 kg ha$^{-1}$ a$^{-1}$ ermittelt. Dieses Ergebnis stimmt mit den von Brumme (1994) gemessenen Werten für Waldökosysteme überein. Zu berücksichtigen bleibt jedoch, daß der Literaturwert nur eingeschränkt mit Werten unter Critical-load-Bedingungen vergleichbar ist.

### 2.3.2.3
### *Karte der Critical Loads für den eutrophierenden Stickstoffeintrag*

Die Ableitung der bisher erklärten Elemente der Massenbilanz geht in ihrer regionalen Verteilung auf dieselben Grundkarten zurück, die im Kapitel über die Critical Loads für den Säureeintrag (Kap. 2.3.1) vorgestellt wurden.

Zur Berechnung der Critical Loads für eutrophierenden Stickstoff wurden die Basiskarten sowie die Karte der Waldverteilung unter Nutzung des Geographischen Informationssystems ARC/INFO miteinander verschnitten.

Abbildung 2.21 faßt für die in Deutschland angewandte Vorgehensweise die Einzelschritte zur Erstellung der Karte der Critical Loads für den Stickstoffeintrag zusammen.

Die Berechnung der Critical Loads für Stickstoff sowie der Zwischenergebnisse Stickstoffnettoaufnahme $N_u$ und Denitrifikation $N_{de}$ erfolgte abhängig vom Waldtyp. Für den zu akzeptierenden Stickstoffaustrag $N_l$ und die Stickstoffimmobilisierung $N_i$ wurden waldtypunabhängige Werte ermittelt.

Die Flächenverteilung der Critical-load-Werte sind als Karte in Tafel 3 dargestellt. Entsprechend des größeren Wertespektrums wurden Bereiche im Abstand von 5 kg N ha$^{-1}$ a$^{-1}$ gewählt.

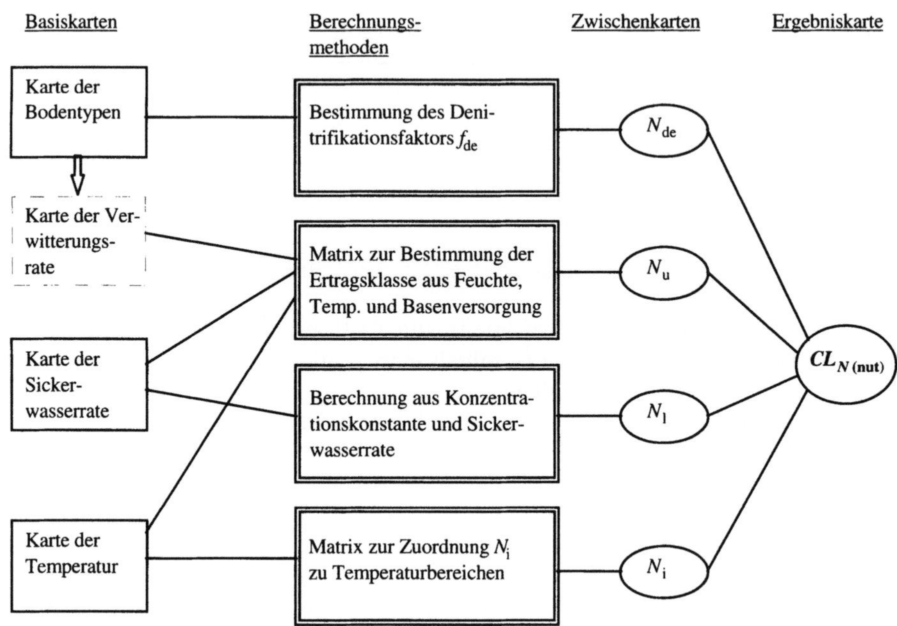


**Abb. 2.22.** Schema zur Ableitung der Critical Loads für eutrophierende Stickstoffeinträge

Der Critical-load-Wert für eutrophierenden Stickstoff wird von den natürlichen Eigenschaften der betrachteten Ökosysteme am konkreten Standort bestimmt. Unter Beachtung der Critical-load-Bedingungen zur Erhaltung des Gleichgewichtszustandes begrenzen die Stickstoffaufnahme, die Immobilisierung und der Stickstoffaustrag mit dem Sickerwasser sowie der gasförmige Austrag über die Denitrifikation die Critical Loads für Waldökosysteme im Bereich zwischen etwa 5 kg N ha$^{-1}$ a$^{-1}$ und höchstens 20 kg N ha$^{-1}$ a$^{-1}$.

Bei den Critical Loads liegt für die Nadelwaldareale der Großteil der Werte in der Klasse von 5–10 kg N ha$^{-1}$ a$^{-1}$. Für Laubwaldareale verschieben sich die Schwerpunkte der Häufigkeitsverteilung auf Werte zwischen 10 und 15 kg N ha$^{-1}$ a$^{-1}$. Diese Ergebnisse stimmen mit forstwirtschaftlichen und pflanzenphysiologischen Erkenntnissen überein.

Der flächenmäßig größte Anteil der Critical Loads liegt im Bereich bis 10 kg N ha$^{-1}$ a$^{-1}$ (Tafel 3). Dies ist auch der Bereich, der im allgemeinen angegeben wird für die Menge an Stickstoff, die intakte Waldökosysteme durchschnittlich im jährlichen Derbholzzuwachs festlegen können. Für Kiefernforsten sind Critical Loads in diesen Größenordnungen wahrscheinlich noch etwas überhöht.

Dies zeigt, daß die entscheidende Einflußgröße für die Höhe der Critical Loads die Stickstoffnettoaufnahme im Derbholzzuwachs ist, d. h. der Stickstoffentzug mit der zu erntenden Biomasse. Im einzelnen ergibt sich eine schiefsymmetrische Verteilung, da in der vorliegenden Untersuchung nur der anthropogenen Nutzung unterworfene Waldökosysteme betrachtet werden. Eine Nettoaufnahme von Null, was einer Nichtnutzung entspräche, wird also nicht berücksichtigt.

Da eine unzureichende Versorgung mit Begleitnährstoffen in Kombination mit hohen Stickstoffaufnahmeraten zu Nährstoffungleichgewichten in den Pflanzen führen kann, wird die Stickstoffestlegung in der Biomasse für Gebiete mit geringen Verwitterungsraten unter Critical-load-Bedingungen begrenzt. Vor allem die Böden glazialen Ursprungs im norddeutschen Tiefland sind kaum in der Lage, basische Kationen freizusetzen. Die Verwitterungsraten betragen ca. 250 eq ha$^{-1}$ a$^{-1}$. Ähnlich gering wie im norddeutschen Tiefland ist die Basenversorgung für das nördliche Bayern ausgewiesen. Die daraus resultierenden geringen Stickstoffaufnahmeraten führen über-wiegend zu Critical Loads zwischen 5 und 10 kg ha$^{-1}$ a$^{-1}$.

Hinsichtlich der Bestockung überwiegen in den genannten Gebieten Nadelwälder bzw. Mischwälder mit überwiegendem Nadelholzanteil. Diese legen weniger Stickstoff in der Biomasse fest als Laubholzarten. Dies gilt v. a. für die großflächigen Kiefernreinbestände in Nordostdeutschland. Für Kiefernforsten in diesen Gebieten wird von einem Stickstoffeinbindevermögen von 4 bis maximal 10 kg ha$^{-1}$ a$^{-1}$ ausgegangen (Kopp *et al.* 1995; Heinsdorf 1988; Kopp u. Schwanecke 1994).

Den zweitwichtigsten Einflußfaktor für die Höhe der Critical Loads nach der Stickstoffaufnahme stellt die Immobilisierung dar. Aufgrund des Algorithmus zur Bestimmung der Stickstoffimmobilisierung in der Humusschicht werden die Flächenanteile nach einer temperaturabhängigen Matrix ermittelt. Der Schwerpunkt der Verteilung der Werte liegt bei einer Immobilisierung von 1–2 kg ha$^{-1}$ a$^{-1}$.

Der Einfluß der zulässigen Stickstoffauswaschung auf die Critical Loads kann als gering angesehen werden. Die Werte für den Stickstoffaustrag sind aufgrund der einheitlichen kritischen Stickstoffkonzentration in der Bodenlösung linear von der Sikkerwasserrate abhängig. In Übereinstimmung mit Untersuchungsergebnissen unter intakten Waldökosystemen und Erfahrungswerten der Waldschadensforschung gruppieren sich die Ergebnisdaten zu 80 % in einem Wertebereich < 1,0 kg N ha$^{-1}$ a$^{-1}$. Unter Berücksichtigung des Flächenanteils von 12% für Werte im Intervall zwischen 1,0 und < 2,0 kg N ha$^{-1}$ a$^{-1}$ bleiben Werte > 2 kg N ha$^{-1}$ a$^{-1}$ auf Extremstandorte der Gebirgsregionen beschränkt.

Ebenfalls einen geringen Einfluß auf den Grenzwert für die Stickstoffbelastung hat die Denitrifikation der Waldböden. Für 90 % der ausgewiesenen Waldfläche werden Mengen < 1 kg N ha$^{-1}$ a$^{-1}$ ausgewiesen. Unter Einbeziehung des Bereiches zwischen 1 und 2 kg N ha$^{-1}$ a$^{-1}$ mit einem Anteil von 6 % liegen die Werte für die Denitrifikation > 2 kg N ha$^{-1}$ a$^{-1}$ im vernachlässigbaren Anteil.

Wie auch bei der Abschätzung des Critical Loads für den Säureeintrag handelt es sich beim Critical Load für den Stickstoffeintrag um eine grobe Risikoabschätzung. Eine Reihe von Einflußfaktoren und Mechanismen, die hier nicht berücksichtigt sind, bedürften sowohl von der Dichte der Ausgangsdaten her als auch hinsichtlich des Maßstabes der Kartierung eines erweiterten Ansatzes.

Um die Differenziertheit der Bedingungen von Standort und Bestockung stärker in die Critical-load-Berechnungen einbeziehen zu können, sollte weiterhin an der Verbesserung der Methoden und der Datenbasis gearbeitet werden. Eine Möglichkeit dazu böte die Auswertung von Daten der bundesweiten Bodenzustandserfassung (BZE).

### 2.3.2.4
### *Dynamische Modellierung (Level 2)*

Für die dynamische Modellierung von Critical Loads für den Stickstoffeintrag müssen die in Kap. 2.3.1.3 erwähnten Modelle zur Beschreibung von Versauerungsprozessen um den Aspekt des Nährstoffkreislaufs erweitert werden. Vor allem muß Stickstoff in seiner Rolle als sowohl versauernder als auch eutrophierender Stoff erfaßt und in seiner Wechselwirkung zur nur versauernden Schwefelbelastung beschrieben werden. Dynamische Modelle für den Stickstoffeintrag behandeln also immer Stickstoff und Schwefel gemeinsam. Die biotischen Reaktionen wie Wachstum und auch Vegetationsverschiebungen spielen bei der Modellierung des Critical Load für den Stickstoffeintrag eine wichtige Rolle.

Die in der Critical-load-Modellierung verfügbaren Modelle sind unterschiedlich komplex. Die am weitesten entwickelten berücksichtigen auch den Kohlenstoffkreislauf und die Dynamik der entscheidenden Nährstoffelemente.

Zu den bezüglich des Nährstoffzyklus komplexeren Modellen gehören MAGIC-WAND (Model of Acidification of Groundwaters in Catchments and Derivates – with Associated Nitrogen Dynamics; Ferrier *et al.* 1995), MERLIN (Model for Ecosystem Retention and Loss of Nitrogen; Ferrier *et al.* 1995) und NUCSAM (Nutrient Cycling and Soil Acidification Model; Groenenberg *et al.* 1995). Weitere Modelle, die herkömmliche Bodenversauerungsmodelle mit Baumwachstumsmodellen und Nährstoffdynamiken verbinden sind in der Entwicklung (Hornung *et al.* 1995).

In allen Fällen ist jedoch die Datenanforderung mit steigender Komplexität entsprechend umfangreich. Eine sinnvolle Anwendung ist nur an gut untersuchten Einzelstandorten möglich, die Übertragbarkeit der Ergebnisse in die Fläche ist entsprechend begrenzt.

### 2.3.3
### Critical Loads für Schwermetalle und persistente organische Verbindungen

G. Schütze

### 2.3.3.1
### *Notwendigkeit der Einbindung persistenter Schadstoffe in das Critical-load-Konzept*

Die Anreicherung von Schwermetallen und persistenten organischen Verbindungen (POP) im Boden, in Gewässern und die von ihnen ausgehenden schädlichen Wirkungen auf die menschliche Gesundheit sowie auf verschiedene andere Lebewesen und Biozönosen haben in den letzten Jahrzehnten in der Umweltforschung und Umweltpolitik zunehmende Beachtung gefunden.

Sowohl bei Schwermetallen als auch bei POP sind stoffabhängig schädliche Wirkungen v. a. auf das Immunsystem, den Stoffwechsel, die Fortpflanzungsfunktionen und das Nervensystem höherentwickelter Lebewesen bekannt. Beim Menschen und anderen Warmblütern können bei Überschreitung bestimmter Belastungswerte neben chronischen Schädigungen des Zentralnervensystems, des Stützapparates und innerer Organe (z. B. durch Cd, Hg) auch unterschiedliche Krebserkrankungen

(z. B. durch Ni, Cr$^{VI}$, B(a)P und andere polyzyklische aromatische Kohlenwasserstoffe (PAH)), krebsfördernde Wirkungen (z. B. durch verschiedene polychlorierte Biphenyle (PCB)), Anämien (z. B. durch Pb) oder allergische Reaktionen (z. B. durch Ni, Dioxine und Furane, PCB) auftreten.

Bei stark erhöhten Bodengehalten, v. a. an Schwermetallen bzw. Pestiziden, sind Wachstumsdepressionen bei Pflanzen sowie Einschränkungen der Besiedlungsdichte, Artendiversität und mikrobiologischen Aktivität von Böden beobachtet worden. Aber auch eine schleichende Erhöhung von Schadstoffgehalten in den Pflanzen ohne sichtbare äußere Schäden birgt Gefahren. Der Boden als zentrales Glied der Ökosysteme kann durch eine zunehmende Belastung mit persistenten Schadstoffen in seiner Funktionsfähigkeit nachhaltig beeinträchtigt werden. Bei einer Überlastung seiner Filter- und Pufferfähigkeiten ist mit einem erhöhten Austrag und folglich mit einer Belastung. angrenzender Schutzgüter wie Pflanzen, Gewässer oder der Atmosphäre zu rechnen. Die direkte Anlagerung persistenter Schadstoffe aus der Luft an Pflanzenoberflächen bzw. die Aufnahme durch die Stomata der Pflanzen ist bei einigen Schadstoffen, insbesondere den POP, ein wichtiger Pfad.

Ein Eintrag persistenter Schadstoffe in Oberflächengewässer führt aufgrund der meist sehr geringen Wasserlöslichkeit der persistenten Schadstoffe zu einer starken Adsorption an Schwebstoffe und zu Anreicherungen im Sediment, aber auch in Wasserpflanzen, den Lebewesen der Freiwasserzone und des Gewässerbodens. In den Trophiestufen der Nahrungskette kann es zur Akkumulation der schädlichen Substanzen kommen, so daß der Mensch und andere Endkonsumenten besonders exponiert sind. Besonders hohen Belastungen sind die Vertreter der oberen trophischen Ebenen aquatischer Ökosysteme ausgesetzt. So überschreiten Quecksilberkonzentrationen im Gewebe von Raubfischen in skandinavischen Seen häufig den Richtwert der WHO für den Verzehr durch Menschen, wobei die Belastung in hohem Maße auf Ferntransporte über die Atmosphäre zurückgeführt wird (Johansson *et al.* 1991). Bei Bewohnern des Polarkreises, die sich überwiegend von Fischen und Meeressäugetieren ernähren, wurden z. B. Konzentrationen an PCB im Blut festgestellt, die z. T. 5fach über der Besorgnisschwelle der WHO lagen (Jacobson und Jacobson 1996), obwohl sie entfernt von den Quellen dieser Stoffe leben. Ein erhöhter Spiegel von Hexachlorbenzol (HCB) wirkt sich bei Vögeln in Unfruchtbarkeit und in Dünnschaligkeit der Eier aus, die zu verminderten Reproduktionsraten führen (Dieter 1990).

Schlußfolgernd aus den hier nur grob skizzierten Wirkungen und Verteilungsmechanismen lassen sich die Rezeptoren der atmosphärischen Deposition von Schwermetallen und POP ableiten. Für terrestrische Ökosysteme kommen Bodenorganismen und die von ihnen gesteuerten Umsetzungsprozesse, die Vegetation, darunter landwirtschaftliche Kulturpflanzen, das Grundwasser und die Endglieder von Nahrungsketten, einschließlich Mensch, in Betracht. Bei Gewässerökosystemen sind insbesondere die Vetreter oberer trophischer Ebenen und damit wiederum auch der Mensch als Rezeptoren zu berücksichtigen.

Beim heutigen Niveau der Luftverunreinigung muß allein schon durch die atmosphärische Deposition mit einer großflächigen Akkumulation dieser Stoffe im Boden, besonders jedoch in den Humusauflagen der Wälder sowie in Sedimenten gerechnet werden. Diese Schadstoffakkumulationen sind so gut wie nicht rückgängig zu machen. Hinzu kommen v. a. auf Agrarflächen bewirtschaftungsbedingte Einträge. Aufgrund der genannten Fakten ist eine Begrenzung des Eintrags persistenter Stoffe in die Umwelt dringend erforderlich. Um die genannten Rezeptoren ausreichend vor schädlichen Wirkungen schützen zu können, sollten ähnlich wie beim Critical-load- und -level-Ansatz für Stickstoff und Säurebildner wirkungsbezogene Modelle zur Ableitung von kritischen Eintragswerten für Schwermetalle und POP entwickelt werden.

### 2.3.3.2
### *Quellen persistenter Schadstoffe und Depositionsberechnungen*

Schwermetalle sind als Bestandteile der Erdkruste in natürliche Stoffkreisläufe involviert. Diese werden aber heute stark von den Einflüssen der Zivilisation überlagert. Anthropogene Quellen der Schwermetalle in der Atmosphäre sind hauptsächlich die Verbrennung fossiler Energieträger, die Erzförderung und Verhüttung, die Metallverarbeitung und Müllverbrennung. Daneben ist die Verteilung von Schwermetallen in der Landschaft auf dem Wasserwege (durch Einleitungen in Flüsse und Überschwemmungen oder durch Verwendung von Abwässern in der Landwirtschaft) sowie durch Klärschlamm und Müllkompost, aber auch durch andere Düngestoffe, relevant.

Die meisten POP stammen ausschließlich aus anthropogenen Quellen, wobei einige nicht absichtlich produziert werden, sondern als Nebenprodukt, Verunreinigung oder erst im Zuge der Abfallbeseitigung anfallen. Bestimmte Stoffe, insbesondere Pflanzenschutzmittel, werden mehr oder weniger gezielt in die Umwelt eingebracht, wogegen andere weitgehend unkontrolliertem Eintrag unterliegen. Bei den Polyzyklischen Aromatischen Kohlenwasserstoffen (PAK), sind auch natürliche Quellen (z. B. Entstehung bei Wald- und Moorbränden, geringfügige Biosynthese in Pflanzen) bekannt, die aber nur in geringem Maße zum heutigen Belastungsniveau beitragen.

Da Metalle und POP oft sehr geringe Partikelgrößen aufweisen bzw. in der Gasphase vorliegen, werden sie z. T. über sehr weite Strecken getragen und können auch Bestandteil grenzüberschreitender luftgetragener Schadstofftransporte sein. So ist z. B. bekannt, daß die Konzentration von Blei im Polarschnee heute um den Faktor 500 höher ist, als sein ursprünglicher Gehalt (Scheffer u. Schachtschabel 1989). Studien zur räumlichen Verteilung der Emissionen von Schwermetallen und POP im europäischen Maßstab wurden seit den 80er Jahren durch Pacyna (1982, 1987), Duiser u. Veldt (1989) sowie Baart u. Diederen (1991) vorgelegt. Die Methodik wurde durch Berdowski u. Veldt (1994) weiterentwickelt und in Verbindung mit überprüften Emissionsfaktoren zur Berechnung des ersten europaweiten Emissionskatasters im Projekt European Soil & Sea Quality due to Atmospheric Deposition (ESQUAD): „The Impact of Atmospheric Deposition of Non-Acidifying Pollutants on the Quality of European Forest Soils and the North Sea" (Hout 1994) verwendet. Die Ermittlung der Emissionen für die Stoffe Pb, Cd, Cu, Lindan, B(a)P erfolgte auf der Basis statistischer Erfassungen zur Energiegewinnung, zu Produktion und Verkehr, Hausbrand, Landwirtschaft etc. mit Bezug auf das Jahr 1990. Es wurden Punkt- und Flächenquellen unterschieden und den Gridzellen (1° Länge, 0,5° Breite) zugeordnet. Aus diesen Emissionsdaten wurden mit Hilfe von Ausbreitungsrechnungen (TREND-Modell) die Depositionen bestimmt. Dabei wurde die Verteilung der Partikelgrößen, die räumliche Höhe der Quellen, meteorologische Daten von 1989 und Oberflächeneigenschaften berücksichtigt. Das Emissionskataster wurde durch das Umweltbundesamt Deutschland und TNO (Niederlande) in Zusammenarbeit von ECE, OSPARCOM und HELCOM für 8 Schwermetalle und 15 POP für 38 europäische Länder ausgebaut und harmonisiert (Berdowski *et al.* 1997).

### 2.3.3.3
### *Verhalten von Schwermetallen und POP in der Umwelt*

Um die Wirkung der in die Landschaft eingetragenen Schwermetalle bewerten zu können, sind Kenntnisse ihres Verhaltens im Boden, insbesondere bezüglich ihrer Mobilität und Bioverfügbarkeit erforderlich. Die Immobilisierung von Schwermetallen im Boden, die zur Minderung ihres Gefährdungspotentials führt, wird durch Adsorbenten wie Humusbestandteile, Sesquioxide und Ton bewirkt. Neben den physikochemischen Eigenschaften des Metalles selbst bestimmen v. a. die Bodenreaktion und die Redoxverhältnisse den Grad der Festlegung (Blume u. Brümmer 1991). Weitere Einflüsse sind durch Begleitelektrolyte und den Anteil der gelösten organischen Substanz (Dissolved Organic Matter – DOM) bekannt (Kneib u. Runge 1989; Reinds *et al.* 1996). Aufgrund der vielfältigen Einflußfaktoren ist es schwierig, allgemeingültige Vorhersagen zum Löslichkeitsverhalten der Schwermetalle unter bestimmten äußeren Bedingungen zu treffen. Die Verwendung von Adsorptionsmodellen (z. B. Freundlich- oder Langmuir-Gleichung), deren Koeffizienten in Abhängigkeit einiger ausgewählter Bodeneigenschaften (z. B. Tongehalt, pH-Wert) abgeleitet werden, für flächenbezogene Aussagen, kann daher nur zu Annäherungen an die tatsächlichen Gegebenheiten führen. Da die vorliegenden Adsorptionsisothermen häufig aus Laboruntersuchungen stammen, ergeben sich weitere Unsicherheiten im Vergleich zu Feldbedingungen (Reinds *et al.* 1996).

Untersuchungen zur Gefährdung des Grundwassers mit Schwermetallen sowie zum Transfer in Nahrungs- und Futterpflanzen mit dem Ziel der Ableitung wirkungsbezogener Schwellenwerte für Bodenkonzentrationen stützen sich in der letzten Zeit zunehmend auf die Untersuchung mobiler Schwermetallfraktionen (Delschen 1989; Birke 1991; Prüeß 1992; Liebe *et al.* 1995). Die zu dieser Fragestellung in Deutschland vorliegenden, z. T. umfangreichen Datensammlungen beziehen sich fast ausschließlich auf spezifisch belastete Böden. Eine Übertragbarkeit der mit Hilfe solcher Daten errechneten Transferfunktionen auf Böden mit ubiquitärem Belastungsniveau ist jedoch fragwürdig.

Studien zum Schwermetallhaushalt von Waldökosystemen belegen, daß für einige Metalle (Co, Cd, Zn) bei Böden im Al-Pufferbereich die Austräge mit dem Sickerwasser bereits die Einträge überschreiten. Andere atmogen eingetragene Metalle werden dagegen in der Biomasse und im Auflagehumus stark akkumuliert (Anonym 1989). Die Metallkonzentrationen des Mineralbodens werden zum heutigen Zeitpunkt noch überwiegend durch die Gehalte des Ausgangsgesteins bestimmt (Bachmann *et al.* 1994). Daten zum Schwermetallfluß in Waldökosystemen (vorrangig Solling, daneben aus den Gebieten Varsjö und Gardsjön in Schweden, Bergvist *et al.* 1989) wurden von de Vries u. Bakker (1996) genutzt, um für die einzelnen Metalle (Pb, Cd, Cu, Zn, Ni, Cr) rechnerisch Preferenzfaktoren für die Aufnahme aus der Bodenlösung zu bestimmen.

Die Stoffgruppe der POP umfaßt eine große Anzahl von Verbindungen. Davon werden allein in den Prioritätslisten der OSPARCOM/HELCOM und UN/ECE sowie den ECE – Task Forces on POP 16 umweltrelevante Einzelstoffe und Stoffgruppen genannt. Die Stoffgruppen (z. B. PCB, PAH, Dioxine und Furane,) enthalten wiederum eine große Anzahl von Einzelstoffen, von denen, basierend auf ihrer toxikologischen Relevanz, ihrer Häufigkeit in der Umwelt sowie ihrer Bestimmbarkeit, meist Indikatorsubstanzen ausgewählt und vorrangig untersucht werden (z. B. 6 PCB nach IUPAC, B(a)P oder 16 PAH der EPA-Testmethode 610).

Die Mobilitätseigenschaften der einzelnen POP und folglich ihre Stoffflüsse zwischen den einzelnen Umweltkompartimenten variieren in Abhängigkeit von stoffspezifischen physikochemischen Eigenschaften (z. B. Wasser- und Fettlöslichkeit, Dampfdruck) erheblich. Geht man von einem thermodynamischen Gleichgewicht in der Umwelt aus, dann läßt sich das Verhältnis der Konzentrationen eines Stoffes in benachbarten Medien mit Hilfe von Verteilungskoeffizienten (z. B. Oktanol-Wasser-Verteilungskoeffizient $P_{OW}$, dimensionsloser Henry-Koeffizient als Quotient der Konzentration in der Luft und der Konzentration in Wasser $K_H$, Freundlich-Adsorptionskoeffizient bezogen auf organische Substanz $K_{OC}$) beschreiben (Trapp *et al.* 1994).

Das Verhalten der POP im Boden wird durch ihre überwiegend sehr geringe Wasserlöslichkeit und demzufolge meist hohe Lipophilie bestimmt (Karickhoff 1994). Diese Eigenschaften führen zu einer starken Adsorption im Boden, v. a. durch eine Bindung an organische Stoffe. Der Gehalt an organischer Substanz wird daher häufig als entscheidende Bodeneigenschaft für die Vorhersage der Akkumulation oder Gehaltsminderung des Stoffes im Boden betrachtet (z. B. Jury 1993; Hout 1994). Tebaay (1994) fand jedoch, daß weitere Adsorbenten (z. B. Ton oder Sesquioxide) sowie die Zustandsform der organischen Substanz (Anteil gelöster organischer Verbindungen) einen starken Einfluß auf die Adsorption organischer Substanzen (PAH/PCB) ausüben. Diese Abhängigkeiten sind bisher aber nur aus qualitativer Sicht bekannt, so daß sie bis auf weiteres nicht bei der Modellierung des Verhaltens von POP im Boden Berücksichtigung finden können.

Die Ausgasung (Volatilisation) organischer Stoffe aus dem Boden beruht auf Diffusionsprozessen, die einen Konzentrationsausgleich zwischen der flüssigen Phase und der Bodenluft bewirken. An der Grenzschicht Boden – Atmosphäre führen die Turbulenzen der Luft zu einer raschen Verdünnung der Schadstoffkonzentration (Trapp u. Matthies 1994). Abschätzungen der Volatilisation für Umweltbedingungen unter der Annahme eines thermodynamischen Gleichgewichtes können deshalb von einer Schadstoffkonzentration in der Atmosphäre nahe Null ausgehen (Bakker u. de Vries 1996). Solche Berechnungen sind jedoch mit vielen Unsicherheiten behaftet. Die stoffspezifischen Kennziffern ($P_{OW}$, $K_H$ usw.) werden unter Laborbedingungen ermittelt, so daß für eine Anpassung an Umweltbedingungen Korrekturen erforderlich sind. Weiterhin muß berücksichtigt werden, daß die Diffusion im Boden nicht ungehindert erfolgt.

Im Gegensatz zu Schwermetallen können bei den POP abiotische und biotische Abbauprozesse zur Minderung der Gehalte in den verschiedenen Umweltkompartimenten beitragen. Zu den abiotischen Abbauprozessen zählen u. a. die Hydrolyse, Reduktion und Oxydation sowie Photolyse. Obwohl die Neigung der Stoffe zur Zersetzung durch chemische und photochemische Prozesse als Resultat von zahlreichen Laboruntersuchungen in der Literatur dokumentiert ist, können Abbauraten unter

Umweltbedingungen derzeit kaum mit hinreichender Sicherheit angegeben werden. Die Anteile der einzelnen Abbauprozesse an der Minderung von Bodengehalten bleiben bei vielen in der Literatur dokumentierten Experimenten offen. Die aus Laboruntersuchungen hergeleiteten Halbwertszeiten für den mikrobiellen Abbau von POP entsprechen nach Kästner et al. (1993) eher dem maximalen biologischen Potential als den tatsächlichen Minderungsraten in der Umwelt. Allgemein kann davon ausgegangen werden, daß die mikrobiologische Abbaubarkeit mit abnehmender Wasserlöslichkeit sinkt. So können z. B. PCB mit einem Chlorierungsgrad von mehr als 40 % nur noch sehr langsam abgebaut werden (Debus et al. 1989). Auch bei den PAK ist bei zunehmender Hydrophobie der Verbindung, die tendenziell an der zunehmenden Anzahl von Benzolringen erkennbar wird, mit sinkenden Abbauraten zu rechnen. PAK mit mehr als 5 Benzolringen werden kaum noch angegriffen (Lambert 1993; Hund u. Schenk 1994).

### 2.3.3.4
### *Konzepte zur Berechnung von Critical Loads für Schwermetalle und POP*

Erste Studien zur Modellierung der Auswirkungen von nicht säurebildenden Luftschadstoffen (Schwermetalle und POP) auf die Qualität von Böden und auf Wasser und Sediment der Nordsee werden im Hauptbericht zum ESQUAD-Projekt (Hout 1994) vorgelegt. Dieser gliedert sich in Untersuchungen

- zur europaweiten Emission,
- zum Transport in der Atmosphäre und zur Deposition der Schadstoffe,
- zu den Einflußgrößen auf die Qualität von Waldböden bzw. der Nordsee als Grundlage der Berechnung der Critical Loads und Levels.

Die Betrachtungen erfolgen für die Schwermetalle Cadmium (Cd), Kupfer (Cu) und Blei (Pb) sowie für die organischen Schadstoffe Lindan und Benzo(a)pyren (B(a)P). Die Methodik für diese Berechnungen von Critical Loads für Schwermetalle und POP werden parallel in Entwürfen für Berechnungsvorschriften (de Vries und Bakker 1996, Bakker und de Vries 1996) dokumentiert. Wie bei der Berechnung von Critical Loads für Stickstoff und Säure beziehen sich die Berechnungen für Böden vorrangig auf Waldökosysteme. Grundsätzlich läßt der Ansatz auch die Einbeziehung landwirtschaftlicher Nutzflächen zu. Im Unterschied zur bisherigen Berechnung von Critical Loads für Waldböden kann bei der Betrachtung der landwirtschaftlichen Nutzflächen der Einfluß menschlicher Bewirtschaftung nicht außer acht gelassen werden.

Seit 1995 werden mögliche Vorgehensweisen zur Berechnung von Critical Loads für Schwermetalle und POP im Rahmen von Beratungen der UN/ECE erörtert (CCE-Workshops in Helsinki, April 1995; in Budapest, März 1996; Arbeitstreffen in Lund, November 1996; CCE-Workshop in Galway, April 1997, Workshop on Critical Limits and Effect Based Approaches for Heavy Metals and POP in Bad Harzburg, November 1997). Dabei wurden weitere methodische Ansätze zur Berechnung von Critical Loads für Schwermetalle und POP in Böden und Gewässern aus unterschiedlichen europäischen Ländern sowie alternative Ansätze vorgestellt. Die Berechnung von Critical Loads für POP wird v. a. durch die hohe Unsicherheit bei der Festlegung der Critical Limits für die einzelnen Rezeptoren sowie bei der Herstellen einer kalkulatorischen Verbindung zwischen den Quellen der Stoffe und dem Ort ihrer Wirkung, z. B. durch mehrfache Reemission und erneute Deposition, erschwert. Es ist empfehlenswert, das Critical-load-Konzept zunächst für Metalle anzuwenden, die aufgrund ihrer Relevanz hinsichtlich der gesundheitlichen und ökologischen Wirkungen sowie des heutigen Belastungssituation in die oberste Prioritätsstufe eingeordnet wurden und für die aufgrund intensiver Forschungsarbeiten und Erhebungsuntersuchungen in der Vergangenheit umfangreiche Kenntnisse zu Stoffflüssen und der Verteilung zwischen den Umweltmedien vorliegen wie z. B. für Blei und Cadmium. Das Konzept kann für weitere Metalle angepaßt werden. Die Einbeziehung von Quecksilber und POP erfordert dagegen noch umfangreiche Studien zum Verhalten der Schadstoffe in der Umwelt, um entsprechende Modelle zu erstellen, und weitere Untersuchungen zu Belastungsschwellen für die verschiedenen Umweltmedien. Konzepte zur Berechnung von Critical Loads für Schwermetalle befinden sich noch in einem frühen Entwicklungsstadium. Daher ist es nicht sinnvoll, sie hier im einzelnen zu beschreiben und zu diskutieren. Es soll nur eine grundsätzliche Vorstellung zur Herangehensweise vermittelt werden, wobei Wirkungen auf den Boden im Mittelpunkt stehen.

### *Critical-load-Konzepte für Schwermetalle, Rezeptor Boden*

Analog der Berechnung von Critical Loads für Stickstoff und Säureeinträge beruht auch die Kalkulation von kritischen Eintragswerten für Schwermetalle auf einer Massenbilanzgleichung, in der die Einträge in den Boden den für die angrenzenden Ökosystemkompartimente unschädlichen Austrägen gegenübergestellt werden. Der Critical Load für anthropogene Schwermetalleinträge läßt sich demzufolge als Summe der tolerierbaren Austräge unter Abzug der natürlichen Einträge berechnen.

Bei den bisher vorliegenden Konzepten zur Berechnung von Critical Loads für Schwermetalle für Wald- und Agrarböden kann unterschieden werden zwischen

A  Modellen, die streng dem Gleichgewichtsgrundsatz folgen;
B  Modellen, die einen dynamischen Aspekt in Form eines Terms für eine tolerierbare Schadstoffanreicherung im Boden beinhalten;
C  dynamischen Modellen.

Bei Modellen vom Typ A werden die Stofftransporte unter der Annahme eines thermodynamischen Gleichgewichtes zwischen der Festlegung und Mobilisierung von Schwermetallen am Austauscherkomplex des Bodens berechnet, das sich auf der Höhe eines kritischen Wertes für adsorbierte oder für in Lösung befindliche Schwermetallgehalte einstellt. Das Gleichgewichtsmodell läßt die Schlußfolgerung zu, daß die Summe der unschädlichen Austräge dem unbedenklichen Eintrag gleichgesetzt werden kann. Eine Veränderung des Schadstoffvorrates im Boden findet unter diesen Bedingungen nicht statt. Die Zeitspanne bis ein solches Gleichgewicht erreicht wird, kann nach heutigen Annahmen in Abhängigkeit von Eigenschaften des Metalls, den gesetzten Critical Limits sowie der Aufnahmekapazität des betrachteten Bodens (bei gleichbleibenden äußeren Bedingungen, z. B. pH-Wert) bis zu mehreren hundert Jahren betragen (Hout 1994, Reinds *et al.* 1996). Bis zu diesem Zeitpunkt können die errechneten unschädlichen Austräge von den tatsächlichen Gegebenheiten erheblich abweichen. Wird bei einem Gleichgewichtsansatz von einer kritischen Konzentration im Boden, ausgedrückt als Gesamtgehalt des Boden an Schwermetall, ausgegangen, führt das zur Berechnung einer hohen Gleichgewichtskonzentration in der Bodenlösung bei Böden mit geringem Adsorbtionsvermögen. Als Folge davon werden besonders hohe Critical Loads für Böden ausgewiesen, die besonders zur Auswaschung von Schwermetallen neigen bzw. auf denen auch ein höherer Transfer in Pflanzen und andere Lebewesen zu erwarten ist. Da in solcher Weise berechnete kritische Einträge nicht dem Schutzziel adäquat sind, sollte von einer kritischen gelösten Konzentration ausgegangen und, soweit erforderlich, auf entsprechende Gleichgewichtskonzentrationen als Festgehalt rückgerechnet werden.

Berechnungen nach Modelltyp B berücksichtigen, daß bei Betrachtung aller Nutzungsformen des Bodens zum heutigen Zeitpunkt, auf dem überwiegenden Teil der Fläche die Schwermetalleinträge größere Werte erreichen als die Summe der Austräge. Als Folge davon treten Akkumulationen in der oberen Bodenschicht auf. Eine Ausnahme bilden hier stark saure Waldböden, bei denen in bezug auf versauerungsempfindliche Metalle wie Cd oder Zn bereits heute die Sickerwasserausträge die Einträge überschreiten können (Anonym 1989). Eine hinnehmbare Anreicherung von Schwermetallen soll als Differenz zwischen dem bereits ubiquitär vorhandenen Belastungsniveau und einem Schwellenwert verstanden werden, bei welchem der Boden selbst und die angrenzenden Medien nicht gefährdet werden. Ein solcher Schwellenwert ist in Abhängigkeit von den die Löslichkeit der Schwermetalle bestimmenden Eigenschaften des Bodens festzulegen. Bei dieser Betrachtungsweise werden Schadstoffausträge in Anlehnung an das heutige Niveau quantifiziert, sofern kritische Frachten nicht erreicht sind.. Das thermodynamische Gleichgewicht auf dem Niveau des Schwellenwertes ist dann ein „Zielzustand", der bei permanenten Einträgen auf der Höhe der kritischen Werte am Ende eines festzulegenden Betrachtungszeitraumes erreicht wird. Der Vorteil dieser Methodik besteht darin, daß bei Einbeziehung der Bodeneigenschaften adsorbtionsstarke Böden höhere Einträge „zulassen" als sorbtionsschwache Böden. Die Herangehensweise B stellt einen Übergang zur dynamischen Modellierung (C) dar, die z. B. die Veränderung des Säurestatus der Böden und damit der zu erwartenden Metallverfügbarkeit berücksichtigt. Solche Modelle sind sehr komplex. Sie sollen an dieser Stelle nicht weiter erläutert werden.

Folgendes Grundmodell der Bilanzierung wiederholt sich bei den vorhandenen Konzepten zur Berechnung von Critical Loads für Schwermetalle (Abb. 2.23).

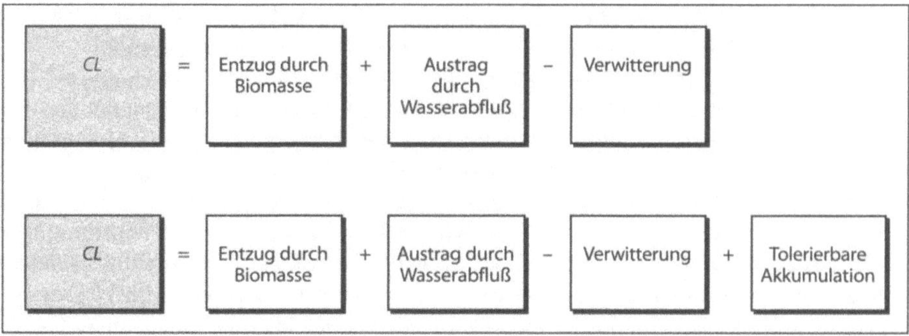


**Abb. 2.23.** Grundmodelle von Bilanzierungskonzepten für Schwermetalle

In Waldökosystemen kann davon ausgegangen werden, daß neben der natürlichen Schwermetallnachlieferung durch Verwitterungsprozesse die atmosphärische Deposition der einzige relevante Schwermetalleintrag ist. Dagegen müssen auf landwirtschaftlichen Nutzflächen auch bewirtschaftungsbedingte Einträge (mineralische und organische Düngung einschließlich Abfallverwertungskonzepte wie Klärschlamm- und Müllkompostausbringung, Abwasserverregnung usw.) beachtet werden. Für diese Flächen stellt der zu berechnende Critical Load die Summe der tolerierbaren Gesamteinträge über die verschiedenen Pfade dar.

Die Quantifizierung der durch Verwitterung nachgelieferten Schwermetallmengen ist schwierig. Dabei ist der (quantitative) Prozeß der Bodenbildung aus dem Ausgangsgestein von der (qualitativen) Veränderung der Bindungsintensität mit nachfolgend erhöhter Löslichkeit der Schwermetalle zu unterscheiden. Sverdrup (1996), dessen Bilanzierungsmodell sich auf gelöste Schwermetallmengen bezieht, verweist auf einen bedeutenden Anteil der Verwitterung am Gesamteintrag von Schwermetallen in die Böden einiger Regionen Südschwedens (über Sandstein und Tonschiefer). Er schlägt vor, den Prozeß der Schwermetallverwitterung auf der Basis der Verwitterung basischer Kationen (Modell PROFILE) zu kalkulieren, wobei sich die Nachlieferung des einzelnen Metalles aus seinem Anteil an der Gesamtmenge basischer Kationen im Boden ergibt. Dieser Anteil ist abhängig vom Mineralbestand der Gesteine. Sofern detaillierte mineralogische Befunde nicht zur Verfügung stehen, kann ersatzweise auf der Basis von Befunden aus Bodenuntersuchungen das Verhältnis des Schwermetalls zur Summe von Ca- und Mg-Ionen verwendet werden.

Die Vorgehensweisen zur Ermittlung der einzelnen Ein- bzw. Austräge weisen in den Konzepten der einzelnen Länder einen unterschiedlichen Grad der Aufschlüsselung der Transportprozesse auf. Die detaillierteste Betrachtung beinhaltet der Niederländische Ansatz (de Vries u. Bakker 1996). Er unterscheidet in bezug auf den Austrag durch Biomasse in Wäldern die Prozesse der Wachstumsaufnahme von Schwermetallen aus dem Boden und die direkte Schadstoffaufnahme aus der Luft, wobei der mit dem Streufall verbundene Eintrag in den Boden ebenfalls gesondert zu quantifizieren ist. Für die Wachstumsaufnahme wird die Berechnung als Produkt aus Ertrag und dem Pflanzengehalt oder alternativ als Produkt aus dem Schwermetallgehalt in der Bodenlösung, der Transpirationsrate und einem pflanzenartspezifischen Preferenzfaktor für die einzelnen Metalle vorgeschlagen. Die Prozesse des Schwermetalltransportes mit Wasser werden nach Niederschlag, Oberflächenabfluß, Bodenpassage in Grobporen ohne Wechselwirkung mit der Bodenmatrix (bypass flow), Auswaschung, Interzeptionsverdunstung, Evaporation und Transpiration unterteilt.

Die Ansätze anderer Länder beruhen überwiegend auf stärker pauschalierten Betrachtungen. Die Kalkulation der Austräge durch Biomasseernte ist generell auf der Basis Ertrag/Zuwachs multipliziert mit dem Pflanzengehalt oder in Abhängigkeit vom Bodengehalt unter Verwendung einer Transferfunktion vorgesehen. Die Teilkreisläufe, die mit einer Aufnahme durch Blätter oder Wurzel und anschließendem Streufall verbunden sind, werden zunächst vernachlässigt. Bei der Ermittlung des tolerierbaren Austrages mit dem Wasser wird vorerst der Gesamtabfluß (Niederschlag minus Verdunstung), multipliziert mit einem kritischen Gehalt im Wasser zugrunde gelegt. Als kritische Konzentration im Wasser können Umweltqualitätsziele für Oberflächengewässer, Grundwasser oder Sickerwasser herangezogen werden. Eine Umrechnung dieser Critical Limits für die wäßrige Phase in kritische Gesamtgehalte des Bodens an Schwermetallen erfordert die Zuordnung „typischer" Adsorptionsfunktionen zu bestimmten Bodentypen oder -formen, was zum gegenwärtigen Zeitpunkt jedoch noch sehr unsicher ist.

### *Berechnung kritischer Eintragswerte für Schwermetalle unter dem Vorsorgeaspekt des Bodenschutzes in Deutschland*

Das Prinzip der Begrenzung von Schadstoffeinträgen in den Boden auf das Maß der für angrenzende Umweltkompartimente unschädlichen Austräge ist auch in den Grundlagen des Bodenschutzes in Deutschland verankert (Bodenschutzkonzeption der Bundesregierung 1985). Dabei wird angestrebt, daß sich dieses Gleichgewicht auf einem möglichst niedrigen Niveau einstellt. Da die Methoden zur Berechnung von Critical Loads für Stickstoff- und Säureeinträge und erste Konzepte zur Berechnung von Critical Loads für persistente Schadstoffe gleichfalls auf diesem Konzept aufbauen, werden sie als wichtige fachliche Grundlage für die Berechnung tolerierbarer Eintragswerte aus der Sicht des vorsorgenden Bodenschutzes einbezogen. Im Rahmen eines durch das Umweltbundesamt geförderten Forschungsprojektes wurde eine Methodik für solche Bilanzrechnungen bezüglich der Schwermetalle entwickelt (Nagel u. Schütze 1997).

Da die Austräge bei persistenten Schadstoffen teilweise sehr gering sind, und deshalb die Begrenzung der Einträge auf dieses Maß aus praktischer Sicht zum heutigen Zeitpunkt nicht immer realisierbar erscheint, ist vorgesehen, für jeden einzelnen Stoff zu prüfen, ob eine Anreicherung im Boden bis zu einem gewissen Grad hinnehmbar ist. Die als tolerierbar bezeichnete Anreicherung wird durch einen Vorsorgewert begrenzt, der in einem Zeitraum von mindestens 200 Jahren nicht überschritten werden darf. Er liegt deutlich unterhalb der Schwelle, bei der ein konkreter Gefahrenverdacht besteht und soll die Empfindlichkeit der Böden gegenüber dem Eintrag des jeweiligen Stoffes berücksichtigen. Eine tolerierbare Anreicherung kann nur ausgewiesen werden, sofern der Vorsorgewert oberhalb des heutigen Niveaus der Hintergrundbelastung des betrachteten Bodens liegt.

In bezug auf Schwermetalle (SM) kommen folgende Ein- und Austräge in Betracht, die in einer einfachen Massenbilanzgleichung (2.43) gegenübergestellt werden:

$$SM_{Dep} + SM_D + SM_V + SM_{Abf} = SM_E + SM_{Aw} + SM_{Er} + SM_G \, , \qquad (2.43)$$

wobei:
- $SM_{Dep}$ = Einträge durch atmosphärische Deposition;
- $SM_D$  = Einträge durch „übliche" Düngungsmaßnahmen;
- $SM_V$  = Nachlieferung durch Verwitterung;
- $SM_{Abf}$ = Einträge durch Abfallverwertung wie Klärschlamm/Müllkompost und sonstige Quellen;
- $SM_E$  = tolerierbarer Austrag durch Ernteentzüge;
- $SM_{Aw}$ = tolerierbarer Austrag durch Auswaschung, Oberflächenabfluß;
- $SM_{Er}$ = tolerierbare Erosion von Bodenpartikeln;
- $SM_G$  = tolerierbare Ausgasung.

Es wird davon ausgegangen, daß Bodenerosion nur in dem Maße tolerierbar ist, wie gleichzeitig Boden durch Verwitterung neu gebildet wird. Unter dieser Voraussetzung kann vereinfachend gelten, daß sich die verwitterungsbedingten Schwermetalleinträge und erosionsbedingte Austräge gegenseitig aufheben. Die Veränderung der Löslichkeit von Schwermetallen durch Verwitterungsprozesse wird dabei nicht betrachtet. Eine Ausgasung kann z. B. für Hg mengenmäßig relevant sein. Sie ist aber beim heutigen Stand des Wissens kaum zu quantifizieren. Für Pb, Cd und andere Metalle kann die geringfügige Möglichkeit einer Ausgasung auf dem Wege der Biomethylierung vernachlässigt werden.

Nach Eliminierung der zu vernachlässigenden und sich gegenseitig aufhebenden Prozesse stellt sich die Massenbilanz in folgender vereinfachter Form dar:

$$SM_{\mathrm{Dep}} + SM_{\mathrm{D}} + SM_{\mathrm{Abf}} = SM_{\mathrm{E}} + SM_{\mathrm{Aw}} \ . \tag{2.44}$$

Um einen Wert für den kritischen Gesamteintrag berechnen zu können, werden die einzelnen Eintragspfade zum Term $SME_{\mathrm{krit}}1$ zusammengefaßt. Ihnen stehen die tolerierbaren Austräge mit Biomasseernte und Wasserabfluß gegenüber:

$$SME_{\mathrm{krit}}1 = SM_{\mathrm{E}} + SM_{\mathrm{Aw}} \ , \tag{2.45}$$

wobei:

- $SME_{\mathrm{krit}}1$ = tolerierbarer Eintrag durch Deposition, übliche Düngung und Abfallverwertung.

Untersuchungen zum Schwermetallgehalt in Kulturpflanzen auf nicht spezifisch belasteten Flächen (Sauerbeck u. Styperek 1988; LUA Nordrhein-Westfalen 1996) haben gezeigt, daß bei ubiquitärem Belastungsniveau die Pflanzengehalte an Schwermetall weit unter kritischen Werten liegen. Daher eignen sich Medianwerte des Schwermetallgehaltes von Fruchtarten mit relevanten Anteilen im landwirtschaftlichen Anbau zur Schätzung des Austrages durch Biomasseernte. Für Waldflächen können Untersuchungen zu Schwermetallgehalten im Stammholz (Mayer 1981; Lamersdorf 1988; Trüby 1993) herangezogen und mit dem Derbholzzuwachs kombiniert werden.

Bisher ist kein Vorsorgewert für Schwermetallgehalte der Bodenlösung definiert. Zur Berechnung des tolerierbaren Austrages durch das abfließende Wasser sind kritische Konzentrationen zu definieren, die deutlich unter der Schwelle eines Gefahrenverdachtes liegen. Nagel u. Schütze (1997) verwendeten beispielsweise Zielwerte für Oberflächengewässer (Schudoma 1994) bzw. kritische Konzentrationen in Höhe von 50 % des Prüfwertes für Sickerwasser nach AG GBG (1997). Diese Vorgehensweise wird dem Anspruch einer wirkungsbezogenen Betrachtung bisher nicht gerecht, weiterführende Forschungsarbeit ist nötig.

In einem zweiten Schritt wird eine vorläufig tolerierbare Anreicherung, d. h. eine Konzentrationserhöhung von Schwermetallen im Boden, in das Modell einbezogen. Die Differenz zwischen Vorsorgewerten und den derzeitigen Hintergrundgehalten der Böden [$g\,kg^{-1}$] läßt sich unter Einbeziehung der Tiefe und Lagerungsdichte der betrachteten Bodenschicht sowie des Anreicherungszeitraumes (200 Jahre) in eine Rate [$g\,ha^{-1}\,a^{-1}$] der tolerierbaren Anreicherung (SMA) umrechnen, welche als Term in die Bilanzgleichung eingeht. Diese lautet dann:

$$SME_{\mathrm{krit}}2 = SM_{\mathrm{E}} + SM_{\mathrm{Aw}} + SM_{\mathrm{A}} \ , \tag{2.46}$$

wobei:

$$SM_{\mathrm{A}} = (Vw - Hw)\,T_{\mathrm{B}}\,D\,/\,Z_{\mathrm{A}} \ , \tag{2.47}$$

mit:

- $SME_{\text{krit}}2$ = tolerierbarer Eintrag bei Berücksichtigung einer tolerierbaren Anreicherung im Boden;
- $Vw$ = Vorsorgewert;
- $Hw$ = Hintergrundwert;
- $T_{\text{B}}$ = zu betrachtende Bodentiefe;
- $D$ = Lagerungsdichte;
- $Z_{\text{A}}$ = Anreicherungszeitraum (200 Jahre).

Der Anreicherungsspielraum wird zu gleichen Anteilen auf die 3 Pfade zusätzlicher Einträge ($SM_{\text{Dep}}$, $SM_{\text{D}}$, $SM_{\text{Abf}}$) aufgeteilt, soweit nicht anhand bekannter Belastungen oder Minderungspotentiale eine andere Aufteilung gerechtfertigt erscheint. Um den Anteil der atmosphärischen Deposition zu ermitteln wird deshalb das Bilanzierungsergebnis mit einem Quotierungsfaktor $f_{\text{Q}}$ multipliziert:

$$D_{\text{max}} = SME_{\text{krit}}2 \cdot f_{\text{Q}} \, , \tag{2.48}$$

mit:

- $D_{\text{max}}$ = maximale bzw. tolerierbare Deposition.

Die Bilanzierung erfolgt für die 3 Nutzungsarten Acker, Grünland und Wald. Alle Eingangsgrößen weisen große Schwankungsbreiten auf, so daß die Berechnungsergebnisse nur als grobe Näherung betrachtet werden können und im Einzelfall mit erheblichen Abweichungen gerechnet werden muß.

### Das Critical-load-Konzept für POP (Böden) nach Bakker u. de Vries (1996)

Die von Bakker und de Vries (1996) vorgestellte Methodik zur Berechnung von Critical Loads für POP (Böden) beruht auf dem Konzept der Gleichgewichtsteilung, wobei die adsorbierte Phase, die Bodenlösung und die Gasphase des Bodens betrachtet werden. Innerhalb der Bodenlösung sind die im Wasser gelöst vorliegenden und die an gelöste organische Substanz (Dissolved Organic Matter, DOM) bzw. an Dissolved Organic Carbon (DOC) adsorbierten/kompexierten Konzentrationen zu unterscheiden. Andere wichtige Modellannahmen wie Vorliegen eines Gleichgewichtszustandes im Boden, homogene vertikale Verteilung der Bodeneigenschaften und Stoffkonzentrationen innerhalb der betrachteten Bodenschicht sowie Vernachlässigung horizontaler Stofftransporte stimmen mit dem niederländischen Ansatz zur Berechnung von Critical Loads für Schwermetalle (de Vries u. Bakker 1996) überein. Als Rezeptor, der die Auswahl von Critical Limits bestimmt, wurden zunächst ausschließlich die Bodenlebewesen betrachtet.

In der Massenbilanzgleichung werden Austräge mit dem abfließenden und perkolierenden Wasser, durch Aufnahme in Biomasse, durch Volatilisation und durch biologische und chemische Abbauprozesse einbezogen. Bei Einhaltung tolerierbarer Gehalte in den Medien Boden, Wasser, Pflanzen und Luft entspricht die Summe der Austräge der Obergrenze unschädlicher Gesamteinträge, also dem Critical Load$_{\text{total}}$.

Zur Berechnung der Aufnahme von POP in die Biomasse wird vorgeschlagen, die der Transpiration unterliegende Wassermenge (anteilig entsprechend der Mächtigkeit der betrachteten Bodenschicht) mit dem Gehalt in der Bodenlösung zu multiplizieren. Um den Transfer von den Wurzeln in andere Pflanzenbestandteile zu beschreiben sind „Präferenzfaktoren" für diesen Prozeß erforderlich. Die so berechnete Konzentration in Pflanzenkompartimenten soll mit Erträgen/Zuwachsraten verrechnet und so der Austrag durch Ernte von Biomasse quantifiziert werden.

Der Austrag durch Versickerung ergibt sich aus dem Sickerwasserstrom und dem Gehalt in der Bodenlösung, der ähnlich wie bei Schwermetallen durch eine Adsorptionsgleichung berechnet wird. Es wird davon ausgegangen, daß organische Schadstoffe zum größten Teil an Humusbestandteile des Bodens adsorbiert werden und deshalb der $K_{OC}$-Wert als Adsorptionskoeffizient geeignet ist. Untersuchungsergebnisse für den $K_{OC}$ liegen mit z. T. erheblichen Schwankungsbreiten in der Literatur vor. Er kann auch mit verschiedenen Funktionen anhand des $P_{OW}$ abgeschätzt werden (z. B. $K_{OC} = 0{,}411\ P_{OW}$, nach Karickhoff 1981)

Die Berechnung der Volatilisation beruht auf dem „fugacity approach" nach Mackay *et al.* (1985). Es werden stoffabhängige Größen wie die Henry-Konstante und Diffusivität in der Gasphase und bodenabhängige Größen wie Länge des Diffusionsweges, Anteil luftgefüllter Poren sowie der klimabestimmte Massentransferkoeffizient Boden – Luft verwendet. Die Autoren (Bakker und de Vries 1996) weisen darauf hin, daß für die Quantifizierung dieser Einflußgrößen z. T. andere als die bei ihnen beschriebenen Berechnungsmethoden existieren und verwendet werden können.

Der chemische und biologische Abbau der POP wird vereinfachend als Funktion erster Ordnung (Schadstoffvorrat in der betrachteten Bodenschicht, multipliziert mit einer Abbaurate) aufgefaßt. Um die meist in Laborversuchen ermittelten Abbauraten oder Halbwertszeiten an reale Umweltbedingungen anzupassen, sind Umrechnungen erforderlich. Für die Anpassung der Temperatur wird ein Modell vorgeschlagen, das von Boesten (1986) für Pestizide entwickelt wurde. Da der Abbau aber von wesentlich mehr Faktoren beeinflußt wird, z. B. Wasser-Luft-Haushalt des Bodens, Nährstoffe, Bodenreaktion, Vorhandensein anderer Schadstoffe, Besiedelungsdichte und Artenspektrum (Kästner *et al.* 1993), bleibt eine hohe Unsicherheit bei der Kalkulation dieser Austragsmengen bestehen.

### *Festlegung von Schwellenwerten (Critical Limits)*

Bei der Festlegung der Qualitätsziele für adsorbierte bzw. gelöste Gehalte im Boden sollte die Konzentrationsentwicklung des Schadstoffes in der Nahrungskette bis hin zum Menschen, daneben die Direktaufnahme (z. B. Aufnahme von Boden durch weidende Tiere, aber auch durch spielende Kleinkinder), der Schutz des Trinkwassers sowie ökotoxikologische Wirkungen in bezug auf Bodenlebewesen, das Pflanzenwachstum und aquatische Ökosysteme berücksichtigt werden. Insgesamt sind humantoxikologische Kriterien besser untersucht. Ökotoxikologisch begründete Schwellenwerte werden heute verbreitet entweder nach der Faktormethode oder der Verteilungsmethode abgeleitet. Bei der Faktormethode wird ausgehend von der niedrigsten empirisch ermittelten Wirkungsschwelle (NOEC, LOEC, $EC_x$) mit Hilfe eines „Sicherheitsfaktors" auf ein Qualitätsziel geschlossen. Der Faktor soll unter anderem die Unsicherheiten bei der Übertragung akuter Wirkdaten auf chronische Wirkungen, von Laborergebnissen auf die reale Umwelt, von Testorganismen auf besonders sensible Organismen und die Interaktionen gleichzeitig einwirkender Schadstoffe erfassen. In bezug auf Schwermetalle ist diese Methode problembehaftet, da so abgeleitete Schwellenwerte für Böden überwiegend weit unter dem heutigen Hintergrundniveau liegen und daher wenig plausibel erscheinen. Die Verteilungsmethode geht davon aus, daß die Empfindlichkeit der Organismen durch eine statistische Normalverteilungskurve beschrieben werden kann. Die vorhandenen Daten sollten annähernd das Spektrum der Empfindlichkeiten der betroffenen Organismen widerspiegeln. Es wird angenommen, daß der Schutz von 95 % der Arten gleichgesetzt werden kann mit dem Schutz des Ökosystems. Diese Annahme ist jedoch umstritten (Jensen u. Folker-Hansen 1995), z. B. wird die besondere Schlüsselfunktion einzelner Arten für die Funktionstüchtigkeit von Ökosystemen nicht berücksichtigt. Für diese Methode sind umfangreichere Datenbasen erforderlich als für die Faktormethode.

Die Herangehensweise zur Auswahl von Qualitätskriterien für Boden, Bodenlösung und Pflanzen ist bisher länderspezifisch. In unterschiedlichem Maße werden die kritischen Gehalte durch humantoxikologische oder ökotoxikologische Erkenntnisse oder durch das Niveau der Hintergrundbelastung bestimmt. Wie die vorhandenen Studien zur Berechnung von Critical Loads für Schwermetalle und POP zeigen, ist aber gerade die Wahl des Qualitätszieles entscheidend für die Ergebnisse. Länderübergreifende Berechnungen sind daher nur sinnvoll, wenn ein einheitliches Konzept zur Festlegung der zu berücksichtigenden Schwellenwerte gefunden wird.

### 2.3.3.5
### *Perspektiven von Critical-load-Berechnungen für Schwermetalle und POP*

Im Rahmen der Arbeitsgruppen PARCOM/HELCOM wurde für den Zeitraum 1985–1995 das Ziel formuliert, die Emission der betrachteten Stoffe um 50, bei Pb und Cd um 70 % zu mindern Wirkungsbezogene Belastungsschwellen (Critical Loads) für Schwermetalle und POP konnten bisher noch nicht mit ausreichender Sicherheit definiert und berechnet werden. Die Entwicklung einheitlicher Vorgehensweisen für diese Stoffe wird noch einige Jahre in Anspruch nehmen. Deshalb können Protokolle zur Reduzierung grenzüberschreitender Transporte für die persistenten Schadstoffe in einer ersten Stufe noch auf herkömmlichen Vorsorgeprinzipien (Stand der Technik) basieren. In einer zweiten Stufe können dann Critical Loads als ökologisch begründete Belastungsgrenzwerte die fachliche Grundlage für internationale Übereinkommen bilden (Hout *et al.* 1996).

Während für Berechnungen von Critical Loads für Stickstoff- und Säureeinträge inzwischen eine bewährte und im Verlauf der Arbeit ständig vervollkommnete Methodik zur Verfügung steht, bedürfen Konzepte zur Berechnung von Critical Loads für Schwermetalle und POP noch einer umfangreichen Diskussion und Abstimmung. Die jüngsten Aktivitäten im Rahmen der UN/ECE Luftreinhaltekonvention (Workshop Moskau, September 1996; Workshop Bad Harzburg, Nov. 1997) orientieren darauf, in bezug auf Schwermetalle und POP verstärkt Informationen zur Luftqualität zu sammeln, die Erfassungsmethoden zwischen den Ländern abzustimmen sowie wirkungsbezogene Ansätze zur Berechnung kritischer Einträge weiterzuentwickeln. Entsprechend dem heutigen Wissenstand wird ein Critical-load-Ansatz v. a. für Schwermetalle empfohlen. Es besteht Konsens, zunächst mit den am besten untersuchten, und bezüglich heutiger Emissionsraten und ihrer Umweltwirkungen besonders relevanten Metallen und ggf. persistenten organischen Verbindungen zu beginnen. Bei den Metallen sind danach Blei und Cadmium neben Quecksilber in die oberste Prioritätsstufe eingeordnet worden. Für Quecksilber sowie POP, bei denen sich u. a. aufgrund der Möglichkeit der Reemission von terrestrischen und aquatischen Oberflächen besondere Probleme bei der Modellierung ergeben, ist die Praktikabilität von Critical-load-Berechnungen oder alternativen wirkungsbezogenen Ansätzen (z. B. Risikoanalyseverfahren – risk assesment procedures) zu testen. Insbesondere sind für alle in Frage kommenden Stoffe vorhandene Umweltqualitätsstandards bzw. -ziele der einzelnen Länder auf Eignung für die Berechnung wirkungsbezogener Ziele der Luftreinhaltung zu überprüfen.

Es ist erforderlich, daß Studien zur Berechnung von Critical Loads für persistente Schadstoffe zunächst auf der Basis stark vereinfachter Annahmen gestartet werden. Ein solches Vorgehen ist der beschränkten Datenbasis angemessen. Je nach Erkenntnisfortschritt können die Modelle nach und nach verfeinert und damit der Vielfältigkeit der in der Umwelt real ablaufenden Prozesse besser angepaßt werden.

## 2.4
## Critical Loads für aquatische Ökosysteme gegenüber Säurebildnern und eutrophierenden Stickstoffeinträgen

L. Werner · G. Schöber

### 2.4.1
### Methoden

Insbesondere in den skandinavischen Ländern traten beginnend in den 70er Jahren starke Versauerungserscheinungen in aquatischen Ökosystemen auf, die größtenteils auf atmosphärische Säuredepositionen zurückzuführen sind. Hierbei sind nicht nur die direkt in das Gewässer eingetragenen Schadstoffe wirksam, sondern auch diejenigen, die im Einzugsgebiet des Gewässers deponiert und anschließend ausgewaschen werden. Der Eintrag atmosphärischer Schadstoffe in Gewässer bzw. deren Einzugsgebiete kann folgende Prozesse im aquatischen Ökosystem initiieren:

- beschleunigte Versauerungsvorgänge durch den Eintrag von $SO_2$, $NO_y$, $NH_4^+$;
- beschleunigte Eutrophierungsvorgänge infolge erhöhter Stickstoffeinträge ($NO_3^-$, $NH_4^+$).

Für die Bestimmung der Critical Loads für aquatische Ökosysteme sind nicht nur die Standgewässer, sondern auch die Fließgewässer interessant. Gerade die ökologisch wertvollen, unverschmutzten Gewässeroberläufe der kalkarmen Mittelgebirge sind gegenüber Versauerungen besonders empfindlich. Im Rahmen der Wirtschaftskommission der Vereinten Nationen für Europa wurde daher ein internationales Überwachungsprogramm zur Feststellung und Beurteilung der Versauerung von oberirdischen Gewässern entwickelt (International Cooperative Programme on Assessment and Monitoring of Acidification of Rivers and Lakes).

Die Bestimmung von Critical Loads für aquatische Ökosysteme erfolgt vorrangig mit Gleichgewichtsmodellen (steady-state-Modellen). Im folgenden sollen die Firstorder-acidity-balance-Methode (FAB) und die Steady-state-water-chemistry-Methode (SSWC) erläutert werden.

### 2.4.1.1
### *First-order-acidity-balance-Methode (FAB)*

### *Critical Loads für Säureeinträge*

Mittels der First-order-acidity-balance-Methode (FAB) können Critical Loads für die versauernden Luftschadstoffe Schwefel und Stickstoff sowie die gegenüber eutrophierenden Stickstoffeinträgen ermittelt werden. Ähnlich wie bei terrestrischen Ökosystemen basiert die Bestimmung der $CL_{(Ac)}$ für aquatische Ökosysteme auf der Massenbilanz unter Berücksichtigung von Prozessen, die innerhalb der aquatischen Ökosysteme ablaufen. Den Stickstoff- und Schwefeleinträgen stehen die stickstoff- und schwefelverbrauchenden Prozesse gegenüber. Die Methode wurde von Kämäri *et al.* (1992), Henriksen *et al.* (1993) und Downing *et al.* (1993) beschrieben.

Unter einem aquatischen Ökosystem wird im folgenden ein Standgewässer inclusive Einzugsgebiet verstanden. Die wesentlichen Einzugsgebietsgrößen wie Waldanteil an der Landnutzung, Oberflächenabfluß und die in Kap. 2.3.2 angeführten Stickstoffgrößen gehen in die Methode als Eingangsgrößen ein.

Die Massenbilanz für ein aquatisches Ökosystem lautet:

$$N_{\mathrm{dep}} + S_{\mathrm{dep}} = f\,N_{\mathrm{u}} + (1-r)(N_{\mathrm{i}} + N_{\mathrm{de}}) + r\,N_{\mathrm{ret}} + r\,S_{\mathrm{ret}} + BC_{\mathrm{l}} - ANC_{\mathrm{l}} \ , \qquad (2.49)$$

mit:

- $N_{\mathrm{dep}}$ = Stickstoffdeposition [eq ha$^{-1}$ a$^{-1}$];
- $S_{\mathrm{dep}}$ = Schwefeldeposition [eq ha$^{-1}$ a$^{-1}$];
- $N_{\mathrm{u}}$ = Nettostickstoffaufnahme durch die Vegetation [eq ha$^{-1}$ a$^{-1}$];
- $N_{\mathrm{i}}$ = Stickstoffimmobilisierung im Boden des Einzugsgebietes [eq ha$^{-1}$ a$^{-1}$];
- $N_{\mathrm{de}}$ = Stickstoffdenitrifikation im Boden des Einzugsgebietes [eq ha$^{-1}$ a$^{-1}$];
- $N_{\mathrm{ret}}$ = Stickstoffretention im See [eq ha$^{-1}$ a$^{-1}$];
- $S_{\mathrm{ret}}$ = Schwefelretention im See [eq ha$^{-1}$ a$^{-1}$];
- $BC_{\mathrm{l}}$ = Austrag basischer Kationen [eq ha$^{-1}$ a$^{-1}$];
- $ANC_{\mathrm{l}}$ = Austrag der Säureneutralisationskapazität [eq ha$^{-1}$ a$^{-1}$];
- $f$ = Waldanteil im Einzugsgebiet;
- $r$ = Verhältnis Seefläche/Einzugsgebietsfläche.

Zur Berechnung des rechten Terms werden folgende Gleichungen benötigt:

Zunächst wird angenommen, daß sich die Denitrifikation proportional zum Nettostickstoffeintrag verhält:

$$N_{\mathrm{de}} = f_{\mathrm{de}}\,(N_{\mathrm{dep}} - N_{\mathrm{i}} - N_{\mathrm{u}}) \qquad (2.50)$$

für Vegetationsflächen unter Nutzung (hier insbesondere Wald),

$$N_{\mathrm{de}} = f_{\mathrm{de}}\,(N_{\mathrm{dep}} - N_{\mathrm{i}}) \qquad (2.51)$$

für vegetationslose Flächen sowie Vegetationsflächen ohne Nutzung, mit:
- $f_{\mathrm{de}}$ = Denitrifikationsfaktor ($f_{\mathrm{de}} \leq 1$)

(2.50) und (2.51) setzen voraus, daß die Prozesse der Immobilisierung und der Pflanzenaufnahme schneller ablaufen als die Denitrifikation.

Die Stickstoffretention ($N_{\mathrm{ret}}$) im See umfaßt den Anteil der Stickstoffdeposition, die im Sediment des Sees festgelegt bzw. im See in andere Formen umgewandelt wird, so z. B. die Umwandlung in organischen Stickstoff oder die Umsetzung in Biomasse. Die Berechnung von $N_{ret}$ erfolgt nach (2.52). Analog dazu ist die Schwefelretention $S_{ret}$ aufzufassen, die nach (2.53) ermittelt wird. Ähnlich wie die Denitrifikation, verhält sich auch die Retention im See proportional zum Nettostickstoff- bzw. Schwefeleintrag in den See. Die Seeretention ist abhängig von den Eigenschaften des Gewässers.

$$r\,N_{ret} = p_N \left( N_{dep} - f\,N_u - (1-r)(N_i + N_{de}) \right) , \tag{2.52}$$

$$r\,S_{ret} = p_S\,S_{dep} , \tag{2.53}$$

mit:

- $p_N$ = Umsetzungskoeffizient für Stickstoff;
- $p_S$ = Umsetzungskoeffizient für Schwefel.

In die Berechnung der Seeretention gehen die dimensionslosen Koeffizienten $p_N$ und $p_S$ ein, die nach (2.54) und (2.55) berechnet werden. Diese Koeffizienten beziehen sich auf die Umsetzung und die Festlegung der in den See gelangten Menge an Stickstoff und Schwefel und sind abhängig von der Seetiefe und der Verweilzeit des Wassers. Die Modellierung der Umsetzungskoeffizienten wurde von Kelly *et al.* (1987), Baker u. Brezonik (1988) sowie von Dillon u. Molot (1990) beschrieben.

$$p_N = \frac{s_N}{s_N + \dfrac{z}{t}} = \frac{s_N}{s_N + \dfrac{Q_{ab}}{r}} , \tag{2.54}$$

$$p_S = \frac{s_S}{s_S + \dfrac{z}{t}} = \frac{s_S}{s_S + \dfrac{Q_{ab}}{r}} , \tag{2.55}$$

mit:

- $s_N$   = Nettomassentransferkoeffizient für Stickstoff [m a$^{-1}$];
- $s_S$   = Nettomassentransferkoeffizient für Schwefel [m a$^{-1}$];
- $z$    = mittlere Seetiefe [m];
- $t$    = Verweilzeit [a];
- $Q_{ab}$ = auf Seefläche bezogener Abfluß aus dem See (Abfluß/Seefläche) [m a$^{-1}$].

Weitere Parameter für die Ermittlung von $p_N$ und $p_S$ sind die Massentransferkoeffizienten für Stickstoff bzw. für Schwefel ($s_N$, $s_S$). Diese Massentransferkoeffizienten sind nach Kelly *et al.* (1987) ein Maß für die Höhe der Wassersäule, in der pro Jahr Stickstoff bzw. Schwefel umgesetzt wird und sind abhängig vom Nährstoff-angebot. In nährstoffarmen Gewässern erreichen sie geringere Werte als in nährstoffreicheren. Die Werte für die Massentransferkoeffizienten liegen in folgenden Bereichen:

- $s_N$ = 2–8 m a$^{-1}$;
- $s_S$ = 0,2–0,8 m a$^{-1}$.

Ersetzt man den Austrag basischer Kationen $BC_l = Q[BC]_0$ sowie die $ANC_l$ durch $ANC_l = Q\,ANC_{limit}$, mit

- $Q$ = Oberflächenabfluß [$m^3\,ha^{-1}\,a^{-1}$],
- $[BC]_0$ = Konzentration basischer Kationen (vorindustrieller Zustand) [$\mu eq\,l^{-1}$],
- $ANC_{limit}$ = kritischer $ANC$-Schwellenwert [$\mu eq\,l^{-1}$],

erhält man (2.56):

$$a_N\,N_{dep} + a_S\,S_{dep} = b_1\,N_u + b_2\,N_i + Q\,([BC]_0 - ANC_{limit})\,, \tag{2.56}$$

mit den dimensionslosen Konstanten $a_N$, $a_S$, $b_1$ und $b_2$. Die Werte dieser Faktoren sind kleiner 1 und abhängig von den Eigenschaften des Sees und seines Einzugsgebietes:

$$a_N = (1 - f_{de}\,(1 - r))\,(1 - p_N)\,, \tag{2.57}$$

$$a_S = 1 - p_S\,, \tag{2.58}$$

$$b_1 = f\,(1 - f_{de})\,(1 - p_N)\,, \tag{2.59}$$

$$b_2 = (1 - r)\,(1 - f_{de})\,(1 - p_N)\,. \tag{2.60}$$

Durch Einsetzen der entsprechenden Werte für die Stickstoff- und Schwefeldeposition in (2.56), erhält man die Konzentration der Säureneutralisationskapazität des Sees. Weiterhin ist es möglich, mittels dieser Gleichung die Critical Loads für Stickstoff und Schwefel zu berechnen. Dies erfolgt unter Verwendung von kritischen $ANC$-Schwellenwerten ($ANC_{limit}$), die sich an den schützenswerten aquatischen (Indikator-)Lebewesen orientieren (vgl. Lien *et al.* 1992). Die Formel für die Berechnung der Critical Loads lautet dann:

$$a_N\,CL(N) + a_S\,CL(S) = b_1\,N_u + b_2\,N_i + BC_{l,(crit)}\,, \tag{2.61}$$

wobei:

$$BC_{l(crit)} = Q\,([BC]_0 - ANC_{limit})\,, \tag{2.62}$$

mit:
- $CL(N)$ = Critical Load für den Stickstoffeintrag [$eq\,ha^{-1}\,a^{-1}$];
- $CL(S)$ = Critical Load für den Schwefeleintrag [$eq\,ha^{-1}\,a^{-1}$];
- $BC_{l(crit)}$ = kritischer Austrag basischer Kationen [$eq\,ha^{-1}\,a^{-1}$].

Die Critical Loads für die versauernden Stickstoff- und Schwefeleinträge und für die eutrophierenden Stickstoffeinträge sowie die Überschreitung der Critical Loads werden nach den folgenden Gleichungen berechnet:

$$CL_{max}(N) = \frac{b_1\,N_u + b_2\,N_i + BC_{l(crit)}}{a_N}\,, \tag{2.63}$$

$$CL_{min}(N) = \frac{b_1\,N_u + b_2\,N_i}{a_N}\,, \tag{2.64}$$

$$CL_{max}(S) = \frac{BC_{l(crit)}}{a_S}\,. \tag{2.65}$$

Ist die Stickstoffdeposition $\leq CL_{min}(N)$, so wird der gesamte Stickstoff durch Vegetationsaufnahme und Immobilisierung verbraucht und Schwefel allein berücksichtigt.

### Überschreitung der Critical Loads für Säureeinträge

Die Überschreitung der Critical Loads für die versauernden Einträge ergibt sich aus der Differenz des linken und rechten Terms von (2.66):

$$Ex(N,S) = a_N\, N_{dep} + a_S\, S_{dep} - b_1\, N_u - b_2\, N_i - BC_{l(crit)} \; . \tag{2.66}$$

Positive $Ex(N,S)$-Werte kennzeichnen eine Überschreitung der Critical Loads für Säureeinträge. Liegen die ermittelten Werte im negativen Bereich, bzw. sind sie gleich 0, so liegt keine Überschreitung vor.

### Critical Loads für eutrophierenden Stickstoff

Stickstoffeinträge können neben versauernden Wirkungen auch zu Eutrophierungen in den Gewässern führen. Ein wesentlicher Parameter bei der Bestimmung der Critical Loads gegenüber eutrophierenden Stickstoffeinträgen ist der Stickstoffaustrag aus der Bodenlösung $N_l$. Dieser Parameter stellt die Differenz zwischen den Stickstoffeinträgen und dem Stickstoffverbrauch im Einzugsgebiet dar. Die Massenbilanz für Stickstoff lautet:

$$N_l = N_{dep} - f\, N_u - (1 - r)(N_i + N_{de}) - r\, N_{ret} \; , \tag{2.67}$$

mit:

- $N_l$ = Stickstoffaustrag aus der Bodenlösung des Einzugsgebietes [eq ha$^{-1}$ a$^{-1}$].

Unter Verwendung von (2.50) und (2.52) ergibt sich folgende Formel für die Berechnung von $N_l$:

$$N_l = a_N\, N_{dep} - b_1\, N_u - b_2\, N_i \; . \tag{2.68}$$

Die Gleichung für den eutrophierenden Stickstoffeintrag erhält man dann nach Einsetzen eines Wertes für den maximal möglichen (kritischen) Stickstoffaustrag $N_{l(crit)}$:

$$CL_{nut}(N) = \frac{(b_1\, N_u + b_2\, N_i + N_{l(crit)})}{a_N} \; , \tag{2.69}$$

mit:

- $N_{l(crit)}$ = kritischer Stickstoffaustrag aus der Bodenlösung des Einzugsgebietes [eq ha$^{-1}$ a$^{-1}$].

### Korrektur der Critical Loads für Säureeinträge

Ergeben die Berechnungen von $CL_{nut}(N)$ geringere Werte als die von $CL_{max}(N)$, so entspricht $CL_{max}(N)$ den ermittelten $CL_{nut}(N)$-Werten. $CL_{min}(S)$ wird dann nach (2.70) berechnet.

$$CL_{min}(S) = CL_{max}(S) - N_{l(crit)} \; , \tag{2.70}$$

## 2.4.1.2
### *Water-chemistry-Methode (SSWC)*

### *Critical Loads für Säureeinträge*

Mit der Water-chemistry-Methode kann festgestellt werden, ob die in ein Gewässer eingetragene saure Deposition dessen Belastbarkeit überschreitet.

Die erste Annahme des Water-chemistry-Modells besteht darin, daß sich die Sulfatkonzentration des Oberflächenabflusses im Gleichgewicht mit der atmosphärischen Sulfatdeposition befindet. Als weiteres wird die durch den Schwefel verursachte saure Deposition als einziger signifikanter Säureeintrag betrachtet. Die Methodik wurde für norwegische Seen entwickelt und von Henriksen (1984), Henriksen und Brakke (1988), Henriksen *et al.* (1988) und Sverdrup *et al.* (1990) beschrieben.

Die Konzentration basischer Kationen im betrachteten Gewässer setzt sich nach (2.71) zusammen; bei meernahen aquatischen Ökosystemen muß eine Seesalzkorrektur vorgenommen werden:

$$[BC]^* = [Ca^{2+}]^* + [Mg^{2+}]^* + [Na^+]^* + [K^+]^* \, , \tag{2.71}$$

mit: $[\ ]^* = $ seesalzkorrigiert.

Die Säureneutralisationskapazität berechnet sich nach (2.72):

$$[ANC_{aq}] = [BC]^* - [SO_4^{2-}]^* - [NO_3^-]^* \, , \tag{2.72}$$

mit:

- $[ANC_{aq}]$ = Säureneutralisationskapazität des Gewässers.

Ein Maß der Empfindlichkeit eines Sees gegenüber Versauerungen ist sein Gehalt an basischen Kationen. Da der Gehalt an basischen Kationen auf dem Gleichgewicht zwischen den Einträgen aus Verwitterung und atmosphärischer Deposition in den See auf der einen Seite und dem Verbrauch bzw. Austrag (Entzug) durch die Vegetation sowie den Oberflächenabfluß auf der anderen Seite beruht, ist die Empfindlichkeit eines Gewässers gegenüber Versauerungen abhängig von der Verwitterungsrate des Bodens in seinem Einzugsgebiet.

Für die Einschätzung der Seesensibilität gegenüber Versauerungen ist es erforderlich, den vorindustriellen Gehalt des Gewässers an basischen Kationen zu bestimmen. Das heißt der „Vorversauerungszustand" ist einzuschätzen. Liegen über den „Vorversauerungszustand" keine historischen Daten vor, so erfolgt die Bestimmung nach (2.73) mittels der gegenwärtigen Basenkationenkonzentration, der „vorindustriellen" und der gegenwärtigen Sulfatkonzentration und einer Korrekturgröße, dem sogenannten $F$-Faktor:

$$[BC]_0 = [BC]_t - F([SO_4^{2-}]_t - [SO_4^{2-}]_0) \, , \tag{2.73}$$

mit:

- $[BC]_0$ = vorindustrielle Konzentration an basischen Kationen [µeq l$^{-1}$];
- $[BC]_t$ = gegenwärtige Konzentration an basischen Kationen [µeq l$^{-1}$];
- $F$ = $F$-Faktor;
- $[SO_4^{2-}]_0$ = vorindustrielle Konzentration an Sulfat [µeq l$^{-1}$];
- $[SO_4^{2-}]_t$ = gegenwärtige Konzentration an Sulfat [µeq l$^{-1}$].

Der $F$-Faktor wurde von Brakke *et al.* (1990) bestimmt und beschrieben. Sind keine historischen Daten verfügbar, so wird der $F$-Faktor nach (2.74) ermittelt. Sind historische Daten vorhanden, erfolgt die Berechnung nach (2.75).

$$F = \sin\left(\frac{[BC]_t}{S} \cdot 90\right), \qquad (2.74)$$

$$F = \frac{\Delta SO_4}{\Delta BC} = \frac{[SO_4^{2-}]_t - [SO_4^{2-}]_0}{[BC]_t - [BC]_0}, \qquad (2.75)$$

mit:
- S = Konzentration basischer Kationen, bei der ein $F$-Faktor mit dem Wert 1 erreicht wird.

Für Norwegen liegt der Wert für $S$ bei 400 $\mu$eq l$^{-1}$ (Brakke *et al.* 1990)

Der $F$-Faktor erreicht Werte zwischen 0 und 1. Liegt die gegenwärtige Konzentration an basischen Kationen in einem Gewässer bei 400 $\mu$eq l$^{-1}$, so ergibt sich nach (2.74) ein $F$-Faktor von 1.

Die vorindustrielle Sulfatkonzentration kann über historische Seedaten oder über den Vergleich mit anderen Seen ermittelt werden. Für Norwegen wurde von Henriksen *et al.* (1988) der folgende Sulfatlevel bestimmt (2.76):

$$[SO_4^{2-}]_0 = 15 + 0{,}16[BC]_t . \qquad (2.76)$$

Nach Henriksen (1984) ist die Ausgangssulfatkonzentration der Gewässer der am schwierigsten zu bestimmende Parameter; er sollte jedoch für jede Region neu ermittelt werden.

Die Critical Loads für Säureeinträge werden nach (2.77) berechnet, falls keine Biomasseänderung im Gewässer stattfindet. Ansonsten müßte diese zum rechten Term der Gleichung addiert werden.

$$CL_{(Ac)} = BC_l - ANC_l - BC_{dep} , \qquad (2.77)$$

mit:
- $CL_{(Ac)}$ = Critical Load für Acidität [eq ha$^{-1}$ a$^{-1}$];
- $BC_{dep}$ = Deposition basischer Kationen [eq ha$^{-1}$ a$^{-1}$].

Ersetzt man den Austrag basischer Kationen $BC_l = Q[BC]_0$ sowie die $ANC_l$ durch $ANC_l = Q \, ANC_{limit}$ erhält man:

$$CL_{(ac)} = ([BC]_0 - ANC_{limit}) Q - BC_{dep} . \qquad (2.78)$$

### Überschreitung der Critical Loads für Säureeinträge

Die Überschreitung der Critical Loads für Säureeinträge läßt sich nach (2.79) bestimmen:

$$CL_{(Ex)} = ([BC]_0 - [ANC]_{limit} - [SO_4^{2-}]_t) Q . \qquad (2.79)$$

## 2.4.2
## Berechnung von Critical Loads für aquatische Ökosysteme nach der FAB-Methode für ausgewählte Talsperren in Sachsen

Für die Bestimmung der Critical Loads für aquatische Ökosysteme müssen Daten folgender Parameter verfügbar sein.

| Parameter | FAB-Methode | SSWC-Methode |
|---|---|---|
| Deposition basischer Kationen | ∎ | ∎ |
| Stickstoffdeposition | ∎ | |
| Schwefeldeposition | ∎ | |
| Oberflächenabfluß | ∎ | ∎ |
| Wasserchemismus | | ∎ |
| Historische Sulfatkonzentration im See | | ∎ |
| *F*-Faktor | ∎ | ∎ |
| Stickstoffaufnahme durch die Vegetation | ∎ | |
| Morphometrische Seedaten | ∎ | |

Die FAB-Methode wird für die Berechnung von Critical Loads für deutsche Gewässer aus folgenden Gründen vorgezogen:

- Die nach der FAB-Methode ermittelten Ergebnisse charakterisieren besser die in Deutschland vorherrschenden naturräumlichen Bedingungen.
- Die SSWC-Methode kann aufgrund zumeist nicht vorliegender historischer Gewässerdaten nicht angewendet werden, wobei.
- die Rückrechnung auf historische Daten bei der SSWC-Methode nach Bedingungen erfolgt, die für den skandinavischen Raum ermittelt wurden.

## 2.4.2.1
### Auswahl der Gewässer

Eine flächendeckende Kartierung der Critical Loads für die aquatischen Ökosysteme Deutschlands ist aus folgenden Gründen nicht möglich:

a Ein großer Teil der deutschen Standgewässer wird durch punktuelle und/oder diffuse Einleitungen kommunalen, landwirtschaftlichen und industriellen Ursprungs belastet. In diesen Gewässern wird der Säureeintrag aus der Atmosphäre neutralisiert bzw. die Beeinflussung durch atmosphärische Belastungen von den Auswirkungen der Einleitungen überdeckt.
b Für die Bestimmung der Critical Loads ist eine entsprechende Datenbasis erforderlich. Die Berechnungen begrenzen sich somit auf die Gewässer, über die ein Mindestmaß an Daten vorliegt.

Anthropogen bedingte Versauerungen sind in aquatischen Ökosystemen zu erwarten, die folgende Eigenschaften aufweisen:

- geringes Pufferungsvermögen, d. h. geringe Alkalität bzw. geringe Basenkapazität aufgrund des Vorherrschens von kalkarmen bzw. kalkfreien geologischen Formationen;
- elektrolytarm, d. h. geringe Leitfähigkeit;
- nährstoffarm;
- geringe bzw. keine landwirtschaftliche Nutzung im Einzugsgebiet.

Gewässer, in denen atmosphärische Stickstoffeinträge Eutrophierungserscheinungen hervorrufen können, weisen allgemein folgende Merkmale auf:

- elektrolytarm, d. h. geringe Leitfähigkeit;
- nährstoffarm;
- geringe bzw. keine landwirtschaftliche Nutzung im Einzugsgebiet.

Aquatische Ökosysteme, die von den Auswirkungen der Luftschadstoffe besonders betroffen sind, finden sich insbesondere in den granit-, gneis-, sandstein- und schieferhaltigen Mittelgebirgen, so im Bayerischen Wald, im Fichtelgebirge, im Schwarzwald, im Erzgebirge und im Thüringer Wald, aber auch in den kalkarmen Sandergebieten der norddeutschen Tiefebene, wie in der Dahlener Heide oder in Mecklenburg-Vorpommern.

Im Bundesland Sachsen gibt es eine Anzahl Talsperren, die versauerungsgefährdet sind. Die Einzugsgebiete dieser Talsperren werden nahezu ausschließlich forstwirt-

**Tabelle 2.39.** Erzgebirgische Talsperren mit ihren morphometrischen Parametern

| Gewässername | $A$ [ha] | $A$-$EG$ [km²] | $MQ$ [m³ s⁻¹] | $V$ [Mio m³] | $z$ [m] | $t$ [a] | Wald [%] | LW [%] | See [%] | Trophie |
|---|---|---|---|---|---|---|---|---|---|---|
| TS Muldenberg | 87,0 | 20,3 | 0,34 | 5,60 | 6,4 | 0,52 | 95,7 | 0,0 | 4,3 | Mesotroph |
| TS Cranzahl | 28,0 | 12,2 | 0,12 | 3,10 | 11,0 | 0,82 | 90,7 | 7,0 | 2,3 | Oligo/sauer |
| TS Weiterswiese | 45,0 | 5,5 | 0,15 | 2,80 | 6,2 | 0,59 | 91,8 | 0,0 | 8,2 | Mesotroph |
| TS Sosa | 39,3 | 24,4 | 0,42 | 6,33 | 16,1 | 0,48 | 98,4 | 0,0 | 1,6 | Meso/sauer |
| Neunzehnhain II | 29,0 | 13,7 | 0,17 | 2,93 | 10,1 | 0,56 | 80,0 | 18,0 | 2,0 | Oligo/sauer |
| TS Werda | 47,2 | 14,3 | 0,23 | 5,14 | 10,9 | 0,71 | 74,0 | 23,0 | 3,3 | Meso/sauer |
| TS Lichtenberg | 92,6 | 38,9 | 0,61 | 15,10 | 16,3 | 0,78 | 52,0 | 45,0 | 2,4 | Mesotroph |
| TS Gottleuba | 58,4 | 35,7 | 0,45 | 14,00 | 24,0 | 0,99 | 22,0 | 76,4 | 1,6 | Mesotroph |
| TS Saidenbach | 146,4 | 60,7 | 0,80 | 24,20 | 16,5 | 0,96 | 19,0 | 78,6 | 2,4 | Meso/eutroph |

| | | | |
|---|---|---|---|
| $t$ | = mittlere Verweilzeit | Wald | = Anteil der Waldfläche im Einzugsgebiet |
| $A$ | = Gewässerfläche | LW | = Anteil der landwirtschaftlichen |
| $A$-$EG$ | = Fläche des Einzugsgebietes | | Nutzfläche im Einzugsgebiet |
| $MQ$ | = durchschnittl. Abfluß | See | = Anteil der Seefläche im Einzugsgebiet |
| $V$ | = Gewässervolumen | Trophie | = Trophiestatus des Gewässers |
| $z$ | = mittlere Gewässertiefe | | |

schaftlich genutzt; der Nährstoffgehalt dieser Gewässer ist niedrig und der Trophiestatus somit oligo- bis mesotroph. Für die Bestimmung der Critical Loads werden Talsperren ausgewählt, die bereits Tendenzen zur Versauerung aufweisen, aber auch solche, die infolge der landwirtschaftlichen Nutzung im Einzugsgebiet zur Eutrophierung neigen.

Daten stellten die Landestalsperrenverwaltung des Freistaates Sachsen in Pirna und das Bayerisches Landesamt für Wasserwirtschaft (F/E-Vorhabens „Monitoringprogramm für versauerte Gewässer durch Luftschadstoffe in der Bundesrepublik Deutschland") zur Verfügung

Die morphometrischen Parameter der für die Bestimmung der Critical Loads ausgewählten Gewässer sind in Tabelle 2.39 aufgelistet.

### 2.4.2.2
### *Ausgangsdaten für die FAB-Methode*

In der FAB-Methode wird das aquatische Ökosystem als Einheit aus Gewässer und Einzugsgebiet betrachtet. In die Berechnungen fließen morphometrische Daten des Gewässers, aber auch wesentliche Parameter seines Einzugsgebietes ein.

Für die Bestimmung der Critical Loads für aquatische Ökosysteme werden die Werte für die stickstoffspeichernden bzw. -verbrauchenden Prozesse im Ökosystem benötigt. Dabei handelt es sich um:

- $N_u$ = Stickstoffaufnahme durch die Vegetation;
- $N_i$ = Stickstoffimmobilisierung;
- $N_{de}$ = Stickstoffdenitrifikation;
- $N_l$ = Stickstoffaustrag mit dem Sickerwasser;
- $N_{ret}$ = Stickstofffestlegung im Gewässer;
- $N_{dep}$ = Stickstoffdeposition.

Diese Einflußgrößen sind, mit Ausnahme von $N_{ret}$, die aus der Bestimmung der Critical Loads für Stickstoff in Waldökosystemen bekannten Parameter (vgl. Abschn. 2.3.2).

$N_{dep}$ bezeichnet die Stickstoffdeposition im Ökosystem und wird für die Berechnung von $N_{de}$, $N_{ret}$ und der Überschreitung der Critical Loads $Ex$(N,S) benötigt.

Die den Standgewässern zuzuordnenden Werte der einzelnen Einflußgrößen wurden den Berechnungen der Critical Loads für Stickstoff für terrestrische Ökosysteme entnommen. Die Stickstoffwerte der ausgewählten Gewässer sind in Tabelle 2.40 zusammengestellt.

Für die Berechnungen der Critical Loads für deutsche Gewässer wurden jeweils die Mittelwerte von

- $s_N = 2\text{--}8 \text{ m a}^{-1}$ ,
- $s_S = 0{,}2\text{--}0{,}8 \text{ m a}^{-1}$

verwendet, da diese Gewässer mäßig nährstoffreich sind.

In Tabelle 2.41 sind die Werte für die Umsetzungskoeffizienten $p_N$ und $p_S$ sowie die Werte für die Seeretention zusammengestellt.

**Tabelle 2.40.** Stickstoffprozesse in den untersuchten aquatischen Ökosystemen

| Gewässername | $N_{dep}$ [kg N ha$^{-1}$ a$^{-1}$] | $N_u$ | $N_{de}$ | $N_i$ | $N_l$ | $f_{de}$ |
|---|---|---|---|---|---|---|
| TS Muldenberg | 24,2 | 5,0 | 0,4 | 3,0 | 0,90 | 0,02 |
| TS Cranzahl | 30,3 | 6,5 | 0,5 | 3,0 | 1,10 | 0,03 |
| TS Weiterswiese | 25,9 | 4,0 | 0,5 | 3,0 | 1,30 | 0,03 |
| TS Sosa | 25,9 | 6,0 | 0,3 | 3,0 | 1,30 | 0,02 |
| Neunzehnhain II | 31,7 | 8,5 | 0,7 | 3,0 | 1,10 | 0,03 |
| TS Werda | 21,1 | 8,5 | 0,3 | 3,0 | 0,70 | 0,03 |
| TS Lichtenberg | 26,8 | 11,0 | 0,8 | 3,0 | 1,10 | 0,06 |
| TS Gottleuba | 28,2 | 9,0 | 0,8 | 3,0 | 0,50 | 0,05 |
| TS Saidenbach | 26,8 | 9,0 | 1,2 | 3,0 | 0,90 | 0,08 |

**Tabelle 2.41.** Seeretention

| Gewässername | $r$ | $f$ | $p_N$ | $p_S$ | $S_{dep}$ [eq ha$^{-1}$ a$^{-1}$] | $BC_{dep}$ | $r\,N_{ret}$ | $r\,S_{ret}$ |
|---|---|---|---|---|---|---|---|---|
| TS Muldenberg | 0,04 | 0,96 | 0,29 | 0,04 | 5 510 | 1 160 | 334,0 | 236,1 |
| TS Cranzahl | 0,02 | 0,91 | 0,27 | 0,04 | 5 095 | 775 | 403,5 | 116,9 |
| TS Weiterswiese | 0,08 | 0,92 | 0,32 | 0,05 | 5 150 | 960 | 435,8 | 423,7 |
| TS Sosa | 0,02 | 0,98 | 0,13 | 0,01 | 5 150 | 960 | 153,8 | 83,0 |
| Neunzehnhain II | 0,02 | 0,80 | 0,22 | 0,03 | 5 580 | 900 | 329,2 | 118,1 |
| TS Werda | 0,03 | 0,74 | 0,25 | 0,03 | 5 000 | 1 160 | 202,8 | 164,7 |
| TS Lichtenberg | 0,02 | 0,52 | 0,19 | 0,02 | 5 100 | 910 | 238,8 | 121,4 |
| TS Gottleuba | 0,02 | 0,22 | 0,17 | 0,02 | 5 300 | 830 | 271,8 | 86,7 |
| TS Saidenbach | 0,02 | 0,19 | 0,23 | 0,03 | 5 000 | 900 | 335,0 | 120,6 |

Dabei wird $[BC]_0$ nach den Gleichungen der Water-chemistry-Methode mittels des sog. $F$-Faktors bestimmt [(2.73)–(2.75)]. Da die Konzentration an basischen Kationen in den meisten deutschen Untersuchungsgewässern > 400 µeq l$^{-1}$ ist, wurde für diese Gewässer der $F$-Faktor gleich 1 gesetzt. Für $ANC_{\mathrm{limit}}$ liegt der Wert für die meisten Seen bei 50 µeq l$^{-1}$.

Der Abfluß aus einem Einzugsgebiet ist das Ergebnis der Transformation des Gebietsniederschlags durch das Einzugsgebiet. Die Berechnung des Abflusses kann somit (vereinfacht) über die Differenz von Niederschlag und – in Abhängigkeit von der Bodenbedeckung differenzierter – Verdunstung nach (2.80) erfolgen.

$$Q = N - ETR \quad , \tag{2.80}$$

mit:
- $N$ = Niederschlag [mm a$^{-1}$];
- $ETR$ = reale Evapotranspiration [mm a$^{-1}$].

In Tabelle 2.42 sind die Ergebnisse der Berechnungen des Oberflächenabflusses und die des kritischen Basenaustrages dargestellt.

**Tabelle 2.42.** Oberflächenabfluß und kritischer Basenaustrag

| Gewässername | $Q$ [m$^3$ ha$^{-1}$ a$^{-1}$] | $ANC_{limit}$ [µeq l$^{-1}$] | $[BC]_0$ [µeq l$^{-1}$] | $BC_{l(crit)}$ [eq ha$^{-1}$ a$^{-1}$] |
|---|---|---|---|---|
| TS Muldenberg | 3 957 | 50 | 244,5 | 769,7 |
| TS Cranzahl | 3 489 | 50 | 599,8 | 1 918,0 |
| TS Weiterswiese | 3 918 | 50 | 186,0 | 532,8 |
| TS Sosa | 3 984 | 50 | 477,0 | 1 699,9 |
| Neunzehnhain II | 3 489 | 50 | 1 235,0 | 4 135,7 |
| TS Werda | 3 484 | 50 | k. A. | k. A. |
| TS Lichtenberg | 3 488 | 50 | k. A. | k. A. |
| TS Gottleuba | 3 492 | 50 | k. A. | k. A. |
| TS Saidenbach | 3 488 | 50 | k. A. | k. A. |

### 2.4.2.3
### *Critical Loads für aquatische Ökosysteme*

Die Ergebnisse der Critical-load-Berechnungen für ausgewählte deutsche Gewässer nach der FAB-Methode sind in Tabelle 2.43 und in Tafel 4 zusammengefaßt. In Abb. 2.24 sind die Beziehungen zwischen den Critical Loads und den Depositionen von Stickstoff und Schwefel dargestellt. Die durch $CL_{max}(S)$ und $CL_{max}(N)$ begrenzte Kurve wird als „Critical-load-Funktion" bezeichnet (s. Kap. 3.5). Auf dieser Kurve liegen alle möglichen Depositionspaare für Schwefel und Stickstoff, die den jeweiligen Critical Loads für Schwefel und Stickstoff gerade noch entsprechen.

Es zeigt sich, daß die Gewässer mit niedrigen Kationengehalten die geringeren Critical Loads aufweisen. Mit steigendem Kationengehalt nimmt die Empfindlichkeit der Gewässer gegenüber Versauerungen ab. Für die Gewässer mit den höchsten Kationengehalten (Talsperren Sosa, Cranzahl und Neunzehnhain II) ergaben sich auch die höchsten Critical Loads. Überschreitungen der Critical Loads hinsichtlich der versauernden Einträge wurden für alle Gewässer nachgewiesen.

Die Belastbarkeit der Gewässer gegenüber Versauerungen wird von folgenden Faktoren beeinflußt:

- Kationengehalt des Gewässers;
- Höhe der Stickstoff- und Schwefeldeposition;
- Anteil der Forstflächen im Einzugsgebiet;
- Größe des Einzugsgebietes.

Der Kationengehalt eines Gewässers ist u. a. abhängig von den geologischen Gegebenheiten. Die geologischen Ausgangssubstrate in den Einzugsgebieten der untersuchten Gewässer sind basenarm. So besteht das Untergrundgestein im Erzgebirge aus Granit, Gneis und Schiefer. Die Pufferwirkung der Böden und entsprechend auch der Gewässer ist gering.

Die Stickstoff- und Schwefeldepositionen sind in den untersuchten Gebieten sehr hoch. Dazu kommt, daß die Deposition von Schadstoffen im Laub- und Nadelwald

**Tabelle 2.43.** Berechnung der Critical Loads nach der FAB-Methode

| Gewässername | $a_n$ | $b_1$ | $b_2$ | $a_s$ | $CL_{min}(N)$ [keq ha$^{-1}$ a$^{-1}$] | $CL_{max}(N)$ | $CL_{nut}(N)$ | $CL_{max}(S)$ | $CL_{min}(S)$ | $EX_{Ac}$ |
|---|---|---|---|---|---|---|---|---|---|---|
| TS Muldenberg | 0,70 | 0,67 | 0,67 | 0,96 | 0,54 | 1,65 | 0,64 | 0,80 | 0,74 | 5,34 |
| TS Cranzahl | 0,71 | 0,64 | 0,69 | 0,96 | 0,63 | 3,32 | 0,74 | 1,99 | 1,91 | 4,08 |
| TS Weiterswiese | 0,66 | 0,60 | 0,60 | 0,95 | 0,46 | 1,26 | 0,60 | 0,56 | 0,47 | 5,30 |
| TS Sosa | 0,86 | 0,84 | 0,84 | 0,99 | 0,63 | 2,62 | 0,74 | 1,73 | 1,64 | 4,41 |
| Neunzehnhain II | 0,76 | 0,60 | 0,74 | 0,97 | 0,69 | 6,17 | 0,79 | 4,25 | 4,17 | 2,47 |
| TS Werda | 0,73 | 0,54 | 0,71 | 0,97 | 0,65 | | 0,72 | | | |
| TS Lichtenberg | 0,76 | 0,39 | 0,74 | 0,98 | 0,61 | | 0,72 | | | |
| TS Gottleuba | 0,79 | 0,17 | 0,78 | 0,98 | 0,35 | | 0,39 | | | |
| TS Saidenbach | 0,71 | 0,14 | 0,69 | 0,97 | 0,33 | | 0,42 | | | |

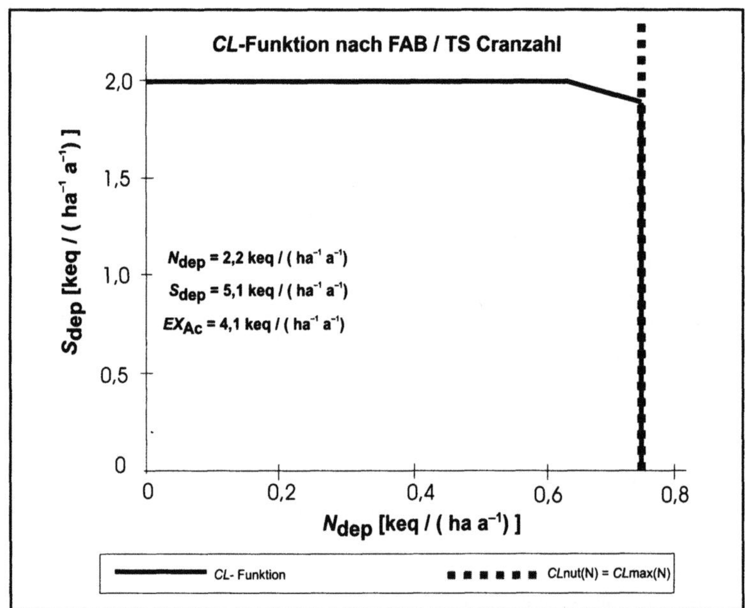


**Abb.2.24.** Critical-load-Funktion am Beispiel der Talsperre Cranzahl

durch den Auskämmeffekt gegenüber dem Freiland auf das Mehrfache ansteigt (vgl. Kap. 3.3); die Einzugsgebiete der untersuchten Gewässer werden überwiegend forstwirtschaftlich genutzt. Im Einzugsgebiet der Talsperre Neunzehnhain II z. B. beträgt dementsprechend die Stickstoffdeposition ca. 32 kg N ha$^{-1}$ a$^{-1}$; die Schwefeldepositionen im Erzgebirge bis zu 88 kg S ha$^{-1}$ a$^{-1}$.

Für alle Gewässer wurden für $CL_{nut}(N)$ geringere Werte als für $CL_{max}(N)$ berechnet. Damit begrenzt der Critical Load für eutrophierenden Stickstoff die zulässige Deposition.

# Literatur


Aber J D, Nadelhoffer K J, Steudler P, Melillo J M (1989) Nitrogen saturation in nothern forest ecosystems. Bioscience 39: 378–386

AG GBG (1997) Gemeinsame LAWA/LABO/LAGA-AG (Gefahrenbeurteilung von Bodenverunreinigungen/Altlasten als Gefahrenquelle für das Grundwasser) Gefahrenbeurteilung von Bodenverunreinigungen als Gefahrenquelle für das Grundwasser, Entwurf des Abschlußberichtes, Januar 1997

Anonym (1989) Dritter Bericht des Forschungsbeirates Waldschäden/ Luftverunreinigungen, Teil A, S. 524 ff

Baart A C, Diederen H S M A (1991) Calculation of the atmospheric deposition of 29 contaminants to the Rhine catchment area, Rep. No. R91/219, TNO Delft, The Netherlands

Bach W, Georgii H, Steubing L (1995) Schadstoffbelastung und Schutz der Erdatmosphäre. Umweltschutz – Grundlagen und Praxis. 7, 188 S

Bachmann S, Stolz W, Kantor W, Kuhnt G (1994) Begleitstudie zur bundesweiten Bodenzustandserhebung im Walde, Forschungsbericht der Bundesanstalt für Geowissenschaften und Rohstoffe, FB 10 706 002, UBA FB 93–147, UBA-Texte 6/94

Baker L A, Brezonik P L (1988) Dynamic model of in-lake alkalinity generation. Water Resour Res 24:65–74

Bakker D J, de Vries W (1996) Manual for calculating critical loads of persistent organic pollutants on soils and surface waters (second draft), TNO Delft, The Netherlands

Barkman A (1997) Applying the critical loads concept: Constraints induced by data uncertainty. Department of Chemical Enineering II, Lund University, Sweden. Rep ecol environ engin 1

Baumbach G (1994) Luftreinhaltung – Entstehung, Ausbreitung und Wirkung von Luftverunreinigungen – Meßtechnik, Emissionsminderung und Vorschriften. 3. Aufl., Springer, Berlin Heidelberg New York Tokyo

Becker K H, Löbel J (1985) (Hrgs.) Atmosphärische Spurenstoffe und ihr physikalisch-chemisches Verhalten. Springer, Berlin Heidelberg New York Tokyo

Beese F (1984) Raumzeitliche Muster des N-Umsatzes und N-Transportes in sauren Waldböden (unveröffentlichter Abschlußbericht)

Beese F (1986) Parameter des Stickstoffumsatzes in Ökosystemen mit Böden unterschiedlicher Acidität. Göttinger Bodenkdl Ber 90:1–344

Bell J (1992) A reassessment of critical levels for SO2. In: UN/ECE (1992), pp. 6–18

Benckiser G, Syring K M, Gaus G, Haider K, Sauerbeck D (1987) Einfluß verschiedener Bodenvariablen auf die Denitrifikation landwirtschaftlich genutzter Flächen. VDLUFA-Schriftenreihe 23, Kongreßband

Berdowski J J M, Veldt C (1994) Emission of cadmium, copper, lead, benzo(a)pyrene and lindane to air in Europe in 1990. Background report of the ESQUAD project, TNO-report 1994. In: Hout K D van den (ed.) The impact of atmospheric deposition of non-acidifying pollutants on the quality of European forest soils and the North Sea, Main report of the ESQUAD project

Berdowski J J M, Baas J, Bloos J-P J, Visschedijk A J H, Zandveld P Y J (1997) The European Emission Inventory of Heavy Metals and Persistent Organic Pollutants. TNO, Report UBA-FB UFOPLAN-Ref. No. 104 02 672/03, Apeldoorn, 239 pp

Bergvist B, Folkeson L, Berggren D (1989) Fluxes of Cu, Zn, Pb, Cd, Cr and Ni in temperate forest ecosystems. In: de Vries W, Bakker D J (eds.) Water Air and Soil Pollution 47:217–186

Birke C (1991) Der Schwermetalltransfer aus langjährig mit Siedlungsabfällen gedüngten Böden in Kulturpflanzen und dessen Prognose durch chemische Extraktionsverfahren. Dissertation, Hohe Landwirtschaftliche Fakultät der Rheinischen Friedrich-Wilhelms-Universität zu Bonn

Block J (1994) Stickstoffausträge mit dem Sickerwasser aus Waldökosystemen, Wirkungskomplex Stickstoff und Wald. IMA-Querschnittseminar, UBA Berlin

Block J, Bopp O, Butz-Braun R, Wunn U (1996) Sensitivität rheinland-pfälzischer Waldböden gegenüber Bodendegradation durch Luftschadstoffbelastung. Mitteilungen aus der Forstlichen Versuchsanstalt Rheinland-Pfalz, 35/96

Blume H-P, Schimmig C G, Zinck M (1989) Wasser-, Nähr- und Schadstoffdynamik charakteristischer Böden Schleswig-Holsteins. Forschungsbericht BMFT, 03-7311-7

Blume H-P, Brümmer G (1991) Prediction of heavy metal behavior in soil by means of simple field tests. Z Ecotoxicol Environ Savety 22:164–174

Bobbink R, Boxman D, Fremstadt E, Heil G, Houdijk A, Roelofs J (1992) Critical Loads for nitrogen eutrophication of terrestrial and wetland ecosystems based upon changes in vegetation and fauna. In: Grennfelt P, Thörnelöf E (Hrsg.) (1992) Critical loads for nitrogen. Report from a workshop held at Lökeberg, Sweden, April 1992

Bobbink R, Roelofs J G M (1995) Nitrogen critical loads for natural and semi-natural ecosystems: the empirial approach. Water Air Soil Poll 58:122–178

Boesten J J T I (1986) Behavior of herbicides in soil: simulation and experimental assesment. In: Bakker D J, de Vries W (eds.) Manual for calculating critical loads of persistent organic pollutants on soils and surface waters (second draft), TNO Delft, The Netherlands

Bodenschutzkonzeption der Bundesregierung (1985) Deutscher Bundestag, Drucksache 10/2977

Brakke D F, Henriksen A, Norton S A (1990) A variable F-factor to explain changes in base cation concentrations as a function of strong acid deposition. Verh Internat Verein Limnol, 24:146–149.

Bredemeier M (1987) Stoffbilanzen, interne Protonenproduktion und Gesamtsäurebelastung des Bodens in verschiedenen Waldökosystemen Norddeutschlands. Berichte des Forschungszentrums Waldökosysteme, Rh. A, Bd 33

Bruckmann P (1991) Synoptische Darstellung der Ozonbelastung des Jahres 1990 in Deutschland. In: Handbuch zum Ozon-Symposium in München, 2.–4. Juli 1991, Hrsg.: TÜV Akademie Bayern/Hessen GmbH der TÜV BAYERN-Gruppe

Brumme R (1986) Modelluntersuchungen zum Stofftransport und Stoffumsatz in einer Terra fusca Rendzina auf Muschelkalk. Dissertation, Forstliche Fakultät der Universität Göttingen

Brumme R (1994) Anthropogene Einflüsse auf den gasförmigen Stickstoffaustausch zwischen Waldböden und Atmosphäre, Wirkungskomplex Stickstoff und Wald. IMA-Querschnittseminar, UBA Berlin

Bücking W (1975) Nährstoffgehalte in Gewässern aus standörtlich verschiedenen Waldgebieten Baden-Württembergs. Mitteilng des Vereins für forstliche Standortskunde und Forstpflanzenzüchtung 24:48–67

Burth J, Ottow J C G (1982) Stickstoffentgasung bei verschiedenen denitrifizierenden Bakterien und Fusarium solani in Abhängigkeit von der Wasserstoffionenkonzentration (pH). Landwirtsch Forschung, 38 (Sonderheft)

Büttner G, Lamersdorf N, Schultz R, Ulrich B (1986) Deposition und Verteilung chemischer Elemente in küstennahen Waldstandorten – Fallstudie Wingst. Berichte des Forschungszentrums Waldökosysteme/ Waldsterben, Rh. B, Bd 1

Cassens-Sasse E (1987) Witterungsbedingte saisonale Versauerungsschübe im Boden zweier Waldökosysteme. Berichte des Forschungszentrums Waldökosysteme/ Waldsterben, Rh. A, Bd. 30

CCE (1991) Calculation and mapping of critical loads for Europe. Coordination center for Effects, Status Report 1991. National Institute of Public Health and Environmental Protection, Bilthoven, The Netherlands

CCE (1993) Calculation and mapping of critical loads for Europe. Coordination center for Effects, Status Report 1993. National Institute of Public Health and Environmental Protection, Bilthoven, The Netherlands

CCE (1995) Calculation and mapping of critical loads for Europe. Coordination center for Effects, Status Report 1995. National Institute of Public Health and Environmental Protection, Bilthoven, The Netherlands

Costanza R (1992) Ökologisch tragfähiges Wirtschaften: Investieren in natürliches Kapital. In: Goodland R, Daly H, Serafy S E, von Droste B (Hrsg.) Nach dem Brundtland-Bericht: Umweltverträgliche wirtschaftliche Entwicklung, Bonn

Däßler H G (1991) Einfluß von Luftverunreinigungen auf die Vegetation, 4. überarbeitete Aufl. Fischer, Jena

Debus R, Dittrich B, Schröder P, Volmer J (1989) Biomonitoring organischer Luftschadstoffe. Aufnahme und Wirkung in Pflanzen. Literaturstudie, SR Angewandter Umweltschutz, Sonderdruck aus Handbuch des Umweltschutzes. Ecomed, Landsberg

Delschen T (1989) Untersuchungen zur Schwermetallverfügbarkeit in klärschlammgedüngten Böden unter Feldbedingungen und im Gefäßversuch. Dissertation Universität Bonn

De Vries W, Gregor H D (1990) Critical loads and critical levels for the environmental effects of air pollutants. In: Chadwick M J, Hutton M (eds.) Acid depositions in Europe. Stockholm Environment Institute, Sweden, pp 171–216

De Vries W (1991) Methodologies for the assessement and mapping of the critical loads and of the impact of abatement strategies on forest soils. Rep. 46, Wageningen

De Vries W, Posch M, Reinds G J, Kämäri J (1991) Critical loads and their exceedance on forest soils in Europe. The Winand Staring Centre for Integrated Land, Soil and Water Research, Rep. 58, Wageningen, The Netherlands

De Vries W, Bakker D J (1996) Manual for calculating critical loads of heavy metals for soils and surface waters, Draft Februari 1996. Rep. 114, DLO Wageningen/TNO Delft, The Netherlands

Dickinson R E, Cicerone R J (1988) Future global warming from atmospheric trace gases. In Matzner E (Hrsg.) Der Stoffumsatz zweier Waldökosysteme im Solling. Berichte des Forschungszentrums Waldökosysteme/ Waldsterben, Bd.40, Reihe A

Dieter H H (1990) Halogen-Organische Verbindungen (HOV) – Vergleichende und umwelthygienische Bewertung. In: UWSF Z Umweltchem und Ökotoxikol, 2. Jg., S. 220–225, Landsberg

Dillon P J, Molot L A (1990) The role of ammonium and nitrate retention in the acidification of lakes and forested catchments. Biogeochemistry 11:23–43

Downing R J, Hettelingh J-P, De Smet P A M (1993) Calculation and mapping of critical loads in Europe, Status Rep. 1993. Coordination Centre for Effects, National Institute of Public Health and Environmental Protection (RIVM), Bilthoven, The Netherlands

Duiser J A, Veldt C (1989) Emissions into the atmosphere of polyaromatic hydrocarbons, polychlorinated biphenyls, lindane and hexachlorobenzene in Europe. TNO-report 89-036. In: Hout K D van den (ed.) The impact of atmospheric deposition of non-acidifying pollutants on the quality of European forest soils and the North Sea, Main report of the ESQUAD project

Durka W (1994) Isotopenchemie des Nitrat, Nitrataustrag, Wasserchemie und Vegetation von Waldquellen im Fichtelgebirge. Bayreuther Forum Ökologie, Bd 11

Eichhorn J (1987) Vergleichende Untersuchungen von Feinwurzelsystemen bei unterschiedlich geschädigten Altfichten (Picea abies Karst.). Forschungsberichte der Hessischen Forstlichen Versuchsanstalt, Bd 3

Ellenberg H (1985) Veränderungen der Flora Mitteleuropas unter dem Einfluß von Düngungen und Immisionen. Schweizer Zeitung Forstwesen 39:218–233

Ellenberg H, Mayer R, Schauermann J (1986) Ökosystemforschung. Ergebnisse des Solling-Projekts 1966–1986, Ulmer, Stuttgart

Elstner E (1996) Ozon in der Troposphäre: Bildung, Eigenschaften, Wirkungen. Hrsg: Akademie für Technikfolgenabschätzung in Baden-Württemberg, Stuttgart, 162 S

Ewiger E, Kreutzer K (1975) Meßergebnisse von Nitrataustträgen ins Sicjkerwasser im Nürnberger Reichswald. In: Block J (1994) Stickstoffausträge mit dem Sickerwasser aus Waldökosystemen: Wirkungskomplex Stickstoff und Wald, IMA-Querschnittseminar, UBA Berlin

Fabian P (1989) Atmosphäre und Umwelt – Chemische Prozesse – Menschliche Eingriffe, 3. aktualisierte Aufl., Springer, Berlin Heidelberg New York Tokyo

FAO-UNESCO (1989) Soil map of the world. International Soil Reference and Information Centre-Wageningen

Feger K H (1993) Bedeutung von ökosysteminternen Umsätzen und Nutzungseingriffen für den Stoffhaushalt von Waldlandschaften. Freiburger Bodenkdl Abhandl 31

Feister U, Warmbt W (1988) Long-term measurements of surface ozone in the German Democratic Republic. Atmos Chem 5:1–21

Ferrier R C, de Vries W, Warfvinge P (1995) The use of dynamic models for the determination of critical loads for nitrogen – developments since Lökeberg. Proceedings of the UNECE Workshop on nitrogen deposition and ist effekts: Critical loads mapping and modelling, Grang-over-Sands, 24–26 October 1994, Department of the environment, London

Fitzpatrick E A (1980) Soils. Longman, London

Fuhrer J, Achermann B (1994) Critical levels for ozone, UN/ECE Report. Swiss Federal Research Station for Agricultural Chemistry and Environmental Hygiene, Lieberfeld-Bern, 328 pp

Gregor H D (1991) Kritische Belastungswerte für Ozon und deren Kartierung in Europa. 10 p. In: Ozonsymposium (Hrsg.) TÜV-Akademie, München

Gregor H D (1993) Umweltqualitätsziele, Umweltqualitätskriterien und -standards, UBA, Berlin, S.1,4,5,45 ff

Grennfelt P, Thörnelöf E (eds.) (1992) Critical Loads for Nitrogen. Report from a workshop held at Lökeberg, Sweden April 1992. NORD 1992:41, Nordic Council of Ministers, Copenhagen

Groffmann P M, Tiedje J M (1988) Denitrification hysteresis during wetting and drying cycles in soil. Soil Sci Soc Am J:52. In: Hoffmann A (1991) Veränderung des Nitratabbauvermögens tieferer Bodenschichten durch Stickstoffüberversorgung. UBA-Texte 1/91, UBA-FB 91-007

Groenenberg J E, Kros J, van der Salm C, de Vries W (1995) Application of the model NUCSAM to the solling spruce site. Ecological modelling 13:64–87

Guderian R (ed.) (1985) Air pollution by photochemical oxidants. Formation, transport, control and effects on plants. Springer, Berlin Heidelberg New York Tokyo, 346 p.

Guderian R, Tingey D T, Rabe R (1983) Wirkungen von Photooxidantien auf Pflanzen. In: UBA (Hrsg.) Luftqualitätskriterien für photochemische Oxidantien. Schmidt, Berlin, S. 205–427

Gulder H-J, Kölbel M (1993) Waldbodeninventur in Bayern. Forstliche Forschungsberichte München, Nr. 132

Gundersen P (1989) Air pollution with nitrogen compounds: effects in coniferous forest. Technical University of Denmark

Hantschel R (1987) Wasser- und Elementbilanz von geschädigten, gedüngten Fichtenökosystemen im Fichtelgebirge unter Berücksichtigung von physikalischer und chemischer Bodenheterogenität. Bayreuther Bodenkdl Ber 3

Hantschel R, Kaupenjohann M, Horn R, Zech W (1988) Acid rain studies in the Fichtelgebirge (NE-Bavaria). In: Mathy P (ed) Air pollution and ecosystem. Reidel, Doudrecht

Heagle A S (1989) Ozone and crop yield. Annu Rev Phytopathol 27:397–423

Heck W W, Brandt C S (1977) Effects on vegetation: Native crops, forests. In: Air Pollution, Vol. II. Academic Press, London, pp. 157–229

Heinrich D, Hergt M (1990) dtv-Atlas zur Ökologie – Tafeln und Texte. Deutscher Taschenbuch Verlag, München, S. 65

Heinsdorf D (1988) Erarbeitung von Schätztafeln über Trockenmassebildung und Nährstoffspeicherung in mittelalten und alten Kiefernbeständen, Forschungsbericht Eberswalde (unveröffentlicht)

Henriksen A (1984) Changes in base cation concentrations due to freshwater acidification. Verh Internat Verein Limnol 22:692–698.

Henriksen A, Brakke D F (1988) Sulfate deposition to surface waters: Estimates of critical loads for Norway and the Eastern United States. Environ Sci Technol 22:8–14

Henriksen A, Lien L, Traaen T S, Sevaldrud I S, Brakke D F, (1988) Lake acidification in Norway: Present and predicted chemical status. Ambio 17:259–266

Henriksen A, Forsius M, Kämäri J, Posch M, Wilander A (1993) Exceedance of critical loads for lakes in Finland, Norway and Sweden: Reduction requirements for nitrogen and sulfur deposition. Norwegian Institute for Water Research, Oslo, Acid Rain Research Rep. 32/1993

Hoffmann A (1991) Veränderung des Nitratabbauvermögens tieferer Bodenschichten durch Stickstoffüberversorgung. UBA Texte 1/1991

Hofmann G (1994) Zur Wirkung von Stickstoffeinträgen auf die Vegetation nordostdeutscher Kiefernwaldungen: Wirkungskomplex Stickstoff und Wald. IMA-Querschnittseminar, UBA Berlin

Hornung M, Sutton M A, Wilson R B, (1995) Mapping and modelling of critical loads for nitrogen: Workshop Rep. Grange-Over-Sands Workshop, 24–26 October 1994

Hout K D van den (ed.) (1994) The impact of atmospheric deposition of non-acidifying pollutants on the quality of European forest soils and the North Sea, Main report of the ESQUAD project

Hout K D van den, Bakker D J, Berdowski J J M et al. (1996) The impact of atmospheric deposition of non-acidifying pollutants on the quality of European forest soils and the North Sea. TNO, RIVM, DLO, Delft Hydraulics, Ministry of Housing, Spatial Planning and the Environment, The Netherlands

Hüttermann A, Ulrich B, (1984) Solid phase – solution – root interactions in soils subjected to acid deposition. Phil Trans Soc Lond B 305:353–368

Hund K, Schenk B (1994) The microbiological respiration quotient as indicator for bioremediation processes. In: Knoche H et al. (ed.) Chemosphere 18

Jacobson J L, Jacobson S W (1996) Intellectual impairment in children exposed to polychlorinated biphenyls in utero. New England Med 335(1):783–798

Jaeger H J, Schulze E (1988) Critical levels for effects of $SO_2$. In: UN/ECE (1988). Report from a workshop held at Bad Harzburg, Germany 14.–18. March 1988, pp 15–50

Jaeger H J, Unsworth M H, de Temmerman L, Mathy P (eds.) (1993) Effects of air pollution on agricultural crops in Europe. Air Pollution Res Rep 46, *CEC*, Brüssel, 618 pp

Jönsson C (1994) Modelling acidification and nutrient supply in forest soil. Licenciate Thesis. Department of Chemical Enineering II, Lund University, Sweden. Rep Ecol Environ Engin 1

Johansson K, Aashup M, Andersson A, Bringmark L, Iverfeldt A (1991) Mercury in Swedish forest soils and waters. Assessment of Critical Load. Water Air Soil Poll 56:267–281

Jensen J, Folker-Hansen P (1995) Soil quality criteria for selekted organic compounds, Arbejdsrapport fra Miljøstyrelsen Working Rep. No. 47, Ministry of the Environment and Energy, Denmark, Danish Environmental Protection Agency

Jury W A (1993) Volatilization of organic chemicals from soil. In: Schulin R, Desaules A, Webster R, Steiger B von (eds.) Soil Monitoring. Birkhäuser, Berlin

Kämäri J, Jeffries D S, Hessen D O, Henriksen A, Posch M, Forsius M (1992) Nitrogen critical loads and their exceedance for surface waters. In: Grennfelt P, Thörnelöv E (eds.) Critical loads for nitrogen, Nordic Council of Ministers, Copenhagen, Denmark, Nord 41:161–200.

Karickhoff S W (1981) Semi empirical estimation of sorption by hydrophobic pollutants on natural sediments and soils. In: Tebaay R H (ed.) Chemosphere 10: 833–846

Kästner M, Mahro B, Wienberg R (1993) Biologischer Schadstoffabbau in kontaminierten Böden unter besonderer Berücksichtigung der Polyzyklischen Aromatischen Kohlenwasserstoffe, Hamburger Berichte 5, Abfallwirtschaft, Technische Universität Hamburg-Harburg, Economica Bonn

Kelly C A, Rudd J W M, Hesslin R H, Schindler D W et al. (1987) Prediction of biological acid neutralisation in acid sensitve lakes. Biogeochemistry 3:129–140

Klädtke J (1994) Untersuchungen zum Wachstum der Wälder in Europa: Wirkungskomplex Stickstoff und Wald. IMA-Querschnittseminar, UBA Berlin

Klötzli F A (1989) Ökosysteme – Aufbau, Funktionen, Störungen, 2. Aufl. Fischer, Stuttgart

Kneib W D, Runge I (1989) Verfahren und Modelle für den Bodenschutz zur Belastungs- und Risikoabschätzung von Schadstoffeinträgen – Darstellung des Forschungsstandes und -bedarfes. Reihe
Spezielle Berichte der Kernforschungsanlage Jülich, Jül-Spez 545

Knoche H, Klein M, Wahle U, Hund K, Müller J, Klein W (1994) Literaturstudie zur Ableitung von Bo-
dengrenzwerten für polyzyklische aromatische Kohlenwasserstoffe (PAK), Fraunhofer-Institut für
Umweltchemie und Ökotoxikologie Schmallenberg-Grafschaft, Forschungsbericht 107 03 007/14
im Auftrag des UBAes Berlin

Kölling C (1993) Die Zusammensetzung der Bodenlösung in sturmgeworfenen Fichtenforst (Picea
abies (L.) Karst.) -Ökosystemen. Forstl Forschungsber München, Nr. 133

König H (1997) Landschaftsmonitoring in NRW – Datenerhebung für die ökologische Umweltbeobachtung. Vortrag auf dem Workshop zum Thema: Indikatoren zum Landschaftsmonitoring und
zur regionalen Ökobilanzierung, 12.11.1997 im Institut für Ökologische Raumentwicklung e. V.
Dresden

Kopp D, Schwanecke W (1994) Standörtlich naturräumliche Grundlagen der Forstwirtschaft: Grund-
züge von Methode und Ergebnissen der forstlichen Standortserkundung in den fünf neuen Bundesländern. Landwirtschaftsverlag, Berlin

Kopp D, Nagel H-D, Henze C (1995) Ökologische Belastungsgrenzen (Critical loads) der Waldnatur-
räume in Beispielgebieten des nordostdeutschen Tieflandes gegenüber Stickstoff-, Säure- und Basendeposition. Z Beitr Forstwirtsch Landschaftsökol 2/95

Kramer (1988) Waldwachstumslehre.

Kreutzer K, Deschu E, Hösl G (1986) Vergleichende Untersuchungen über den Einfluß von Fichte
(Picea abies (L.) Karst.) und Buche (Fagus silvatica L.) auf die Sickerwasserqualität. Forstw Cb 1

Kreutzer K, Heil K (1989) Untersuchungen zum Stoffhaushalt in einem Fichtenbestand der Hochlagen des Bayerischen Waldes. GSF-Bericht, Neuherberg

Kreutzer K, Weiger H (1974) Untersuchungen über den Einfluß forstlicher Düngungsmaßnahmen auf
den Nitratgehalt des Sickerwassers im Wald. Forstw Cb 93

Kuntze H, Roeschmann G, Schwerdtfeger G (1988) Bodenkunde. Ulmer, Stuttgart

Lambert M (1993) Vergleich des PAK-Abbaues im Boden und in Submerskultur durch Basidiomyce-
ten und Deuteromyceten und Untersuchungen zum Pyren-Metabolismus durch *Crinipellis stipi-
taria*. Dissertation, Universität Kaiserslautern , Fachbereich Biologie

Lamersdorf N (1988) Verteilung und Akkumulation von Spurenstoffen in Waldökosystemen. Berichte
des Forschungszentrums Waldökosysteme/Waldsterben, Reihe A, Bd 36, Göttingen

Lenz R (1994) mündliche Mitteilung

Lenz R, Mendler S, Stary R (1997) Vergleich von Schätzalgorithmen zu Verwitterungsraten sowie die
Kartierung von Stickstoff-Reaktionstypen in Untersuchungsräumen der Bundesrepublik
Deutschland. Endbericht zum Forschungsvorhaben 106 01 061 im Auftrag des UBA, Berlin

Liebe F, Brümmer G W, König W (1995) Ableitung von Prüfwerten für die mobile Fraktion potentiell
toxischer Elemente in Böden Nordrhein-Westfalens. Mitteilng Dtsch Bodenkundl Gesellsch 76:
345–348

Lieberoth I, (1982) Bodenkunde. Landwirtschaftsverlag, Berlin

Lien L, Raddum G G, Fjellheim A (1992) Critical loads of acidty to freshwaters -fish and invertebrates.
Norwegian Institute for Water Research, Oslo, Norway, NIVA-Rep. 0-89 185

Linzon S N, Heck W W, Macdowall F D H (1975) Effects of photochemical oxidants on vegetation.
Photochemical air pollution: formation, transport, effects. Canadian National Research Council,
pp. 89–142

LUA Nordrhein-Westfalen (1996) Daten zum Schwermetallgehalt landwirtschaftlicher Kulturpflanzen
aus Erhebungsuntersuchungen in Nordrhein-Westfalen (Kontrollflächen) (digital)

Mackay D, Paterson S, Cheung B, Neely W B (1985) Evaluating the environmental behaviour of chemicals with a level III fugacity model. In: Bakker D J, de Vries W (eds.) Chemosphere 14 (3–4):
335–374

Matzner E (1988) Der Stoffumsatz zweier Waldökosysteme im Solling. Berichte des Forschungszentrums Waldökosysteme/ Waldsterben, Rh. A, Bd 40

Matzner E (1994) Wirkung von N-Einträgen auf Bodenprozesse des N-Haushalts von Waldökosystemen: Wirkungskomplex Stickstoff und Wald. IMA-Querschnittseminar, UBA Berlin

Mayer R (1981) Natürliche und anthropogene Komponenten des Schwermetallhaushaltes von
Waldökosystemen. Göttinger Bodenkundl Ber 70:1–152, Göttingen

Mc Elroy M B, Wofsy S C, Young Y L (1977) Der Anteil des Lachgases am Treibhauseffekt. In: Matzner
E (1988) Der Stoffumsatz zweier Waldökosysteme im Solling. Berichte des Forschungszentrums
Waldökosysteme/ Waldsterben, Bd.40, Reihe A, 217 S

Meiwes K J, Beese F (1988) Ergebnisse der Untersuchung des Stoffhaushaltes eines Buchenwaldöko-
systems auf Kalkgestein. Berichte des Forschungszentrums Waldökosysteme/ Waldsterben, Reihe B, Bd 9, 143 S

Mitscherlich G (1957) Das Wachstum der Fichte in Baden. AFuJZ, 128 Jg., Heft 10/11

Mückenhausen E (1977) Entstehung, Eigenschaften und Systematik der Böden der BR Deutschland, 2. Aufl. DLG-Verlags-GmbH, Frankfurt am Main

Müller G (1980) Pflanzenproduktion – Bodenkunde. Landwirtschaftsverlag, Berlin

Nagel H-D, Smiatek G, Werner B (1994) Das Konzept der kritischen Eintragsraten als Möglichkeit zur Bestimmung von Umweltbelastungs- und -qualitätskriterien -Critical-Loads & Critical-Levels-. Materialien zur Umweltforschung, Heft 20. Hrsg.: Rat von Sachverständigen für Umweltfragen. Metzler-Poeschel, Stuttgart

Nagel H-D, Henze C, Kunze F, Schmidt H, Schöber G, Werner B, Werner L (1995) Modellgestützte Bestimmung der ökologischen Wirkungen von Emissionen. UBA-Texte 79/96, Berlin

Nagel H-D, Schütze G (1997) Kriterien für die Erarbeitung von Immissionsminderungszielen zum Schutz der Böden und Abschätzung der langfristigen räumlichen Auswirkungen anthropogener Stoffeinträge auf die Bodenfunktionen. Abschlußbericht des UBA F/E-Vorhabens, FKZ 104 02 825

Nebel B, Fuhrer J (1994) Ozone sensitivity of species in semi-natural plant communities. In: Fuhrer J, Achermann B (eds.) Critical levels for ozone, UN/ECE Rep. Swiss Federal Research Station for Agricultural Chemistry and Environmental Hygiene, Lieberfeld-Bern, 328 pp

Nilsson J, Thörnelöf E (1992) NO$_x$-Protokoll, Sofia 1988: Für die BR Deutschland mit Gesetz vom 24.09.1990 ratifiziert (BGBl 1990, II, S. 1278)

Pacyna J M (1982) The spatial distribution of trace element emission from conventional thermal power plants in Europe, NILU-report 5/82, reference 24781. In: Hout, K. D van den (ed.) The impact of atmospheric deposition of non-acidifying pollutants on the quality of European forest soils and the North Sea, Main report of the ESQUAD project

Pacyna J M (1987) Atmospheric emissions of Cd and Hg from anthropogenic sources in the Federal Republik of Germany. NILU, Techn Rep. No. 65/87. In: Hout K D van den (ed) The impact of atmospheric deposition of non-acidifying pollutants on the quality of European forest soils and the North Sea, Main report of the ESQUAD project

Parkin T B, Tiedje J M (1984) Application of a soil core method to investigate the effect of oxygen concentration on denitrification. Soil Biol Biochem 16. In: Hoffmann A (Hrsg.) Veränderung des Nitratabbauvermögens tieferer Bodenschichten durch Stickstoffüberversorgung. UBA-Texte 1/91, UBA-FB 91-007

Posch M, Hettlingh J P, Downing R J (1993) Guidelines for the computation and mapping of critical loads and exceedances of sulfur and nitrogen in Europe. In: CCE (1993)

Prüeß A (1992) Vorsorgewerte und Prüfwerte für mobile und mobilisierbare, potentiell ökotoxische Spurenelemente in Böden. Dissertation, Universität Fridericana zu Karlsruhe, Grauer, Wendlingen a. N. Reinds G J, Bril J, de Vries W, Groenenberg J E, Breeuwsma A (1996) Critical loads and excess loads of cadmium, copper and lead for European forest soils. Rep. 96, DLO Wageningen, The Netherlands

Rost-Siebert K (1985) Untersuchungen zur H$^+$- und Al-Ionentoxizität an Keimpflanzen von Fichte (Picea abies Karst.) und Buche (Fagus sylvatica L.) in Lösungskultur. Berichte des Forschungszentrum Waldökosysteme d. Univ. Göttingen, Bd 12

Sauerbeck D, Styperek P (1988) Schadstoffe im Boden, insbesondere Schwermetalle und organische Schadstoffe aus langjähriger Anwendung von Siedlungsabfällen, UBA-Texte 16/88, UBA Berlin

Schaller G, Fischer W R (1985) pH-Änderungen in der Rhizosphäre von Mais und Erdnußpflanzen. Z Pflanzenernähr Bodenkunde 148:306–320

Scheffer F, Schachtschabel P (1989) Lehrbuch der Bodenkunde. Enke, Stuttgart

Schlutow A (1995) Empirische Bestimmung der Critical Loads auf nicht bewaldeten Flächen im nordostdeutschen Tiefland am Beispiel des Landkreises Märkisch-Oderland. In: Nagel H-D, Henze C, Kunze F, Schmidt H, Schöber G, Werner L. (Hrgs.): Modellgestützte Bestimmung der ökologischen Wirkungen von Emissionen, Abschlußbericht zum F/E-Vorhaben 104 01 005 im Auftrag des UBAes, Prädikow

Schober R (1975) Ertragstafeln wichtiger Baumarten bei verschiedenen Durchforstungen. Sauerländer, Frankfurt a. M.

Schöpfer W, Hradetzky J, Kublin E (1994) Wachstumsänderungen der Fichte in Baden-Württemberg. Forst und Holz 49

Schudoma D (1994) Ableitung von Zielvorgaben zum Schutz oberirdischer Binnengewässer für die Schwermetalle Blei, Cadmium, Chrom, Kupfer, Nickel, Quecksilber und Zink. Texte 52/94, UBA Berlin

Schütze G, Nagel H-D (1997) Berechnung kritischer Schwermetalleinträge in den Boden unter dem Aspekt der Vorsorge. Bodenschutz 1/97:14–17, Schmidt, Berlin

Schwappach W (1912) Ertragstafeln der wichtigsten Forstbaumarten. Abh. des Forstinstituts Eberswalde

Smil V (1990) Nitrogen and Phosphorus. In: Turner B L *et al.* (eds.): The earth as transformed by human action. Cambridge University Press, Cambridge

SRU (1994) Rat von Sachverständigen für Umweltfragen (1994) Umweltgutachten 1994. Für eine dauerhaft-umweltgerechte Entwicklung. Metzler-Poeschel, Stuttgart 380 S

Staehelin J, Schmid W (1991) Trend and analysis of tropospheric ozone concentrations utilizing the 20-year data set of balloon soundings over Payerne Switzerland. Atmospheric Environment, 25A, pp. 1793

Statistisches Bundesamt (Hrsg.) (1994) Statistisches Jahrbuch 1994 für die Bundesrepublik Deutschland. Metzler-Poeschel, Kusterdingen

Sverdrup H (1990) The kinetics base of cation release due to chemical weathering. Lund University Press, Lund, Sweden

Sverdrup H (1992) Calculating critical loads for high precipitation areas. Workshop on Problems on Mapping Critical Loads and Levels in Sub-Alpine and Alpine Regions, 9. bis 10.3.1992, Wien

Sverdrup H, Warfvinge P (1988) Weathering of primary minerals in the natural soil environment in relation to a chemical weathering model. Water Air Soil Pollut 38:387–408

Sverdrup H, de Vries W, Henriksen A (1990) Mapping critical loads: A guidance manual to criteria, calculation, data collection and mapping. Nordic Council of Ministers, Copenhagen, Miljorapport 1990:14

Sverdrup H, Warfvinge P (1993) The effect of soil acidification on the growth of trees, grass and herbs as expressed by the (Ca + Mg + K)/Al ratio. Department of Chemical Enineering II, Lund University, Sweden. Rep Ecol Environ Engin 2

Sverdrup H, Warfvinge P (1995) Critical loads of acidity to Swedish forest soils. Methods, data and results. Department of Chemical Enineering II, Lund University, Sweden. Rep Ecol Environ Engin 5

Sverdrup H (1996) Critical loads of cadmium for soils. 7. CCE-Workshop on Mapping Critical Loads and Levels, Budapest 1996, UN/ECE Convention on Long Range Transboundary Air Pollution

Tebaay R H (1994) Untersuchungen zu Gehalten, zur mikrobiellen Toxizität und zur Adsorption und Löslichkeit von PAKs und PCBs in verschiedenen Böden Nordrhein-Westfalens. Inaugural-Dissertation Friedrich-Wilhelms-Universität zu Bonn, Bonner Bodenkundliche Berichte, Bd 14

Trapp S, Matthies M (1994) Transfer von PCDD/F und anderen organischen Umweltchemikalien im System Boden – Pflanze – Luft, Teil II: Ausgasung aus dem Boden und Pflanzenaufnahme. UWSF – Z Umweltchem Ökotoxikol 6 (3):157–163

Trapp S, Matthies M, Kaune A (1994) Transfer von PCDD/F und anderen organischen Umweltchemikalien im System Boden – Pflanze – Luft, Teil I: Modellierung des Transferverhaltens. UWSF – Z Umweltchem Ökotoxikol 6 (1): 31–40

Trüby P (1993) Zum Schwermetallhaushalt von Waldbäumen. Habilitationsschrift, Forstwissenschaftliche Fakultät der Albert-Ludwigs-Universität, Institut für Bodenkunde und Waldernährungslehre, Freiburg Br.

Türk T (1992) Die Wasser- und Stoffdynamik in zwei unterschiedlich geschädigten Fichtenstandorten im Fichtelgebirge. Bayreuther Bodenkdl Ber 22

UBA (Hrsg.) (1980) Luftverschmutzung durch Schwefeldioxid – Ursachen, Wirkungen, Minderung. UBA-Texte, 123 S

UBA (Hrsg.) (1983) Luftqualitätskriterien für photochemische Oxidantien. Berichte 5/83, Schmidt, Berlin, 452 S

UBA (Hrsg.) (1988) ECE critical levels workshop, Bad Harzburg 1988. Final Draft Report, 146 S

UBA (Hrsg.) (1993) Manual on methodologies and criteria for mapping critical levels/loads and geographical areas where they are exceeded. Coordination center for Effects and the Secretariat of the United Nations Economic Commission for Europe. UBA-Texte 25/93

UBA ICP (1995) Deutsche Aktivitäten in den „Internationalen Kooperativ-Programmen" des UN/ECE-Luftreinhalteübereinkommens im Rahmen der Wirkungsuntersuchungen. Gemeinsamer Bericht der nationalen Koordinierungszentren, UBA

UBA (Hrsg.) (1996a) UN/ECE Convention on long range transboundary air pollution, task force on mapping: manual on methodologies and criteria for mapping critical loads/levels and geographical areas where they are exceeded. UBA Texte 71/96, 142 pp and Annexe, Berlin

UBA (Hrsg.) (1996b) Manual on methodologies and criteria for mapping critical levels/loads and geographical areas where they are exceeded. Coordination center for Effects and the Secretariat of the United Nations Economic Commission for Europe. UBA-Texte 71/96

Ulrich B, Mayer R, Khanna P K (1979) Deposition von Luftverunreinigungen und ihre Auswirkungen in Waldökosystemen im Solling. Schriftenreihe Forstwiss Fakultät Universität Göttingen Nieders. Forstl.Versuchsanstalt 58, 291 S

Ulrich B (1981) Theoretische Betrachtung des Ionenkreislaufs in Waldökosystemen. Z Pflanzenernährung Bodenkunde 144

Ulrich B (1985) Natürliche und anthropogene Komponenten der Bodenversauerung. Mitt D Bodenkundl Gesell 43/I:159–187

Umweltlexikon (1988) Kiepenheuer & Witsch, Köln

UN/ECE (1988) ECE Critical Levels Workshop, Report from a workshop held at Bad Harzburg, Germany 14.–18. March 1988, UBA, Berlin

UN/ECE (1990) Draft manual on methodologies and criteria for mapping critical levels/loads and geographical areas where they are exceeded. UBA, Berlin

UN/ECE (1991) Mapping critical loads for Europe. Coordination center for Effects, Techn Rep No.1. National Institute of Public Health and Environmental Protection, Bilthoven, The Netherlands, 86 pp

UN/ECE (1992) Critical levels of air pollutants for Europe. Background papers prepared for the UN/ECE Workshop on Critical Levels in Egham, U. K. 23.–26. March 1992. Air Quality Division, Department of the Environment, London (U. K.). 209 pp

UN/ECE (1993) Critical levels for ozone. Report from a UN/ECE workshop held at Bern, Switzerland, 1–4 November 1993, Swiss Federal Office of Environment, Forests and Landscape and Federal Research Station for Agricultural Chemistry and Environmental Hygiene (FAC). Liebefeld/Bern, Switzerland

UN/ECE/CCE (1993) Calculation and mapping of critical loads for Europe. Coordination center for effects, Status Rep 1993. National Institute of Public Health and Environmental Protection, Bilthoven, The Netherlands

UN/ECE (1994) Progress Report for the ICP Crops (June1993–June1994) The ICP Crops Coordination Centre. The Nottingham Trent University, United Kingdom

UN/ECE (1995a) Progress Report for the ICP Crops (June1994–June1995) The ICP Crops Coordination Centre. The Nottingham Trent University, United Kingdom

UN/ECE (1995b) Effects of nitrogen and ozone. Working Groups on Effects. EB.AIR/WG.1/R.110

UN/ECE (1996a) Critical levels for ozone in Europe: testing and finalising the concepts. Report from a UN/ECE workshop held in Kuopio, Finnland, 15.–17. April 1996, University of Kuopio, Department of Ecology and Environmental Science, Kuopio, Finnland

UN/ECE (1996b) Manual on methodologies for mapping critical loads/levels and geographical areas where they are exceeded. UBA Texte, Berlin (in press)

UN/ECE (1996c) Effects of Nitrogen and Ozone, Report by the ICPs and the Mapping Programme under the Working Group on Effects, NIVA, Oslo, 77 pp

Vandersee W, Wege K, Weigl E, Claude H (1993) Ozonstudien am Hohenpeißenberg. Berichte des Deutschen Wetterdienstes

Veerhoff M, Brümmer G W (1994) Ausmaß und ökologische Gefahren der Versauerung von Böden unter Wald. UBA-FB-Nr.: 107 02 004/14

Verhoeven J T A, Schmitz M B (1991) Control of plant growth by nitrogen and phosphorus in mesotrophic fens. Biogeochemistry 12: 135–148

Volz-Thomas A, Kley D (1988) Evaluation of the montsouris series of ozone measurements made in the nineteenth century. Nature 367:240–242

Weber G, Rehfuess K E, Kreutzer K (1993) Über den Einfluß naturnaher Waldwirtschaft auf den chemischen Bodenzustand. In Block J (Hrsg.) Stickstoffausträge mit dem Sickerwasser aus Waldökosystemen: Wirkungskomplex Stickstoff und Wald. IMA-Querschnittseminar, UBA Berlin

Weiger H (1986) Nitratausträge in Kiefernbeständen des Nürnberger Reichswalds – Ergebnisse von Feldversuchen auf verschiedenen Böden. In Block J (Hrgs.) Stickstoffausträge mit dem Sickerwasser aus Waldökosystemen: Wirkungskomplex Stickstoff und Wald. IMA-Querschnittseminar, UBA Berlin

Wellburn A R (1994) Air pollution and climate change: the biological impact. 2nd edn. Longman Scientific and Technical, Harlow, 268 pp

Werner L (1992) Base content in soil and problems arising in connection with acidification. In: Schneider T (Hrsg.) Acidification research: evaluation and policy applications

Wiedemann E (1951) Ertragskundliche und waldbauliche Grundlagen der Forstwirtschaft. Sauerländer, Frankfurt a. M.

Wiedey G A, Gerriets M (1986) Deposition, Austrag und Verbleib von Luftverunreinigungen: Ergebnisse der Messungen im Hils. In: Berichte des Forschungszentrums Waldökosysteme, Universität Göttingen, Rh. B, Bd 2

Wiedey G A, Raben, G. H. (1989) Datendokumentation zur Waldschadensforschung im Hils. In: Berichte des Forschungszentrums Waldökosysteme/ Waldsterben, Rh. B, Bd 12

Zöttl H W, Brahmer G, Feger K-H (1989) Projekt ARINUS: III. Stoffbilanzen und Düngung der Einzugsgebiete. In: Kfk – PEF 50, April 1989

# Überschreitungen von Critical Levels und Critical Loads durch aktuelle Belastungen

## 3.1
## Methodik der Erfassung von Critical-level- und Critical-load-Überschreitungen

T. Spranger · R. Köble

Das Schädigungsrisiko durch Einwirkung von Luftschadstoffen wird weder allein durch stoffspezifische kritische Schwellenwerte (Critical Levels für Schadgaskonzentrationen bzw. Critical Loads für Schadstoffeinträge) noch allein durch die aktuellen Belastungen beschrieben. Dies kann nur die Differenz der beiden Größen, also die Überschreitung der Critical Levels bzw. Critical Loads leisten. Die methodische Vorgehensweise zur Überschreitungsberechnung gibt schematisch Abb. 3.1 wieder.

Dabei ist zu berücksichtigen, daß Critical Levels und Immissionskonzentrationen bzw. Critical Loads und Gesamtdepositionen

- sich auf denselben Zeitraum beziehen müssen,
- im gleichen oder ähnlichen räumlichen Maßstab kartiert werden sollten,

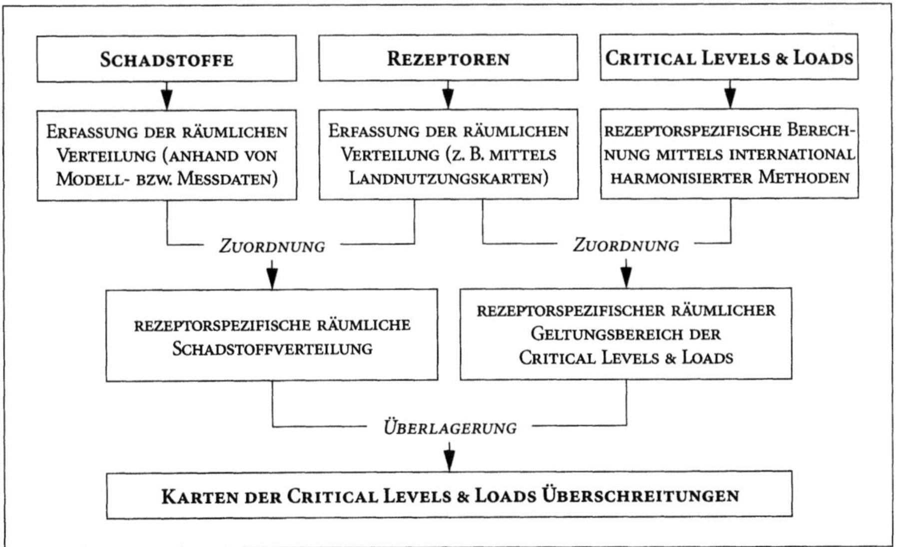


**Abb. 3.1.** Kartierung der Überschreitungen von Critical Levels und Critical Loads

- denselben Rezeptorbezug haben müssen, d. h.: Critical Loads für Waldböden müssen mit den Einträgen in Waldökosysteme verglichen werden, und auch bei der Überlagerung der Critical Levels ist die Konzentration im Bereich des Rezeptors (z. B. landwirtschaftliche Nutzpflanzen) zu berücksichtigen, die sich evtl. von der Konzentration am Meßgerät unterscheidet.

Allerdings variiert die Gewichtung dieser Vorgaben in Abhängigkeit davon, welche Ziele mit der Erfassung der Überschreitung von Critical Levels und Loads verfolgt werden. Nachfolgend wird v. a. unterschieden zwischen den Zielen „Unterstützung der internationalen Luftreinhaltepolitik" und „Erfassung und Bewertung des Risikopotentiales atmosphärischer Einträge auf nationaler Ebene".

### 3.1.1
### Überschreitungsberechnungen im internationalen Maßstab

Im Rahmen der europäischen Luftreinhaltepolitik können 2 der 3 o. g. Kriterien („gleicher Maßstab" und „Rezeptorbezug") z. Z. aufgrund der Datenmenge und qualität nicht vollständig angewandt werden. Hier werden Ergebnisse atmosphärischer Ferntransportmodelle (EMEP-Modelle, Rastergröße 150 × 150 km) mit Critical-load-Karten überlagert, die auf wesentlich kleinräumigeren Daten (z. T. bis zu einer Auflösung von 1 × 1 km) beruhen. Der Vergleich erfolgt zwischen dem Rasterfeldmittelwert (Immissionskonzentration bzw. Depositionsrate) des EMEP-Modells und dem Critical Level bzw. dem 5-Perzentil der Critical Loads in diesem Rasterfeld (vgl. Kap. 3.4 und 3.5).

Die Konsequenz aus dieser Überlagerung von Information mit sehr unterschiedlichem räumlichen Bezug ist jedoch eine systematische Unterschätzung des Überschreitungspotentials v. a. in sehr sensitiven Bereichen aus folgenden Gründen:

1. Sowohl die Empfindlichkeit von Rezeptoren gegenüber Luftschadstoffen (z. B. Critical Loads) als auch die Depositionsraten variieren sehr stark innerhalb eines EMEP-Rasterfeldes. Nimmt man für beide Größen unabhängige Normalverteilungen sowie nur einen empfindlichen Ökosystemtyp pro Rasterfeld an, dann ergibt sich für *jeden* Depositionswert eine Wahrscheinlichkeitsverteilung von Critical-load-Überschreitungen, der der Critical-load-Verteilung genau entspricht. Folglich ist die resultierende Verteilung aller Critical-load-Überschreitungen wesentlich breiter als die Eingangsverteilungen, d. h. sie hat Extremwerte (z. B. 5-Perzentile und 95-Perzentile), die wesentlich weiter entfernt vom jeweiligen Mittelwert sind. Das 95-Perzentil der Critical-load-Überschreitungen in einem Rasterfeld [eq ha$^{-1}$ a$^{-1}$], das zum Schutz von 95 % der Ökosysteme auf 0 reduziert werden müßte, ist somit systematisch größer als die für die Emissionsminderungsverhandlungen benutzte Differenz aus dem EMEP-Depositionswert (= *Mittelwert* für dieses Rasterfeld) und dem 5-Perzentil der Critical Loads. Gleiches gilt für die Überschreitung von Critical Levels.

2. In vielen gegenüber sauren Depositionen besonders empfindlichen Regionen (z. B. Hochlagen der Mittelgebirge) finden sich gleichzeitig besonders hohe Depositionsraten. Gleiches gilt für Waldregionen, die zum einen im Vergleich zu anderen Landnutzungstypen besonders hohe Depositionsraten und zum anderen

sehr oft auch arme, schwach puffernde Böden aufweisen. Da EMEP-Depositions-
werte nur in wesentlich gröberem Maßstab vorliegen als die variable Landnutzung, ergibt sich eine systematische Unterschätzung der Deposition in diese besonders empfindlichen Gebiete.

3. Die Verteilungen von Immissionskonzentrationen und von anderen für die trok-
   kene Deposition entscheidenden Größen sind in einem gegebenen Raum (z. B. einem EMEP-Rasterfeld) log-normal verteilt. Der unter 1. beschriebene statistische
   Effekt wird somit noch größer, da die höchsten Depositionswerte und daher auch
   das 95-Perzentil der Critical-load-Überschreitungen noch weiter von der Differenz aus dem EMEP-Modellwert und dem 5-Perzentil der Critical Loads entfernt
   ist. Gleiches gilt für die Überschreitung von Critical Levels.

Die Überschreitungen von Critical Loads und Critical Levels werden somit durch
die europaweit angewandte Verfahrensweise z. T. erheblich unterschätzt. Erste Untersuchungen ergaben für Deutschland eine systematische Unterschätzung der Überschreitung von $CL_{max}(S)$ um 60 %, wenn die Überschreitung auf EMEP-Depositions-
werten basiert.

Ziel der Berechnungen im europäischen Maßstab ist jedoch die Zuordnung von
gegenwärtigen und zukünftigen Überschreitungen von Critical Levels und Critical
Loads zu den Schadstoffemissionen der europäischen Länder und, daraus abgeleitet,
die Berechnung von Transferkoeffizienten zwischen den Emittentenländern und den
Überschreitungen in jedem EMEP-Rasterfeld. Diese Transferkoeffizienten sind eine
Basis der Protokollverhandlungen im Rahmen der ECE-Luftreinhaltekonvention
(s. Kap. 4). Unter Berücksichtigung der großen Unsicherheiten bezüglich zukünftiger
Emissions-Depositions-Verhältnisse, der Entwicklung der Wirtschaft und des Ener-
gieverbrauchs der Länder sowie der Wirkungen von Luftschadstoffen ist die Kartierung der Critical-load- und -level-Überschreitungen in diesem groben Maßstab
*ausreichend für die Entwicklung internationaler Emissionsminderungs-Protokolle*
(UN/ECE 1996).

*Für die flächendeckende Abschätzung von Wirkungspotentialen auf Ökosystemebe-
ne* ist allerdings eine höhere räumliche Auflösung von Immissions- und Depositionsdaten notwendig als für die Entwicklung internationaler Minderungsszenarien.
Möglichkeiten hierzu werden im folgenden diskutiert.

### 3.1.2
### Überschreitungsberechnungen im nationalen Maßstab

Im Rahmen der nationalen Kartierung bietet sich eine die räumliche Variabilität besser berücksichtigende Erfassung der Immissionen und Depositionen anhand der
Daten aus Monitoringprogrammen an. Zur Erstellung von flächendeckenden, hoch-
aufgelösten Konzentrations- und Eintragskarten sollten allerdings die Meßnetze im
Idealfall folgende Kriterien erfüllen um den einleitend genannten Ansprüchen für
die Berechnung von Überschreitungen der Critical Loads/Levels zu genügen:

1. *Erfassung der wichtigsten Stoffe.* Die Ergebnisse eines Monitoringsystems sind nur
   dann wirklich aussagekräftig, wenn alle aus der Wirkungsforschung bekannten
   Schadstoffe oder ihre Vorläufersubstanzen gemessen bzw. modelliert werden. Dies

ist nur mit Einschränkung der Fall; beispielsweise werden in Deutschland weder die Immissionskonzentrationen von Ammoniak und basischen Kationen noch die trockene Deposition von Stickstoffverbindungen, Schwefelverbindungen und basischen Kationen durch Meßnetze erfaßt.

2. *Erfassung möglichst flächendeckend und kontinuierlich.* Werden standortgebundene Meßdaten zur flächendeckenden Erfassung herangezogen, so müssen sie interpolierbar sein, d. h. in einer der jeweiligen räumlichen Übertragbarkeit des gemessenen Parameters entsprechenden Dichte vorliegen (z. B. haben Sulfatkonzentrationen meist eine höhere räumliche Repräsentativität als $SO_2$-Messungen). Diese Forderung schließt ein, daß auch räumliche und zeitliche Minima und Maxima aller gemessenen Stoffe zu erfassen sind. In der Regel kann dies aus finanziellen Gründen nicht eingehalten werden. Dann sollte das Meßnetzdesign v. a. auf die Fragestellung wo (z. B. in besonders empfindlichen Ökosystemen) und wann (genügende Meßfrequenz) die gravierendsten Wirkungen zu erwarten sind, ausgerichtet sein.

3. *Vollständige Erfassung der Deposition.* Die Gesamtdeposition setzt sich aus der trockenen Deposition von Gasen und Partikeln, der nassen Deposition (Stoffeintrag mit Regen, Schnee etc.) sowie der Deposition von Nebel- und Wolkentröpfchen (feuchte Deposition) zusammen. Alle 3 Depositionspfade müssen erfaßt werden. Das Ziel der vollständigen Erfassung der Deposition ist wegen der großen methodischen Schwierigkeiten bei der Erfassung der trockenen und feuchten Deposition für ein Routinemeßnetz nur schwer erreichbar. Weiterhin sind punktuelle Meßdaten der trockenen und feuchten Deposition aufgrund der hohen Variation in Abhängigkeit von lokaler Meteorologie und Morphologie des Rezeptors kaum auf die Fläche übertragbar. Die Erstellung eines genügend dichten Meßnetzes ist schon aus Kostengründen nicht zu leisten. Eine Alternative für die flächendeckende Erfassung der Gesamtdeposition stellt die Kombination von interpolierten Naßdepositionsmeßdaten mit der kleinräumigen Modellierung der Trocken- und Tröpfchendeposition aus Immissionsdaten dar. Doch sind punktuelle Messungen der trockenen und Tröpfchendeposition zur Kalibrierung und Validierung der Modelle und Modellergebnisse dringend erforderlich.

4. *Kompatibilität mit Emissions-, Immissions- und Depositionsmodellen.* Für die Entwicklung entsprechender Minderungsstrategien ist die Frage der Herkunft der (Schad-)Stoffe von entscheidender Bedeutung. Die Verbindung von Emissionsquelle zu Immission bzw. Deposition wird durch Modelle hergestellt. Dafür müssen die Ausgangs- und Endgrößen (Emission, Immission und Deposition) in einer räumlichen und zeitlichen Auflösung vorliegen, die eine verläßliche Modellkonstruktion sowohl im nationalen als auch im internationalen Maßstab (z. B. Ferntransportmodelle) erlaubt.

5. *Meßmethoden und Meßnetzdesign sollten national und international anerkannt und abgestimmt sein.* Unabhängig von der inhärenten Qualität der Methodik ist die internationale Akzeptanz Voraussetzung für die Verwendbarkeit der Daten z. B. in internationalen Verhandlungen zur Emissionsminderung. Messungen sollten nach international harmonisierter Methodik vorgenommen werden. Interpolation und Kartierung sollten international zumindest kompatibel sein.

6. *Routinemäßige Qualitätskontrolle bzw. -sicherung.* Zu erwartende Fehlergrößen müssen quantifiziert und möglichst minimiert werden.

Die für das Bundesgebiet vorliegenden Daten aus den Meßnetzen des Umweltbundesamtes und der einzelnen Länder lassen eine flächenhafte Darstellung der Immissionskonzentrationen einiger Stoffe (vgl. Kap. 3.2) und der nassen Deposition (vgl. Kap. 3.3.2) zu, die im wesentlichen die Anforderungen hinsichtlich räumlicher und rezeptorspezifischer Auflösung als Input in Überschreitungsberechnungen erfüllen. Die trockene Deposition wird mittels eines Widerstandsmodells aus den Immissionkonszentrationen errechnet (vgl. Kap. 3.3.3) und mit punktuellen Meßdaten aus den Monitoringprogrammen validiert. Die feuchte (Tröpfchen-)Deposition, die ausschließlich in Hochlagen der Mittelgebirge eine große Rolle spielt, kann bisher nicht flächendeckend erfaßt werden.

## 3.2
## Erfassung der Immission

R. Köble · G. Smiatek

Das Wesen des Critical-load- und -level-Konzeptes liegt in der räumlichen Gegenüberstellung der Sensitivität der Rezeptoren, die durch Critical-level- oder Critical-load-Karten beschrieben wird, und der aktuellen Luftbelastung. Die Critical Levels beziehen sich auf die direkte Wirkung der Schadstoffkonzentrationen auf sensitive Rezeptoren. Die Belastungsseite beschreiben die AOT40-Werte für Ozon, Jahres- bzw. Halbjahresmittelwerte für Schwefeldioxid und Jahresmittelwerte für Stickoxide.

### 3.2.1
### Ozon

Grundsätzlich ist die Erfassung der räumlichen Verteilung der AOT40-Werte in hoher geometrischer Auflösung derzeit nur mit Hilfe von statistischen Interpolationsverfahren möglich. Hierbei werden Konzentrationen aus Punktmessungen auf die Fläche übertragen. Den alternativ einsetzbaren numerischen Simulationen mit Chemie-Transport-Modellen steht in langen Zeiträumen, wie sie im AOT-Konzept zu berücksichtigen sind, noch der enorme Datenbedarf und die beträchtliche Rechenleistung entgegen. Zum Teil fehlen aber auch entsprechend strukturierte Emissionskataster, die für den zuverlässigen Betrieb der Modelle unerläßlich sind. Die Heranziehung der Meßwerte und ihre räumliche Interpolation stößt jedoch auf einige Probleme, wie Meßausfälle, eingeschränkte Repräsentativität der Meßstationen oder deren Beeinflussung durch den Straßenverkehr, die einer geeigneten Lösung zugeführt werden müssen.

Für den Zeitraum 1992–1994 liegen 30-min-Meßwertserien von mehr als 300 Meßstationen aus Meßnetzen des Bundes und der Länder vor. Die Abgabe der Daten erfolgt in der Einheit $\mu g\,m^{-3}$. Für die Berechnung der AOT40-Werte werden die Meßwerte zu Stundenmittelwerten aggregiert und in die Einheit ppb umgerechnet. Da keine Angaben über Druck und Temperaturbezugsbasis für die Messungen an den einzelnen Stationen vorliegen, wird ein einheitlicher Umrechnungsfaktor ($2\,\mu g\,m^{-3}\,O_3 = 1\,ppb\,O_3$) verwendet. Die Erfassung der aktuellen AOT40-Werte bedarf ferner einer kontinuierlichen Meßreihe, die bei Messungen oft durch Ausfälle der Apparatur unterbrochen wird. Bei einer Meßausfallquote von über 30 % der Halbstundenmittel-

werte bleibt die Station in den weiteren Berechnungen unberücksichtigt. An den
verbleibenden Stationen werden die ermittelten AOT40-Werte jeder Meßstation um
den prozentualen Anteil der Meßausfälle an dieser Station korrigiert.

Des weiteren ist eine Klassifizierung der Meßstationen in Abhängigkeit ihrer Lage
zum Straßenverkehr notwendig. Ozonmessungen an verkehrsnahen Stationen beschreiben aufgrund der hohen Ozonreduktionsrate durch NO-Emissionen nur die
lokale Situation. Aus diesem Grunde werden sie nicht in die räumliche Interpolation
einbezogen. Für die unterschiedlichen Meßnetze existiert leider keine einheitliche
Stationsbeschreibung. Hier wird ein Verfahren vorgeschlagen, das eine Klassifizierung jeder Meßstation bezüglich ihrer Lage zum Emittenten Verkehr ermöglicht.
Dieses Verfahren beruht auf 2 Kriterien und zwar auf dem Verhältnis $NO_2/NO$ und
der Jahresdurchschnittskonzentration von $NO_2$. Das erste Kriterium basiert auf der
Annahme, daß geringe $NO_2/NO$-Verhältnisse an Meßstationen in Straßennähe auf
hohe Stickstoffmonoxidemissionen aus Verbrennungsprozessen der Kraftfahrzeuge
zurückzuführen sind. An den emittentenfernen Meßstationen des Umweltbundesamtes dagegen dominiert deutlich $NO_2$ gegenüber NO. Das $NO_2/NO$-Verhältnis an diesen Stationen liegt 1992/93 durchgehend über dem Wert von zwei. Das $NO_2/NO$-
Verhältnis von zwei wird als ein Schwellenwert für das erste Kriterium zur Definition
„nicht oder gering von Verkehrsemissionen beeinflußte" Station eingesetzt. Falls sowohl für $NO_2$ als auch für NO sehr hohe Meßwerte vorliegen, kann trotz eines Verhältnisses von über zwei eine direkte Beeinflussung durch Verkehrsemissionen nicht

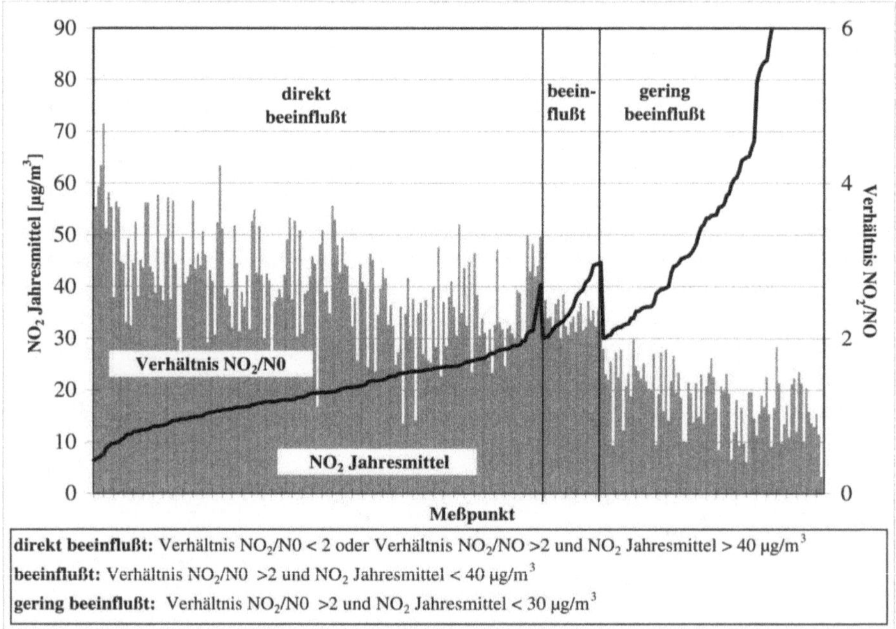



**direkt beeinflußt:** Verhältnis $NO_2/N0$ < 2 oder Verhältnis $NO_2/NO$ >2 und $NO_2$ Jahresmittel > 40 µg/m³

**beeinflußt:** Verhältnis $NO_2/N0$ >2 und $NO_2$ Jahresmittel < 40 µg/m³

**gering beeinflußt:** Verhältnis $NO_2/N0$ >2 und $NO_2$ Jahresmittel < 30 µg/m³

**Abb. 3.2.** Gruppierung der Immissionsmeßstationen nach ihrer Lage zur Emissionsquelle Verkehr
aufgrund von $NO_2$- und NO-Messungen

ausgeschlossen werden. Hier wird ein zweites Kriterium, nämlich ein maximales $NO_2$-Jahresmittel von 30 µg m$^{-3}$ für „nichtbeeinflußte" Stationen eingeführt. Bei Mittelwerten zwischen 30 und 40 µg m$^{-3}$ und einem Verhältnis von über zwei werden die Meßstationen als „beeinflußt" bezeichnet. Bei $NO_2$-Jahresmittelwerten von über 40 µg m$^{-3}$ und einem Verhältnis $NO_2/NO$ von unter zwei wird die Bezeichnung „direkt beeinflußt" eingeführt.

Abbildung 3.2 zeigt das Analyseergebnis für alle Meßstationen, an denen 1992/93 Stickoxidmessungen vorlagen. Anhand der beschriebenen Klassifikation ist nur ein Drittel der bundesdeutschen Meßstationen als „nicht oder gering" von Verkehrsemissionen beeinflußt einzustufen.

Nach der Berücksichtigung und Korrektur der Meßausfälle stehen Zeitreihen von 193 Meßorten im Jahr 1992 und von 268 Meßorten im Jahr 1993 zur Verfügung. 1994 liegt diese Zahl jedoch bei nur 184. Davon erfüllten rund 40 % das Kriterium „nicht direkt von Verkehrsemissionen beeinflußt". Die räumliche Anordnung der Meßpunkte gibt Abb. 3.3 wieder. In Baden-Württemberg, Hessen und Schleswig-Holstein ist das Meßnetz relativ dicht und die Stationen sind gleichmäßig über die Fläche verteilt. In allen anderen Bundesländern bestehen jedoch noch erhebliche Lücken. Dies ist insbesondere der Fall, wenn nur Meßstationen, die nicht direkt von Verkehrsemissionen betroffen sind, betrachtet werden.

Ein weiteres Problem bei der Berechnung der AOT-Werte ist die Definition des Zeitraums der „Tageslichtstunden". Hierbei sollen nur Tageslichtstunden mit einer Globalstrahlung von $> 50$ W m$^{-2}$ Berücksichtigung finden. Daten über die Strahlung liegen jedoch nicht für alle Meßstationen vor. Eine exemplarische Auswertung von Daten von 16 Stationen (s. Abb. 3.4) und zwar hinsichtlich des Zeitpunkts der morgendlichen Überschreitung bzw. der abendlichen Unterschreitung von 50 W m$^{-2}$ zeigt, daß die täglichen Variationen, in Abhängigkeit vom Bewölkungsgrad, sehr hoch sind (graue Linie). Im Monatsmittel (schwarze Balken) für Mai, Juni und Juli, der definierten Berechnungsphase für die AOT40-Werte für landwirtschaftliche Nutzpflanzen, ergibt sich allerdings ein sehr einheitlicher Verlauf. Der morgendliche Beginn liegt bei 6 Uhr und das abendliche Ende bei 18 Uhr. Für Waldgebiete wird der Zeitraum April bis September betrachtet. Hier sind die monatlichen Schwankungen aufgrund des variierenden Sonnenstandes über den längeren Zeitraum deutlicher. Der Beginn liegt zwischen 6 und 7.30 Uhr und das Ende zwischen etwa 16.30 und 18 Uhr.

Ein Vergleich an 16 Meßstandorten zeigt, daß der Berechnungszeitraum die Höhe des AOT40-Wertes nur geringfügig beeinflußt. Die Abweichungen liegen im Mittel bei etwa 2,6 %. Auch in der Berechnung der AOT40-Werte für Waldökosysteme stimmt die Beschränkung auf den Zeitraum 6–18 Uhr besser mit den Berechnungen anhand der tatsächlichen Strahlung überein.

Basierend auf den dargestellten Annahmen und Erkenntnissen lassen sich für alle Ozonmeßstationen, unabhängig von der tatsächlichen Landnutzung, die AOT40-Werte innerhalb der definierten Zeiträume, sowohl für Waldökosysteme täglich von 6–18 Uhr, zwischen April und September als auch für landwirtschaftliche Nutzpflanzen von täglich von 6–18 Uhr, zwischen Mai und Juli mit hoher Genauigkeit berechnen, auch ohne die Globalstrahlung an jedem einzelnen Meßort zu berücksichtigen.

Eine Gesamtübersicht der AOT40-Berechnungen für landwirtschaftliche Nutzpflanzen zeigt Abb. 3.5. Berücksichtigt man auch die verkehrsbeeinflußten Stationen,

**Abb. 3.3 a.** Ozonmeßstationen 1992: alle verfügbaren Stationen

**Abb. 3.3 b.** Ozonmeßstationen 1992: nicht direkt von Verkehrsemissionen beeinflußte Stationen

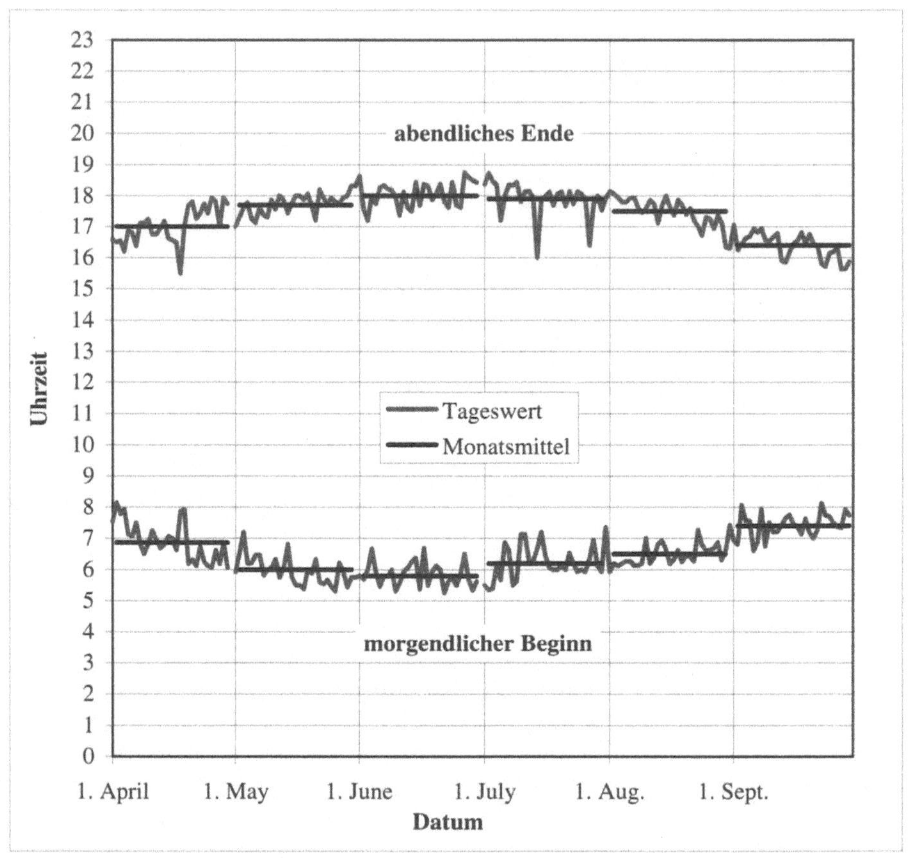


**Abb. 3.4.** Beginn und Ende der Globalstrahlung von > 50 W m$^{-2}$ (Mittelwert aus 16 Stationen)

so zeigt die dargestellte Häufigkeitsverteilung der Ergebnisse in den Jahren 1992 bis 1994, daß

- an Stationen mit geringem Verkehrseinfluß (obere Grafik), mit Ausnahme einer Messung im Jahr 1993, z. T. beträchtliche Überschreitungen des Critical Levels von 3 000 ppb-h auftreten;
- jährliche Schwankungen der AOT40-Werte im Mittel aus allen Stationen größer sein können als der Critical Level selbst;
- für das Jahr 1992 der Mittelwert aus den Berechnungen an gering belasteten Stationen um 4 000 ppb-h über dem des Jahres 1993 liegt;
- die gemittelten AOT40-Werte an den verkehrsbelasteten Stationen um etwa den Betrag des Critical Levels von 3 000 ppb-h niedriger liegen als an gering bis nicht belasteten Meßpunkten;
- vergleichbare Aussagen auch für den Critical Level für Wald von 10 000 ppb-h gelten, der an fast allen Meßstationen überschritten wird.

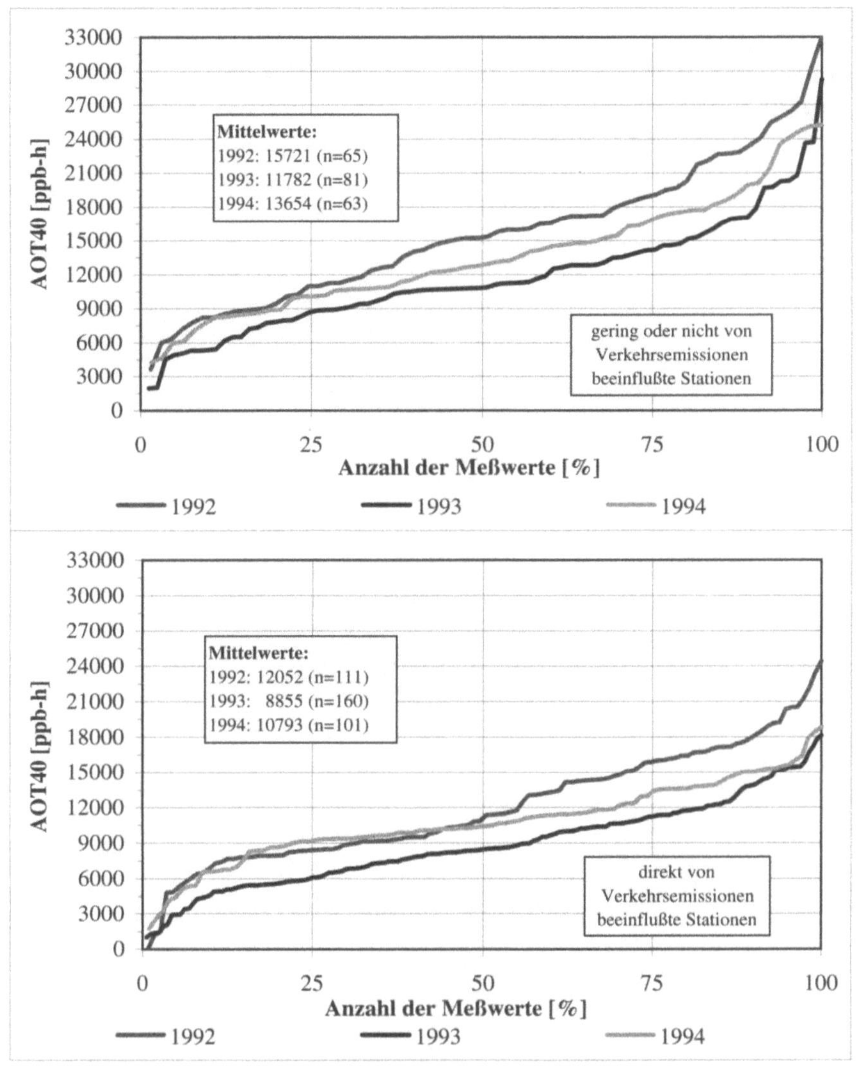



**Abb. 3.5.** Häufigkeitsverteilung der AOT40-Werte an gering und direkt von Verkehrsemissionen beeinflußten Stationen 1992–1994

Die AOT40-Berechnung für die Rezeptoren Wald und landwirtschaftliche Nutzpflanzen zeigt ferner in allen Jahren einen eindeutigen linearen Zusammenhang, allerdings mit jährlich variierenden Funktionen. Die Werte für Waldökosysteme sind aufgrund des längeren Berechnungszeitraums (April–September) um den Faktor 1,5 (1994) bis 1,63 (1993) höher. Daraus läßt sich ableiten, daß zumindest im Betrachtungszeitraum 1992–1994 die kumulierte Dosis in den 3 Monaten April, August und September, nur etwa 50–63 % des Wertes von Mai, Juni und Juli erreicht.

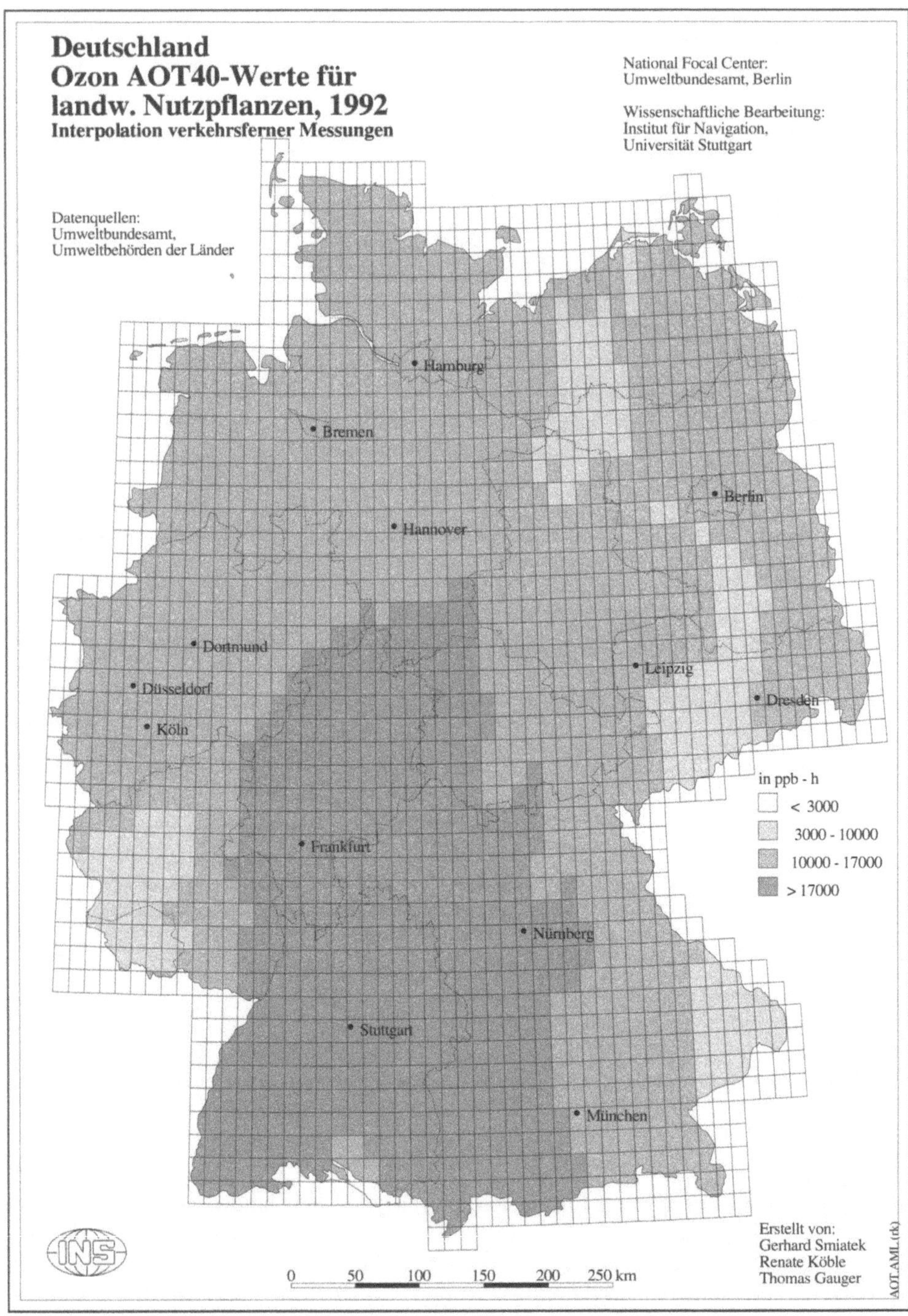


**Abb. 3.6 a.** AOT40-Werte für landwirtschaftliche Nutzpflanzen 1992

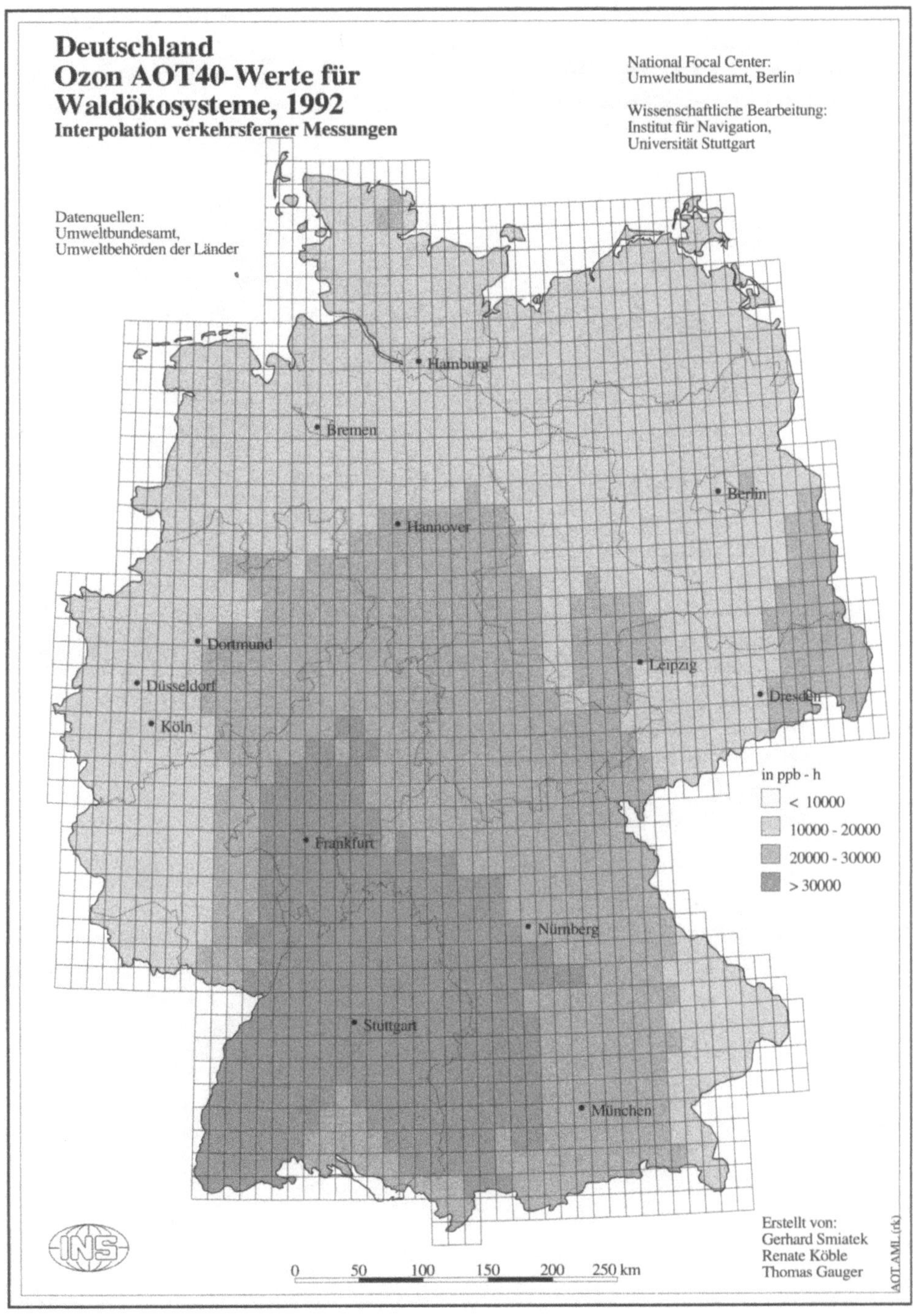


**Abb. 3.6 b.** AOT40-Werte für Waldökosysteme 1992

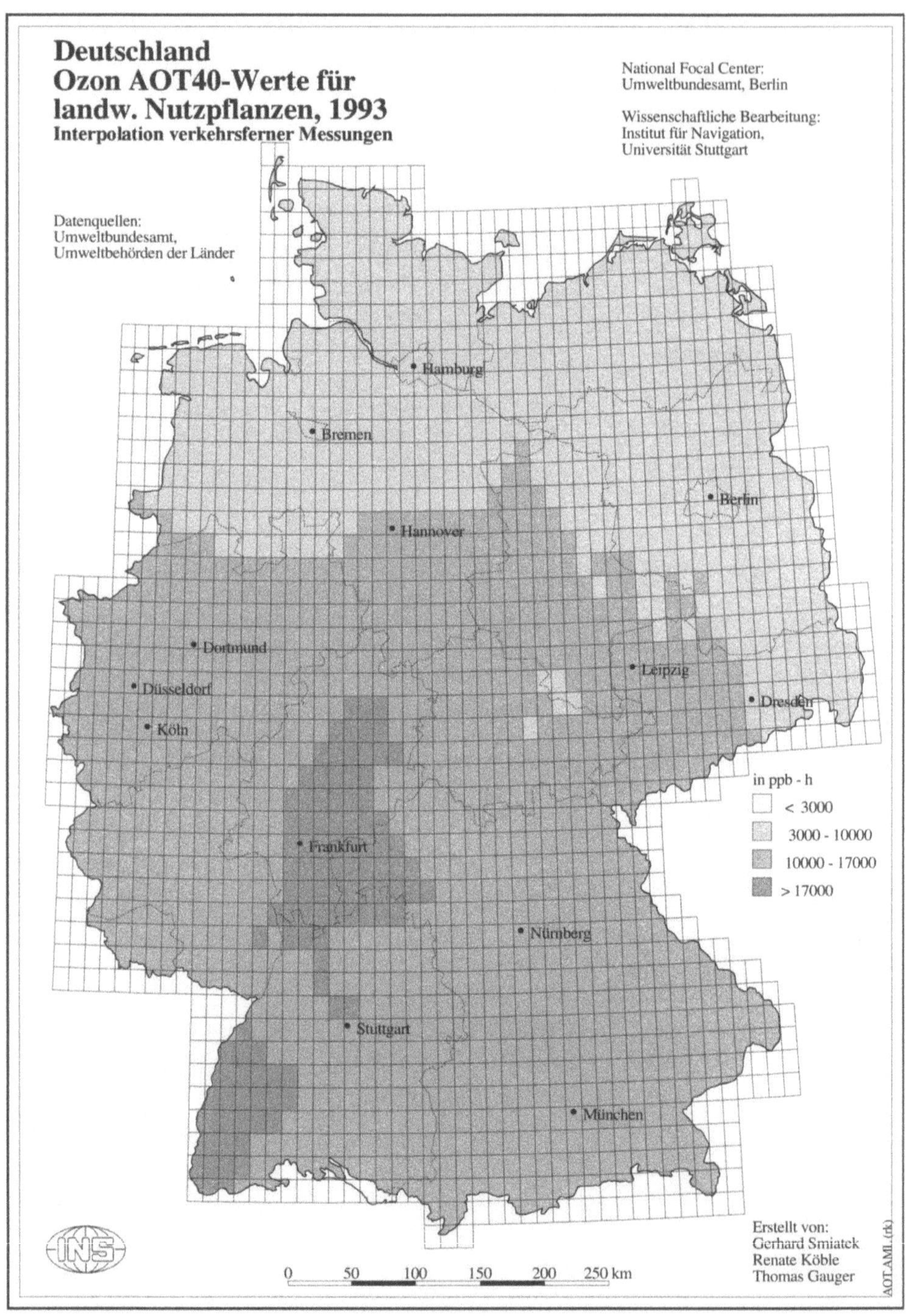


**Abb. 3.7 a.** AOT40-Werte für landwirtschaftliche Nutzpflanzen 1993

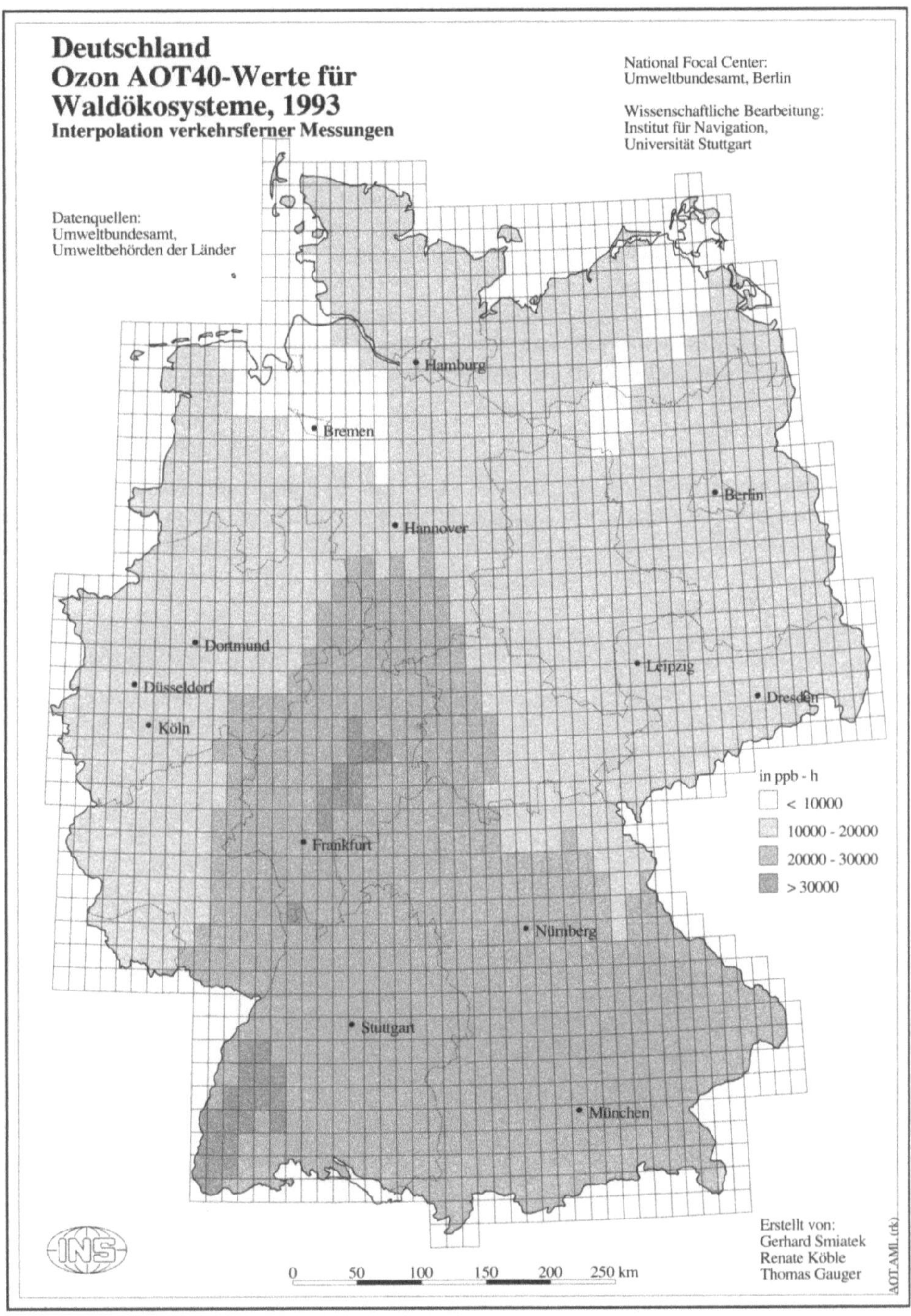


**Abb. 3.7 b.** AOT40-Werte für Waldökosysteme 1993

Gemäß der Critical-level-Definition bezieht sich der AOT40-Wert nur auf Zeiträume, in denen die Schadstoffaufnahme der Pflanze nicht durch natürliche Faktoren limitiert wird. Bisher konnten Einflüsse wie z. B. Boden- und Luftfeuchtedefizit noch nicht berücksichtigt werden. Trockenstreß der Vegetation führt zum Schließen der Spaltöffnungen und damit zu reduzierter Stoffaufnahme. Solche Phasen treten v. a. in den Sommermonaten bei strahlungsintensiven Hochdruckwetterlagen auf, in denen auch die Ozonbildung besonders begünstigt ist. Nach Klima-Atlas (Keller 1979) fielen 70–90 % der klimatischen Trockenperioden (1951–1970) in den Zeitraum Mai bis September. Maxima wurden (nur alte Bundesländer)

- im Alpenraum und im Alpenvorland v. a. im *September*,
- in weiten Teilen Baden-Württembergs und Bayerns im *Juli*,
- in Saarland, Rheinland-Pfalz, Hessen und Nordbayern vorwiegend im *Mai*, und
- nördlich der Mainlinie im *Juni*

ermittelt.

Die höchste Anzahl und die stärkste Intensität erreichten die Trockenperioden zwischen Main und Donau (mit Ausnahme der Hochlagen). Es ist zu vermuten, daß sich unter Berücksichtigung der zeitlichen und räumlichen Variation von Trockenperioden und Ozonbildung, sowohl die Gesamthöhe als auch das räumliche Muster der AOT40-Werte ändern würden.

Die Interpolation der Punktmessungen mit geringem Verkehrsemissionseinfluß über die Fläche der Bundesrepublik erfolgt mit Hilfe des Kriging-Verfahrens (s. Köble *et al.* 1993). Die Rasterelementgröße beträgt 10 · 10 Bogenminuten (etwa 10 · 20 km). Die geringe Meßdatendichte führt zwangsläufig nur zu einer sehr groben Annäherung der realen räumlichen Verteilung. Dies muß insbesondere bei einer kleinräumigen Interpretation der Ergebniskarten berücksichtigt werden. Die Interpolationsergebnisse für beide Rezeptoren in den Jahren 1992 und 1993 sind in Abb. 3.6 a, b und Abb. 3.7 a, b dargestellt. Die Abbildungen zeigen, daß die definierten Critical Levels für Ozon großräumig und mit beträchtlichen Beträgen überschritten werden.

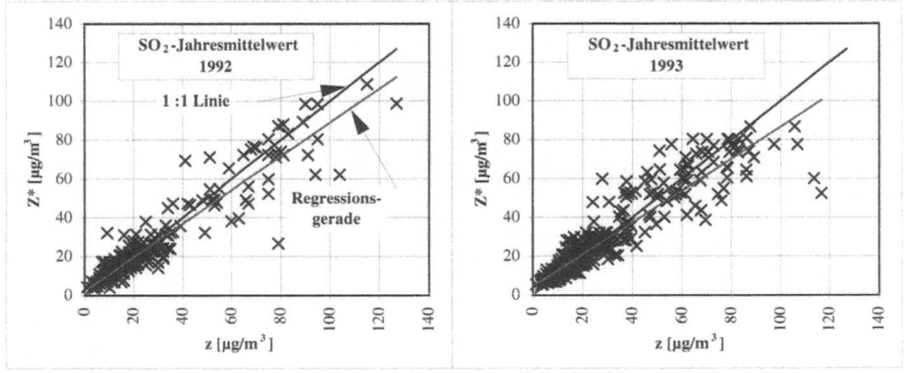



**Abb. 3.8.** Vergleich der SO₂-Jahresmittelwerte an den Meßstationen ($z$) mit den Resultaten der Kriging-Interpolation ($z^*$) am gleichen Ort

## 3.2.2
## Schwefeldioxid

Die Immissionsdaten für die Erfassung der räumlichen Belastung durch Schwefeldioxid stammen aus der UMPLIS-Datenbank des Umweltbundesamtes. Aus der Entstehungsgeschichte der Meßnetze resultierend, sind die Meßeinrichtungen der Länder in den Ballungsräumen wesentlich dichter als im ländlichen Raum. Für das Jahr 1990 stehen Jahres- und Halbjahresmittelwerte der $SO_2$-Konzentration von 404 Stationen und im Jahre 1992 Meßdaten von 350 Stationen zur Verfügung. 1993 wurde das Meßnetz auf 450 Stationen erweitert. Die berechneten Halbjahresmittel beziehen sich auf die Wintermonate Januar bis März und Oktober bis Dezember des jeweiligen Jahres. Die räumliche Interpolation erfolgt mit Hilfe des Kriging-Verfahrens auf ein Raster von $10 \cdot 10$ Bogenminuten.

Aufgrund der hohen Meßdichte werden die Meßergebnisse sehr genau von den interpolierten Werten wiedergegeben (s. Abb. 3.8). Für die flächenhafte Darstellung kann auf die Datenauswahl bezüglich Emittentennähe/-ferne verzichtet werden.

Die Karten der $SO_2$-Jahresmittelwerte (Abb. 3.9 a, b) zeigen einen Rückgang der Spitzenbelastungen im Bundesgebiet in den Jahren 1990–1992, vor allem für das Gebiet der östlichen Bundesländer. Im Westen ist ein Rückgang im Nordschwarzwald und im Ruhrgebiet feststellbar. Dies zeigt auch der Vergleich der kumulativen Verteilung der Meßwerte der Jahre 1990, 1992 und 1993 (Abb. 3.10). Die höchsten Jahresmittelwerte sind in diesem Zeitraum von 240 auf ca. 120 µg m$^{-3}$ zurückgegangen, wobei 90 % der Meßstationen eine Konzentration von < 40 µg m$^{-3}$ im Jahresmittel aufweisen. Bei 70 % der Meßstationen liegt dieser Wert sogar < 20 µg m$^{-3}$, dem Critical Level für Waldgebiete.

Eine leicht gegenläufige Tendenz zeichnet sich zwischen 1992 und 1993 in Gebieten niedriger $SO_2$-Konzentrationen ab. In Niedersachsen, Nordrhein-Westfalen und Hessen nimmt im Jahre 1993 die Klasse 15–20 µg m$^{-3}$ gegenüber dem Vorjahr zu. Der Vergleich der Immissionswerte an den Meßstationen läßt dieselbe Entwicklung auch für die meisten anderen Bundesländer und sogar an den Reinluftmeßstationen des Umweltbundesamtes erkennen. Da dies vor allem den Konzentrationsbereich < 30 µg m$^{-3}$ betrifft, resultiert daraus jedoch keine Ausdehnung der Gebiete mit Überschreitung der Critical Levels für $SO_2$.

In der Festlegung der Critical Levels für das Schadgas $SO_2$ wird eine besondere Betonung auf die $SO_2$-Konzentrationen im Mittel des Winterhalbjahres unter Berücksichtigung der Sensitivität von Winterungen gelegt (Bell 1992). Wie die Verteilung der Mittelwerte der Jahre 1990 und 1992 und der Mittelwerte des Winterhalbjahres 1992 zeigt, liegen die Mittelwerte der Winterhalbjahre über den Jahresmittelwerten. Bei ca. 80 % der Meßstationen liegt die Differenz unter 10 µg m$^{-3}$. Belastete Gebiete weisen jedoch im Winterhalbjahr überproportional höhere Mittelwerte auf. Betrachtet man nur diejenigen Meßstationen, die im Jahresmittel 1992 Konzentrationen < 30 µg m$^{-3}$ aufweisen, so liegen bei etwa 10 % der Meßstationen die Mittelwerte des Winterhalbjahres über 30 µg m$^{-3}$, dem Critical Level für landwirtschaftliche Nutzpflanzen (s. Abb. 3.11). An ca. 20 % der Meßstationen, die im Jahresmittel unter 20 µg m$^{-3}$ liegen, wird im Winterhalbjahr dieser Wert überschritten. Aus diesen Daten kann gefolgert werden, daß die Berechnung der Überschreitung der Critical Levels für $SO_2$ auf der Basis der Jahresmittelwerte zu einer Unterschätzung in der

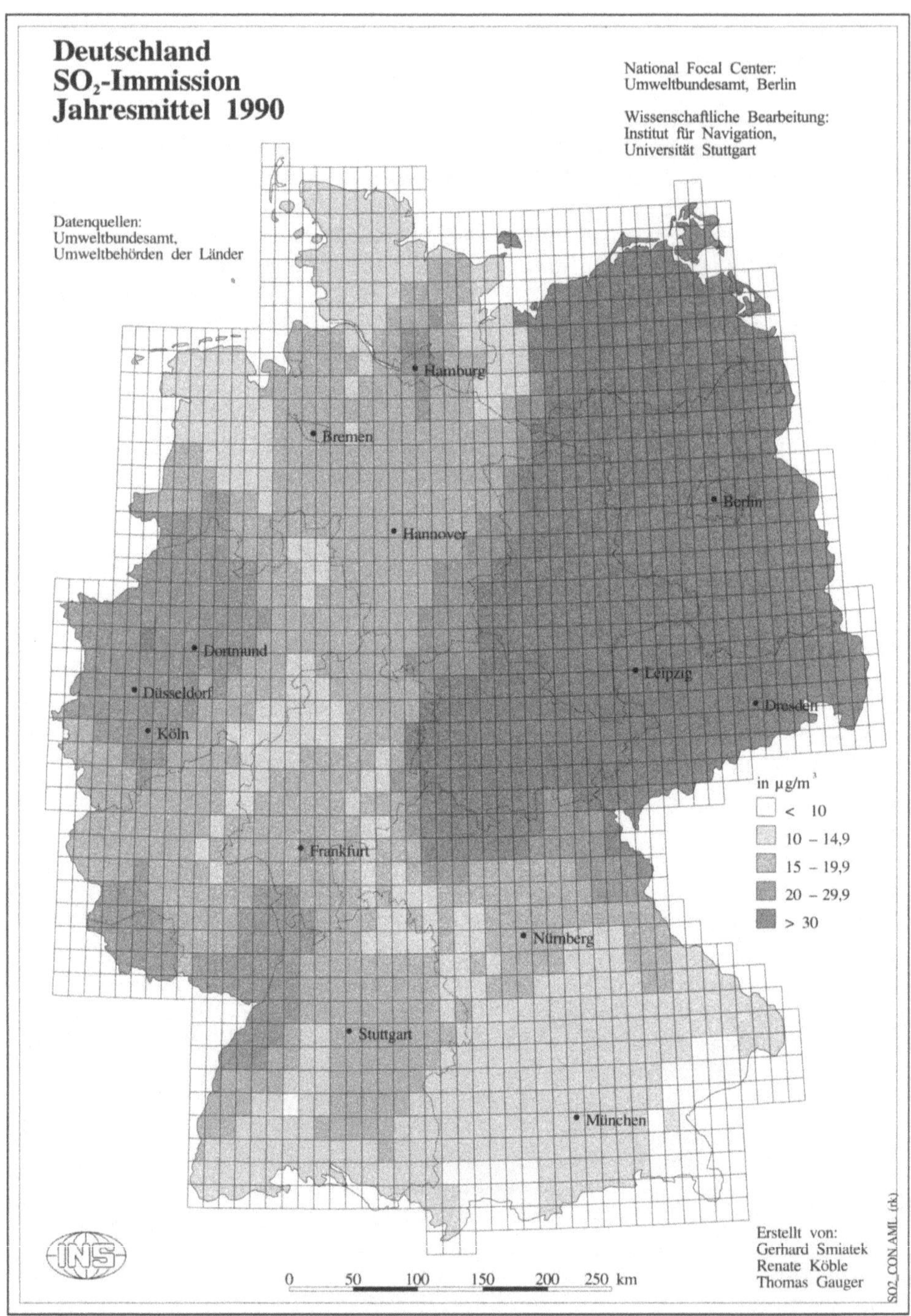


**Abb. 3.9 a.** SO₂-Jahresmittelwerte 1990

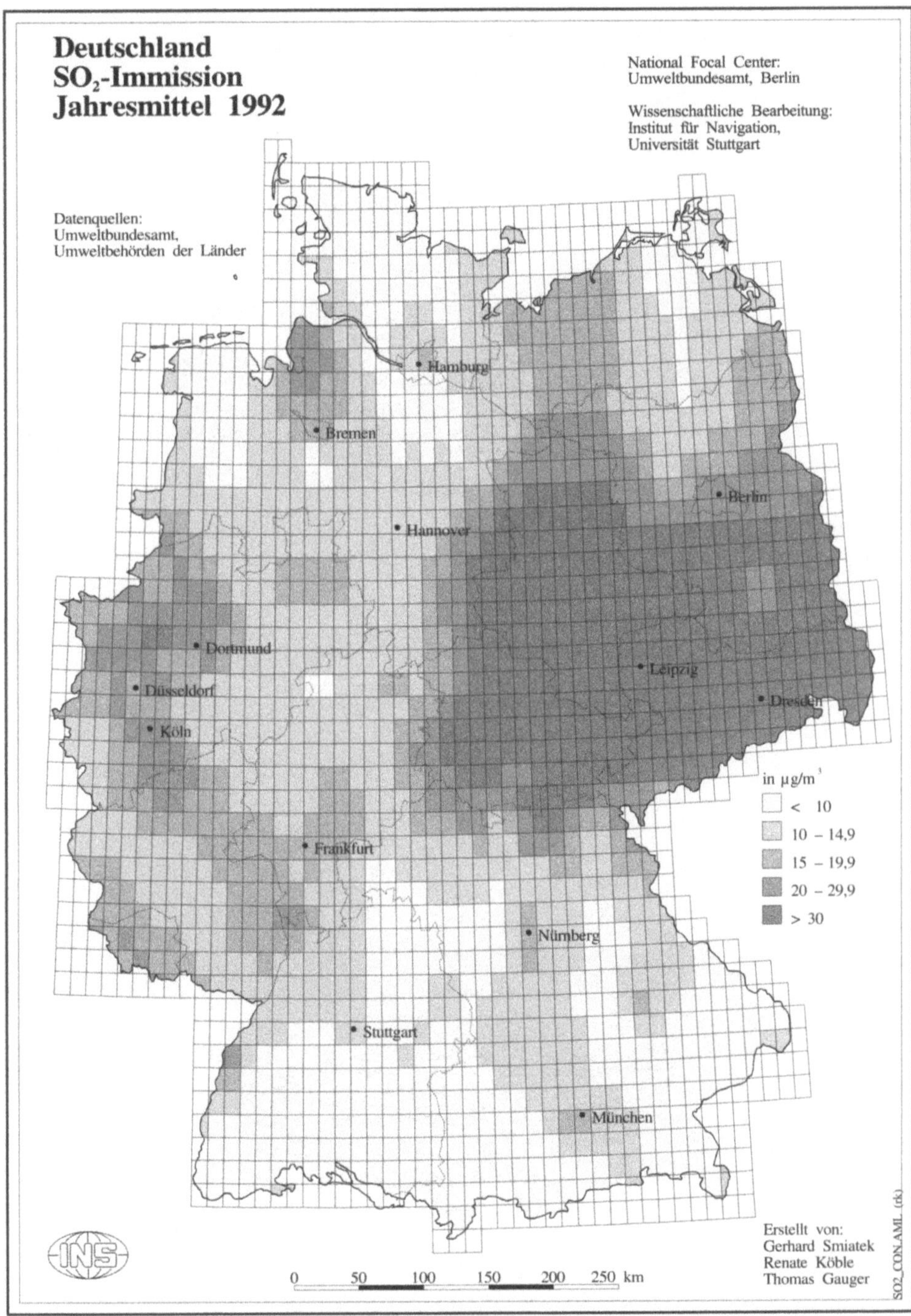


**Abb. 3.9 b.** SO₂-Jahresmittelwerte 1992

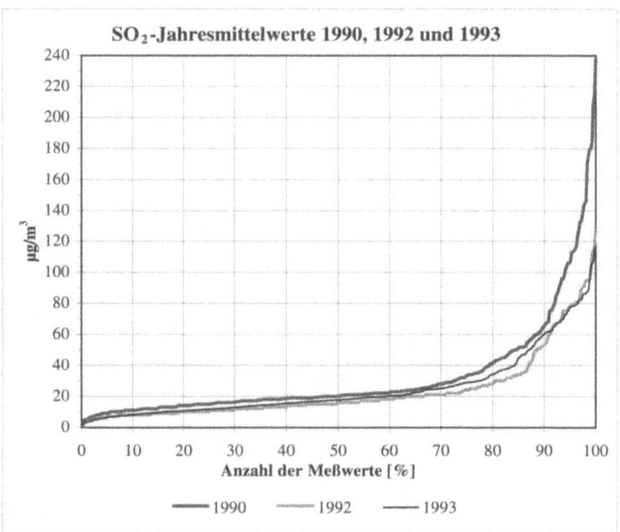

**Abb. 3.10.** Kumulative Verteilung der $SO_2$-Jahresmittelwerte 1990, 1992 und 1993

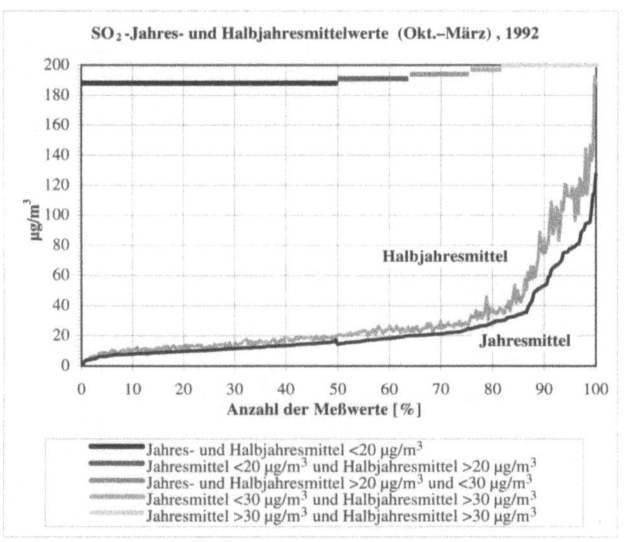

**Abb. 3.11.** Vergleich der $SO_2$-Jahres- und der Halbjahresmittelwerte 1992

Größenordnung von 30 % führen kann. Da sich allerdings die hohen winterlichen $SO_2$-Konzentrationen hauptsächlich auf Thüringen, Sachsen und Sachsen-Anhalt konzentrieren, ist die Unterschätzung der Rezeptorfläche wesentlich geringer.

### 3.2.3
### Stickoxide

Die Ermittlung der flächenhaften Belastung mit Stickstoffoxiden in Deutschland erfolgt für die Jahresmittel 1992 und 1993. In großen Teilen von Niedersachsen als auch in Teilen von Brandenburg und Bayern ist die Dichte der Meßstationen noch relativ gering. Die meisten Stationen befinden sich in städtischen Ballungsräumen. In den Bundesländern Nordrhein-Westfalen und Brandenburg liegen ferner keine NO-Messungen für die Jahre 1992 und 1993 vor. Hier werden die Jahresmittel der NO-Konzentrationen auf der Basis der $NO_2$-Messungen geschätzt.

Wie Abb. 3.12 dokumentiert, besteht ein hoher korrelativer Zusammenhang zwischen NO- und $NO_2$-Jahresmittelkonzentrationen an den Meßstationen, für die beide Werte verfügbar sind. Aufgrund dieser Beziehung lassen sich fehlende NO-Messungen für die Jahre 1992 und 1993 abschätzen. Diese Beziehung ist bei sehr hohen $NO_2$-Konzentrationen unsicher. Im Mittel ist die Verzerrung bei der Schätzung der NO-Konzentrationen jedoch sehr gering. So beträgt das NO-Mittel bei vorliegenden Stationen mit gemessenen Werten im Jahre 1993 24,1 µg m$^{-3}$. Das Mittel aus gemessenen und geschätzten Werten liegt dagegen bei 23,8 µg m$^{-3}$. Für Kurzzeitbelastungen ist eine Ableitung der NO-Konzentrationen aus $NO_2$-Messungen nur unzureichend möglich. Die 4-h-Mittelwerte können folglich aufgrund von Datenmangel noch nicht kartiert werden.

Die Berechnung von $NO_x$ basiert auf der Addition von $NO_2$ und NO in ppb. Die Summe wird als $NO_2$ in die Konzentrationsangabe µg m$^{-3}$ rückgerechnet und im weiteren als $NO_x$ angegeben. Gleichung 3.1 zeigt den Umrechnungsvorgang:

$$NO_x[\mu g/m^3] = \left( \frac{NO_2[\mu g/m^3]}{2,05} + \frac{NO[\mu g/m^3]}{1,34} \right) 2,05 \; , \qquad (3.1)$$

wobei 2,05 Umrechnungsfaktor von ppb nach µg m$^{-3}$ für $NO_2$ und 1,34 Umrechnungsfaktor von ppb nach µg m$^{-3}$ für NO ist. Die Bezugsbasis der Umrechnungsfaktoren sind 293 K und 1 013 hPa.

**Korrelation zwischen NO - und NO$_2$-Jahresmittelwert**

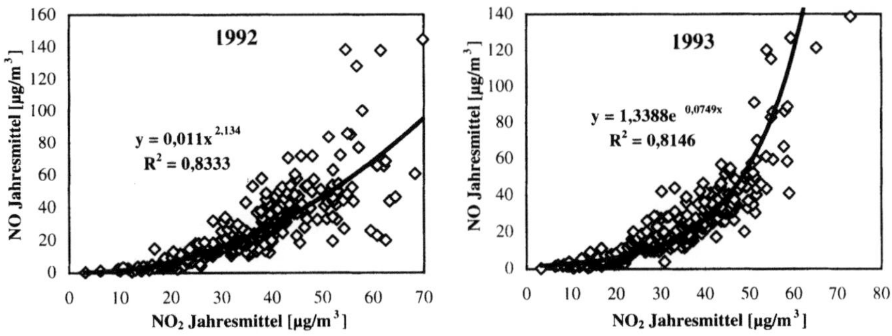


**Abb. 3.12.** Korrelation zwischen NO- und $NO_2$-Konzentrationen 1992 und 1993

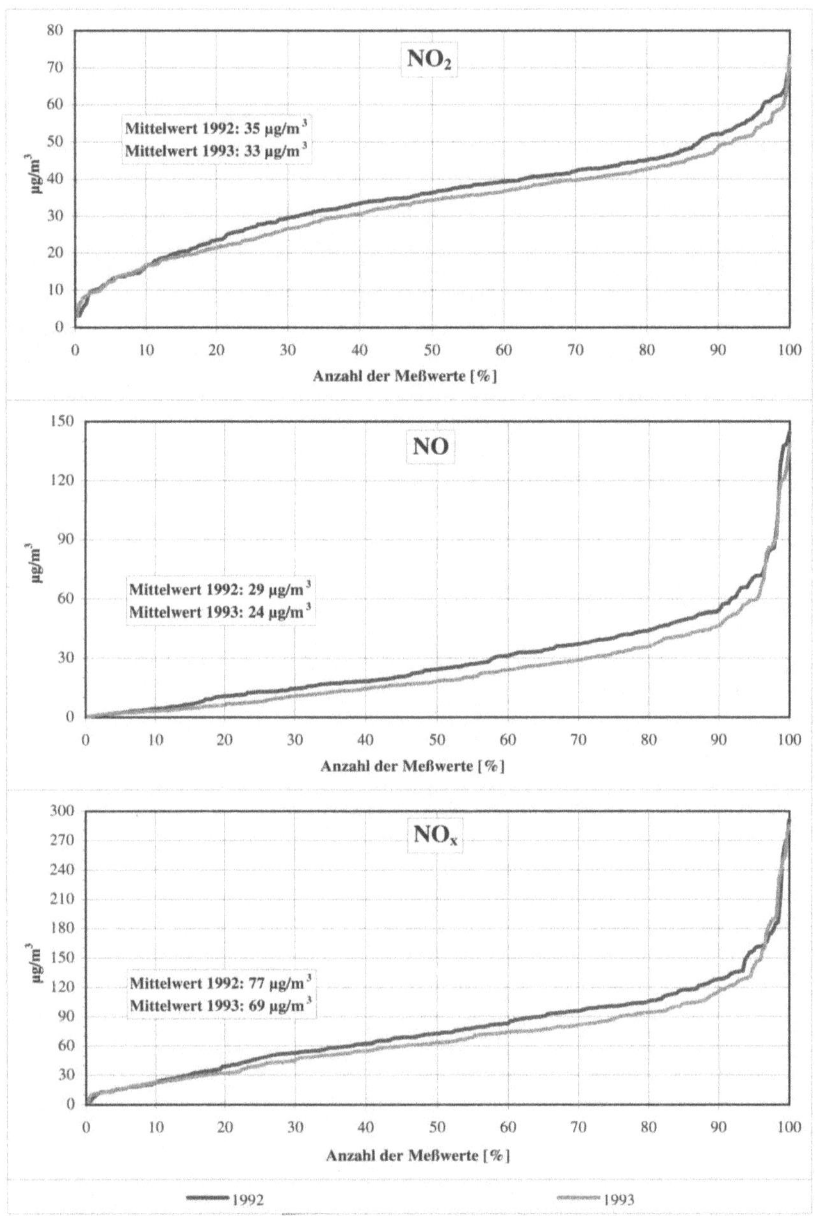



**Abb. 3.13.** Kumulative Verteilung der $NO_2$-, NO- und $NO_x$-Jahresmittelwerte 1992 und 1993

In Abb. 3.13 ist die kumulative Verteilung der $NO_2$-, NO- und $NO_x$-Jahresmittelwerte dargestellt. Sowohl für $NO_2$ als auch für NO ist im Mittel ein leichter Rückgang um 2 µg m⁻³ $NO_2$ und um 5 µg m⁻³ NO von 1992 nach 1993 zu verzeichnen. Allerdings treten in beiden Jahren Maximalkonzentrationen von annähernd 150 µg m$^{-3}$ NO und 70 µg m$^{-3}$ NO$_2$ an verkehrsnahen Stationen auf. Auch für die Gesamtbelastung mit Stickstoffoxiden ist eine leichte Abnahme von 77 (1992) auf 70 µg m$^{-3}$ (1993) zu verzeichnen. Der Anteil an Meßwerten unterhalb des Critical Levels von 30 µg m$^{-3}$ NO$_x$ nimmt jedoch nicht zu, da sich der Rückgang im wesentlichen auf den mittleren bis oberen Konzentrationsbereich beschränkt. So liegen auch im Jahr 1993 noch immer fast 85 % aller Meßwerte über dem Schwellenwert. Etwa 5 % der Meßorte weisen sowohl 1992 als auch 1993 eine extreme Belastung von 150 µg m$^{-3}$ NO$_x$ bis zu Maximalwerten von 280 µg m$^{-3}$ auf.

Karten mit den Ergebnissen der räumlichen Interpolation sind im Kap. 3.4 zu finden.

## 3.3
## Erfassung der Deposition

### 3.3.1
### Definition und Kartierungsmethoden

R. Köble · T. Spranger

### 3.3.1.1
### *Säuren- und Baseneinträge als Input in Critical-load-Überschreitungsberechnungen*

Den Critical Loads gegenüber steht die tatsächliche Deposition atmosphärischer Schadstoffe. Zur Berechnung der Überschreitung der Critical Loads für Stickstoff wird $CL_N$ (2.32) mit der Gesamtdeposition reduzierter und oxidierter Stickstoffverbindungen [$N_{dep}$, vgl. (3.2)] verglichen. Die Überschreitung der Critical Loads für potentielle Säureeinträge ergibt sich aus der Differenz von $CL_{(Ac_{pot})}$ (2.3) und der Gesamtmenge potentiell versauernd wirkender Einträge [$Ac_{(pot)dep}$, vgl. (3.3)].

$$N_{dep} = NO_{ydep} + NH_{xdep} \; [\text{eq ha}^{-1} \text{ a}^{-1}] \, , \tag{3.2}$$

$$Ac_{(pot)dep} = (SO_{x\,dep}^{*} + NO_{ydep} + NH_{xdep} + Cl_{dep}^{*}) ,$$

$$-(Ca_{dep}^{*} + Mg_{dep}^{*} + K_{dep}^{*}) \;\; [\text{eq ha}^{-1} \text{ a}^{-1}] \, , \tag{3.3}$$

wobei:
- $SO_{xdep}^{*}$ = seesalzkorrigierte Deposition oxidierter Schwefelverbindungen ($SO_2$, $SO_4^{2-}$);
- $NO_{ydep}$ = Gesamtdeposition oxidierter Stickstoffverbindungen (NO, NO$_2$, HNO$_3$, NO$_3$);
- $NH_{xdep}$ = Gesamtdeposition reduzierter Stickstoffverbindungen (NH$_3$, NH$_4^+$);
- $Cl_{dep}^{*}$ = seesalzkorrigierte Chlordeposition;
- $Ca_{dep}^{*}$ = seesalzkorrigierte Calciumdeposition;
- $Mg_{dep}^{*}$ = seesalzkorrigierte Magnesiumdeposition;
- $K_{dep}^{*}$ = seesalzkorrigierte Kaliumdeposition.

Der Definition von $Ac_{(pot)dep}$ liegen dabei folgende Annahmen zugrunde:

- Die Säurewirkung von Schwefel- und Stickstoff resultiert aus einer Reihe von Oxidationsprozessen, die überwiegend auf die Verbrennung fossiler Energieträger zurückzuführen sind. Die Reaktionsprodukte werden z. B. mit dem Niederschlag in Form von Schwefel- und Salpetersäure in den Boden eingetragen. Der Deposition von 1 mol wird für Stickstoffoxide ($NO_y$) die Nettoproduktion von 1 mol $H^+$ und für Schwefeloxide ($SO_x$) von 2 mol $H^+$ gleichgesetzt.
- Im Rahmen des Critical-load-Konzepts wird angenommen, daß langfristig sämtliche $NH_x$-Einträge vollständig nitrifiziert und aus dem System ausgewaschen werden. Daher wird von einer Nettoproduktion von 1 mol $H^+$ pro mol $NH_x$ ausgegangen.
- Anthropogene Chloremissionen treten v. a. in Form von HCl auf und entsprechen dem Input von 1 mol freier Protonen je mol deponiertem $Cl^-$. Der größte Anteil der Chlordeposition ist allerdings auf marine Herkunft aufgrund von „sea spray" zurückzuführen. Da bei Reduktionsmaßnahmen nur anthropogene Säureeinträge berücksichtigt werden können und außerdem davon ausgegangen werden kann, daß Seesalz insgesamt neutral ist, wird der gesamte marine Anteil, dies betrifft neben Cl die Elemente Ca, Mg, K, Na und $SO_4$, bei der Erfassung der potentiellen Gesamtsäuredeposition ausgeklammert (vgl. Kap. 3.3.2).
- Die um den Seesalzanteil korrigierten basischen Kationen Ca, Mg, K (Natrium wird als 100 % mariner Herkunft betrachtet) werden mit den potentiellen Säureeinträgen verrechnet, da sie zur Säureneutralisation beitragen. Dabei sollten prinzipiell anthropogene Einträge von basischen Kationen nicht berücksichtigt werden. Der innerhalb des Luftreinhalteabkommens festzulegende Minderungsbetrag der Emission von Säurebildnern im o. g. Sinne leitet sich allein aus der Wirung derselben ab und kann nicht gegen weitere anthropogene Emissionen (z. B. aus der Kohleverbrennung) aufgerechnet werden, auch wenn sie dem Effekt der Versauerung entgegenwirken. Den Säureeinträgen ist nur der natür-liche Hintergrundwert an basischer Kationendeposition gegenüberzustellen, da dieser eine gewisse räumliche und zeitliche Kontinuität aufweist und quasi eine Eigenschaft des (Öko-)Systems ist. Bisher gibt es jedoch noch kein adäquates Verfahren der Quantifizierung der Anteile natürlicher und anthropogener Einträge basischer Kationen im nationalen oder internationalen Maßstab. Bei der im folgenden beschriebenen Deposition basischer Kationen handelt es sich somit um Gesamteinträge, die sowohl anthropogenen als auch natürlichen Ursprungs sein können.


Die Eintragsmengen werden ebenso wie die Critical Loads als Ionenäquivalente (eq) pro Flächeneinheit (z. B. ha) und Jahr (a) angegeben. Die Berechnung auf der Basis von Ionenäquivalenten ermöglicht den direkten Vergleich der Elemente und die Abschätzung ihrer Bedeutung in der Säurebilanz.

Neben der exakten Definition der zu verrechnenden stofflichen Komponenten ist die Vergleichbarkeit der räumlichen Bezugsbasis von Critical Loads und Deposition ein wesentlicher Aspekt der Erfassung der Überschreitung. Damit ist gemeint, daß sie sich sowohl auf dieselbe Fläche als auch auf denselben Rezeptor beziehen müssen. Bundesweite Critical-load-Kartierungen wurden für den Rezeptor Waldböden/-ökosysteme durchgeführt. Deshalb ist die Mindestanforderung an die Erfassung der Deposition eine räumliche Auflösung, die der Rezeptorkarte der Critical-load-Berechnungen entspricht und die rezeptorspezifischen Eintragsraten (hier: in Waldökosysteme) berücksichtigt.

### 3.3.1.2
### *Kartierungsmethode*

Wie in Kap. 3.1. ausgeführt, bedarf es zur Berechnung der Critical-load-Überschreitungen der flächendeckenden Erfassung der Gesamtdeposition als Summe aus:

- Einträgen gelöst im Niederschlag (Regen oder Schnee), die als „nasse Deposition" oder im internationalen Sprachgebrauch als „wet deposition" bezeichnet werden,
- gasförmigen und partikulären Einträgen in ungelöster Form; diese werden als „trockene Deposition" bzw. „dry deposition" bezeichnet,
- an Wolken- oder Nebeltropfen gebundenen Einträgen, meist benannt als „feuchte Deposition" oder „okkulte Deposition" bzw. „cloud and fog deposition".

Der Anteil dieser 3 Eintragspfade an der Gesamtdeposition variiert in Abhängigkeit von der Häufigkeit und Intensität des Auftretens von Regen-, Schnee-, Wolken- oder Nebelniederschlag, von der Exposition des Rezeptors sowie von der Gesamtoberfläche und Oberflächenrauhigkeit des Rezeptorsystems. Die nasse Deposition ist im wesentlichen unabhängig vom Rezeptor, d. h. bei gleicher Niederschlagsmenge, -intensität und gleicher Stoffkonzentration im Niederschlag ist die Eintragsrate in eine wasserbedeckte Oberfläche dieselbe wie in ein Waldgebiet. Dagegen kann auch bei gleicher Exposition und gleicher Stoffkonzentration in der Luft bzw. in Wolken- und Nebeltropfen der Anteil der trockenen und feuchten Deposition durch den „Auskämmeffekt" großer Akzeptorflächen (z. B. in Waldgebieten) gegenüber weniger strukturierten Arealen (z. B. in Wiesen) zunehmen. Je nach Ausgangsbedingungen und Stoff erreicht so die Deposition in Waldareale teilweise mehr als die 3fache Menge des Eintrags in eine angrenzende Wiesenfläche, obwohl auch dort die trockene Deposition eine erhebliche Rolle spielen kann (vgl. Kap. 3.3.3 und 3.3.4).

Für das Gebiet der Bundesrepublik liegt ein ausreichend flächenrepräsentatives Meßnetz für die Kartierung der nassen Deposition vor. Trockene und feuchte Deposition (und damit auch Gesamtdeposition) jedoch werden nur an sehr wenigen Meßorten erfaßt. Die ermittelten Eintragsraten sind außerdem standortspezifisch und nicht interpolierbar. Sie sollten daher hauptsächlich zur Parametrisierung von Depositionsprozessen und zur unabhängigen punktweisen Validierung von Depositionsmodellen verwendet werden (UN/ECE 1996; Draaijers *et al.* 1996b).

Für standörtliche Abschätzungen der Gesamtdeposition in Waldökosysteme sind Bestandesdepositionsmessungen in Verbindung mit Kronenraumbilanzen unter bestimmten Voraussetzungen geeignet (vgl. Kap. 3.3.2.2, 3.3.3.7 und Draaijers *et al.* 1996b; UN/ECE 1996; ICP Forests 1994). Kronenraumbilanzen sind notwendig, da die Vergleichsgröße für Critical Loads nicht der gemessene Stofffluß zum Boden sondern die Gesamtdeposition ins Ökosystem (Bestandesdeposition = Stofffluß in Kronentraufe + Stammablauf) ist. Auswaschung (Leaching) oder Aufnahme im Kronenraum können nämlich Stoffflüsse im Boden (z. B. Wurzelaufnahme von Kalium) stark beeinflussen. Regelmäßige Kronentraufen- und Stammabflußmessungen werden in Deutschland seit einigen Jahren, v. a. von Institutionen der Länder, durchgeführt.

Die Gesamtdeposition in Wälder ist wegen ihrer großen Oberfläche, Höhe und Rauhigkeit systematisch höher als in andere Ökosysteme. Die Größe dieses Filtereffektes ist allerdings auch von Luftkonzentrationen und meteorologischen Variablen wie Windgeschwindigkeit und Feuchte abhängig. Die räumliche Variabilität dieser Parameter ist unabhängig von der räumlichen Struktur der Landnutzung und auch von der räumlichen Struktur der nassen Depositionsraten. Die Trocken- und Tröpfchendeposition kontrollierenden Prozesse sind somit unabhängig von den Prozessen, die die Naßdeposition kontrollieren, und eine konstante lineare Beziehung zwischen diesen Größen ist nicht anzunehmen. Folglich können Bestandesdepositionsmessungen nicht durch Multiplikation interpolierter Naßdepositionsraten mit räumlich konstanten „Anreicherungsfaktoren" (Verhältnisse von Bestandesdeposition zu Naßdeposition) extrapoliert werden (UN/ECE 1996; Lövblad *et al.* 1993; Erisman u. Draaijers 1995). Angesichts der Verfügbarkeit von Inferentialmodellen (vgl. Kap. 3.3.3), die die Unabhängigkeit von Trocken- und Naßdeposition berücksichtigen, ist eine Anwendung von Anreicherungsfaktoren auch nicht notwendig. Kronenraumbilanzierte Bestandesdepositionsmessungen wurden aber als standortweise Kalibrierungswerte für das Trockendepositionsmodell benutzt.

Wegen der mangelnden Interpolierbarkeit der Trocken- und Bestandesdepositionsmessungen wurde zur Erfassung der flächendeckenden Gesamtdeposition ein kombinierter Ansatz basierend auf interpolierten Naßdepositionsmessungen und kleinräumiger Modellierung der rezeptorabhängigen trockenen Deposition gewählt. Die trockene Deposition wird durch die Multiplikation der Konzentrationen einzelner Spezies (z. B. $SO_2$, Sulfatpartikel etc.) mit Depositionsgeschwindigkeiten, die je nach Spezieseigenschaften, Oberflächeneigenschaften und meteorologischen Verhältnissen variieren, berechnet (Hicks *et al.* 1987, 1993). Die Depositionsgeschwindigkeit wird über ein sog. Widerstandsmodell (EDACS) parametrisiert, in welchem der Transport der Spezies zur und die Absorption oder Aufnahme durch die jeweilige Rezeptoroberfläche beschrieben wird (vgl. Kap. 3.3.3). Depositionsgeschwindigkeiten für Nebel- und Wolkentröpfchen können prinzipiell mittels einer ähnlichen Methodik geschätzt werden (Lövblad *et al.* 1993). Die im folgenden beschriebenen Ergebnisse jedoch vernachlässigen die feuchte Deposition mangels der benötigten Inputdaten für eine adäquate flächendeckende Modellierung.

Die Methode der Kombination interpolierter nasser Deposition, modellierter trockener Deposition und den jeweiligen in Kap. 3.3.2 und 3.3.3 ausführlich erläuterten Kartierungsablauf zeigt schematisch Abb. 3.14. Diese Anwendung von Modellen unterschiedlichen Maßstabs kombiniert mit interpolierten Messungen gilt international als die vielversprechendste Methodik zur kleinräumigen, flächendeckenden Kartierung der Gesamtdeposition und der Critical-load-Überschreitung (UN/ECE 1996; Lövblad *et al.* 1993; Hicks *et al.* 1993).

Der in der Berechnung der Critical Loads für Stickstoff- und Säureeinträge zugrundeliegende Landnutzungsdatensatz ist für Waldareale identisch mit dem zur Modellierung der trockenen Deposition verwendeten, d. h. Critical Loads und Deposition besitzen denselben Rezeptor- und Flächenbezug und können direkt gegenübergestellt werden.

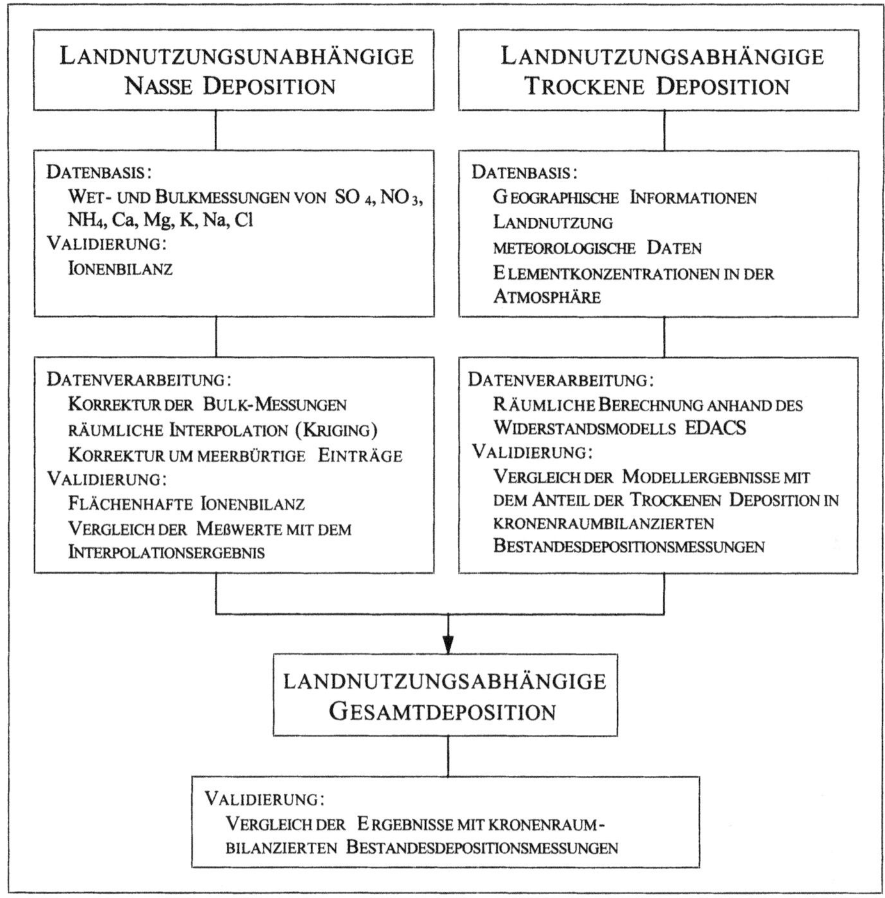


**Abb. 3.14.** Kartierung der Gesamtdeposition

## 3.3.2
## Erfassung der nassen Deposition

T. Gauger · R. Köble · G. Smiatek

### 3.3.2.1
### *Datenbank der nassen Deposition*

Die Erfassung der räumlichen Verteilung der Schadstoffe, die mit der Niederschlags-
deposition auf die Fläche der Bundesrepublik Deutschland eingetragen werden,
kann, wie eingangs erwähnt, mit Hilfe von punktuell ermittelten Meßdaten erfolgen.
Die optimale Voraussetzung hierfür wäre ein flächendeckendes Meßnetz, dessen
Meßstationen so verteilt sind, daß sie weitgehend alle Bedingungen, die sowohl
stoffspezifisch als auch regional bestimmend für das Depositionsgeschehen sind,

wiedergeben können. Kontinuierlich und methodisch einheitlich betriebene Depositionsmessungen, die das gesamte Bundesgebiet in Form eines flächendeckenden Stationennetzes überziehen, sind gegenwärtig jedoch nicht verfügbar. Dennoch liegen in unterschiedlicher räumlicher Streuung zahlreiche Depositionsdaten vor, die unter verschiedenen Fragestellungen, wie der lufthygienischen Überwachung, der Dokumentation der Eintragspfade in Wälder, der Gewässerüberwachung oder der Erfassung der emissionsfernen Grundbelastung ermittelt wurden. Diese Depositionsmessungen werden von unterschiedlichen Institutionen auf lokaler, regionaler, Länder- und Bundesebene sowie im Rahmen von befristeten Forschungsprojekten und -programmen durch verschiedene Universitätsinstitute und andere Forschungseinrichtungen durchgeführt.

Grundsätzlich zu unterscheiden sind Freiland- und Bestandesmeßreihen in Wäldern. Letztere ermitteln den Bestandesniederschlag unter der Baumkrone (Kronentraufe), teilweise wird zusätzlich mit speziellen Meßeinrichtungen auch der am Baumstamm abfließende Niederschlag (Stammabfluß) erfaßt. Unter Freilanddeposition werden Niederschlagsmessungen verstanden, bei welchen die Sammler auf offenem Gelände unter Einhaltung bestimmter Abstände zu Bäumen, baulichen oder sonstigen Hindernissen aufgestellt sind, so daß der Regenniederschlag ungehindert und direkt in das Sammlergefäß fallen kann. Ferner bestehen Unterschiede der Typen von Niederschlagssammlern. Besonders 2 unterschiedliche Sammlersysteme sind weit verbreitet: Die Mehrzahl der aufgestellten Niederschlagssammler sind Bulk-Sammler (Open Top Sampler), die einen permanent exponierten Auffangtrichter besitzen, der in eine Probensammelflasche mündet. Daneben werden Wet-only-Sammler verwendet, deren Auffanggefäß nur bei einem Niederschlagsereignis sensorgesteuert geöffnet wird. Bei beiden Gruppen von Sammlern besteht eine Reihe von Bauarten und Fabrikaten.

Die recht zahlreich vorliegenden Depositionsdaten müssen notwendigerweise bei den verschiedenen Meßnetzbetreibern angefordert und zu einer das gesamte Bundesgebiet abdeckenden Datensammlung zusammengefügt werden. Diese Aufgabe wird am Institut für Navigation der Universität Stuttgart im Auftrag des Umweltbundesamtes durchgeführt. Beim Aufbau dieses Datenpools der Depositionsmessungen wurden möglichst alle Sammlungen von Niederschlagsanalysen erfaßt, um sie für flächenbezogene Aussagen über das Depositionsgeschehen in der Bundesrepublik Deutschland bereitzustellen.

Der Datenpool zu Depositionsmessungen in der Bundesrepublik Deutschland umfaßt bislang die Ergebnisse der Freiland- und der Bestandesdepositionsmessungen in Nadel- und Laubwäldern aus den Jahren 1979–1994. Die Basis sind Jahressummen der Einzelkomponenten $SO_4$-S, $NO_3$-N, $NH_4$-N, Ca, K, Mg, Na, Cl, H, pH-Werte im Niederschlagswasser und die Niederschlagshöhen, soweit sie in der erforderlichen zeitlichen Auflösung (Mindestmeßzeitraum 12 Monate) analysiert wurden.

Ein ausführliches Verzeichnis der Datenquellen ist im Endbericht zum UBA-/BMU-Forschungsvorhaben „Kartierung kritischer Belastungskonzentrationen und -raten für empfindliche Ökosysteme in der Bundesrepublik Deutschland und anderen ECE-Ländern, Teil 1: Deposition Loads" (Gauger *et al.* 1997) enthalten. Allen Mitarbeitern der Institutionen, die ihre Analysendaten zur Verfügung gestellt haben, sei an dieser Stelle nochmals ausdrücklich für ihre Mitwirkung bei der Datenzusammenstellung gedankt.

### Freilanddepositionsdaten

Insgesamt 533 Meßstationen der Freilanddeposition konnten erfaßt werden, davon liegen 523 auf dem Gebiet der Bundesrepublik Deutschland. Da die Dichte der Meßorte im deutschen Alpenraum nur sehr gering ist, reliefbedingt aber eine hohe räumliche Variabilität von Niederschlagsmengen und Ioneneinträgen vorliegt, wurden die Daten von 10 Stationen im grenznahen Bereich in Österreich ebenfalls in die Datenbank aufgenommen, um die Depositionsverhältnisse im Alpenraum besser abbilden zu können. Als Jahressummen der Einzelkomponenten der Deposition im Freilandniederschlag liegen im Zeitraum 1979–1994 insgesamt 16 718 Einzeldaten vor (vgl. Tabelle 3.1).

In den Einzeljahren liegt eine unterschiedliche Anzahl an Analysendaten vor. Dies geht darauf zurück, daß nicht an jeder Station Werte aller Komponenten analysiert wurden bzw. die Datenübermittlung unvollständig war. Betrachtet man die Datenanzahl über den Gesamtzeitraum von 1979–1994, so zeigt sich der Beginn und Ausbau der kontinuierlichen Depositionsmessungen ab etwa 1983 und das Hinzukommen von Meßdaten aus episodischen Meßprogrammen bis zum Ende der 8oer Jahre in der stetig steigenden Datenzahl. Der Rückgang der Anzahl verfügbarer Depositionsdaten ab 1990 und der verhältnismäßig geringe Datenbestand 1991 ist im wesentlichen darauf zurückzuführen, daß mit der Wiedervereinigung Deutschlands die meisten Depositionsmessungen der Meßnetze auf dem Gebiet der ehemaligen DDR eingestellt wurden. Die Meßnetze in den neuen Bundesländern wurden neu aufgebaut und erste kontinuierliche Messungen liegen hier ab den Jahren 1992 und 1993 vor.

### Bestandesdepositionsdaten

Die Grundlage der Daten der Bestandesdeposition in der Bundesrepublik Deutschland sind die Eintragsmessungen in Waldökosysteme, die als kontinuierliche Messungen von den Forstlichen Versuchs- und Forschungsanstalten, den Landesanstalten für Umwelt und den Wasserwirtschaftsverwaltungen der Bundesländer betrieben werden oder als Ergebnisse einzelner Forschungsprojekte und -programme an Universitäten und Forschungsinstituten vorliegen. Die Integration der Kronentraufen- und Stammabflußdaten in den Datenpool erfolgte getrennt nach Messungen in Laub- und Nadelwaldbeständen.

**Nadelwaldbestände.** Insgesamt 182 Meßstationen der Bestandesdeposition (Kronentraufen-, ggf. Stammabflußdaten) in Nadelwäldern wurden in den Datenpool aufgenommen. Erste Messungen stammen dabei aus den Jahren 1982. Im gesamten Erfassungszeitraum bis 1994 liegen insgesamt 7 498 Jahressummen der Einzelkomponenten der Deposition im Bestandesniederschlag vor (vgl. Tabelle 3.1).

Auch hier spiegelt die Datenanzahl im zeitlichen Verlauf den Aufbau der Meßeinrichtungen in Deutschland wider. Die geringere Datenanzahl ab dem Anfang der 9oer Jahre ist zum einen auf die durch die Wiedervereinigung Deutschlands bedingten administrativen Umstrukturierungen in den neuen Bundesländern zurückzuführen, zum anderen sind einige Meßstationen aufgrund der Stürme zu Jahresbeginn 1991 ausgefallen, so daß in diesem Jahr weniger Daten vorliegen.

**Laubwaldbestände.** Daten der Bestandesdeposition (Kronentraufe-, ggf. Stammabflußdaten) in Laubwaldbeständen in der Bundesrepublik Deutschland konnten, eben-

**Tabelle 3.1.** Der Datenbestand in der Datenbank der nassen Deposition in Deutschland (Stand: Mai 1996)

**Anzahl der Meßwerte der Einzelkompnenten $SO_4$-S, $NO_3$-N, $NH_4$-N, Ca, K, Mg, Na, Cl, $H^+$, pH-Werte im Niederschlagswasser und Niederschlagshöhen in den Jahren 1979–1994**

| Messung im | '79 | '80 | '81 | '82 | '83 | '84 | '85 | '86 | '87 | '88 | '89 | '90 | '91 | '92 | '93 | '94 | Daten insges. |
|---|---|---|---|---|---|---|---|---|---|---|---|---|---|---|---|---|---|
| Freiland | 8 | 16 | 34 | 135 | 372 | 763 | 990 | 1 740 | 1 845 | 2 217 | 2 044 | 1 745 | 1 043 | 1 358 | 1 341 | 1 103 | 16 718 |
| Nadelwald | 0 | 0 | 0 | 21 | 143 | 527 | 651 | 973 | 1 059 | 1 110 | 805 | 539 | 424 | 502 | 472 | 272 | 7 498 |
| Laubwald | 0 | 0 | 0 | 9 | 66 | 136 | 166 | 257 | 320 | 320 | 236 | 273 | 153 | 203 | 90 | 10 | 2 239 |

so wie in Nadelwaldbeständen, ab dem Jahr 1982 in den Datenpool integriert werden. Die Zahl der erfaßten Stationen ist mit insgesamt 76 Meßstationen verhältnismäßig gering. Im Erfassungszeitraum bis 1994 liegen insgesamt 2 239 Jahressummen der Deposition der Einzelkomponenten im Laubwald vor (vgl. Tabelle 3.1).

### 3.3.2.2
### *Berechnung von Gesamtdeposition und Kronenraumbilanzen aus Meßdaten zur Validierung der Kartierungsergebnisse*

Unabhängig von den Modellberechnungen, die dem Kartierungsverfahren der flächendeckenden Depositionsraten zugrundeliegen, wurde zu Vergleichszwecken eine Berechnung des Kronenbilanzmodells von Ulrich (1991) durchgeführt. Ergebnisse aus der Abschätzung von Trocken- und Gesamtdeposition in Wäldern, die nach diesem Kronenbilanzmodell aus Meßdaten berechnet wurden, können zur Validierung von Kartierungsergebnissen herangezogen werden. Sie sind jedoch nicht uneingeschränkt gültig, da nicht alle stoffspezifischen Bedingungen und Prozesse in den zugrunde gelegten Annahmen des Modells (s. u.) in ausreichender Genauigkeit erfaßt werden. Die Anwendung des Kronenraumbilanzmodells zur Überprüfung der landnutzungsabhängigen Trockendepositionsraten einzelner Komponenten ist in Kap. 3.3.3.7 ausführlich beschrieben und diskutiert. Eine Gegenüberstellung von flächenhaft modellierter bestandesabhängiger Gesamtdeposition (s. Kap. 3.3.4) von $SO_x$, $NO_y$, $NH_x$, Ca, Mg und K und entsprechenden kronenraumbilanzierten Depositionsmeßwerten ist in Gauger *et al.* (1997) dargestellt.

Der Datenbedarf zur Berechnung des Kronenbilanzmodells nach Ulrich (1991) zur Abschätzung der Stoffflüsse in Waldbeständen umfaßt Meßdaten der Bestandesdeposition unter Wald und die ihnen räumlich und meßtechnisch zugeordneten Naßdepositionsdaten aus Freilandmessungen. Kronentraufen- und Stammabfußdaten erfassen die Fracht gelöster Stoffe unter dem Waldbestand, nachdem Depositions-, Auswaschungs-, Adsorptions- und Aufnahmeprozesse im Kronenraum stattgefunden haben, während die Daten der Freilandniederschläge die Deposition ohne diese rezeptorspezifischen Prozesse repräsentieren. Die im Bestandesniederschlag ermittelten Stofffrachten sind aufgrund der Interaktionen zwischen den Inhaltsstoffen der von den Baumkronen aufgefangenen trockenen und nassen Niederschläge und den Oberflächen der Baumkronen stoff- und rezeptorspezifisch höher (Auswaschung) oder geringer (Einbau in Organismen) als die tatsächliche Deposition im Kronen-raum. Aus den Messungen des Freilandniederschlags kann andererseits weder auf die Luftfilterwirkung der Baumkronen, noch auf die quantitative Änderung der chemischen Zusammensetzung des Niederschlagswassers durch Quellen- und Senkenprozesse im Kronenraum geschlossen werden.

Entsprechend des Rechenwegs bei Ulrich (1991) wurden mit Hilfe der Natriumdeposition als Indikator die Raten der partikulären und gasförmigen Interzeptionsdeposition der anderen Elemente bestimmt. Dabei wird unterstellt, daß 1. der Kronenraum innert gegenüber Natrium ist, also weder eine Auswaschung von Natrium aus

**Tabelle 3.2.** Die Berechnung von Gesamtdeposition und Kronenraumbilanz nach dem Modell von Ulrich (1991)

---

**Berechnung der Gesamtdeposition und Kronenraumbilanz[a]**

---

Nasse Freilanddeposition: $ND_X$

Bestandesdeposition: $BD_X$

$\quad BD_X = Kronentraufe_X + Stammabfluß_X$ [b]

Trockene partikuläre Deposition von Cl, Na, $SO_4$: $TD_{part\,X}$

$\quad Td_{part\,X} = BD_X - ND_X$

Anreicherungsfaktor, Berechnet mit Na als Indikator: $f_{Na}$

$\quad f_{Na} = TD_{part\,Na} / ND_{Na}$

Grundannahme: Das Verhältnis von partikulärer Trockendeposition zur Freilanddeposition von Na entspricht dem aller anderen Komponenten:

$\quad Td_{part\,Na} / ND_{Na} = TD_{part\,X} / ND_X$

für $X = $ Ca, Cl, K, Mg, Mn, $NH_4$, $NO_3$, $SO_4$

Trockene partikuläre Deposition von Ca, K, Mg, $NH_4$, $NO_3$: $TD_{part\,X}$

$\quad TD_{part\,X} = ND_X\,f_{Na}$

Gasförmige trockene Deposition von $SO_4$, Cl, $NH_4$, $NO_3$ und H: $TD_{gas\,Y}$

$\quad TD_{gas\,SO_2} = (BD_{SO_4} - ND_{SO_4}) - ND_{SO_4}\,f_{Na}$

$\quad TD_{gas\,HCl} = (BD_{Cl} - ND_{Cl}) - ND_{Cl}\,f_{Na}$

$\quad TD_{gas\,NH_3} = BD_{NH_4} - ND_{NH_4} - TD_{part\,NH_4}$

$\quad TD_{gas\,NO_x + HNO_3} = BD_{NO_3} - ND_{NO_3} - TD_{part\,NO_3}$

$\quad TD_{gas\,H} = TD_{gas\,SO_2} + TD_{gas\,HCl} + TD_{gas\,NO_x + HNO_3} - TD_{gas\,NH_3}$

Gesamte trockene Deposition für $SO_4$, $NH_4$, $NO_3$, Cl und H: $TD_{sum\,XY}$

$\quad TD_{sum\,XY} = TD_{gas\,Y} + TD_{part\,X}$

Gesamtdeposition: $GD_X$

$\quad GD_X = ND_X + TD_{sum\,XY}$

Quellen- und Senkenfunktion des Kronenraumes (Kronenraumbilanz): $QS$

$\quad QS_X = BD_X - GD_X$

$\quad QS_X > 0$: Kronenraum ist Quelle (durch Leaching, Auflösung von Partikeln)

$\quad QS_X < 0$: Kronenraum ist Senke (durch Einbau in Organismen, Pufferung, Adsorption)

---

[a] Alle Angaben in keq $ha^{-1}$ $a^{-1}$.
[b] Stammabflußdaten wurden nicht in die Berechnung einbezogen, da sie nur lückenhaft vorliegen.

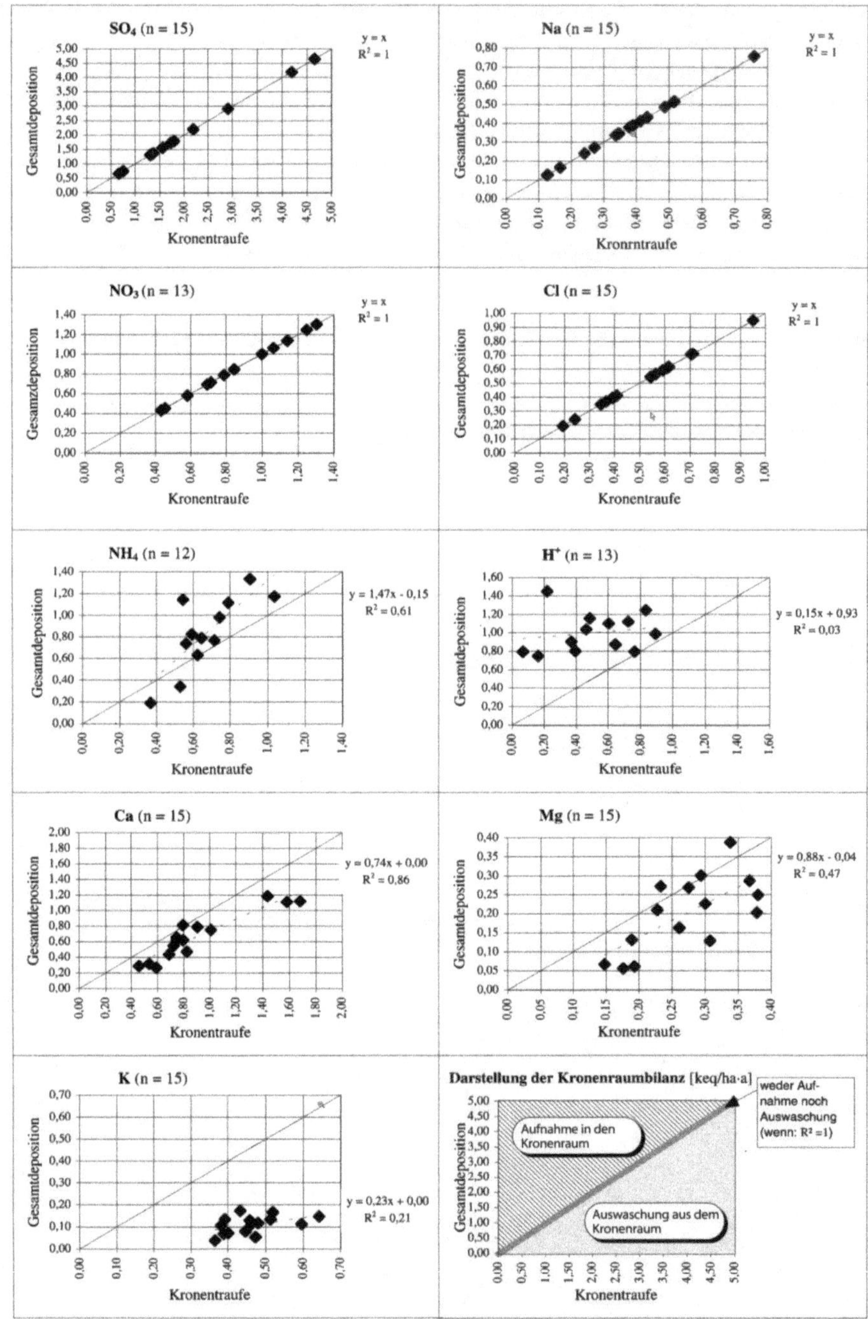

**Abb. 3.15.** Kronenraumbilanzen für Nadelwälder (Mittelwerte 1989–1993 in keq ha$^{-1}$ a$^{-1}$) (nach Ulrich 1991)

dem, noch eine Aufnahme in den Rezeptor Kronenraum stattfindet, 2. Natrium ausschließlich partikulär deponiert wird (als Aerosol und in Nebel- und Wolkentröpfchen) und, daß 3. das Verhältnis der partikulären Interzeptionsdeposition zur Freilanddeposition von Natrium dem aller anderen Komponenten entspricht. Die Raten der Gesamtdeposition ergeben sich als Summe aus (nasser, gemessener) Freilandniederschlags- und (trockener und feuchter, berechneter) Interzeptionsdeposition, die Bilanz (Kronenraumbilanz) der Quellen- und Senkenfunktion des Kronenraumes (durch Leaching, Pufferung, Aufnahme) wird aus der Differenz zwischen Bestands- und Gesamtdeposition bestimmt (s. Tabelle 3.2).

In Abb. 3.15 ist die Kronenraumbilanz für Nadelwälder dargestellt. Für die Berechnung wurden die Datenreihen der Stationen ausgewählt, bei welchen in den Jahren 1989–1993 durchgehend Messungen vorliegen. Die gegenübergestellten Fünfjahresmittel der Gesamt- und Bestandesdeposition an den ausgewählten 12 bzw. 13 oder 15 Meßstationen weisen für die Komponenten Natrium, Chlor, Sulfatschwefel und Nitratstickstoff identische Werte auf, d. h. für diese Stoffe ist der Kronenraum im langjährigen Mittel weder (Netto-)Quelle noch Senke bzw. halten sich Aufnahme und Auswaschung hier in der Bilanz die Waage. Die Streuung der Werte von Ammoniumstickstoff zeigt, daß Ammonium im Kronenraum sowohl aufgenommen (Punkte über der 1:1-Geraden, bzw. negative Kronenraumbilanz), als auch ausgewaschen wird (positive Kronenraumbilanz bzw. Punkte unterhalb der 1:1-Geraden).

Hierzu ist allerdings anzumerken, daß das Ergebnis der Kronenraumbilanz für Ammonium, Nitrat und $H^+$ nach dem hier dargestellten Rechenweg zweifelhaft ist. Die genannte Grundannahme der gleichen Anreicherung dieser Stoffe und Natrium trifft die realen Bedingungen und Prozesse nicht. Daher sind auch die nachfolgend berechneten gasförmigen Depositionen von $NH_3$, $HNO_3 / NO_x$ und $SO_2$ nur als grobe Annäherung zu bewerten. Aus diesen Gründen wurde in Kap. 3.3.3.7 die Kronenraumbilanz nach Ulrich (1991) nur für die Stoffe durchgeführt, die ein ähnliches Depositionsverhalten wie der Tracer Natrium aufweisen (s. dort und ausführliche Diskussion dieses methodischen Problems z. B. bei Spranger 1992).

Die Bilanz für $H^+$ weist deutlich auf die Protonenpufferung im Kronenraum hin, bei einer weiten Streuung der Werte. Bei Magnesium überwiegt die Auswaschung aus dem Kronenraum (Nettoquelle), deutlicher ist dies noch bei Calcium und besonders deutlich bei den Kaliumwerten in der Kronentraufe gegenüber der abgeschätzten Gesamtdeposition zu sehen.

### 3.3.2.3
#### *Kartierung der nassen Deposition 1989 und 1993*

Zur Berechnung der Überschreitungen von Critical Loads für potentielle Säureeinträge und eutrophierenden Stickstoff wurden Freilanddepositionsmeßdaten aus den Jahren 1989 und 1991–1993 eingesetzt. Entscheidend für die Auswahl dieser Datensätze war die Absicht, eine Gegenüberstellung der Depositionssituation am Anfang und Ende eines Fünfjahreszeitraumes zu ermöglichen, innerhalb dessen sowohl Emissionsminderungsmaßnahmen als auch der wirtschaftliche Wandel in der Folge der Wiedervereinigung zu größeren Veränderungen hinsichtlich der Deposition der einzelnen Komponenten geführt haben. Eine Auswertung von Fünfjahresmeßreihen des

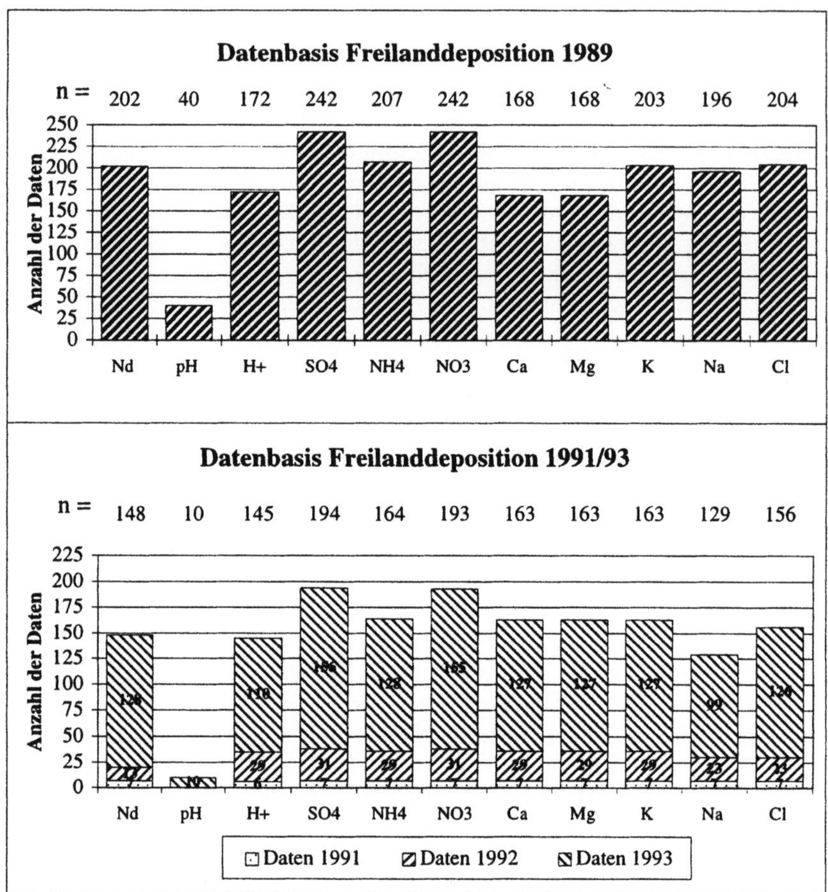



**Abb. 3.16.** Anzahl der Depositionsmessungen im Freiland 1989 und 1991/1993

Zeitraumes 1989–1993 zur Dokumentation des Depositionsgeschehens in Deutschland ist in Gauger *et al.* (1997) dargestellt.

Für das Jahr 1989 liegt eine ausreichende Zahl von Messungen vor, die eine flächenhafte Aussage ermöglicht. Zur Darstellung der aktuelleren Situation wurde ein Mischdatensatz der Meßdaten von 1993, 1992 und 1991 zusammengestellt, da es aufgrund des Lieferumfanges der Meßdaten aus den einzelnen Bundesländern nicht möglich war, für das gesamte Bundesgebiet Meßdaten aus dem Jahr 1993 zu erfassen. Daher wurde für den Datensatz „1993" von jeder Station die im Zeitraum 1991–1993 verfügbare „aktuellste" Messung ausgewählt. In Abb. 3.16 sind die Anteile der Daten dieses Mischdatensatzes aus den einzelnen Jahren und die Zahl der Meßdaten der einzelnen Komponenten dargestellt, die zur flächendeckenden Kartierung der nassen Deposition für die Jahre 1989 und 1993 herangezogen wurden. In Abb. 3.17 ist die Lage und Verteilung der Meßstationen und das Bezugsjahr ersichtlich.

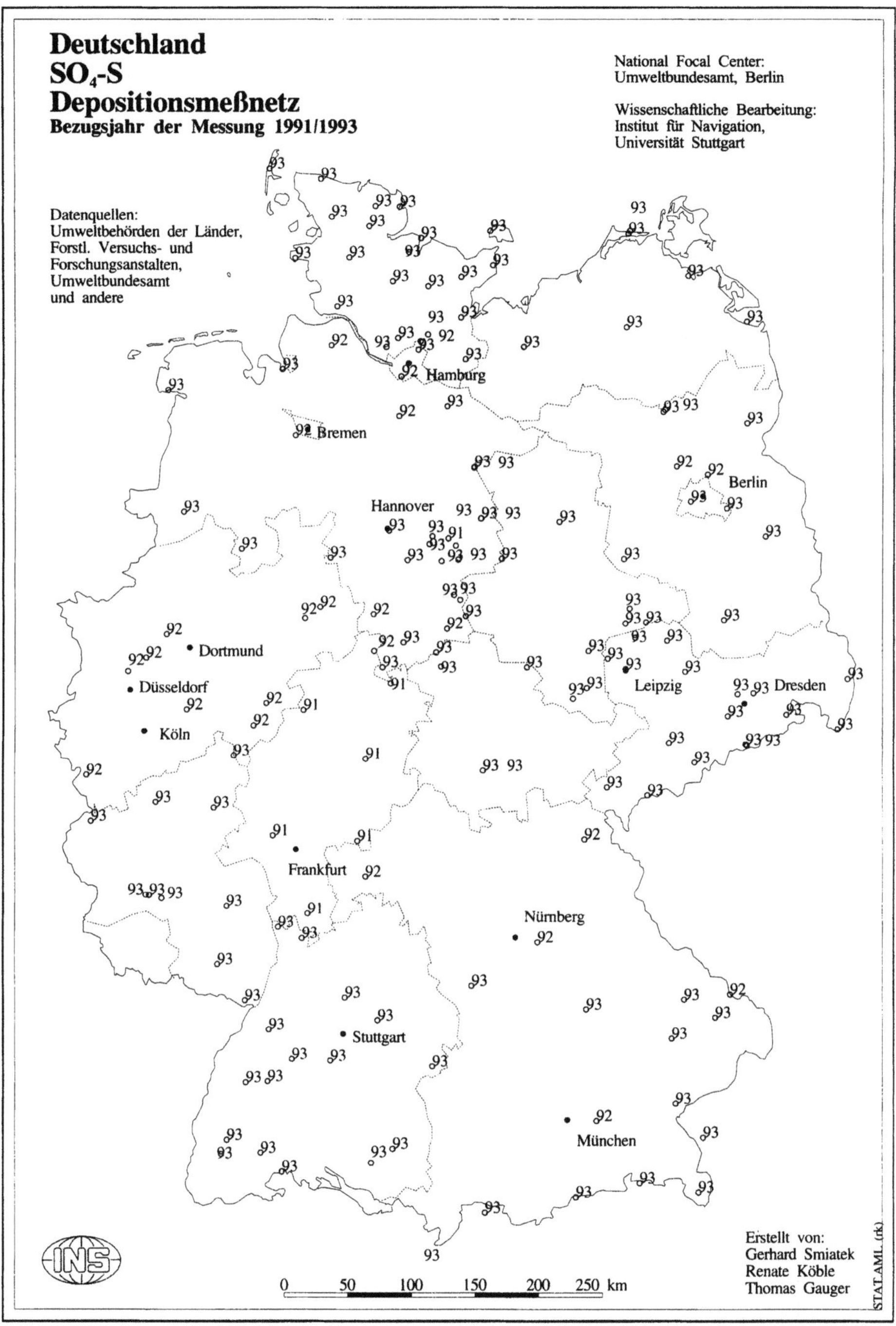



**Abb. 3.17.** Verteilung der Freilandmeßstationen für SO₄-Schwefel mit Angabe des Bezugsjahres für den Zeitraum 1991–1993

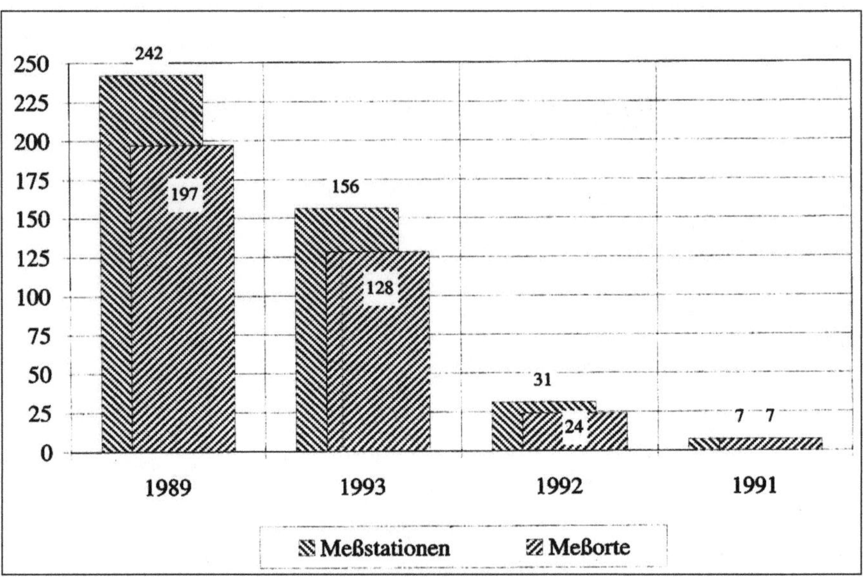


**Abb. 3.18.** Anzahl der zur Interpolation verwendeten Meßstationen und -orte 1989 und 1991–1993

Das Kartierungsverfahren erfordert verschiedene Arbeitsschritte der Datenaufbereitung zur Erstellung der Inputdatensätze für die räumliche Interpolation sowie zu Zwecken der Qualitätskontrolle. So wurden Meßstationen, die weniger als 10 km voneinander entfernt sind, keine zu großen Höhenunterschiede aufweisen und mit gleicher Sammlertechnik (Bulk- bzw. Wet-only Meßmethode) ausgerüstet sind, durch die Bildung von Mittelwerten der einzelnen Meßkomponenten zu einem „Meßort" zusammengefaßt. Für das Jahr 1989 werden dadurch die Daten der ursprünglich 242 Meßstationen auf 197 Meßorte, für den Datensatz 1993 die Daten der ursprünglich 194 Meßstationen auf 159 Meßorte bezogen (vgl. Abb. 3.18). Diese Zusammenfassung in Meßorte ist erforderlich, da im Verfahren der Interpolation der Depositionsdaten (Kriging) eine kleinräumige Häufung von Datenwerten zu einer zu starken Gewichtung dieser gegenüber den übrigen, weiträumiger verteilten Datenwerten führen würde.

### *Korrektur der Meßdaten der Bulk-Deposition auf den naßdeponierten Anteil*

In einem weiteren Arbeitsschritt werden die Inputdaten der aus Bulk-Sammlern stammenden Depositionsdaten auf ihren naßdeponierten Anteil umgerechnet. Die Basisdaten der Jahre 1989, 1991–1993 setzen sich aus Meßdaten zusammen, die sowohl aus Bulk- als auch aus Wet-only-Niederschlagsproben stammen. Die Art der Probenahme bringt Unterschiede in den Untersuchungsergebnissen mit sich: Mit den ständig offenen Bulk-Sammlern wird nicht nur die nasse Fraktion der Deposition erfaßt, sondern auch ein Teil der trockenen Deposition von Gasen, Aerosolen und Staub gelangt außerhalb von Niederschlagsereignissen in den Sammeltrichter und wird mit später fallendem Niederschlag in die Probeflasche eingespült, während dies

**Tabelle 3.3.** Faktoren zur Korrektur der Bulk-Depositionsmeßwerte um den Anteil der trockenen und feuchten Deposition im Bulk-Sammler (nach Draaijers 1996)

| Inhaltsstoffe | SO$_4$ | NO$_3$ | NH$_4$ | Na | Cl | Mg | Ca | K |
|---|---|---|---|---|---|---|---|---|
| Korrekturfaktor bulk → wet | 0,87 | 0,85 | 0,83 | 0,87 | 0,86 | 0,76 | 0,70 | 0,76 |

bei der technisch aufwendigeren Methode der Sammlung von Wet-only-Niederschlagsproben durch das sensorgesteuerte Abdecken des Auffangtrichters bei Trockenheit ausgeschlossen ist. Um diese meßtechnisch bedingten Unterschiede innerhalb der Basisdaten auszugleichen, wurden die mittels Bulk-Sammlern erfaßten Daten der einzelnen Meßkomponenten um die miterfaßte trocken deponierte Fraktion verringert.

Dazu wurde auf empirisch ermittelte Faktoren zurückgegriffen, die den naßdeponierten Anteil an der Bulk-Deposition abbilden (Tabelle 3.3). Hierbei handelt es sich um die Berechnung des mittleren Verhältnisses von Wet-only- zu Bulk-Niederschlagsproben in Europa durch das niederländische RIVM, die auf der Basis von Literaturangaben zusammengestellt wurden. In die Berechnung gingen Datenanalysen aus den Niederlanden, Großbritannien, Italien, der ehemaligen Tschechoslowakei und Schweden ein (Draaijers 1996).

### *Prüfung der Datenqualität: Ionenbilanz der Meßdaten*

Die Qualitätsprüfung der Basisdaten ist wesentlich, weil die Qualität der Inputdaten durch alle folgenden Arbeitsschritte innerhalb des Interpolations- und Kartierungsverfahrens hindurch die Ergebnisse mitbegründet. Bestimmend für die Datenqualität sind auf Seiten der Betreiber der Messungen die Sammlertechnik (Depositionssammlertyp, Niederschlagsmessung, Einrichtung und Wartung der Meßstellen etc.) und Probenahme (Intervalle der Probenahme, Transport, Behandlung und Lagerung der Proben etc.), die Analyse der Proben (Herstellung von Mischproben, Vorbehandlung, Analyseverfahren, Bestimmungsgrenzen und analytische Qualitätssicherung), ferner die Datenerfassung und Datenauswertung (Datenaggregation, Berechnung von Konzentrationen und Frachten, Kennzeichnung oder Ermittlung fehlender Meßwerte etc.), und schließlich eine korrekte Datenhaltung. Um einen Überblick über die Qualität der Basisdaten zu erhalten, wurde die Berechnung der Ionenbilanz durchgeführt. Das Verhältnis der Äquivalentsumme von Anionen zu Kationen in einer Probe muß aufgrund des Elektroneutralitätsprinzips ausgeglichen sein. Die Berechnung der Ionenungleichgewichte (3.4) liefert folglich ein Qualitätsmaß zur Kontrolle der Analysendaten.

*Ionenungleichgewicht* [%]

$$= \frac{(NH_4^+ + Ca^{2+} + Mg^{2+} + K^+ + Na^+ + H^+) - (SO_4^{2-} + NO_3^- + Cl^-)}{(NH_4^+ + Ca^{2+} + Mg^{2+} + K^+ + Na^+ + H^+) + (SO_4^{2-} + NO_3^- + Cl^-)} \cdot 100 \ [eq] \qquad (3.4)$$

Aus den Basisdaten der Jahre 1989 und 1993 wurden die prozentualen Ionenungleichgewichte bei Vorliegen aller Hauptkomponenten der Analyse je Meßstation berechnet. Die Ergebnisse sind in Abb. 3.19 dargestellt. Im Jahr 1989 liegen knapp 65 %

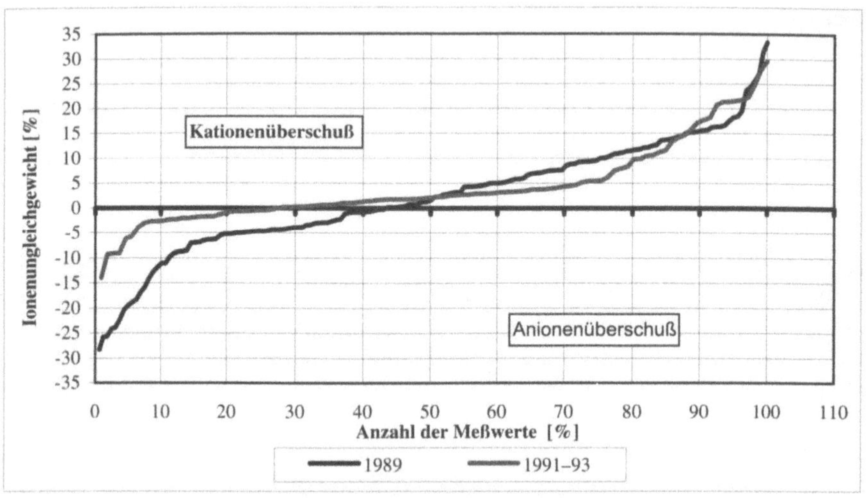


**Abb. 3.19.** Ionenungleichgewichte der Freilanddepositionsmessungen 1989, 1991 und 1993

der kompletten Datensätze der Basisdaten innerhalb des Bereiches einer Abweichung unter 10 % vom Gleichgewicht der Ladungsbilanz, die maximalen Ionenungleichgewichte liegen unter 35 %. Der flachere Verlauf der Kurve für die Datensätze 1993 weist für diese Basisdaten eine noch bessere Qualität aus: Knapp unter 80 % der Datensätze besitzen geringe Ungleichgewichte in der Ladungsbilanz (< 10 %) und die maximalen Abweichungen vom Ionengleichgewicht liegen unter 30 %.

Wesentlich für die Interpretation der (Zwischen-)Ergebnisse im Verlauf der räumlichen Interpolation und innerhalb der Arbeitsschritte der Kartierung sind insbesondere die größeren Abweichungen in der Ladungsbilanz. Da nicht nachvollziehbar ist, welche der Meßkomponenten Ionenungleichgewichte verursacht haben, kann aufgrund der Ionenbilanz allein keine Datenkorrektur durchgeführt werden. Andererseits werden auch einige hinsichtlich der Hauptkomponenten der Deposition unvollständige Datensätze, deren Qualität sich nicht durch die Berechnung der Ionenbilanz überprüfen läßt, zur weiteren Bearbeitung der Kartierung herangezogen. Diese festgestellten und möglichen Ungenauigkeiten der Basisdaten müssen entsprechend berücksichtigt werden, um Auffälligkeiten in der räumlichen Darstellung der Deposition erklären und begründen zu können.

### *Seesalzkorrektur*

Laut Definition (vgl. Kap. 3.3.1) wird der marine Anteil der Deposition von Na, Cl, S, Ca, K und Mg in der Berechnung der Überschreitung von Critical Loads für potentielle Säureeinträge $CL_{(Acpot)}$ nicht berücksichtigt. Für Nord- und Westeuropa kann angenommen werden, daß Na kaum bzw. nur sehr lokal aus anthropogenen Quellen stammt und deshalb zumindest in küstennahen Gebieten zu 100 % meeresbürtig ist. Für die anderen Elemente läßt sich infolgedessen der Anteil des nichtmarinen Eintrags nach (3.5) mittels Korrekturwerten errechnen, denen das Konzentrationsverhältnis der einzelnen Elemente (Cl, S, Ca, K und Mg) zu Natrium im Meerwasser (vgl.

**Tabelle 3.4.** Konzentrationsverhältnisse [eq eq$^{-1}$] der Elemente Cl, S, Ca, K, Mg zu Na im Meerwasser (nach UN/ECE 1996)

| $Ca_{sw}$ / $Na_{sw}$ | $Mg_{sw}$ / $Na_{sw}$ | $K_{sw}$ / $Na_{sw}$ | $S_{sw}$ / $Na_{sw}$ | $Cl_{sw}$ / $Na_{sw}$ |
|---|---|---|---|---|
| 0,044 | 0,277 | 0,221 | 0,120 | 1,164 |

Tabelle 3.4) zugrunde liegt. Dies gilt unter der Voraussetzung, daß die Elementkonzentrationen in Meerwasser und Seaspray gleich sind. In Gebieten hoher flächenhafter Einträge von Natrium, z. B. in Form äolischer Sedimente (v. a. Süd- und Südosteuropa), würde diese Methode allerdings zu Überschätzungen des tatsächlichen marinen Anteils führen.

$$X^{*}_{dep} = X_{dep} - Na_{dep}\,(X_{sw}\,/\,Na_{sw}) \quad [\text{eq ha}^{-1}\,\text{a}^{-1}]\ , \tag{3.5}$$

wobei:
- $X$       = Cl, S, Ca, K, Mg;
- $X_{dep}$    = Gesamtdeposition von X;
- $Na_{dep}$   = Gesamtdeposition von Na;
- $X^{*}_{dep}$    = um marine Einträge korrigierte Deposition von X;
- $X_{sw}\,/\,Na_{sw}$ = Konzentrationsverhältnis von X zu Na im Meerwasser.

Da nicht für alle Stationen Natrium-Depositionsmessungen zur Verfügung standen, wurde zunächst die flächenhafte Interpolation der Naßdepositionsdaten der o. g. Komponenten durchgeführt und die Seesalzkorrektur anschließend für jedes Rasterelement der Karten vorgenommen.

### *Räumliche Interpolation der Meßdaten der nassen Deposition*

Aus den Inputdatensätzen (197 Meßorte für 1989 und 159 für 1993, vgl. Abb. 3.18) wurde mittels Kriging, einem Verfahren zur optimalen Interpolation punktbezogener räumlicher Daten, die Verteilung der nassen Deposition in Deutschland berechnet. Die Darstellung erfolgt in flächendeckenden Rasterkarten mit einer gewählten Auflösung von 10·10 Bogenminuten – das entspricht etwa 10 km geographischer Breite × 20 km geographischer Länge. Der jeweils für eines der Rasterelemente von ca. 10 × 20 km gültige Wert wird mit Hilfe von Meßdaten der Depositionsfrachten geschätzt, die sich innerhalb und außerhalb dieses Areals befinden. Eine lineare Kombination der Form

$$z^{*}_{v} = \sum_{i=1}^{n} \lambda_i\, z(x_i) \quad i = 1,...,n \tag{3.6}$$

liefert den Schätzwert $z^{*}_{v}$ für das Rasterelement. Hierbei sind $\lambda_i$ die Wichtungsfaktoren für die einzelnen Meßdaten $z(x_i)$. Die Wichtungen können grundsätzlich mit Hilfe unterschiedlicher Verfahren (z. B. auch Inverse Distance Weighting) ermittelt bzw. durchgeführt werden (Akin u. Siemes 1988).

Das verwendete Kriging-Interpolationsverfahren basiert auf der Annahme, daß die räumliche Variation einer Merkmalsausprägung (repräsentiert z. B. durch meßbare Quantitäten wie Deposition etc.) über eine bestimmte Fläche statistisch homogen ist, z. B. wird für alle Punkte dieser Fläche dasselbe Verteilungsmuster angenommen (Theorie der regionalisierten Variablen, Matheron 1963). Das räumliche Verteilungsmuster kann aus der Semivarianz der vorliegenden (Meß-)Daten ermittelt werden. Diese wird in einem sog. Semivariogramm gegen die räumliche Distanz der Wertepaare aufgetragen. Die mathematische Funktion (z. B. exponentiell, linear, sphärisch), welche die Werteverteilung im Semivariogramm am besten beschreibt, wird herangezogen, um die Wichtung der Messungen bei der Berechnung des gesuchten Schätzwertes an einem bestimmten Punkt oder für eine bestimme Rasterfläche vorzunehmen. Das Verfahren bietet die Möglichkeit, die Güte der gewählten Wichtungsfunktion zu überprüfen, indem versucht wird, alle bekannten Messungen mittels der jeweils umliegenden Meßdaten zu reproduzieren. Die optimale Wichtungsfunktion liefert die geringsten Fehler zwischen den einzelnen Meß- und Schätzwerten. Eine ausführliche Beschreibung der Semivariogrammanalyse sowie der Interpolation durch Kriging geben Isaaks u. Srivastava (1989). Semivariogrammanalyse und Kriging-Interpolation erfolgten mit der Geostatistical Environmental Assessment Software GEO-EAS (Englund u. Sparks 1988).

### 3.3.2.4
### *Flächenhafte nasse Deposition von Schwefel-, Stickstoffverbindungen und basischen Kationen 1989 und 1993*

Die flächenhafte nasse Deposition von $NH_4$-N, $NO_3$-N, $SO_4$-S und basischen Kationen 1993 sowie von $SO_4$-S 1989 als Ergebnis der Interpolation zeigen Abb. 3.20–3.23. Einen Überblick bezüglich Flächenmittel, Minima und Maxima der einzelnen Komponenten in den beiden Zeiträumen gibt Tabelle 3.5.

### *Seesalzkorrigierte Sulfatschwefeldeposition*
Die Sulfatschwefeldeposition (seesalzkorrigiert, Abb. 3.20 u. 3.21) weist zwischen 1989 und 1993 bekanntermaßen stark rückläufige Tendenz auf. In Sachsen und Sachsen-Anhalt mit den höchsten Einträgen im Ländervergleich sanken die Maxima von über 3 auf unter 1,5 keq ha$^{-1}$ a$^{-1}$ (50 bzw. 25 kg ha$^{-1}$ a$^{-1}$). Im Bundesdurchschnitt wurden 1989 0,8 keq ha$^{-1}$ a$^{-1}$ und 1993 0,5 keq ha$^{-1}$ a$^{-1}$ Sulfatschwefel mit dem Niederschlag eingetragen. Die niedrigsten Depositionsraten sind in Baden-Württemberg zwischen Schwarzwald und Bodensee mit 0,1 keq ha$^{-1}$ a$^{-1}$ im Jahr 1989 und 0,3 keq ha$^{-1}$ a$^{-1}$ 1993 zu verzeichnen. In Niedersachsen allerdings zeigt die flächenhafte Darstellung eine Zunahme der Schwefeldeposition gegenüber 1989. Der Grund hierfür ist die geringe Anzahl an verfügbaren Messungen weiten Teilen Niedersachsens für 1993 (vgl. Abb. 3.17). Dies führt zu einer Überschätzung der tatsächlichen Werte, denn bei der Interpolation erhalten die Meßdaten aus den Randgebieten Schleswig-Holsteins und Nordrhein-Westfalens höheres Gewicht – dort sind die Schwefeleinträge höher als sie für den mittleren Teil Niedersachsens zu erwarten sind. Die vorhandenen Meßdaten im Süden und an der Küste Niedersachsens deuten eher auf stagnierende bis leicht rückläufige Schwefeldeposition hin.

### *Ammoniumstickstoffdeposition*
Ammoniummeßwerte können lokal, in Abhängigkeit von der Lage der Meßstation zur maßgeblichen Emissionsquelle „landwirtschaftliche Tierproduktion", sehr stark

**Tabelle 3.5.** Mittelwerte, Minima und Maxima der flächenhaften nassen Deposition der einzelnen Komponenten 1989 und 1993

| Gesamtfläche | $SO_4$-S[a] | | $NH_4$-N | | $NO_3$-N | | Ca[a] | | K[a] | | Mg[a] | | Na | | Cl[a] | |
|---|---|---|---|---|---|---|---|---|---|---|---|---|---|---|---|---|
| | '89 | '93 | '89 | '93 | '89 | '93 | '89 | '93 | '89 | '93 | '89 | '93 | '89 | '93 | '89 | '93 |
| | [keq ha$^{-1}$ a$^{-1}$] | | | | | | | | | | | | | | | |
| Mittelwert | 0,79 | 0,51 | 0,49 | 0,41 | 0,35 | 0,31 | 0,34 | 0,20 | 0,05 | 0,04 | 0,04 | 0,02 | 0,36 | 0,23 | 0,05 | 0,01 |
| Minimum | 0,07 | 0,27 | 0,16 | 0,20 | 0,21 | 0,19 | 0,00 | 0,04 | 0,01 | 0,00 | 0,00 | 0,00 | 0,06 | 0,06 | 0,00 | 0,00 |
| Maximum | 3,03 | 1,43 | 2,41 | 1,00 | 0,56 | 0,49 | 1,45 | 0,60 | 0,22 | 0,10 | 0,46 | 0,10 | 5,40 | 1,64 | 0,97 | 0,23 |
| | [kg ha$^{-1}$ a$^{-1}$] | | | | | | | | | | | | | | | |
| Mittelwert | 12,6 | 8,2 | 6,9 | 5,7 | 4,9 | 4,3 | 6,7 | 4,0 | 2,0 | 1,5 | 0,5 | 0,2 | 8,4 | 5,3 | 1,6 | 0,4 |
| Minimum | 1,2 | 4,3 | 2,3 | 2,8 | 3,0 | 2,7 | 0,0 | 0,9 | 0,5 | 0,0 | 0,0 | 0,0 | 1,3 | 1,3 | 0,0 | 0,0 |
| Maximum | 48,5 | 22,8 | 33,8 | 14,0 | 7,8 | 6,8 | 29,0 | 12,0 | 8,7 | 3,9 | 5,6 | 1,2 | 124 | 37,7 | 34,5 | 8,0 |

[a] Seesalzkorrigiert.

variieren. Eine verläßliche Darstellung des flächenhaften Verteilungsmusters erfordert ein sehr enges Meßnetz. Für 1993 konnten die Daten von ca. 165 Stationen im Bundesgebiet ausgewertet werden. Die räumliche Anordnung dieser Stationen ist sehr unregelmäßig. Dieser Faktor wirkt sich bei der Interpolation um so mehr aus, je geringer die räumliche Gültigkeit der Meßwerte ist. Deshalb kann das Interpolationsergebnis der Ammoniumdeposition nur eine Annäherung an die reale räumliche Verteilung sein (Abb. 3.22). Die mittlere Depositionsrate liegt 1989 bei 0,5 keq und 1993 bei 0,4 keq $NH_4$-N pro ha und Jahr (etwa 7 bzw. 6 kg ha$^{-1}$ a$^{-1}$). Die höchsten Werte mit etwa 1 keq ha$^{-1}$ a$^{-1}$ wurden 1993 in Niedersachsen und Nordrhein-Westfalen erfaßt. Die geringsten $NH_4$-N-Depositionswerte (um 0,15 keq ha$^{-1}$ a$^{-1}$) waren an einzelnen Stationen in Baden-Württemberg, Rheinland-Pfalz und Bayern zu verzeichnen.

### *Nitratstickstoffdeposition*

Den mit Abstand größten Anteil an oxidierten Stickstoffemissionen in der Bundesrepublik hat der Straßenverkehr, gefolgt von der Emittentengruppe Kraft- und Fernheizwerke. Die höchsten $NO_3$-N-Depositionswerte treten daher auch im Umfeld der Ballungsräume, wie z. B. Hamburg, Rhein-Main- und Ruhrgebiet auf (Abb. 3.23). Gegenüber 1989 zeichnet sich 1993 ein leichte Abnahme der $NO_3$-N-Deposition in den „alten" und eine leichte Zunahme in den „neuen" Bundesländern ab. Insgesamt ergibt sich jedoch nur eine geringe Änderung von 0,35 keq ha$^{-1}$ a$^{-1}$ (1989) auf 0,31 keq ha$^{-1}$ a$^{-1}$ (1993) im Mittel über Gesamtdeutschland.

### *Seesalzkorrigierte Deposition basischer Kationen*

Die seesalzkorrigierte Deposition basischer Kationen, als Summe der Einträge von Calcium, Magnesium und Kalium, erreichte 1989 die Maxima in der Umgebung der großen Industriereviere der ehemaligen DDR mit Werten bis zu 2 keq ha$^{-1}$ a$^{-1}$ und im Ruhrgebiet mit etwa 1,2 keq ha$^{-1}$ a$^{-1}$ und liegt damit um das 3–5fache über dem

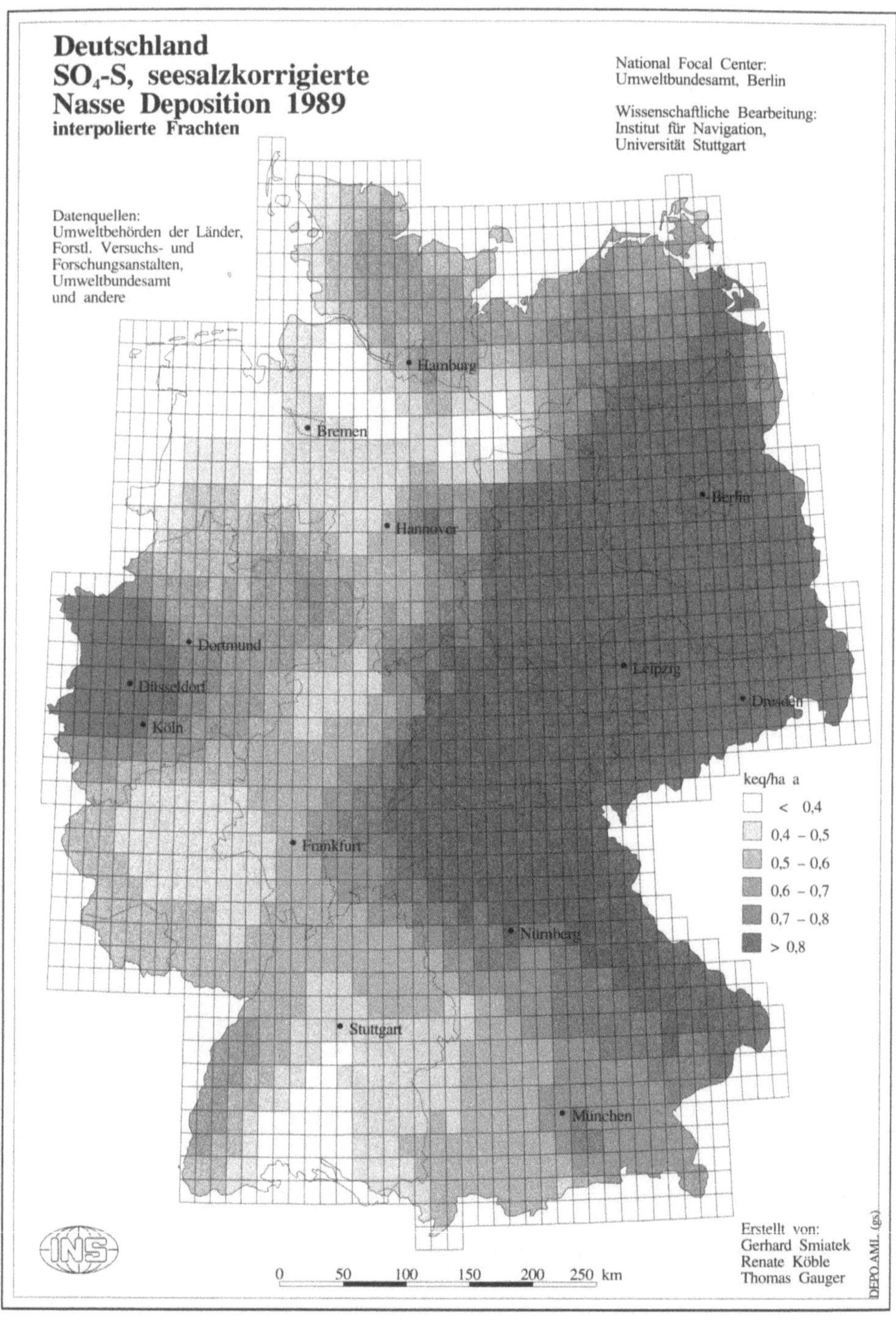


**Abb. 3.20.** Nasse Deposition von Sulfatschwefel 1989, seesalzkorrigiert

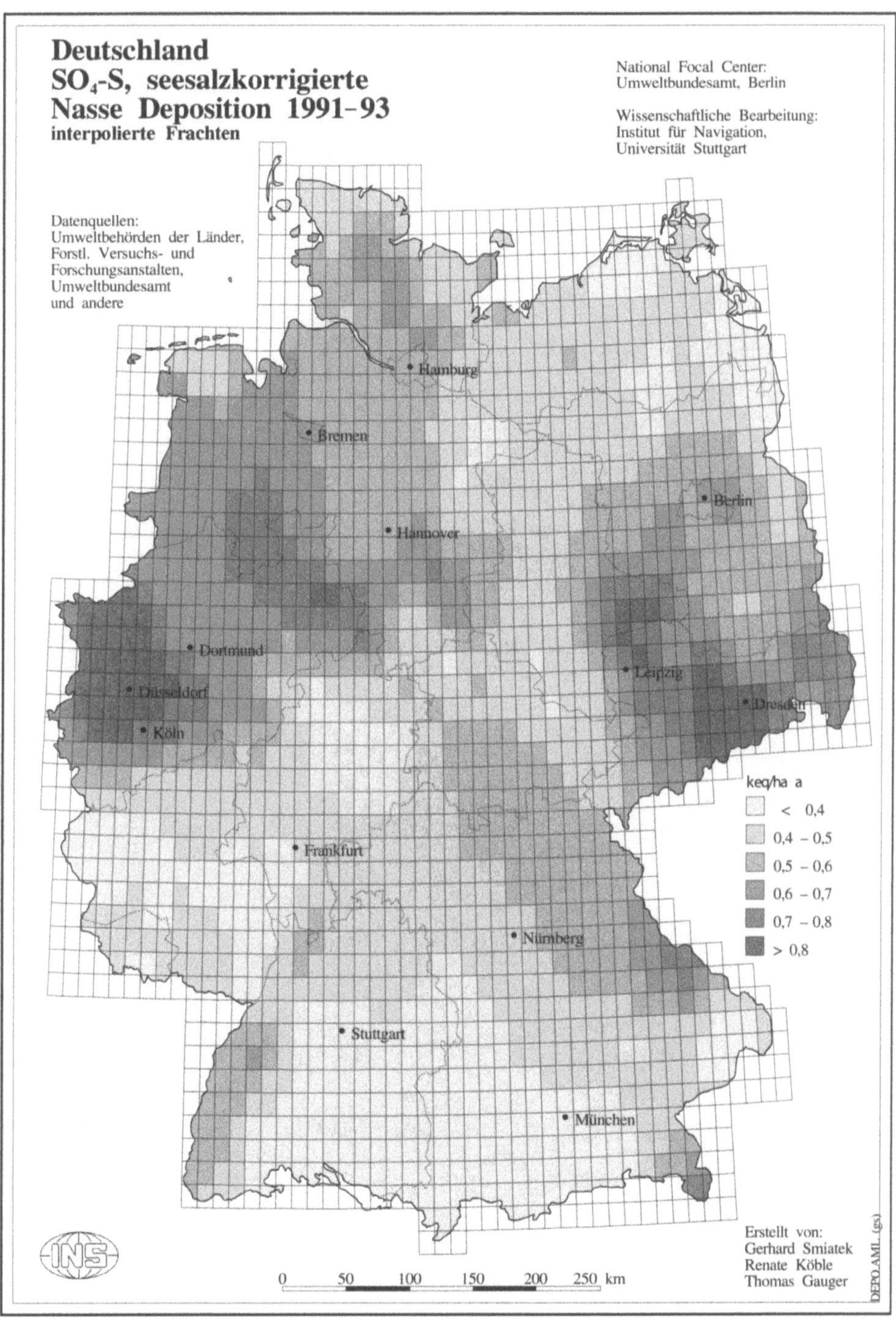



**Abb. 3.21.** Nasse Deposition von Sulfatschwefel 1991–1993, seesalzkorrigiert

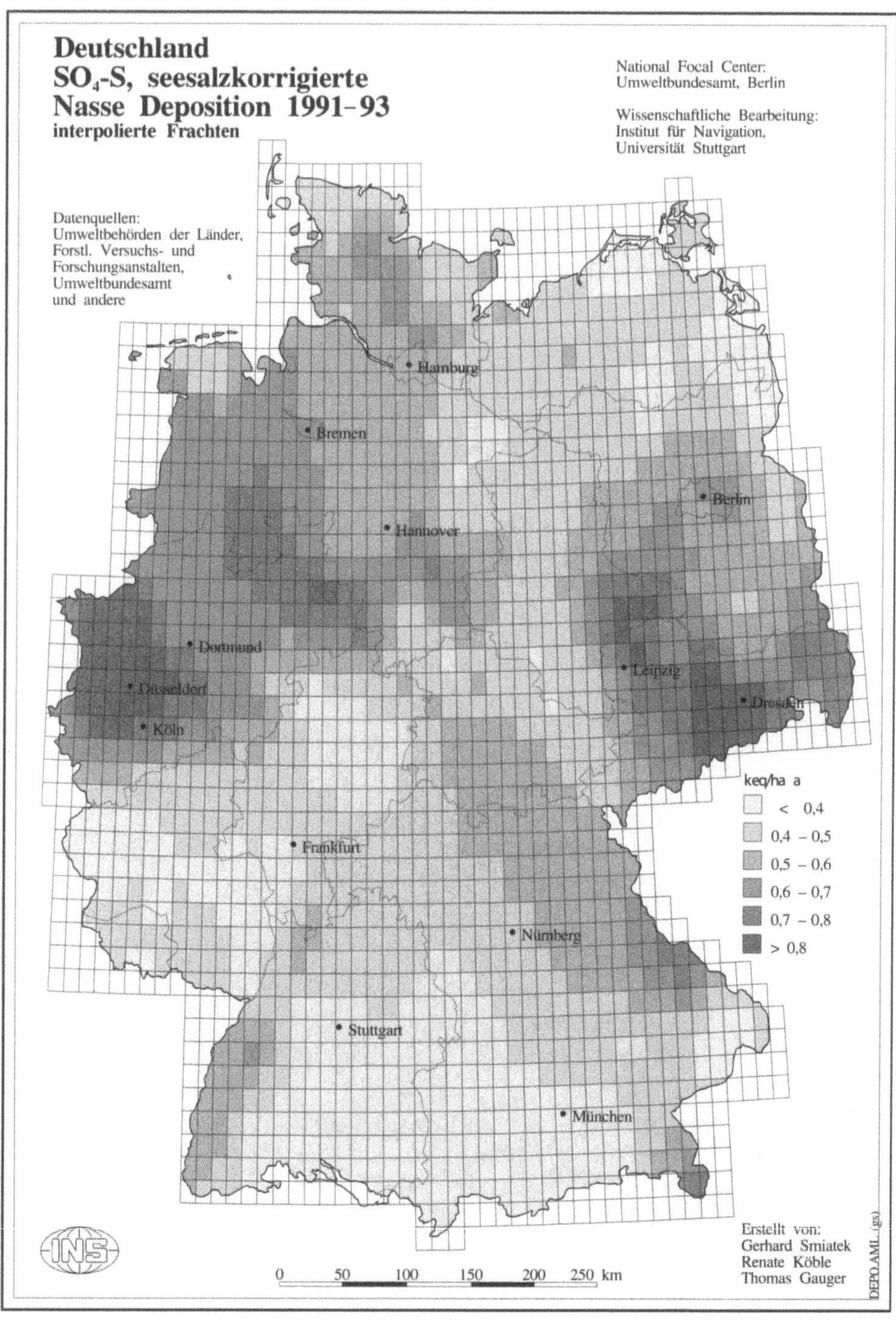


**Abb. 3.22.** Nasse Deposition von Ammoniumstickstoff 1991–1993

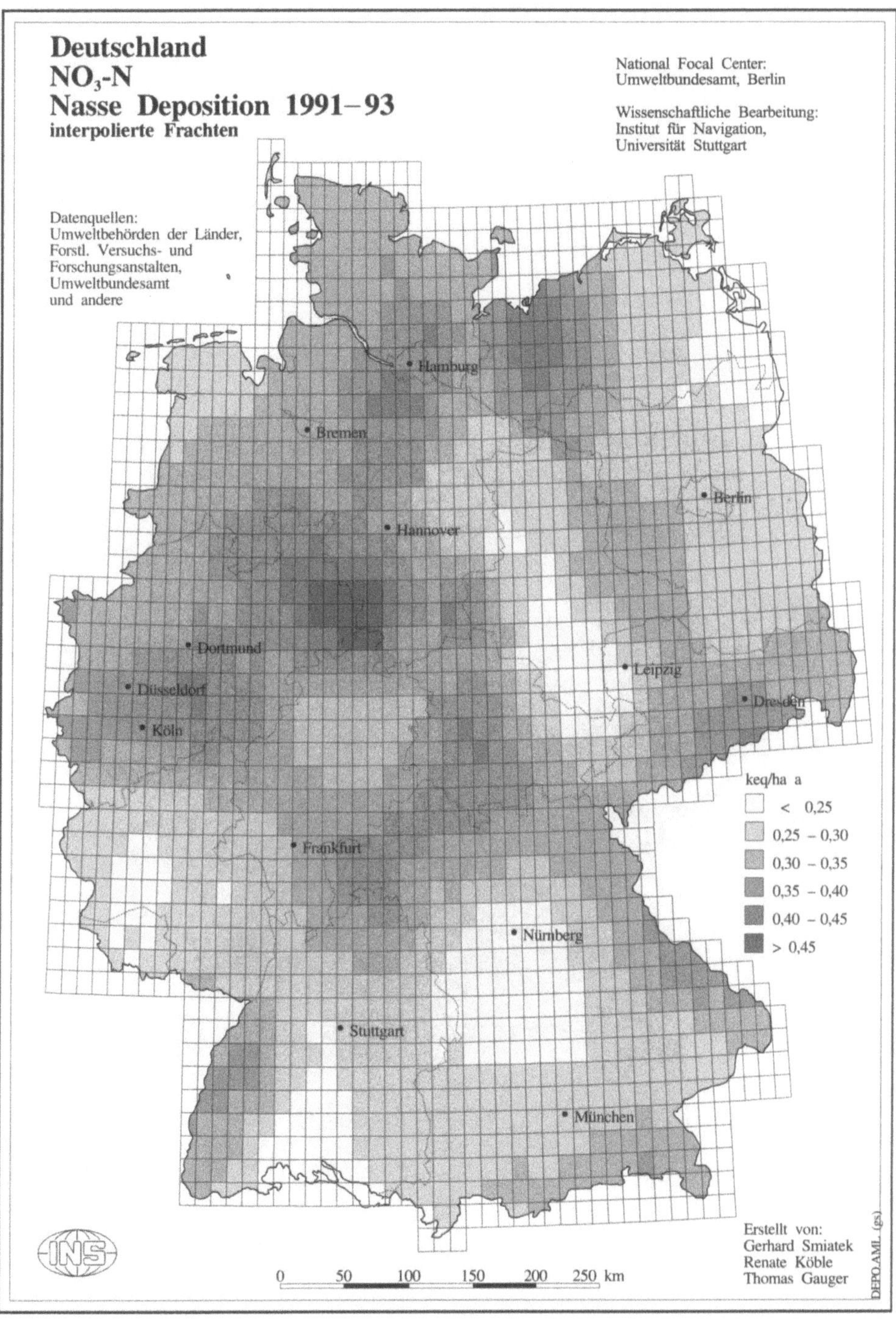


**Abb. 3.23.** Nasse Deposition von Nitratstickstoff 1991–1993

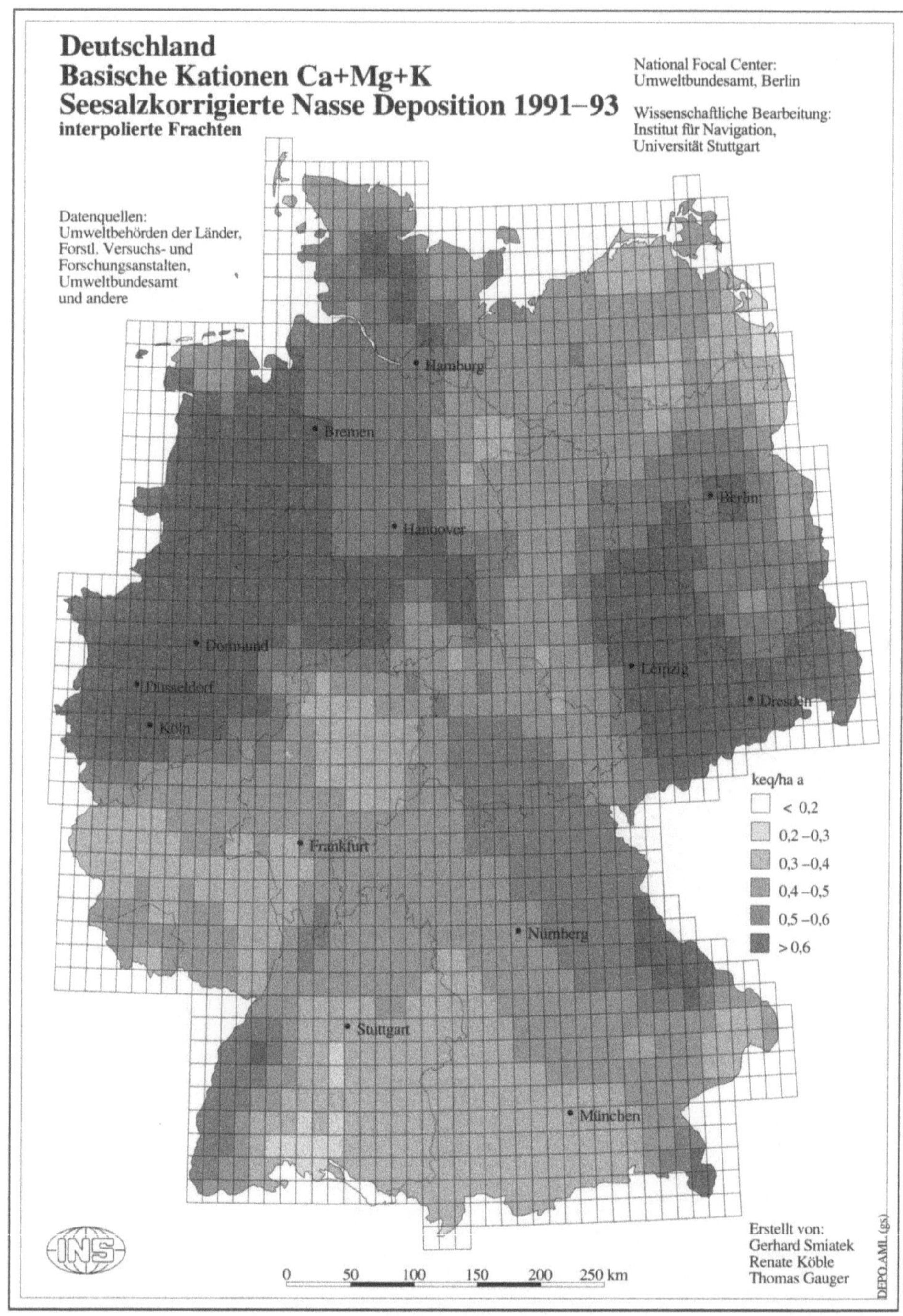


**Abb. 3.24.** Nasse Deposition von basischen Kationen ($Ca^{2+} + K^+ + Mg^{2+}$) 1991–1993, seesalzkorrigiert

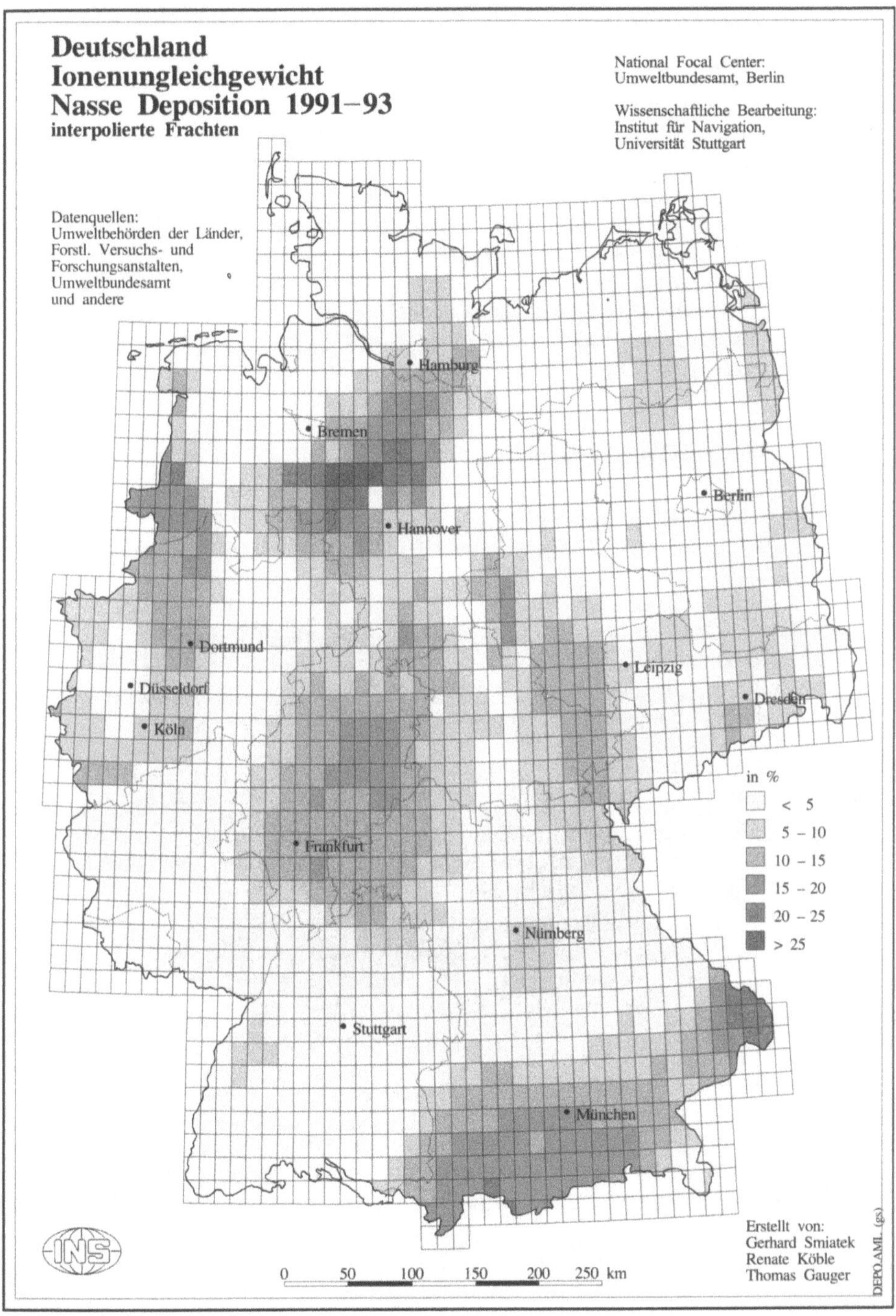


**Abb. 3.25.** Flächendeckende Ionenbilanz 1991–1993

bundesdeutschen Mittel von 0,4 keq ha$^{-1}$ a$^{-1}$. Während im Osten Deutschlands die Depositionswerte auf 0,4 keq ha$^{-1}$ a$^{-1}$ zurückgingen, treten in Nordrhein-Westfalen 1993 nach wie vor Werte um 0,6 keq ha$^{-1}$ a$^{-1}$ auf, der Bundesdurchschnitt betrug im selben Zeitraum 0,25 keq ha$^{-1}$ a$^{-1}$ (Abb. 3.24). Laut Definition (Kap. 3.3.1.1) sollten diese hohen anthropogenen Baseneinträge, die in Deutschland zumeist auf die (Braun-)Kohleverbrennung zurückzuführen sind, in der Berechnung der Critical Loads für potentielle Säureeinträge nicht berücksichtigt werden. Der exakte Anteil des „natürlichen Hintergrundwertes" ist jedoch momentan noch nicht zu quantifizieren, deshalb wurde für die weiteren Berechnungen keine Korrektur an diesen Werten vorgenommen. Den höchsten Anteil am Eintrag basischer Kationen hat Calcium mit 78 %. Die Angabe bezieht sich auf den mittleren flächenhaften Eintrag (in eq) im Bundesgebiet. Kalium- und Magnesiumeinträge spielen mit 15 bzw. 7 % nur eine untergeordnete Rolle.

### 3.3.2.5
### *Qualität der Interpolationsergebnisse*

Die Qualität der Interpolationsergebnisse wird maßgeblich von der Flächenrepräsentativität der Depositionsmessungen bestimmt. Die verfügbaren Meßdaten im Bundesgebiet variieren sowohl:

- qualitativ (unterschiedliche Güte der Meßergebnisse, vgl. Abb. 3.19),
- räumlich (unregelmäßige Verteilung über die Fläche Deutschlands, vgl. Abb. 3.17),
- zeitlich (unterschiedliche Stationenverteilung in den einzelnen Jahren) als auch
- stofflich (nicht an jeder Station werden alle Elemente erfaßt).

Die Analyse der prozentualen Ionenungleichgewichte in den Rastern der flächenhaften Verteilung (vgl. Abb. 3.25) zeigt den Einfluß von Ausgangsdatenqualität und Meßdatendichte für die einzelnen Komponenten. Die Darstellung basiert auf der Verrechnung der Flächendaten nach (3.4), ohne jedoch zwischen positiven und negativen Ungleichgewichten zu unterscheiden.

Entsprechend der Verbesserungen in der Qualität der Meßdaten (vgl. S. 181 Prüfung der Datenqualität: Ionenbilanz der Meßdaten) zeigt auch die flächenhafte Verteilung 1993 für den größten Teil der Fläche Deutschlands nur geringe Ungleichgewichte von < 10 % in der Ionenbilanz. Die höheren Abweichungen in Niedersachsen, Nordrhein-Westfalen, Hessen und Bayern sind teils durch die geringe Anzahl von Messungen, d. h. es mußte über weite Flächen integriert werden, und teils in der unausgeglichenen Ionenbilanz schon in den Meßdaten selbst, begründet.

Eine weitere Möglichkeit zur Validierung der Ergebnisse stellt der Vergleich zwischen Meßwert und dem entsprechenden Rasterwert der Interpolation dar (vgl. Abb. 3.26). Für die einzelnen Elemente ergeben sich deutliche Unterschiede in der Qualität der Interpolationsergebnisse. Je höher die Variation der Meßergebnisse innerhalb kurzer Distanz, das heißt u. a. um so geringer ihre räumliche Gültigkeit ist, und je ungleichmäßiger die Meßdaten über die zu interpolierende Fläche verteilt sind, desto größer sind die Nivellierungen der Minima und Maxima durch das Interpolationsverfahren. Sehr deutlich zeigt sich dieser Aspekt in der Streuung der Werte um die 1:1-Linie bei Nitrat- und Ammoniumstickstoff, Kalium und Calcium. Gute Er-

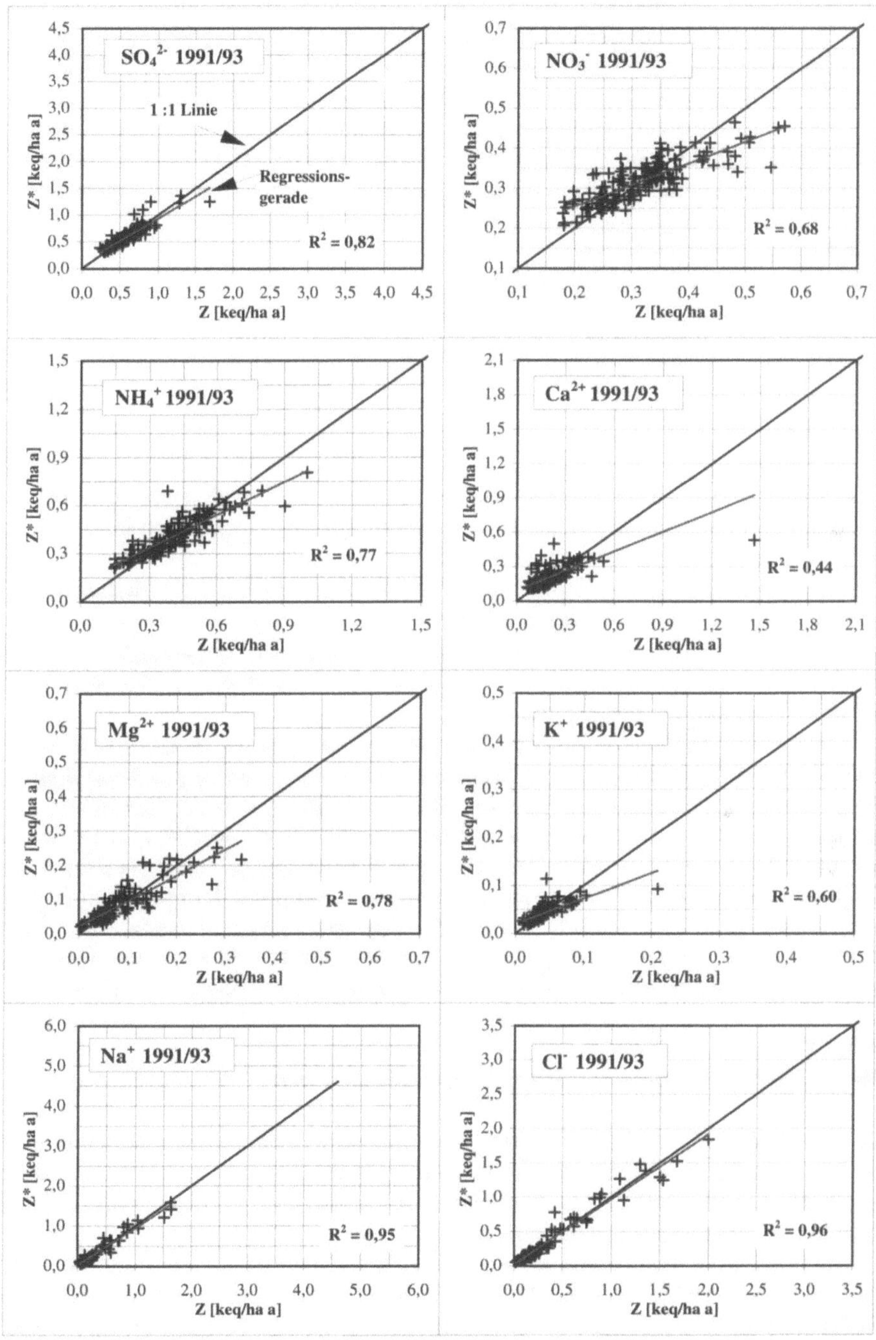


**Abb. 3.26.** Vergleich der Meßwerte ($Z$) und der Interpolationsergebnisse ($Z^*$) im zugehörigen Rasterfeld der flächendeckenden Darstellung 1991–1993

gebnisse liefert das Interpolationsverfahren für Sulfat-S, Mg, Na und Cl. Für Sulfat ist das Ergebnis auf die hohe Meßnetzdichte (Ausnahme: Zentrum Niedersachsens 1993) und die gleichzeitig geringen lokalen Unterschiede der Meßergebnisse zurückzuführen. Die Meßwerte der 3 letzteren Komponenten zeigen eine deutliche Abnahme mit zunehmender Distanz zur Nordseeküste. Der großräumige Trend wird kaum durch lokale Variationen durchbrochen. Dies führt bei der Analyse der Meßwerte zur Bestimmung der Gewichtungsfunktion für die Interpolation zu zuverlässigen Ergebnissen.

### 3.3.3
### Erfassung der trockenen Deposition

J.-W. Erisman · E. P. van Leeuwen · T. Spranger

### 3.3.3.1
### *Einleitung*

Die trockene Deposition ist für viele Ökosysteme (z. B. Waldökosysteme) oft der wichtigste Stoffeintragspfad. Zudem ist sie immer hauptverantwortlich für die räumliche Variabilität der Gesamtdeposition.

Messungen der Trockendeposition mit mikrometeorologischen Methoden sind sehr teuer und können u. a. wegen der großen anfallenden Datenmengen nur schwer ganzjährig durchgeführt werden. Messungen sind wegen der Abhängigkeit der Trockendepositionsraten von zahlreichen, unabhängig voneinander in Zeit und Raum variierenden Faktoren nie interpolierbar.

Die Kartierung der Trockendeposition bedarf daher eines Modells, welches die aus mikrometeorologischen und pflanzenphysiologischen Messungen bekannten depositionsbestimmenden Prozesse so stark parametrisiert, daß sie flächenhaft, aber kleinräumig differenziert berechnet werden können. Van Pul *et al.* (1992) stellten eine solche Methode für die Stoffe $SO_x$, $NO_y$ und $NH_x$ vor, die im Laufe der letzten Jahre aktualisiert (Erisman *et al.* 1994b) und um die Berechnung der trockenen Deposition von $Na^+$, $Mg^{2+}$, $Ca^{2+}$ und $K^+$ erweitert wurde (Draaijers *et al.* 1996a). Die folgenden Abschnitte sind zum großen Teil aus dem Abschlußbericht eines von BMU/UBA geförderten Projektes zu diesem Thema entnommen (van Leeuwen *et al.* 1996b).

### 3.3.3.2
### *Methoden zur Ableitung von Trockendepositionsflüssen*

Im EDACS-Modell wird die Trockendeposition mittels der Inferentialmethode geschätzt, d. h. die Deposition an der Oberfläche wird aus der Konzentration und der Depositionsgeschwindigkeit in der gleichen Höhe abgeleitet (Erisman 1992; Erisman u. Baldocchi 1994; van Pul *et al.* 1992, 1995).

Die Inferentialmethode nimmt eine Schicht konstanter Flüsse (constant flux layer) zwischen der Referenzhöhe und der Oberfläche an. Diese Annahme impliziert, daß in dieser Schicht 1. keine signifikante Advektion existiert, 2. die Luftströmung an die Oberfläche vollständig adaptiert ist und 3. keine wesentlichen chemischen Reaktionen stattfinden. In diesem Falle ist der Depositionsfluß in der Referenzhöhe gleich dem an der Oberfläche.

Die Adaptierung der Luftströmung an die Oberfläche hängt stark von der Oberflächenrauhigkeit und der Schichtungsstabilität ab. Die Referenzhöhe muß folgende Kriterien erfüllen: 1. Sie muß so hoch sein, daß die Konzentration nicht wesentlich von der lokalen Deposition beeinflußt wird. 2. Sie muß kleiner sein als die Höhe der atmosphärischen Grenzschicht. In EDACS wird die Referenzhöhe auf 50 m über der Oberfläche gesetzt, was als optimal gesehen wird (Erisman 1992).

Der Trockendepositionsfluß von Gasen und Partikeln zu einer Rezeptoroberfläche wird determiniert durch 1. die Luftkonzentration, 2. turbulente Transportprozesse in der atmosphärischen Grenzschicht, 3. die Physikochemie des deponierenden Stoffes und 4. die Effizienz der Oberfläche bei der Ad- und Absorption von Gasen und Partikeln. Der Spurengasfluß wird berechnet als:

$$F = V_{\mathrm{d}}(z) \; c(z) \; , \tag{3.7}$$

mit:

- $c(z)$ =Konzentration in Höhe $z$;
- $V_{\mathrm{d}}(z)$ =Depositionsgeschwindigkeit in Höhe $z$ (Chamberlain 1966);
- $z$ =Referenzhöhe über der Oberfläche (50 m).

Wenn die Oberfläche von Vegetation bedeckt ist, wird eine Verdrängungshöhe ($d$) definiert: $z = z - d$

Die Gaskonzentration der absorbierenden Oberfläche wird oft als null angenommen. Dies gilt nur für ausschließlich deponierende Gase, nicht aber für Gase, die deponiert und emittiert werden ($NH_3$ und NO). Für diese Gase kann eine Oberflächenkonzentration > 0 (= Kompensationspunkt $c_{\mathrm{p}}$) existieren. Wenn diese Konzentration höher als die Konzentration in der Luft ist, wird das Gas emittiert. Wegen der unzureichenden Kenntnis dieser Kompensationspunkte werden sie im Modell nicht berücksichtigt. Gleiches gilt für Partikel; es wird angenommen, daß keine Resuspension deponierter Partikel erfolgt.

### Depositionsgeschwindigkeiten

Die Parametrisierung der Depositionsgeschwindigkeit $V_{\mathrm{d}}$ basiert auf einer Beschreibung der Trockendepositionsprozesse mit einer Widerstandsanalogie („Big Leaf Model" s. z. B. Thom 1975; Hicks *et al.* 1987; Fowler 1978; Erisman *et al.* 1994a). Ein Widerstandsmodell parametrisiert die wichtigsten Depositionspfade, über die der betrachtete Stoff transportiert und schließlich von der Oberfläche aufgenommen wird. Abbildung 3.27 zeigt die in der $V_{\mathrm{d}}$-Parametrisierung in EDACS definierten Widerstände (vgl. Erisman *et al.* 1994a).

$V_{\mathrm{d}}$ ist der Kehrwert der Summe dreier Widerstände:

$$V_{\mathrm{d}} = (R_{\mathrm{a}} + R_{\mathrm{b}} + R_{\mathrm{s}})^{-1} \; . \tag{3.8}$$

Diese 3 Widerstände repräsentieren 3 Stufen des Transportes zur Oberfläche: Der aerodynamische Widerstand ($R_{\mathrm{a}}$) parametrisiert den Widerstand gegen turbulenten Transport in Oberflächennähe, der quasi-laminare Grenzschichtwiderstand ($R_{\mathrm{b}}$) den molekularen Transport durch die laminare Grenzschicht direkt an der Oberfläche, und der Oberflächenwiderstand ($R_{\mathrm{s}}$) die Absorption an der Oberfläche. Der Oberflächenwiderstand setzt sich aus verschiedenen Teilwiderständen zusammen, die verschiedene Absorptionsprozesse an der Oberfläche abbilden.

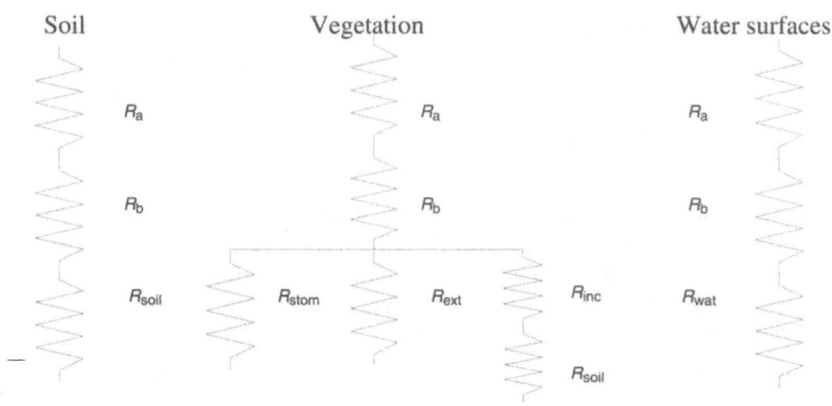


**Abb. 3.27.** Widerstände im EDACS-Modell (s. Text)

Für eine vegetationsbedeckte Oberfläche gilt:

- *stomatärer Widerstand* ($R_{stom}$): Widerstand gegen den Transport durch Stomata von Blättern und Nadeln;
- *Mesophyll-Widerstand* ($R_m$): (chem.) Widerstand von inneren Pflanzenoberflächen gegen die Aufnahme. Für die betrachteten Stoffe kann $R_m = 0$ gesetzt werden;
- *cuticulärer Widerstand* ($R_{cut}$) oder *externer Oberflächenwiderstand* ($R_{ext}$): Widerstand äußerer Pflanzenoberflächen gegen die Aufnahme;
- *aerodynamischer Widerstand im Kronenraum* ($R_{inc}$): Widerstand gegen den Transport aus dem oberen Kronenraum in den unteren Kronenraum und zum Boden;
- *Bodenwiderstand* ($R_{soil}$): Widerstand gegen Absorption an Bodenoberflächen.

Diese Widerstände, die parallel und/oder seriell geschaltet sind (vgl. Abb. 3.27), ergeben den Oberflächenwiderstand ($R_s$):

$$R_s = [(R_{inc} + R_{soil})^{-1} + R_{ext}^{-1} + (R_m + R_{stom})^{-1}]^{-1} \ . \tag{3.9}$$

Für eine Wasseroberfläche gilt $R_s = R_{wat}$ (wobei $R_{wat}$ = Widerstand gegen die Lösung von Gasen in Wasser), für vegetationslosen Boden gilt $R_s = R_{soil}$, für Stadtgebiete $R_s = R_{urban}$ und für schneebedeckte Oberflächen $R_s = R_{snow}$.
Diese Widerstände sind wiederum von meteorologischen Parametern, der Blattfläche, der stomatären Physiologie, dem pH von Boden- und Pflanzenoberflächen sowie der Dicke und chemischen Beschaffenheit von Wassertropfen und -filmen an Oberflächen abhängig. Insbesondere der Zustand der Boden- und Pflanzenoberflächen (d. h. Bedeckung mit Wasserfilmen oder Schnee) determiniert in entscheidendem Maße die trockene Deposition löslicher Gase wie $SO_2$ und $NH_3$.
Das von EDACS benutzte Schema zur Ableitung der Oberflächenwiderstände für die Gase $SO_2$, $NO_2$, $NO$, $HNO_3$ und $NH_3$ ist in Erisman *et al.* (1994a) beschrieben. Dieses Schema basiert u. a. auf Wesely (1989) und Lövblad *et al.* (1993) sowie neueren Trockendepositionsmessungen v. a. in West- und Mitteleuropa (z. B. im Rahmen des EUROTRAC-/BIATEX-Projektverbundes).

Depositionsgeschwindigkeiten von Partikeln, die sich v. a. aus $SO_4^{2-}$, $NO_3^-$, $NH_4^+$ sowie Na, Ca, Mg und K zusammensetzen, werden mittels zweier verschiedener Parametrisierungen berechnet: Für $SO_4^{2-}$, $NO_3^-$, $NH_4^+$, die sich v. a. auf kleinen Partikeln befinden, wird die Depositionsgeschwindigkeit für niedrige Vegetation und andere Oberflächen mit einer Rauhigkeitslänge ($z_0$) < 0,5 m (Wesely *et al.* 1985) verwendet, während für Wälder und andere Oberflächen mit $z_0$ > 0,5 m eine Parametrisierung angewandt wird, die auf einem Modell von Slinn (1982) basiert. Letztere Parametrisierung wurde kürzlich mittels mikrometeorologischer Messungen im niederländischen Speulder-Wald kalibriert (Ruijgrok *et al.* 1994; Erisman *et al.* 1994b). Die Depositionsgeschwindigkeit für Na, Ca, Mg und K, die sich fast ausschließlich auf großen Partikeln befinden, wird immer mittels der letztgenannten Parametrisierung berechnet. Sie berücksichtigt sowohl turbulenten Transport als auch Sedimentation großer Partikel (Ruijgrok *et al.* 1994).

Inputvariablen für das EDACS-Trockendepositionsmodul sind Stoffeigenschaften, Landnutzungseigenschaften und meteorologische Variablen (s. Tabelle 3.6). Auch der Einfluß des „Immissionsklimas" wird anhand der $NH_x$/$SO_x$-Konzentrationsverhältnisse berücksichtigt. Mittels dieser Verhältnisse werden Interaktionen zwischen Ammoniak und $SO_x$ bei der Deposition dieser beiden Stoffe parametrisiert (Erisman und Wyers 1993; Erisman *et al.* 1994a). Eine ausführliche Darstellung aller von EDACS benutzten Datenbasen findet sich in van Pul *et al.* (1995).

Für jede 0,015°·0,015°-Rasterzelle werden 6-stündige meteorologische Datensätze zur Berechnung der Schubspannungsgeschwindigkeit ($u_*$) und der Strahlungsbilanz

**Tabelle 3.6.** In EDACS benutzte Parameter

| Input | Beschreibung | Auflösung räumlich | zeitlich |
|---|---|---|---|
| Allgemein | Geographische Länge, Breite<br>Zeit (Monat, Tag, Stunde) | – | 6 h |
| | Immissionsklima (N/S Verhältnis):<br>1 = niedrig, 2 = hoch, 3 = sehr niedrig | 150·150 km | 24 h |
| Konzentrationen | $SO_2$, $NH_3$, $NO_2$, NO, $HNO_3$, $SO_4^{2-}$, $NO_3^-$, $NH_4^+$ | 150·150 km | 24 h |
| | $Na^+$, $Mg^{2+}$, $Ca^{2+}$, $K^+$ | 50·50 km | Jahresmittel |
| Landnutzungstyp | Agrarland<br>Nadelwald<br>Laubwald<br>Mischwald<br>Städtische Gebiete<br>Wasseroberflächen | 0,015°·0,015° | – |
| Meteorologie | Kurzwellige Strahlung [W m$^{-2}$]<br>Temperatur bei 1,5 m [°C]<br>Relative Feuchte bei 1,5 m [%]<br>Windgeschwindigkeit bei 50 m [m s$^{-1}$]<br>Schubspannungsgeschwindigkeit [m s$^{-1}$]<br>Obukhov-Länge [m]<br>Oberflächenfeuchte:<br>0 = trocken, 1 = naß, 9 = Schnee | 1,0°·0,5° | 6 h |

(fühlbare und latente Wärme, kurzwellige Einstrahlung) benutzt. Diese meteorologischen Parameter werden anhand des von Beljaars und Holtslag (in van Pul *et al.* 1990) beschriebenen Schemas berechnet. In diesem Schema wurden landnutzungsspezifische $z_0$-Werte benutzt. In EDACS wird außerdem der Blattflächenindex (LAI, Leaf Area Index) der Vegetation zur Berechnung effektiver stomatärer Widerstände benötigt (vgl. van Leeuwen *et al.* 1996b).

Oberflächenfeuchte durch Niederschläge wurde unter Verwendung synoptischer meteorologischer Daten geschätzt. Wenn es regnete, wurde die Oberfläche für den gesamten 6-Stunden-Zeitraum als feucht angenommen.

### *Luftkonzentrationen*

Vom Lagrange-Ferntransportmodell des EMEP (EMEP-LRT) in einer Auflösung von 150 × 150 km berechnete Konzentrationsdaten (vgl. Barrett u. Berge 1996) wurden zur Ableitung von Konzentrationsfeldern von $SO_x$, $NO_y$ und $NH_x$ über Deutschland in den Jahren 1989 und 1993 benutzt. Das EMEP-Modell benutzt Jahresmittel der Emission von $SO_2$, $NO_x$ und $NH_3$ auf einem 50 × 50-km-Raster als Input. Die Konzentration in 50 m Höhe wird als repräsentativ für ein EMEP-Rasterfeld (150 × 150 km) angenommen. Tagesmittelwerte der Konzentrationen von $SO_2$, $NH_3$, NO, $NO_2$, $HNO_3$, und $SO_4$-, $NO_3$- und $NH_4$-Partikel wurden als Input für EDACS verwendet.

Luftkonzentrationen basischer Kationen wurden auf der Basis von Niederschlagskonzentrationen und empirischen Scavenging-Faktoren, welche die Effektivität der Auswaschung von Spurenstoffen aus der Atmosphäre durch Niederschlag beschreiben, geschätzt. Scanvenging-Faktoren (Konzentrationsverhältnisse von Stoffen in Lösungsphase gegenüber denen in Partikelphase) wurden aus silmultanen Messungen basischer Kationen in Niederschlägen und bodennaher Luft unter Verwendung eines relativ einfachen Scavenging-Prozeßmodells berechnet (Draaijers *et al.* 1996a).

Dieses Verfahren zur Schätzung von Luftkonzentrationen nimmt an, daß die Auswaschung von Partikeln durch Wolkentröpfchen und Niederschläge effizient ist und daß die Luft in der atmosphärischen Grenzschicht gut durchmischt ist, was zu einer starken Korrelation zwischen Konzentrationen in Niederschlägen und oberflächennaher Luft führt (Eder u. Dennis 1990). Parameter, die Scavenging-Faktoren beeinflussen, sind in Draaijers *et al.* (1996a) diskutiert. Für einzelne Niederschlagsereignisse können sie über mehrere Größenordnungen variieren, Jahresdurchschnittswerte sind jedoch ausreichend konstant (Galloway *et al.* 1993). Aus diesem Grunde wurden Jahresmittelwerte der Niederschlagskonzentrationen benutzt, um Jahresmittelwerte der Luftkonzentrationen von $Na^+$, $Mg^{2+}$, $Ca^{2+}$ und $K^+$ abzuleiten. Diese Niederschlagskonzentrationen wurden van Leeuwen *et al.* (1995, 1996a) entnommen (Datenbasis: EMEP (Schaug *et al.* 1991) und nationale Organisationen). Bulk-Depositionsmessungen wurden um den geschätzten Beitrag der trockenen Deposition korrigiert.

Solcherart bestimmte Luftkonzentrationen basischer Kationen stellen Hintergrundkonzentrationen dar. Subskalige starke Konzentrationsunterschiede sind zu erwarten, v. a. in der Nähe von industriellen Punktquellen, Agrargebieten (Emission von $NH_3$ und Staub) und ungeteerten Straßen (Emission von Staub). In emittentennahen Gebieten werden die oberflächennahen Luftkonzentrationen größer als die in 50 m Höhe sein, während in emittentenfernen Gebieten wegen der trockenen Deposition das Gegenteil der Fall ist.

### 3.3.3.3
### *Trockendeposition von Schwefel- und Stickstoffverbindungen 1989 und 1993*

Die Landnutzungsdatenbasis des Instituts für Navigation der Universität Stuttgart (Kap. 2 u. 3.2) wurde für die Kartierung von Critical Loads und Critical Levels und auch für die Anwendung von EDACS benutzt. Rauhigkeitslängen ($z_0$) wurden aus dieser Landnutzungskarte und den $z_0$-Klassifikationen nach Wieringa (1992) abgeleitet. Die Depositionsgeschwindigkeitsfelder für S- und N-Verbindungen wurden mit täglichen Konzentrationsfeldern aus dem EMEP-/LRT-Modell kombiniert, um Trockendepositionsfelder zu erhalten. Tägliche Flüsse wurden dann zu Jahressummen aufsummiert. Für basische Kationen wurden 6stündige Depositionsgeschwindigkeitsfelder zu Jahreswerten gemittelt, bevor sie mit den Jahresmittelkonzentrationen verrechnet wurden.

Die hohe räumliche Variabilität der Depositionsgeschwindigkeiten für Gase und Partikel wird durch variable meteorologische Bedingungen und Landnutzung verursacht. Hohe Depositionsgeschwindigkeiten finden sich in Waldgebieten (z. B. Schwarzwald) und Städten wegen des größeren turbulenten Austausches mit der Oberfläche (geringere Widerstände $R_a$ und $R_b$) aufgrund hoher Oberflächenrauhigkeiten. Auch Regionen mit häufigen Feuchteperioden (z. B. in NW-Deutschland) zeigen hohe Depositionsgeschwindigkeiten für gut wasserlösliche Gase wie $SO_2$ oder $NH_3$.

Die Abb. 3.28–3.30 zeigen Trockendepositionskarten für oxidierten Schwefel, oxidierten Stickstoff und reduzierten Stickstoff (in eq ha$^{-1}$ a$^{-1}$) im Jahr 1993. Trockendepositionsraten variieren sehr stark, verursacht durch variable Landnutzung und meteorologische Bedingungen, aber auch durch Konzentrationsmuster, die den Emissionsmustern folgen (vgl. Kap. 3.3.3.5). Da die Konzentrationsfelder des EMEP-Modells eine Auflösung von 150 × 150 km haben, werden noch größere, kleinräumigere Variabilitäten (v. a. für $NH_x$) nicht erfaßt (vgl. Kap. 3.3.1.).

Abbildung 3.31 zeigt zum Vergleich $SO_x$-Trockendepositionsraten für 1989. Das räumliche Muster ist trotz z. T. erheblich höherer Raten ähnlich wie 1993. Trockendepositionsraten für Stickstoffverbindungen änderten sich zwischen 1989 und 1993 nur wenig. Dies spiegelt die zeitliche Entwicklung der S- und N-Emissionen wider.

### 3.3.3.4
### *Trockendeposition von basischen Kationen 1989*

Abbildung 3.32 zeigt die Depositionsgeschwindigkeit für $K^+$, $Mg^{2+}$ und $Ca^{2+}$. Die Depositionsgeschwindigkeit für $K^+$ ist wegen des kleineren Durchmessers der K-haltigen Partikel nur halb so hoch (Ruijgrok *et al.* 1994). Das räumliche Muster ähnelt dem für $SO_2$, jedoch sind die Depositionsgeschwindigkeiten höher. Zudem spielt für Partikel die Löslichkeit nicht die gleiche Rolle wie für $SO_2$, so daß nur meteorologische Bedingungen und Landnutzung entscheidend einwirken.

Trockendepositionsraten für seesalzkorrigiertes $Mg^{2+}$ + $Ca^{2+}$ + $K^+$ zeigt Abb. 3.33. Das 50×50-km-Raster der Konzentrationskarte und das räumliche Muster der Depositionsgeschwindigkeit sind zu erkennen. Hohe $Na^+$-Trockendepositionsraten finden sich in Küstennähe (nicht gezeigt). In Gebieten mit kalkreichen Böden und Gesteinen sind die Raten relativ hoch (v.a. $Ca^{2+}$ und z.T. $K^+$). Saharastaub ist eine weitere Quelle basischer Partikel. In den südlichen Neuen Bundesländern zeigt sich auch 1993 noch der Einfluß von industriellen Staubemissionen (vgl. Draaijers *et al.* 1996b).

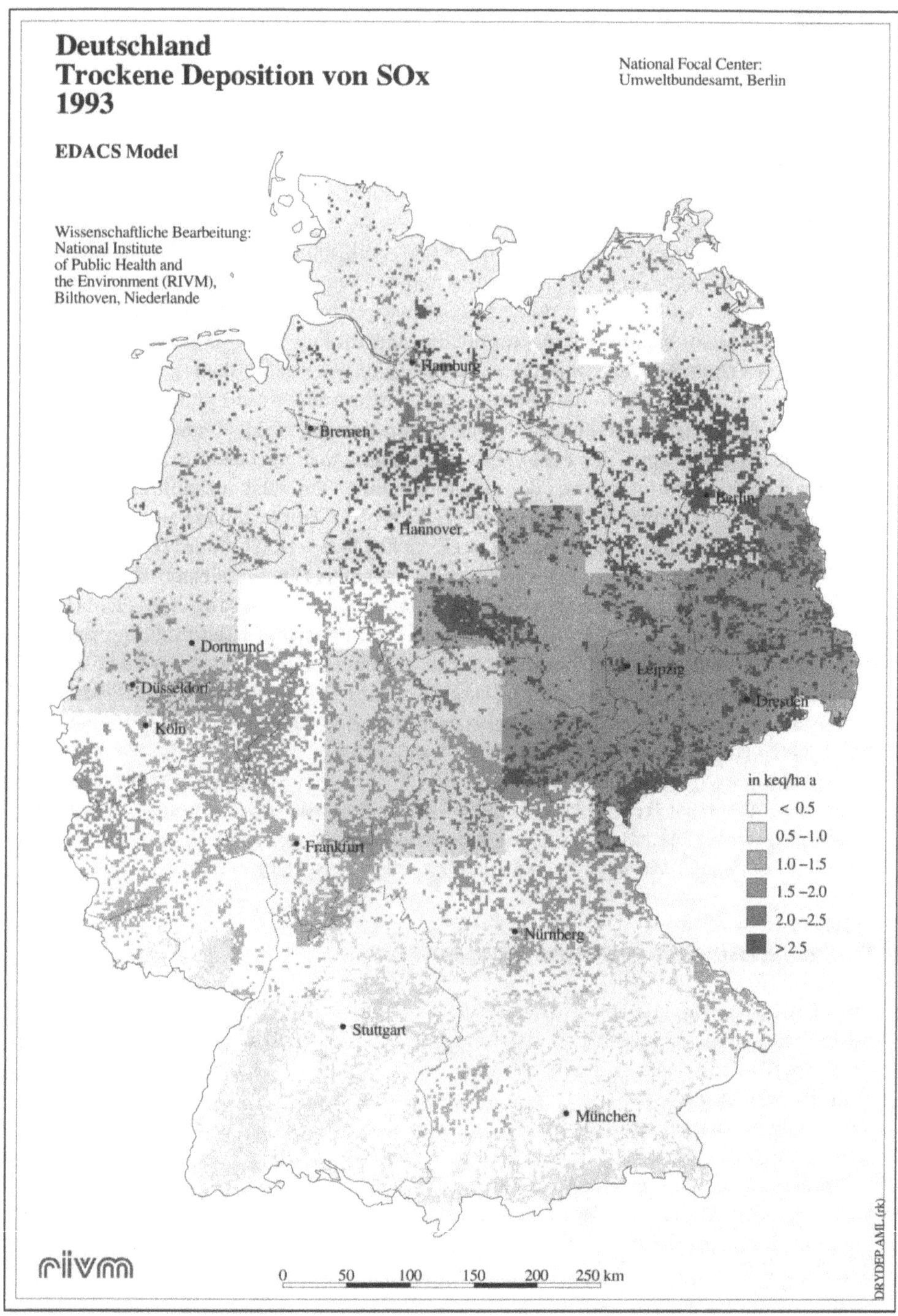


**Abb. 3.28.** Trockendeposition von oxidiertem Schwefel 1993 [keq ha$^{-1}$ a$^{-1}$]

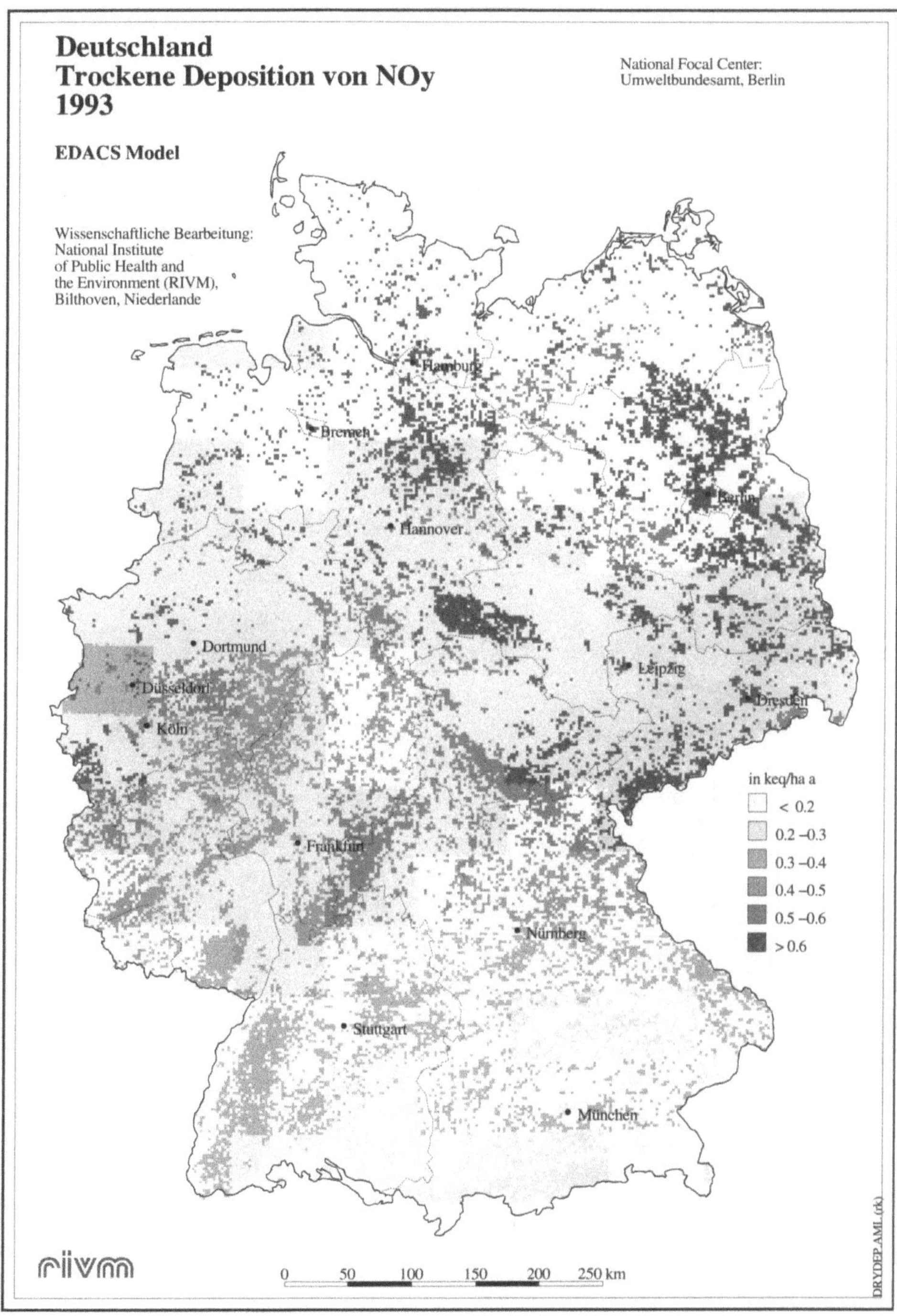


**Abb. 3.29.** Trockendeposition von oxidiertem Stickstoff 1993 [keq ha$^{-1}$ a$^{-1}$]

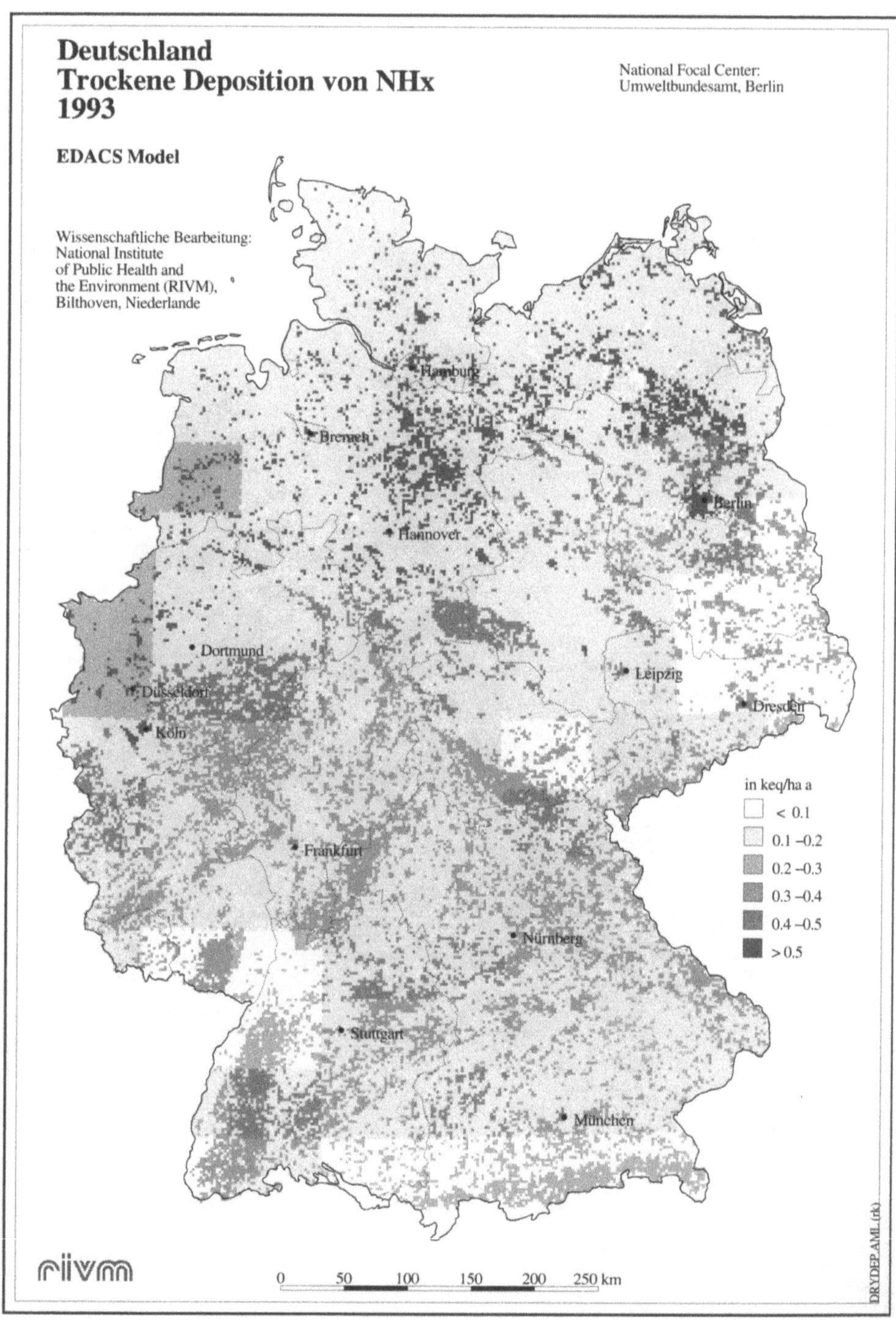


**Abb. 3.30.** Trockendeposition von reduziertem Stickstoff 1993 [keq ha$^{-1}$ a$^{-1}$]

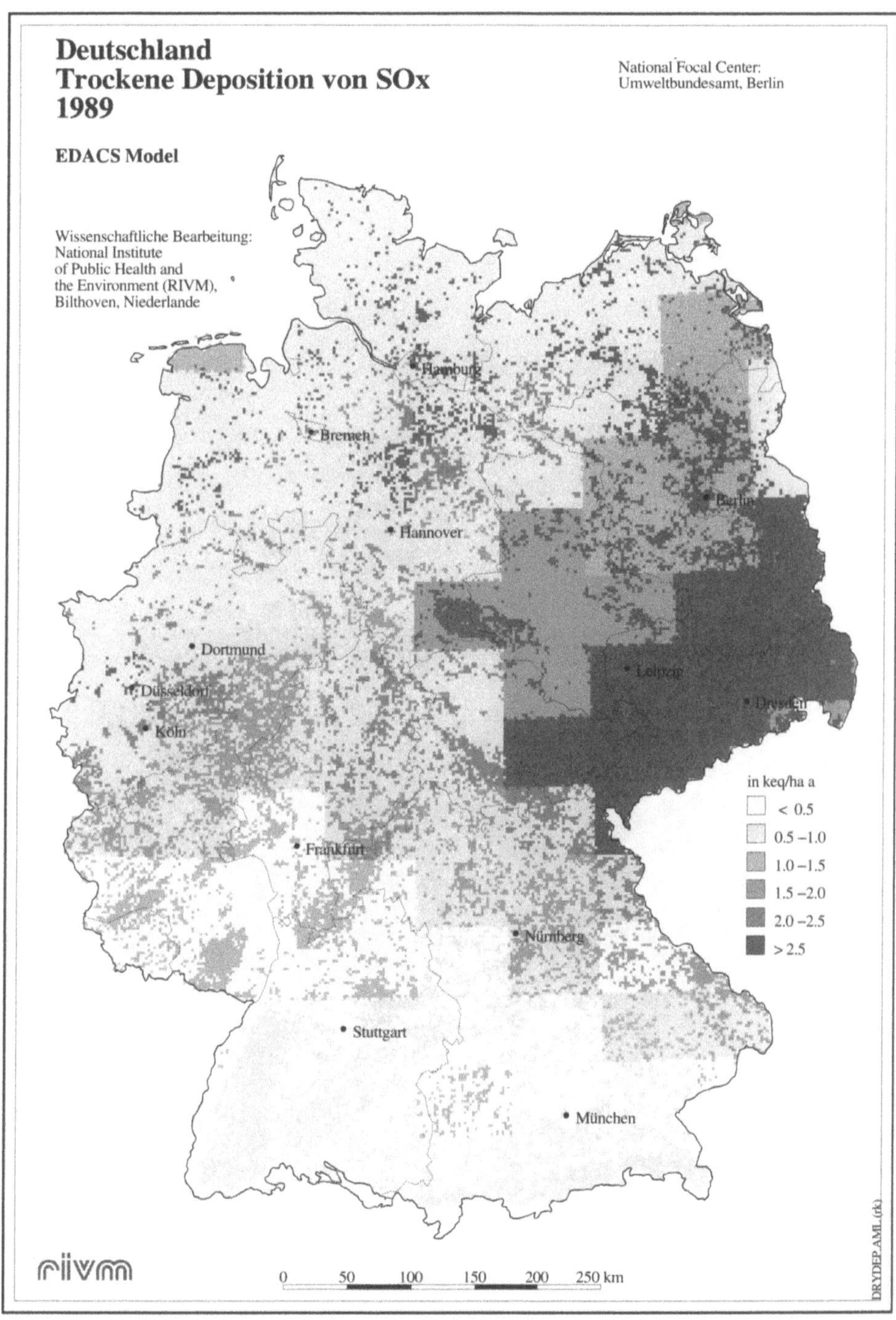


**Abb. 3.31.** Trockendeposition von oxidiertem Schwefel 1989 [keq ha$^{-1}$ a$^{-1}$].

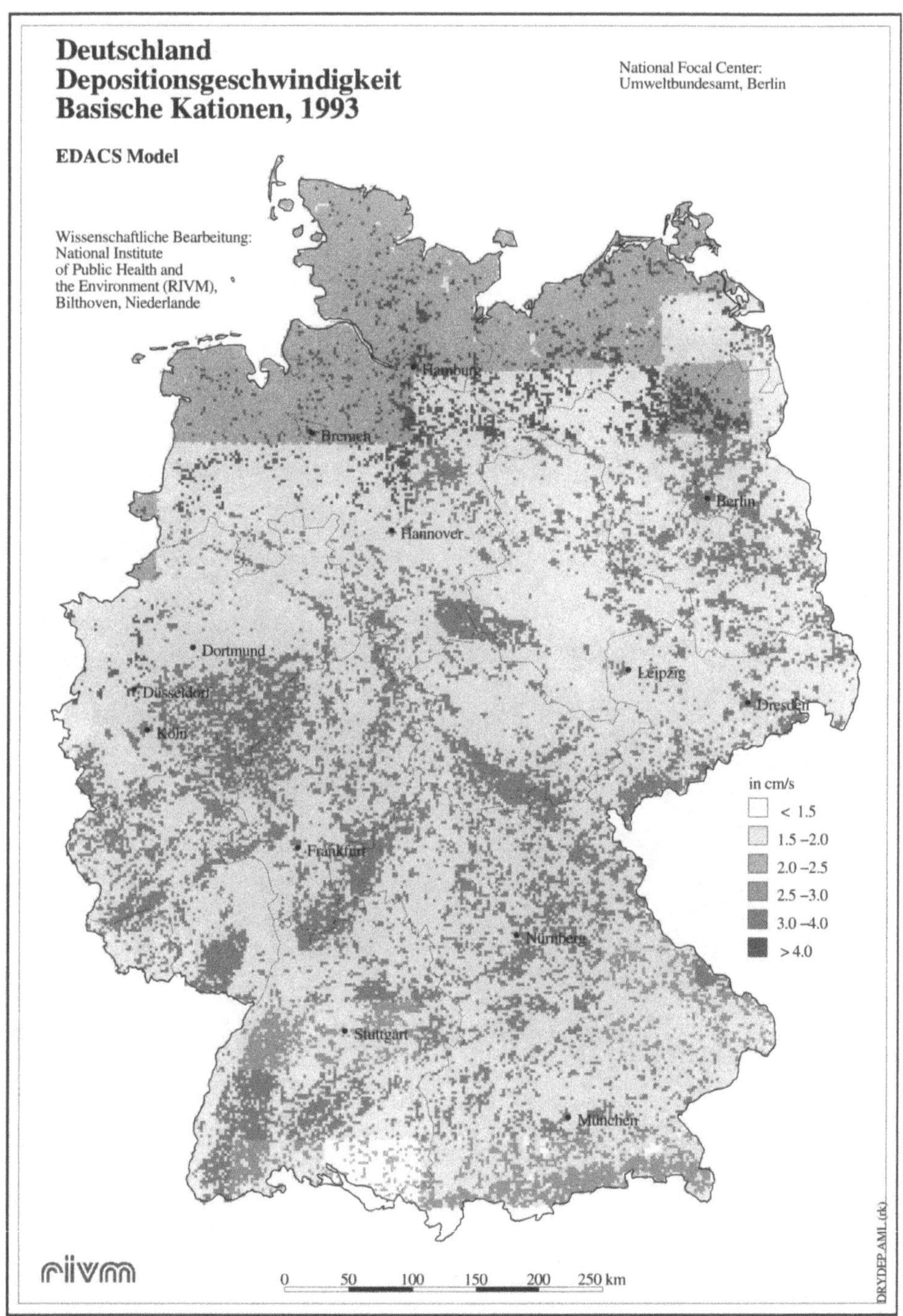


**Abb. 3.32.** Jahresdurchschnitt 1993 der Depositionsgeschwindigkeit von $K^+$, $Mg^{2+}$ und $Ca^{2+}$ [cm s$^{-1}$]

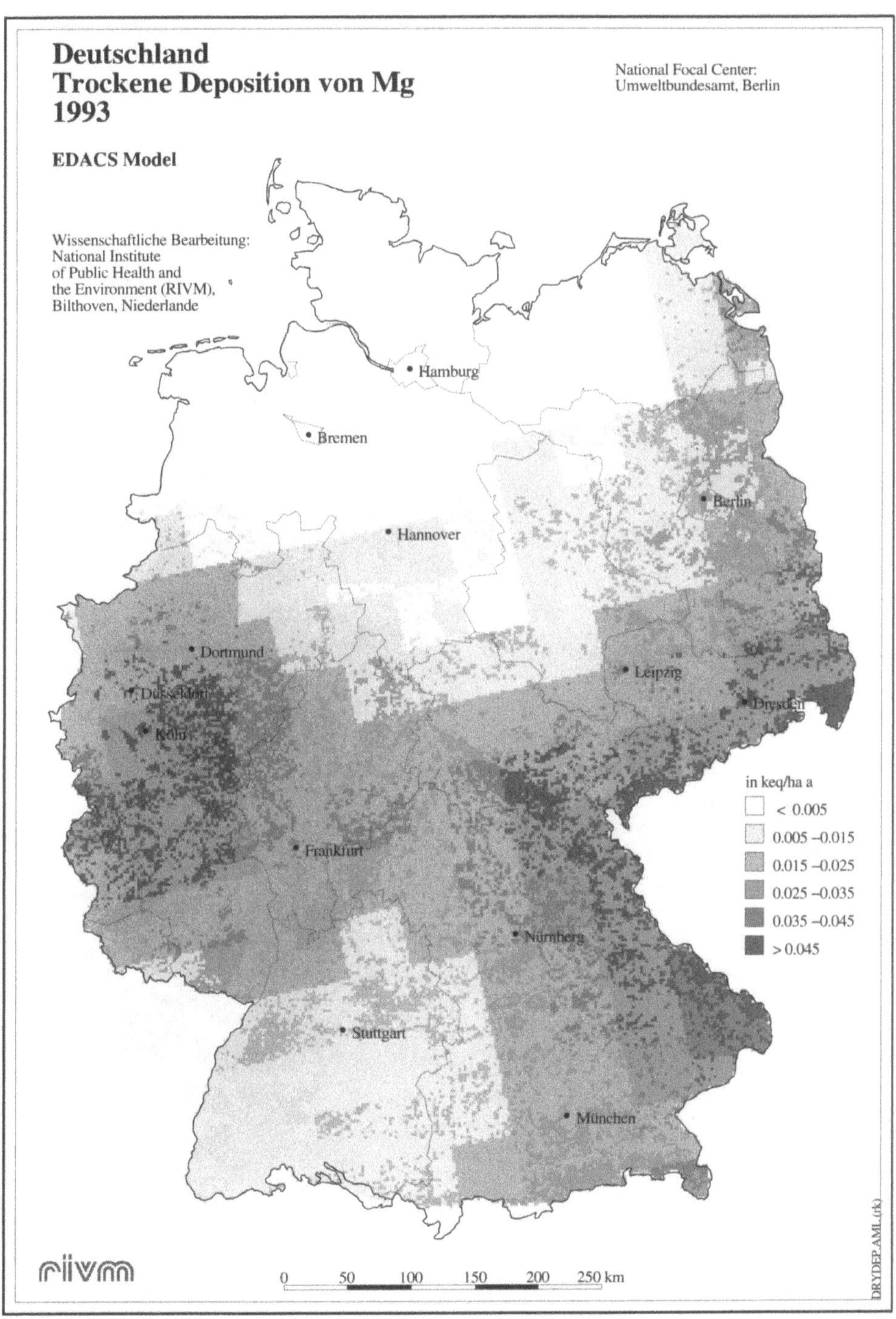


**Abb. 3.33 a.** Trockendeposition von seesalzkorrigiertem $Mg^{2+}$ 1993 [keq ha$^{-1}$ a$^{-1}$]

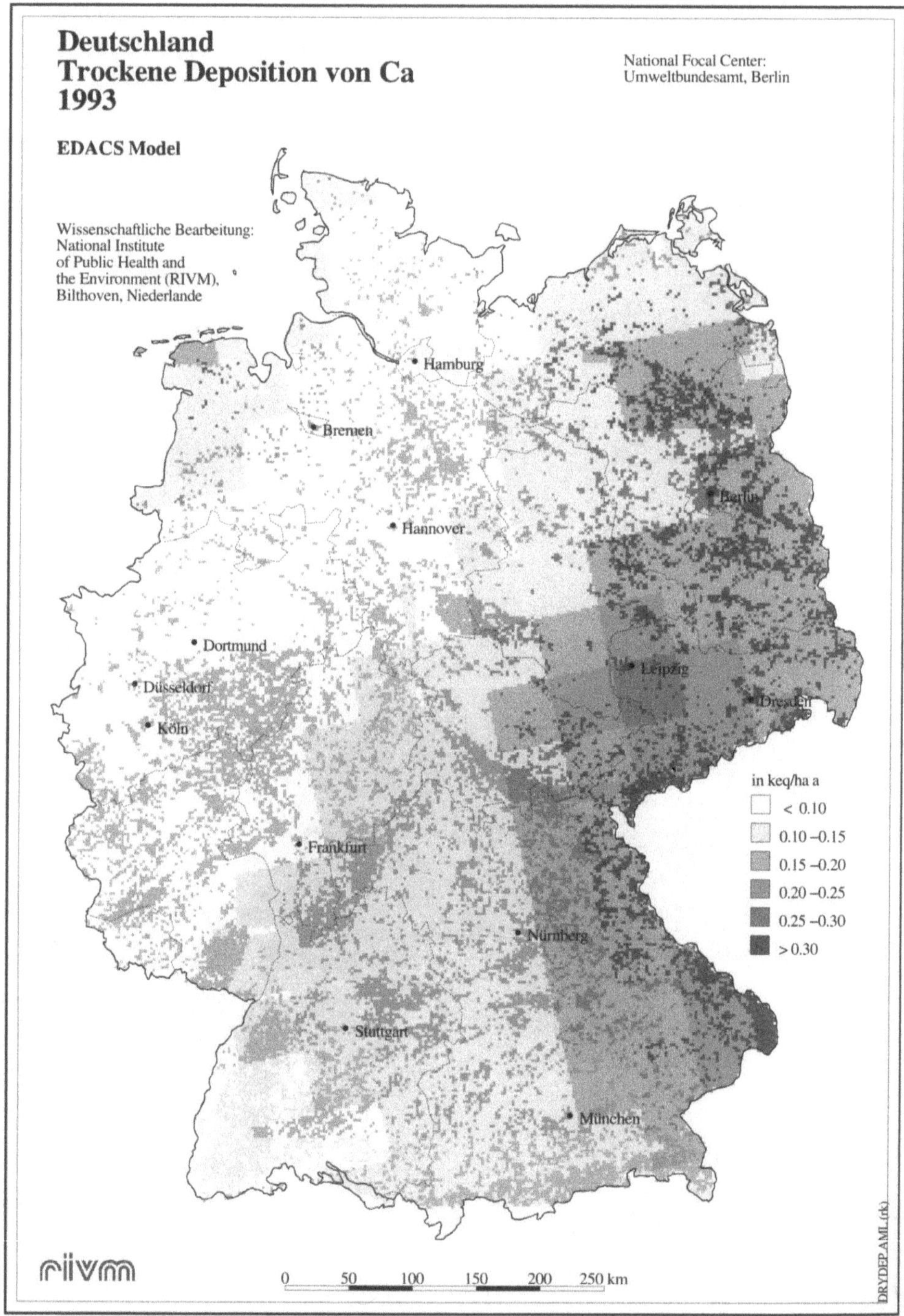


**Abb. 3.33 b.** Trockendeposition von seesalzkorrigiertem $Ca^{2+}$ 1993 [keq ha$^{-1}$ a$^{-1}$]

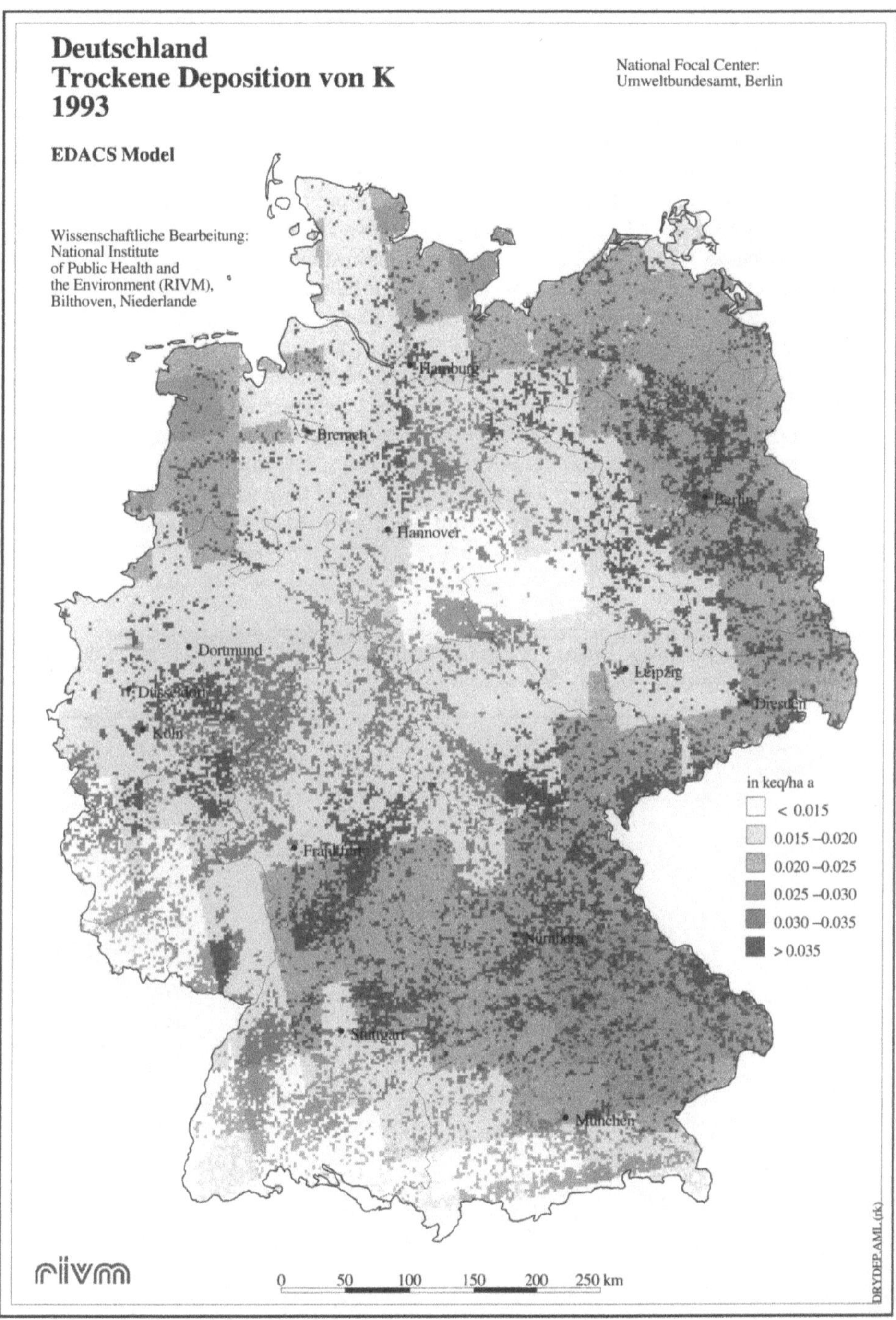


**Abb. 3.33 c.** Trockendeposition von seesalzkorrigiertem $K^+$ 1993 [keq ha$^{-1}$ a$^{-1}$]

### 3.3.3.5
### *Räumliche Variabilität der trockenen Deposition*

Regionale Maxima und Minima der Trockendeposition sind in van Leeuwen *et al.* (1996b) detailliert nach Bundesland aufgeschlüsselt. Zusammenfassend läßt sich feststellen, daß die trockene Deposition sowohl von $SO_x$ als auch von Gesamtsäure in Sachsen am höchsten und in Baden-Württemberg am geringsten ist. Die $NH_x$-Trockendeposition hat ein Maximum in den von Intensivtierhaltung geprägten Gebieten NW-Deutschlands, die $NO_y$-Trockendeposition ist in den industrialisierten Gebieten Westdeutschlands und den südlichen Neuen Bundesländern am höchsten.

Systematische Unterschiede bei der trockenen Deposition zwischen verschiedenen Landnutzungstypen zeigt Tabelle 3.7.

Wälder und Städte zeigen höhere Trockendepositionsraten als Agrargebiete und Wasseroberflächen, wie aufgrund der oben beschriebenen höheren Rauhigkeiten und Oberflächen erwartet. Die Trockendeposition auf Wald ist erheblich höher als der deutsche Durchschnitt: um ca. 50 % für $SO_x$, $NO_y$, $NH_x$ und Säure 1989 und 1993 und um ca. 30 % (1989) bzw. 15 % (1993) für $Na^+$, 45 % bzw. 15 % für $Mg^{2+}$, 45 % bzw. 55 % für $Ca^{2+}$, 25 % bzw. 30 % für $K^+$ und 50 % bzw. 40 % für seesalzkorrigiertes $(Mg^{2+} + Ca^{2+} + K^+)$.

**Tabelle 3.7.** Jahresmittelwerte der trockenen Depositionsraten nach Landnutzungstyp: N- und S-Verbindungen 1989 und 1993, basische Kationen 1989 [$eq\,ha^{-1}\,a^{-1}$]. „Säure" bedeutet $(SO_x + NO_y + NH_x)$ und $Bc^*$ seesalzkorrigiertes $(Mg^{2+} + Ca^{2+} + K^+)$

| Landnutzung | $SO_x$ 1989 | 1993 | $NO_y$ 1989 | 1993 | $NH_x$ 1989 | 1993 | Säure 1989 | 1993 |
|---|---|---|---|---|---|---|---|---|
| Mittel | 1 340 | 1 030 | 320 | 270 | 200 | 200 | 1 860 | 1 500 |
| Stadtgebiet | 4 410 | 2 750 | 720 | 590 | 680 | 620 | 5 810 | 3 960 |
| Agrarland | 880 | 660 | 230 | 190 | 140 | 130 | 1 250 | 980 |
| Laubwald | 2 520 | 2 100 | 610 | 540 | 380 | 410 | 3 510 | 3 050 |
| Nadelwald | 2 740 | 2 150 | 570 | 500 | 400 | 400 | 3 710 | 3 050 |
| Mischwald | 2 510 | 1 980 | 570 | 490 | 400 | 400 | 3 480 | 2 880 |
| Wasseroberfläche | 660 | 390 | 80 | 50 | 100 | 80 | 830 | 520 |

| Landnutzung | $Na^+$ 1989 | 1993 | $Mg^{2+*}$ 1989 | 1993 | $Ca^{2+*}$ 1989 | 1993 | $K^{+*}$ 1989 | 1993 | $Bc^*$ 1989 | 1993 |
|---|---|---|---|---|---|---|---|---|---|---|
| Mittel | 310 | 250 | 140 | 90 | 260 | 160 | 40 | 30 | 430 | 280 |
| Stadtgebiet | 550 | 370 | 260 | 140 | 530 | 290 | 60 | 50 | 850 | 480 |
| Agrarland | 280 | 230 | 120 | 80 | 220 | 130 | 30 | 30 | 360 | 240 |
| Laubwald | 380 | 270 | 210 | 100 | 390 | 240 | 60 | 40 | 660 | 380 |
| Nadelwald | 400 | 290 | 200 | 110 | 390 | 250 | 50 | 40 | 640 | 400 |
| Mischwald | 400 | 300 | 200 | 110 | 370 | 250 | 50 | 40 | 620 | 400 |
| Wasseroberfläche | 250 | 190 | 100 | 60 | 220 | 130 | 20 | 20 | 350 | 210 |

Anhand der Tabelle sei darauf hingewiesen, daß auch die Trockendepositionsdaten für andere Oberflächentypen wesentlich höher sind als der Anteil der Trockendeposition, der mittels der Bulk-Messung erfaßt wird. Ohne eine Quantifizierung der Trockendeposition sind Schätzungen der Gesamtdeposition allein mittels interpolierter Naß- oder Bulk-Depositionsmessungen für alle Ökosysteme wesentlich zu niedrig. Diese Tatsache wird bei der Interpretation von Depositionsmeßdaten leider allzuoft mißachtet.

Bei den in van Leeuwen *et al.* (1996b) angegebenen Anteilen von $SO_x$, $NO_y$ und $NH_x$ an der Trockendeposition versauernder Stoffe (für beide Jahre 76, 16 und 8 %) ist zu beachten, daß aufgrund der systematischen Unterschätzung der trockenen Stickstoff-Deposition (v. a. $NH_x$) der wahre Anteil des Stickstoffs an der Versauerung stark unterschätzt wurde. Die mittels neuer Datensätze (v. a. Forsthöhendaten) ermittelten und in Tabelle 3.7 dargestellten Anteile betragen für 1989 72, 17 und 11 %, und für 1993 69, 18 und 13 %. Allerdings werden auch hier v. a. die $NH_x$-Depositionen wegen der unberücksichtigten Konzentrationsgradienten innerhalb der EMEP-Rasterfelder stark unterschätzt (vgl. Kap. 3.3.1 und 3.3.3.8).

### 3.3.3.6
### *Vergleich der Trockendepositionsraten 1989 und 1993*

Die Trockendepositionsraten von $SO_x$ und $NO_y$ waren im Jahre 1993 niedriger als 1989, allerdings in unterschiedlichem Maße ($SO_x$: -23 %; $NO_y$: -16 %; S + N: -19 %). Die Abnahme ist immer bei weitem am stärksten bei Schwefeleinträgen, insbesondere in den Gebieten mit den umfangreichsten $SO_2$-Emissionsminderungen. So nahm die Trockendeposition von $SO_x$ in Sachsen um fast die Hälfte und in Berlin und Brandenburg um ca. 35 % ab. Die deutschen Emissionen von $SO_2$, $NO_2$ und $NH_3$ nahmen in diesem Zeitraum um 37, 10 bzw. 22 % ab (Barrett *et al.* 1995). Die geringere Abnahme der Trockendeposition wurde durch meteorologische Bedingungen verursacht, die zu einer leichten Zunahme der Depositionsgeschwindigkeiten 1993 gegenüber 1989 führten (9, 2 und 7 % für $SO_2$, $NO_2$ bzw. $NH_3$). Auch veränderte Emissionen des Auslandes führen zu einer Abnahme der Trockendeposition, die der Abnahme der nationalen Emissionen nicht entspricht.

### 3.3.3.7
### *Überprüfung der EDACS-Ergebnisse mittels Bestandesdepositionsmessungen*

Zur Überprüfung des Modells wurden die Ergebnisse für 1989 mit den Depositionsschätzungen auf der Basis von Bestandesdepositionsmessungen an 77 deutschen Standorten verglichen. Diese Standorte sind verteilt über das gesamte Bundesgebiet. Die meisten (82 %) sind Nadelwald-, nur 15 % Laubwald- und 3 % Mischwaldstandorte. Meist wurde kein Stammablauf gemessen. In diesen Fällen wurde der Stofffluß im Stammablauf in Prozent des Stoffflusses in der Kronentraufe nach einer Parametrisierung von Baumart und Baumalter geschätzt (Ivens 1990).

Die beiden Methoden sind voneinander völlig unabhängig (vgl. Erisman u. Draaijers 1995; Spranger *et al.* 1994). Allerdings bereitet die Interpretation der Bestandesdepositionsraten im Hinblick auf die Deposition wegen der Kronenrauminteraktionen einiger Stoffe Probleme.

Mit Ausnahme von Sulfat, Natrium und Chlorid ist der im Bestandesniederschlag gemessene Stofffluß *nicht* identisch mit der Deposition (vgl. Kap. 3.3.2.2). Stickstoffverbindungen und freie Protonen werden in der Regel im Kronenraum aufgenommen (gemessener Fluß < Deposition), während Magnesium, Calcium, v. a. aber Kalium und Mangan in erheblichem Maße ausgewaschen werden (gemessener Fluß > Deposition).

Die gemessenen Flüsse können aber durch sog. Kronenbilanzmodelle korrigiert werden. Diese differenzieren zwischen internen und externen Quellen der Anreicherung von Stoffen im Bestandsniederschlag gegenüber der nassen Deposition:

$$GD = TD + ND + FD = BD - QS \, , \tag{3.10}$$

wobei:
- $GD$ = Gesamtdeposition;
- $TD, ND, FD$ = Trocken-, Naß-, Feuchtdeposition;
- $BD$ = Stofffluß im Bestandsniederschlag;
- $QS$ = Quelle/Senke im Kronenraum; $QS > 0$ bei Auswaschung,
  $QS < 0$ bei Pflanzenaufnahme.

In Deutschland haben sich die Methode von Ulrich (1983) und ihre Weiterentwicklungen durchgesetzt. Sie benutzen das Verhältnis von Trocken- zu Gesamtdeposition von Natrium (dessen Kronenrauminteraktionen vernachlässigbar gering sind) als Indikator des entsprechenden Verhältnisses für andere Elemente (vgl. Bredemeier 1988; Spranger 1992; Draaijers u. Erisman 1995).
Die trockene Deposition von $Mg^{2+}$, $Ca^{2+}$ und $K^+$ wurde folgendermaßen berechnet:

$$TD_x = (BD_{Na} - ND_{Na}) \, / \, ND_{Na} \, ND_x \, , \tag{3.11}$$

wobei:
- $TD, ND$ = Trocken-, Naß-(Bulk-)Deposition;
- $BD$ = Stofffluß im Bestandsniederschlag;
- $X$ = $Mg^{2+}$, $Ca^{2+}$ oder $K^+$.

Jahressummen wurden benutzt, so daß saisonale Änderungen der Immissionskonzentrationen und der Kronenraumeigenschaften eliminert werden. Die Verwendung von Bulk- statt Naßdepositionsraten verursacht eine leichte Unterschätzung der mittels der Kronenraumbilanz berechneten Trockendeposition. Die Annahme, daß $Mg^{2+}$, $Ca^{2+}$ und $K^+$-haltige Partikel mit der gleichen Effizienz deponiert werden wie $Na^+$-haltige Partikel verursacht einen weiteren Fehler, da die stoffspezifische Partikelgrößenverteilung nicht identisch ist (Milford u. Davidson 1985). In der Realität wächst der Anteil von kleinen Partikeln mit zunehmendem Abstand zum Emittenten und/oder abnehmender Luftfeuchte (Fitzgerald 1975). Auch die Annahme zeitlich und stoffspezifisch konstanter Verhältnisse von trockener Partikeldeposition zu nasser Deposition ist unwahrscheinlich (Spranger 1992).
Schwefel und $NO_y$ werden als kronenrauminnert angenommen. Die Kronenraumaufnahme von $NH_x$ kann nicht quantifiziert werden, da ihre Abhängigkeit von anderen Variablen (z. B. Nährstoffstatus der Bäume, Oberflächenchemie etc.) bisher noch nicht ausreichend bekannt ist. Die trockene Deposition von Schwefel und Stickstoff wird daher geschätzt als:

$$TD_{S,N} = BD_{S,N} - ND_{S,N} \ . \tag{3.12}$$

Obwohl einige notwendige Annahmen des Modells, so die Annahme zeitlich und stoffspezifisch konstanter Verhältnisse von trockener Partikeldeposition zu nasser Deposition, zu bezweifeln sind, ist eine Anwendung zumindest für Kalium, Magnesium und Calcium (+ Mangan) für Jahreswerte sicher besser als die Schätzung der Deposition durch unkorrigierte Bestandesdepositionsraten (vgl. Spranger 1992). Aus mehreren Gründen (z. B. wegen völlig unterschiedlicher Depositions- und Kronenrauminteraktionsprozesse) kann es aber nicht für die Abschätzung der Gesamtdeposition von Stickstoffverbindungen sowie von Säure benutzt werden (Bredemeier 1988; Spranger 1992). Eine Modifikation (Beier *et al.* 1992) und eine Erweiterung des Modells (Draaijers u. Erisman 1995) lösen einige modellinhärente Probleme, auch wenn sie noch nicht allgemeingültig validiert wurden (vgl. UN/ECE 1996 und dort zitierte Literatur für weitere Methoden).

Das EDACS-Modell wurde unter Verwendung regionaler Luftkonzentrationswerte (Draaijers *et al.* 1995 für basische Kationen, EMEP für S- und N-Verbindungen), aber lokalen Daten zu Rauhigkeitslängen ($z_0$) für jeden Waldbestand angewandt. Die folgende empirische Beziehung zwischen $z_0$ und Bestandeshöhe h wurde angenommen (Wieringa 1992):

$$z_0 = 0{,}06\,\text{h} \ . \tag{3.13}$$

Wenn Forsthöhendaten nicht verfügbar waren, wurde h aus artspezifischen Höhe-Alter-Verhältnissen (Schober 1987) abgeleitet oder der durchschnittlichen Höhe anderer Forstbestände der gleichen Region gleichgesetzt. Der Einfluß des Kronenschlusses auf die Rauhigkeitslänge konnte wegen Datenmangels nicht berücksichtigt werden.

Signifikante Beziehungen ($p < 0{,}05$) wurden zwischen Trockendepositionsdaten auf der Basis von EDACS und von Bestandesdepositionsmessungen gefunden (Abb. 3.34). EDACS-Modellwerte waren im Durchschnitt nicht signifikant verschieden von kronenraumbilanzkorrigierten Meßwerten (Tabelle 3.8).

Die Streuung um die 1:1-Linie ist allerdings v. a. für $NO_y$, $NH_x$, $Ca^{2+}$ und $K^+$ erheblich. Ein Großteil dieser Abweichungen beruht auf der kleinräumigen Variabilität der Konzentrationsfelder, was eine große Unsicherheit der Ergebnisse bedingt (vgl. Beschreibung der Methodik). Luftkonzentrationen von N- und S-Verbindungen liegen im $150 \times 150$-km-Raster des EMEP-Modells vor und berücksichtigen nur den ferntransportierten Anteil. Da auch für basische Kationen Hintergrundkonzentrationen ohne lokale Beeinflussung verwandt werden, werden die Trockendepositionsraten von $NH_x$, $Ca^{2+}$ und $K^+$ bei hohen Depositionsraten unterschätzt.

Zudem beruhen modellierte Konzentrationen basischer Kationen auf einem einfachen Scavenging-Modell.

Auch die Unsicherheiten der Bestandesdepositionsmessungen verursachen eine Streuung der Ergebnisse. Da die Kronenraumaufnahme von Stickstoffverbindungen nicht berechnet werden konnte, sind die angegebenen Daten Minimalschätzungen der Trockendeposition von $NH_x$ und $NO_y$. So waren einige Kronenraumbilanzen für $NH_x$ und $NO_y$ negativ, d. h. die Kronenraumaufnahme war dort noch größer als die trockene Deposition.

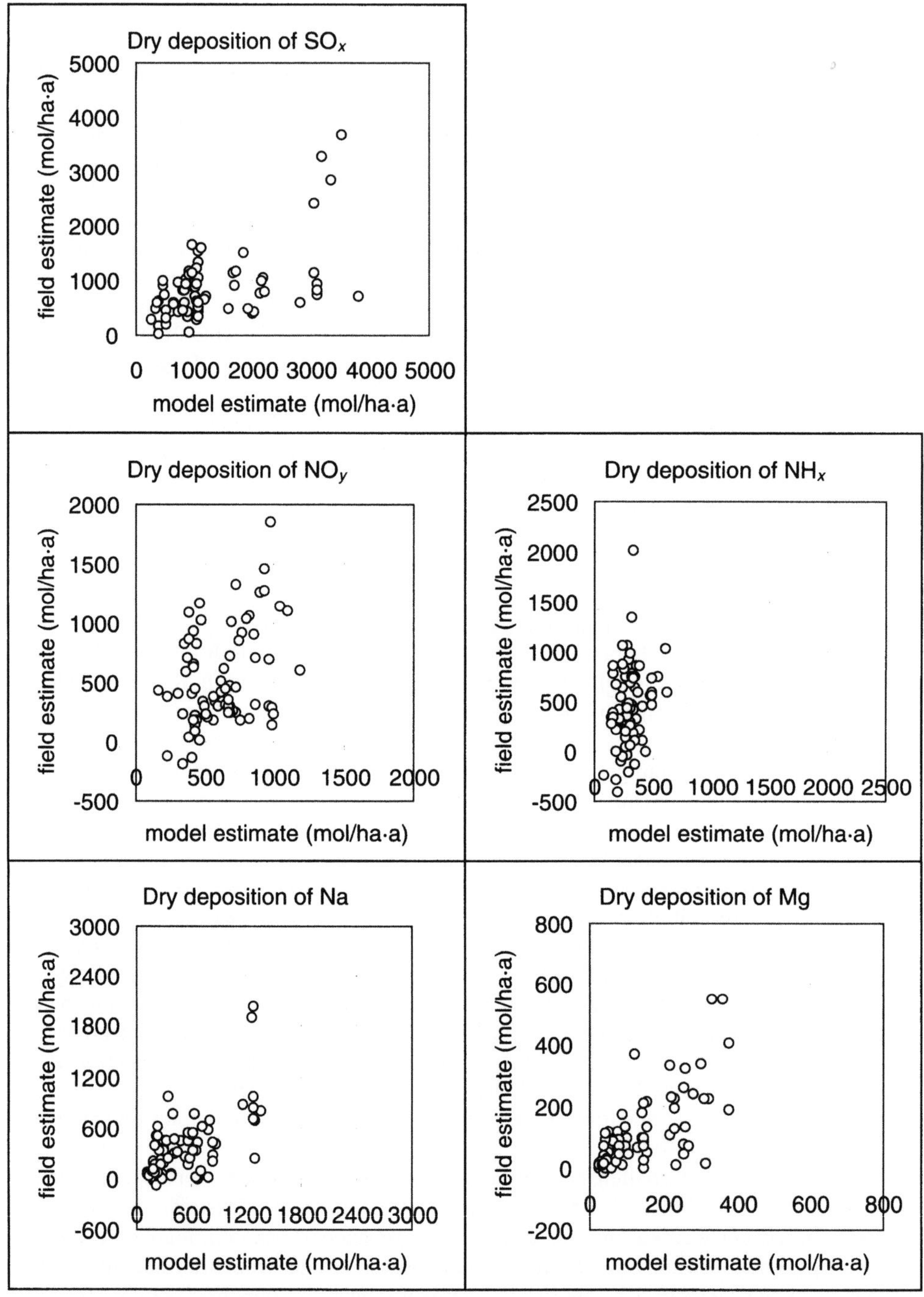



**Abb. 3.34.** Beziehungen zwischen modellierter und aus Bestands- und Bulk-Depositionsmessungen abgeleiteter Trockendepositionsraten an 77 Waldstandorten

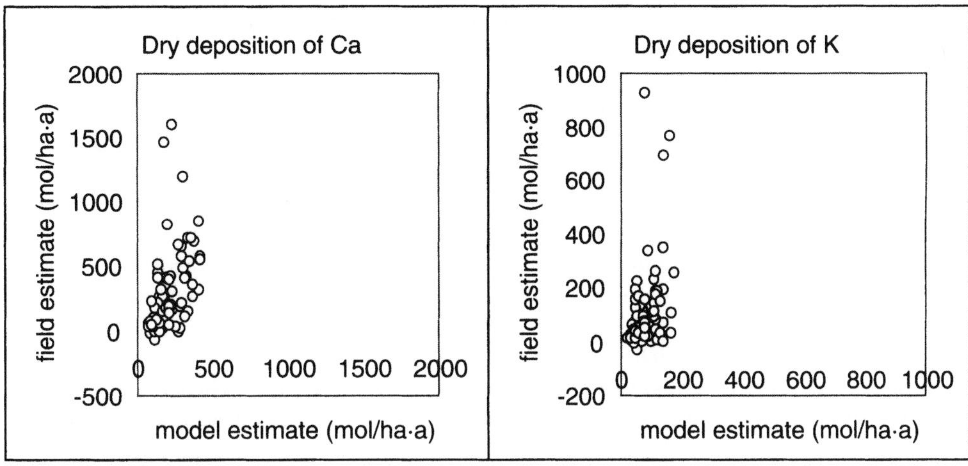


**Abb. 3.34.** *Fortsetzung*

**Tabelle 3.8.** Regressionskoeffizienten und Pearson-Korrelationskoeffizienten von linearen Regressionen zwischen EDACS-(= $y$) und bestandsdepositions-(= $x$) basierten Schätzungen der Trockendeposition (Bedingung $y = 0$ bei $x = 0$). Ergebnisse eines $t$-Tests für paarweise Mittelwerte zeigen, daß beide Schätzungen im Mittel signifikant nicht verschieden sind ($p < 0{,}05$; $n = 77$)

| | $SO_x$ | $NO_y$ | $NH_x$ | $Na^+$ | $Mg^{2+}$ | $Ca^{2+}$ | $K^+$ |
|---|---|---|---|---|---|---|---|
| $y = ax$ ; $a =$ | 0,58 | 0,83 | 1,42 | 0,69 | 0,82 | 1,47 | 1,46 |
| $r$ | 0,46 | 0,35 | 0,21 | 0,64 | 0,69 | 0,45 | 0,36 |
| $t$-Test | * | * | * | * | * | * | * |

### 3.3.3.8
### *Fehler der Trockendepositionskarten*

Unsicherheiten der Trockendepositionsschätzung werden bedingt durch Unsicherheiten 1. der Luftkonzentrationen und 2. der Trockendepositionsgeschwindigkeiten.

#### *Luftkonzentrationen*

**Schwefel und Stickstoffverbindungen.** Konzentrationen in 50 m Höhe über dem Boden werden als repräsentativ für eine EMEP-/LRT-Rasterzelle von 150 × 150 km angenommen. Der Gesamtfehler dieses Verfahrens (Fehler der Mittelwerte und Einflüsse der Variabilität innerhalb eines Rasterfeldes, vgl. Kap. 3.1) ist bisher nicht quantifiziert worden. Der in Kap. 3.3.3.7 beschriebene Vergleich von EDACS-Modellergebnissen mit Nettokronentraufen zeigte v. a. allem für Stickstoffverbindungen und hier insbesondere $NH_x$ erhebliche Unsicherheiten, die hauptsächlich durch Ammoniakkonzentrationsgradienten in EMEP-Rasterzellen verursacht werden.

Die vertikalen und horizontalen Gradienten der $NO_y$-Konzentrationen sind relativ klein, so daß die Annahme gleicher Konzentrationen in einer Rasterzelle relativ wenige Unsicherheiten verursacht. Dagegen existieren für $NH_x$ große vertikale und horizontale Konzentrationsgradienten, insbesondere in agrarisch geprägten Gebieten. Asman u. van Jaarsveld (1992) untersuchten die Abhängigkeit der durchschnittlichen Ammoniakkonzentrationen von der räumlichen Auflösung. Sie stellten fest, daß die modellierten durchschnittlichen Konzentrationen von 75×75-km-Rasterzellen nur halb so hoch waren wie gemessene Konzentrationen an 8 verschiedenen Standorten. Bei einer räumlichen Auflösung des Modells von 5 × 5 km, wurde der Unterschied zwischen gemessenen und modellierten Konzentrationen vernachlässigbar klein.

**Basische Kationen.** Unsicherheiten bezüglich der Luftkonzentrationen beruhen auf unsicheren Scavenging-Faktoren sowie fehlerhafteten Karten der Niederschlagskonzentrationen. Der Schätzfehler der durchschnittlichen Niederschlagskonzentrationen pro 50×50-km-Rasterzelle wurde auf 30–50 % geschätzt (Van Leeuwen *et al.* 1995). Theoretische Modelle (Slinn 1982) und Messungen (Kane *et al.* 1994) weisen auf eine zunehmende Scavenging-Effizienz bei steigendem Partikeldurchmesser hin. Unter Verwendung der empirischen Relation von Kane *et al.* (1994) zwischen dem massengewichteten Median der Durchmesser (*MMD*) und der Scavenging-Effizienz wurde unter der Annahme eines *MMD* von 5 µm und einer geometrischen Standardabweichung ($\sigma_g$) von 2–3 die Unsicherheit der Luftkonzentrationen aufgrund von variablen Partikelgrößenverteilungen auf 50–100 % pro 50 × 50 km Rasterzelle geschätzt. Weitere wichtige mögliche Fehlerquellen ergeben sich in Regionen, in denen durch 1. unmittelbare Nähe oder aber 2. große Distanz zu Emissionsquellen, und/oder durch 3. stark abweichendes Niederschlagsklima eine vollständige Durchmischung der Grenzschicht nicht erfolgt ist. Schließlich werden im Scavenging-Modell der Einfluß der Partikellöslichkeit, der Niederschlagsmenge und -intensität, das Tröpfchenwachstum und der Niederschlagstyp nicht berücksichtigt (Draaijers *et al.* 1996a).

### *Trockendepositionsgeschwindigkeiten*

Unsicherheiten bezüglich Trockendepositionsgeschwindigkeiten resultieren v. a. aus der einfachen Widerstandsparametrisierung eines sehr komplexen Prozesses. Dies gilt insbesondere für den Oberflächenwiderstand ($R_s$). Es fehlen genaue $R_s$-Parametrisierungen für viele Vegetationstypen, Oberflächentypen und Umgebungsbedingungen. Der Einfluß der Oberflächenfeuchte, einer wichtigen Determinante der trockenen Deposition löslicher Gase, ist bisher nur sehr grob parametrisiert. Die gesamte Unsicherheit der Parametrisierung des Oberflächenwiderstandes wird auf 20–100 % geschätzt, je nach Stoff und Oberflächentyp (van Pul *et al.* 1995; dort auch weitere Fehlerquellen). Die Genauigkeit der Ergebnisse hängt zudem von der Qualität der meteorologischen und der Landnutzungsdaten ab. Die durch die letztgenannten Faktoren induzierten Fehler können bisher nicht quantifiziert werden.

Die Depositionsgeschwindigkeit von $NO_x$ wird weniger durch die atmosphärischen Transportwiderstände (und damit u. a. die Oberflächenrauhigkeit) als die Oberflächenwiderstände determiniert. Die trockene Deposition von $HNO_3$ dagegen hängt entscheidend von den atmosphärischen Transportwiderständen ab.

Die $NH_x$-Depositionsgeschwindigkeit in naturnahe Ökosystemen, die meist kein Ammoniak emittieren, wird sowohl durch Oberflächenwiderstände ($R_s$, nur für $NH_3$)

als auch durch die Oberflächenrauhigkeit und damit die Transportwiderstände ($R_a$) kontrolliert.

Entsprechend ist je nach deponierter Substanz die Unsicherheit der Oberflächenrauhigkeiten und/oder die der Oberflächenwiderstände bedeutsam.

Ruijgrok *et al.* (1994) schätzten die Unsicherheiten des Modells, auf dem die Parametrisierung der Depositionsgeschwindigkeit von basischen Kationen basiert. Der Gesamtfehler der Depositionsgeschwindigkeiten, integriert über die für alkalische Partikel repräsentative Größenverteilung über dem Speulder-Wald in den Niederlanden betrug 60 %. Für andere Standorte ergeben sich zusätzliche Fehlerquellen aus der begrenzten Verfügbarkeit und Genauigkeit von relevanten Daten zu Landnutzung und Meteorologie. Der Fehler durch variable Größenverteilung von alkalischen Partikeln bei der Bestimmung der Depositionsgeschwindigkeit beträgt etwa 30–50 % pro 50×50-km-Rasterzelle (Annahmen: $MMD = 5$ μm; $\sigma_g = 2$–3) (Ruijgrok *et al.* 1994). Draaijers *et al.* (1996a) diskutieren ausführlich die Fehler bei der Schätzung der trockenen Deposition basischer Kationen.

### Bestandesdepositionsmessungen

Die Unsicherheit der auf der Basis von Kronentraufen-, Stammabfluß- und Niederschlagsmessungen berechneten Depositionsraten wird auf 30 % für Schwefel und 40 % für Stickstoff und basische Kationen geschätzt. Dies setzt allerdings voraus, daß Messungen und Analysen nach Stand des Wissens durchgeführt werden und daß eine ausreichende Anzahl von Sammlern eingesetzt werden. Draaijers *et al.* (1996b) fanden, daß der größte Teil der Unsicherheiten verursacht wird durch 1. fehlerbehaftete Schätzung des Kronenraumaustausches, und 2. trockene Deposition auf Bodenvegetation und Boden, die von Bestandesdepositionsmessungen nicht erfaßt wird.

### Trockendepositionsraten

Die Unsicherheit regionaler Depositionsschätzungen hängt stark von der Immissionsklimatologie und der Landschaftskomplexität des betrachteten Gebietes ab. Geschätzte Depositionsraten sind besonders fehlerbehaftet in Regionen mit komplexen Oberflächenstrukturen und mit starken horizontalen Konzentrationsgradienten. Zur Quantifizierung der gesamten Unsicherheit der jährlichen Trockendepositionsrate wird eine Fehleranalyse mittels Monte-Carlo-Simulation benötigt. Mittels dieser Methode können Modellparametern und Inputgrößen Wahrscheinlichkeitsbereiche zugeordnet werden. Eine solche Analyse wird in naher Zukunft durchgeführt werden. Eine grobe Schätzung des Fehlers für eine 1/6°·1/6°-Rasterzelle beläuft sich auf 100 % des geschätzten Wertes. Systematische Fehler bei der Berechnung der Trockendeposition entstehen durch die Vernachlässigung komplexer Oberflächenformen bei der Parametrisierung der Depositionsgeschwindigkeit.

Für basische Kationen sind daneben systematische Fehler aufgrund 1. der Verwendung von Scavenging-Faktoren, die nur auf einer begrenzten Anzahl von simultanen Luft- und Niederschlagskonzentrationen beruhen sowie 2. von Jahresdurchschnittswerten für Luftkonzentrationen und Depositionsgeschwindigkeiten zur Flußratenbestimmung unter Vernachlässigung zeitlicher Korrelationen möglich. Die standortspezifisch modellierten Trockendepositionsraten stimmen jedoch trotz dieser zahlreichen Fehlerquellen relativ gut mit Bestandesdepositionsmessungen überein.

### 3.3.4
### Flächenhafte Gesamtdeposition

R. Köble · T. Gauger · G. Smiatek

Die räumliche Verteilung der Gesamtdeposition potentiell versauernd wirkender Komponenten ($SO_x$, $NO_y$, $NH_x$) sowie basischer Kationen (Ca, Mg, K) in Deutschland resultiert aus der Addition der in Kap. 3.3.2 u. 3.3.3 beschriebenen Ergebnisse der flächendeckenden Erfassung nasser und trockener Einträge. Nur die letzteren sind (neben der unberücksichtigten feuchten Deposition) für die räumliche Variabilität in Abhängigkeit von der Landnutzung verantwortlich. Folglich entspricht der Rezeptorbezug (6 Landnutzungsklassen, vgl. Tabellen 3.6 u. 3.7) der Gesamtdepositionskarten dem der trockenen Deposition. Aus Tabelle 3.9 können die Flächenmittel der Gesamteinträge, bezogen auf die verschiedenen Landnutzungskategorien, entnommen werden. Die räumliche Auflösung der Gesamtdepositionskarten beträgt ca. 2 × 2 km.

### 3.3.4.1
### *Ergebnisse*

#### *Gesamtdeposition oxidierter Schwefelverbindungen, $SO_x$*
Die räumliche Verteilung der Gesamtdeposition oxidierter Schwefelverbindungen 1989 und 1993 zeigen Tafeln 5 und 6. Das geometrische Muster der unterschiedlichen räumlichen Auflösung der Inputdaten (z. B. Meteorologie, Immissionsdaten, nasse Deposition usw.) und der Landnutzung zeichnet sich klar ab. Vor allem Waldgebiete mit großer Filterwirkung gegenüber atmosphärischen Einträgen treten durch höhere Depositionswerte (Mittelwert 1989: ≈ 3,5 keq ha$^{-1}$, 1993: ≈ 2,6 keq ha$^{-1}$) im Vergleich zu den angrenzenden Landwirtschaftsflächen (Mittelwert 1989: 1,7 keq ha$^{-1}$, 1993: 1,2 keq ha$^{-1}$) hervor. Auch die Maxima mit 12 keq ha$^{-1}$ (1989) und 6 keq ha$^{-1}$ (1993) treten in Waldgebieten (Thüringen, Sachsen, Sachsen-Anhalt und Südbrandenburg) auf.

Abb. 3.35 zeigt das Verhältnis von Gesamt- zu Naßdeposition 1993. Bei einem Quotient von 2 halten sich naß und trocken deponierte Schwefelverbindungen die Waage. Dies ist für die meisten landwirtschaftlichen Flächen der Fall (vgl. auch Tabelle 3.10). In Waldgebieten dagegen beträgt die nasse Deposition im Mittel nur etwa 25 % der Gesamtdeposition (1989). Die Schwankungsbreite liegt allerdings zwischen 7 und 75 % und unterstreicht die Aussage (Kap. 3.3.1.2), daß eine Ableitung der Gesamtdeposition in z. B. Waldgebiete aus Naßdepositionsmessungen mittels räumlich konstanter Anreicherungsfaktoren nicht möglich ist.

#### *Gesamtdeposition oxidierter und reduzierter Stickstoffverbindungen ($NO_y$, $NH_x$)*
Der Eintrag oxidierter und reduzierter Stickstoffverbindungen (Abb. 3.36 und 3.37) erreicht maximale Werte in den Waldgebieten Nordwestdeutschlands und Sachsens ($NO_y$: 1989 1,8 keq ha$^{-1}$, 1993 1,2 keq ha$^{-1}$. $NH_x$: 1989 2,7 und 1993 1,7 keq/ha). Als höchster Gesamtstickstoffeintrag (Tafel 7) wurde in diesen Bereichen 54 kg ha$^{-1}$ im Jahr 1989 und 41 kg ha$^{-1}$ 1993 ermittelt. Im Schnitt werden in Deutschland 1989 jeweils 0,7 keq ha$^{-1}$ $NO_y$ und $NH_x$ deponiert. 1993 sind es in beiden Fällen 0,1 keq ha$^{-1}$ weniger. Dies entspricht einem durchschnittlichen Gesamtstickstoffeintrag von ca. 20 kg ha$^{-1}$ 1989 und etwa 17 kg ha$^{-1}$ 1993.

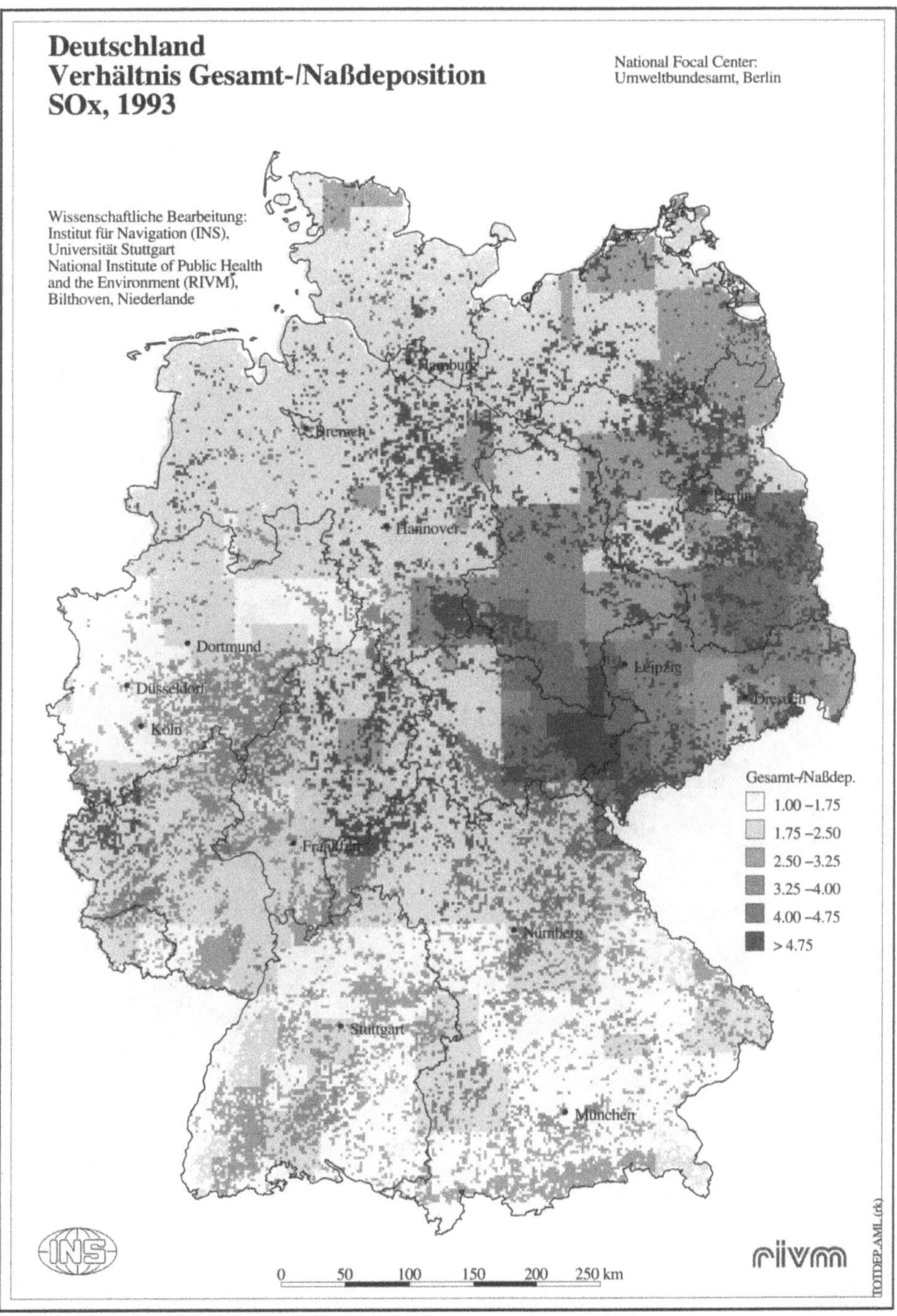


**Abb. 3.35.** Verhältnis der SO$_x$-Gesamt- zur -Naßdeposition 1993

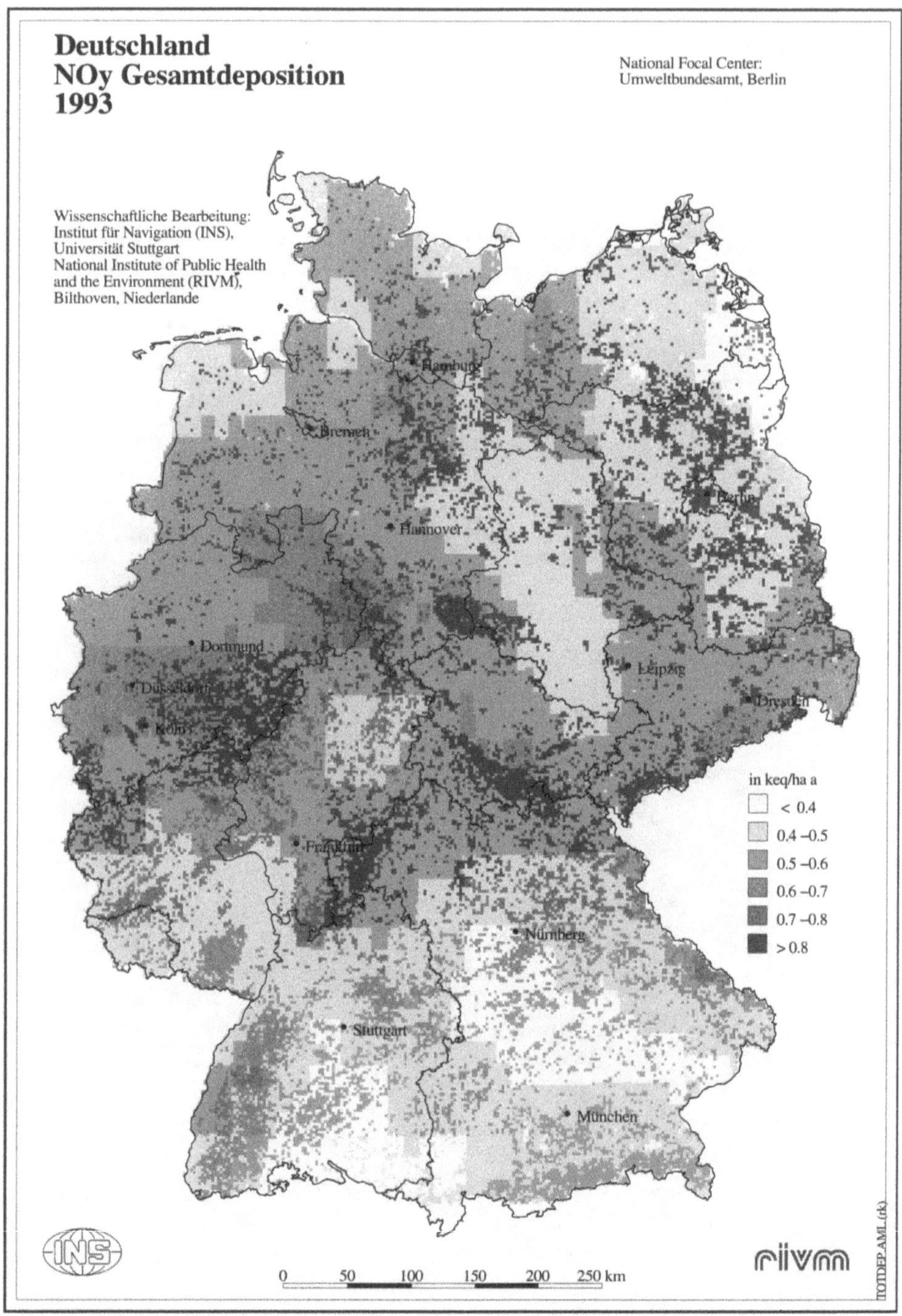


**Abb. 3.36.** Gesamtdeposition von NO$_Y$ 1993

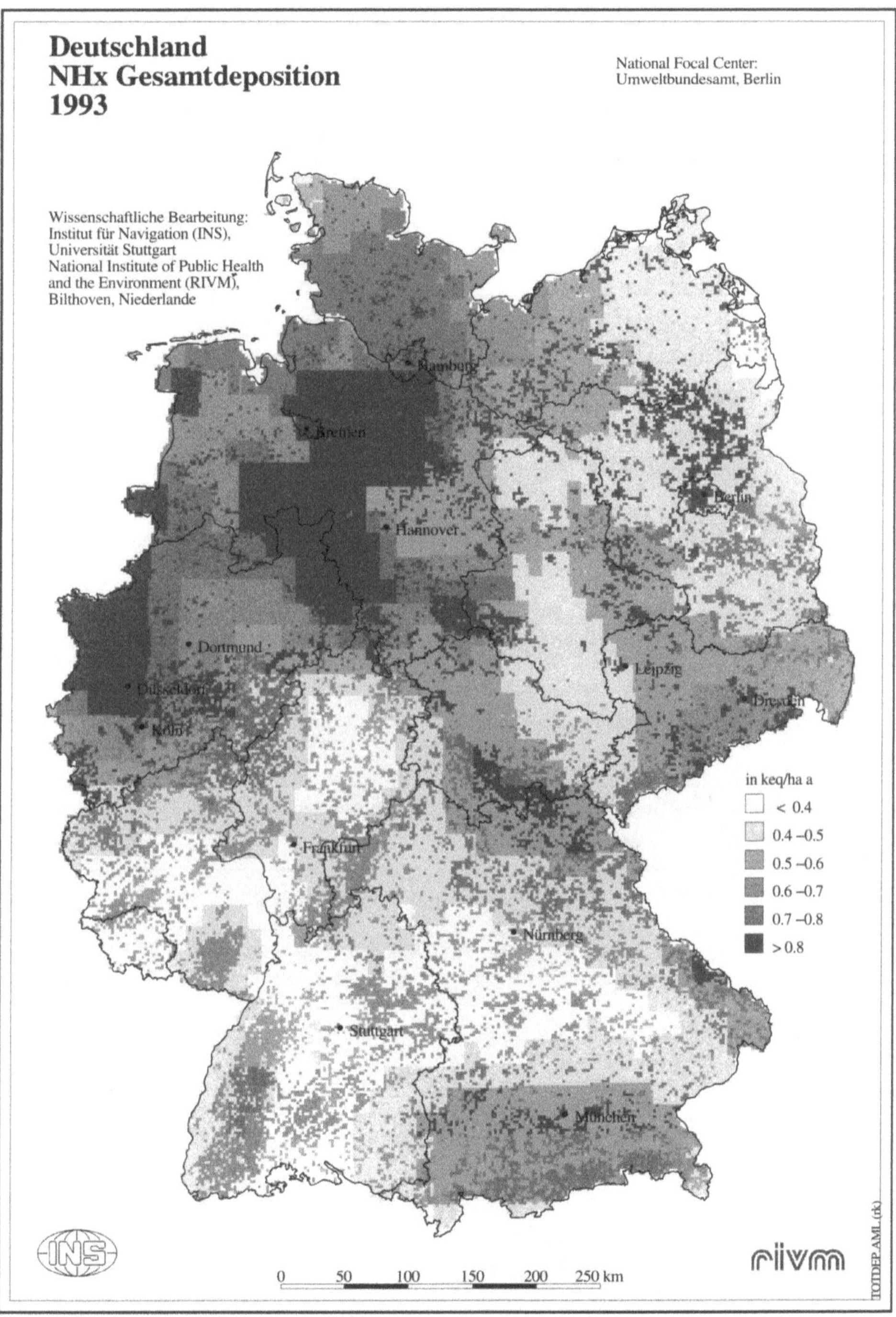


**Abb. 3.37.** Gesamtdeposition von $NH_x$ 1993

**Tabelle 3.9.** Gesamtdeposition der einzelnen Komponenten in Abhängigkeit von der Landnutzung 1989 und 1991/93

| Flächenbezug | $SO_x$ '89 | '93 | $NH_x$ '89 | '93 | $NO_y$ '89 | '93 | N '89 | '93 | Ca '89 | '93 | K '89 | '93 | Mg '89 | '93 | Na '89 | '93 |
|---|---|---|---|---|---|---|---|---|---|---|---|---|---|---|---|---|
| Mittelwerte [keq ha$^{-1}$ a$^{-1}$] | | | | | | | | | | | | | | | | |
| Gesamtfläche | 2,12 | 1,54 | 0,69 | 0,61 | 0,66 | 0,58 | 1,36 | 1,19 | 0,58 | 0,36 | 0,08 | 0,06 | 0,10 | 0,04 | 0,68 | 0,48 |
| Stadtgebiete | 5,42 | 3,40 | 1,18 | 1,05 | 1,04 | 0,89 | 2,21 | 1,94 | 1,07 | 0,53 | 0,11 | 0,08 | 0,19 | 0,07 | 0,82 | 0,53 |
| Landw. Nutztfl. | 1,69 | 1,20 | 0,64 | 0,55 | 0,58 | 0,50 | 1,21 | 1,06 | 0,55 | 0,33 | 0,08 | 0,06 | 0,09 | 0,03 | 0,68 | 0,48 |
| Laubwald | 3,17 | 2,51 | 0,83 | 0,75 | 0,95 | 0,84 | 1,78 | 1,59 | 0,67 | 0,41 | 0,10 | 0,08 | 0,14 | 0,05 | 0,65 | 0,46 |
| Nadelwald | 3,53 | 2,64 | 0,87 | 0,79 | 0,92 | 0,80 | 1,79 | 1,59 | 0,68 | 0,43 | 0,09 | 0,07 | 0,13 | 0,05 | 0,66 | 0,46 |
| Mischwald | 3,12 | 2,40 | 0,84 | 0,77 | 0,92 | 0,79 | 1,76 | 1,56 | 0,63 | 0,41 | 0,09 | 0,07 | 0,13 | 0,05 | 0,67 | 0,48 |
| Gewässer | 1,40 | 0,84 | 0,50 | 0,47 | 0,38 | 0,35 | 0,89 | 0,82 | 0,49 | 0,32 | 0,06 | 0,05 | 0,08 | 0,03 | 0,51 | 0,39 |
| Mittelwerte [kg ha$^{-1}$ a$^{-1}$] | | | | | | | | | | | | | | | | |
| Gesamtfläche | 33,9 | 24,6 | 9,7 | 8,5 | 9,3 | 8,1 | 19,0 | 16,6 | 11,6 | 7,1 | 3,1 | 2,3 | 1,2 | 0,5 | 15,5 | 11,0 |
| Stadtgebiete | 86,7 | 54,3 | 16,5 | 14,7 | 14,5 | 12,5 | 31,0 | 27,2 | 21,5 | 10,5 | 4,2 | 3,1 | 2,2 | 0,9 | 18,8 | 12,1 |
| Landw. Nutztfl. | 27,0 | 19,1 | 8,9 | 7,7 | 8,1 | 7,1 | 17,0 | 14,8 | 11,0 | 6,6 | 3,1 | 2,3 | 1,1 | 0,4 | 15,6 | 11,0 |
| Laubwald | 50,7 | 40,2 | 11,6 | 10,6 | 13,3 | 11,7 | 24,9 | 22,3 | 13,4 | 8,3 | 3,8 | 3,1 | 1,7 | 0,6 | 14,9 | 10,6 |
| Nadelwald | 56,5 | 42,3 | 12,2 | 11,1 | 12,9 | 11,1 | 25,1 | 22,3 | 13,7 | 8,6 | 3,6 | 2,9 | 1,6 | 0,6 | 15,2 | 10,6 |
| Mischwald | 49,9 | 38,4 | 11,8 | 10,7 | 12,9 | 11,0 | 24,7 | 21,8 | 12,7 | 8,3 | 3,6 | 2,9 | 1,6 | 0,6 | 15,4 | 10,9 |
| Gewässer | 22,4 | 13,4 | 7,1 | 6,6 | 5,4 | 4,9 | 12,4 | 11,5 | 9,9 | 6,3 | 2,2 | 2,0 | 1,0 | 0,4 | 11,7 | 8,9 |

**Tabelle 3.10.** Verhältnis von Gesamt- zu Naßdeposition in Abhängigkeit von der Landnutzung 1989 und 1991/93

| Landnutzung | Verhältnis von Gesamt- zu Naßdeposition (Mittelwert) | | | | | | | | | | | | | |
|---|---|---|---|---|---|---|---|---|---|---|---|---|---|---|
| | $SO_x$ '89 | '93 | $NH_x$ '89 | '93 | $NO_y$ '89 | '93 | Ca '89 | '93 | K '89 | '93 | Mg '89 | '93 | Na '89 | '93 |
| Stadtgebiete | 4,9 | 5,1 | 2,5 | 2,4 | 3,3 | 2,9 | 2,0 | 2,4 | 2,0 | 2,1 | 3,6 | 2,6 | 3,4 | 3,4 |
| Landw. Nutztfl. | 2,1 | 2,3 | 1,3 | 1,3 | 1,7 | 1,7 | 1,7 | 1,7 | 1,5 | 1,6 | 3,8 | 2,1 | 2,0 | 2,1 |
| Laubwald | 4,2 | 5,4 | 1,9 | 2,2 | 2,8 | 2,7 | 2,3 | 2,2 | 2,2 | 2,0 | 5,8 | 2,5 | 2,7 | 2,6 |
| Nadelwald | 4,3 | 5,2 | 1,9 | 2,1 | 2,7 | 2,6 | 2,3 | 2,3 | 2,0 | 2,1 | 7,4 | 3,4 | 2,7 | 2,7 |
| Mischwald | 4,2 | 4,9 | 1,9 | 2,1 | 2,7 | 2,6 | 2,3 | 2,3 | 2,1 | 2,1 | 6,7 | 3,1 | 2,7 | 2,7 |
| Gewässer | 1,9 | 1,9 | 1,3 | 1,2 | 1,3 | 1,2 | 1,8 | 1,7 | 1,5 | 1,6 | 4,2 | 1,7 | 2,1 | 2,0 |

### Gesamtdeposition potentieller Säuren

Der Eintrag potentiell versauernd wirkender Komponenten ($SO_x$ + $NO_y$ + $NH_x$ + Cl) lag 1989 zwischen 0,8 keq ha$^{-1}$ im Südwesten und 16 keq ha$^{-1}$ im Osten Deutschlands. Im Mittel wurden 3,5 keq pro Hektar deponiert. 1993 gingen die Maxima im Osten

Deutschlands auf 9–10 keq ha$^{-1}$ zurück, das Mittel sank auf 2,7 keq ha$^{-1}$ (Tafel 8). Den größten Anteil an der potentiellen Säuredeposition mit durchschnittlich 61 % im Jahr 1989 und 56 % 1993 tragen oxidierte Schwefelverbindungen bei. Im Süden der ehemaligen DDR können sogar bis zu 80 % der Säureeinträge auf Schwefelverbindungen zurückgeführt werden. Reduzierte und oxidierte Stickstoffverbindungen bilden im Mittel zu etwa gleichen Teilen den Rest. Chloreinträge spielen, mit Ausnahme Sachsen-Anhalts im Jahr 1989, so gut wie keine Rolle.

### Gesamtdeposition basischer Kationen

Der Deposition potentieller Säuren steht der Eintrag basischer Kationen gegenüber. Dieser besteht im Mittel zu 80 % aus Calcium. Die Gesamtdeposition von Calcium, Magnesium und Kalium erreicht Höchstwerte bis zu 3 keq ha$^{-1}$ 1989 bzw. 1 keq ha$^{-1}$ 1993 (Tafel 9) im Osten Deutschlands und im Ruhrgebiet. Der größte Teil dieser Einträge ist mit Sicherheit anthropogen und sollte daher laut Definition (vgl. Kap. 3.3.1.1) unberücksichtigt bleiben. Eine exakte Quantifizierung dieses Anteils war nicht möglich, deshalb wurde keine Korrektur der Meßwerte vorgenommen. Bei der Interpretation der Ergebnisse hinsichtlich der potentiellen Nettosäuredeposition, der Säureneutralisierung sowie der Critical-load-Überschreitungen sollte dies jedoch als Unsicherheitsfaktor in Betracht gezogen werden. Die durchschnittliche Deposition basischer Kationen in Deutschland betrug 1989 0,76 keq ha$^{-1}$ dagegen 1993 nur noch 0,45 keq ha$^{-1}$.

### Säureneutralisierung und potentielle Nettosäuregesamtdeposition

Wird der Eintrag basischer Kationen dem Säureeintrag gegenübergestellt, so ergibt sich im Bundesmittel eine Säureneutralisierung von 23 % 1989 und 19 % 1993 (vgl. Tafel 10). Maximale Neutralisierungsraten bis zu 70 % treten 1989 in den neuen Bundesländern und Nordrhein-Westfalen auf. Doch auch in Süddeutschland werden Werte bis 35 % erreicht. Während sich die Situation in Süddeutschland und Nordrhein-Westfalen zwischen 1989 und 1993 nur graduell verändert hat, ergab die Analyse für die neuen Bundesländer einen vergleichsweise stärkeren Rückgang der Deposition basischer Kationen gegenüber Säureeinträgen. Die Neutralisierung beträgt 1993 in den meisten Gebieten nur noch 5–20 %.

Im Mittel über Deutschland war eine Abnahme der als Nettosäuredeposition (Tafel 11) bezeichneten Differenz aus potentieller Säure- und basischer Kationendeposition von 1989 2,8 keq ha$^{-1}$ auf 2,3 keq ha$^{-1}$ 1993 zu verzeichnen. Damit ist der Rückgang geringfügig (5 %) niedriger als für die Säuredeposition, da der Eintrag basischer Kationen vergleichsweise stärker zurückging. Die Maxima an Nettosäureeinträgen mit 14 keq ha$^{-1}$ 1989 und 8,5 keq ha$^{-1}$ 1993 treten im Osten Deutschlands auf. Doch auch die Waldgebiete Mittel- und Norddeutschlands werden mit 4 keq ha$^{-1}$ (1993) belastet.

### 3.3.4.2
### Flächenhafte Gesamtdeposition im Vergleich zur Emission in Deutschland

Zur Abschätzung der Güte der gewählten Methode zur Erfassung der flächendeckenden Gesamtdeposition wurde der Vergleich von flächenhafter Gesamtdeposition und Nettoemission in Deutschland herangezogen. Unter Berücksichtigung der Unsicherheiten in der Erfassung beider Größen sollte die ermittelte Gesamtdeposition in etwa der Nettoemission in Deutschland entsprechen. Unter Nettoemission wird hier die um Im- und Export einzelner Luftschadstoffe korrigierte Emission verstanden. Emissionsdaten (Hochrechnungen aus Art und Häufigkeit von Emissionsquellen – wie z. B. Verkehr – und ihnen zugeordneten Emissionsfaktoren) werden zu Modellierungszwecken und der Entwicklung von Emissionsreduktionsszenarien offiziell von den partizipierenden Ländern an EMEP (Cooperative Programme for Monitoring and Evaluation of the Long Range Transmission of Air Pollutants in Europe) geliefert. Unter anderem werden innerhalb des Programms die Im- und Exportraten der einzelnen Luftschadstoffe für die einzelnen Länder berechnet. Die in Tabelle 3.11 verwendeten Emissionsdaten sowie die Korrekturwerte zur Berechnung der (Netto-) Emission wurden dem Status Report 1996 des EMEP/MSCW (1996) entnommen.

Die ersten 3 Zeilen von Tabelle 3.11 geben die emittierten Mengen von Sulfatschwefel, reduziertem, oxidiertem und Gesamtstickstoff nach EMEP/MSCW (1996) und die erfaßte Gesamtdeposition in Megatonnen für die Jahre 1989 und 1993 in Deutschland an. In Zeile vier wurde die Nettoemission in eine mittlere „Emissionsmenge" pro Hektar und Jahr umgerechnet. Diese kann hier als mittlere Eintragsrate angesehen und mit der mittleren flächenhaften Gesamtdeposition (Zeile 5) verglichen werden. Die letzte Zeile gibt die prozentuale Abweichung zwischen EMEP-Nettoemissionsdaten und Gesamtdeposition.

Die prozentualen Abweichungen zwischen erfaßter Deposition und EMEP-Nettoemission bewegen sich zwischen 10 und 30 %. Wobei für Schwefel die Deposition zwischen 10 % (1989) und 20 % (1993) über den EMEP-Angaben und die Stickstoffdeposition um 24 % darunter liegt. Die höchsten Abweichungen ergeben sich mit etwa 30 % bei $NH_x$ (Deposition < Nettoemission).

Für $SO_x$ liegt der Hauptgrund vermutlich in der mit Unsicherheiten behafteten Definition der Depositionsgeschwindigkeiten im Trockendepositionsmodell. Die Trockendepositionsraten für $SO_x$ werden mit hoher Wahrscheinlichkeit überschätzt (vgl. Kap. 3.3.3.7). Für den Anteil der nassen Deposition liegt, bedingt durch die geringe Anzahl an Meßdaten, ebenfalls eine Überschätzung der Deposition in Niedersachsen 1993 vor (vgl. Ausführungen in Kap. 3.3.2.4). Ein wesentlicher Punkt für die

**Tabelle 3.11.** Vergleich von Nettoemission (EMEP/MSCW 1996) und Gesamtdeposition

| | | $SO_x$ | | $NH_x$ | | $NO_y$ | | N | |
| --- | --- | --- | --- | --- | --- | --- | --- | --- | --- |
| | | '89 | '93 | '89 | '93 | '89 | '93 | '89 | '93 |
| Emission | [Mt a$^{-1}$] | 3,10 | 1,58 | 0,68 | 0,52 | 1,02 | 0,87 | 1,70 | 1,40 |
| Nettoemission | [Mt a$^{-1}$] | 1,10 | 0,73 | 0,50 | 0,42 | 0,40 | 0,34 | 0,90 | 0,77 |
| Deposition[a] | [Mt a$^{-1}$] | 1,21 | 0,88 | 0,35 | 0,30 | 0,33 | 0,29 | 0,68 | 0,59 |
| Nettoemission | [kg ha$^{-1}$ a$^{-1}$] | 30,7 | 20,5 | 14,0 | 11,8 | 11,1 | 9,6 | 25,1 | 21,5 |
| Deposition | [kg ha$^{-1}$ a$^{-1}$] | 33,9 | 24,6 | 9,7 | 8,5 | 9,3 | 8,1 | 19,0 | 16,6 |
| Abweichung zw. Nettoemission und Deposition | [%] | −10 | −20 | +31 | +28 | +17 | +16 | +24 | +23 |

[a] Berechnet aus dem mittleren Eintrag pro Hektar.

hohe Differenz bei $NH_x$ ist die Vernachlässigung der trockenen Nahbereichsdeposition. In Anbetracht der hohen Unsicherheiten in der Bestimmung der Gesamtdeposition (UN/ECE 1996, S. 36–38) ist die Abweichung zwischen flächenhafter Gesamtdeposition und Nettoemission als relativ niedrig zu werten. Ein großer Teil der Abweichungen ist durch die Erfassungsmethode an sich erklärbar (Nichtberücksichtigung der „feuchten Deposition" sowie der trockenen Nahbereichsdeposition von $NH_x$) und künftig auch korrigierbar. Klärungsbedarf besteht allerdings bezüglich der exakten Gründe für die im Vergleich zur Nettoemission wesentlich höheren $SO_x$-Gesamtdeposition.

## 3.4
## Critical Levels Exceedance

G. Smiatek · R. Köble

### 3.4.1
### Überschreitung der Critical Levels für Ozon

Über die Verschneidung von Critical-level-Karten mit den Karten der aktuellen Luftbelastung lassen sich Gebiete abgrenzen, die durch die Überschreitung der Critical Levels gekennzeichnet sind. Nach der Critical-level-Definition muß in diesen Gebieten mit Schädigung der sensitiven Rezeptoren gerechnet werden.

Das Ergebnis der Zuordnung der AOT40-Werte der Jahre 1992 und 1993 zu der Critical-level-Karte für Ozon zeigen die Tafeln 12 und 13. Dargestellt sind die Überschreitungen der Critical Levels für Ozon in ppb-h. Es wird deutlich, daß die AOT40-Werte in den Jahren 1992 und 1993 weit über den Critical Levels liegen. Lediglich im Jahr 1993 bleiben sie in einigen Waldgebieten Norddeutschlands unterhalb des kritischen Wertes. Die geringe Meßdatendichte erlaubt keine kleinräumige Interpretation, doch in mancher Hinsicht zeigt sich für beide Jahre eine ähnliche räumliche Struktur, die auch für das Jahr 1994 zu verzeichnen ist. Sehr hohe Überschreitungen sind im Zentrum und Südwesten Deutschlands (v. a. Baden-Württemberg und Hessen) zu finden. In den Waldgebieten des Hochschwarzwalds traten 1992 die höchsten AOT40-Werte mit bis zu 40 000 ppb-h auf. Im Norden und Osten (Ausnahme Schleswig-Holstein, 1992) liegen die Werte für alle 3 Jahre tendenziell niedriger. Die mittlere Überschreitung für landwirtschaftliche Nutzflächen betrug 1992 fast das 4fache und 1993 etwa das 3fache der Critical Levels. In Waldökosystemen erreichten die AOT40-Werte – im Durchschnitt etwa 20 000 ppb-h (1992) – das Doppelte des Schwellenwertes. Es ist anzunehmen, daß die niedrigeren Werte im Jahr 1993 hauptsächlich auf das für die Ozonbildung ungünstige Wetter in den Sommermonaten zurückzuführen sind. Dies unterstreicht die Notwendigkeit der Betrachtung längerer Zeiträume zur Erfassung der Schwankungsbreite der Ozonbildung unter dem Einfluß wechselnder natürlicher Faktoren.

Bei den präsentierten Ergebnissen handelt es sich um erste Abschätzungen. Zwei Faktoren, die zu einer weiteren Modifikation der AOT40-Werte führen können, blieben bisher unberücksichtigt:

- Definitionsgemäß sollen nur Zeiträume betrachtet werden, in denen die Ozonaufnahme der Pflanze nicht durch Umwelteinflüsse verringert wird. Hierbei spielt nicht nur die bisher definierte Lichtintensität (Globalstrahlung > 50 W m$^{-2}$), sondern auch das Auftreten von Trockenphasen eine Rolle (s. Kap. 2.2 und UN/ECE 1996). Diese Zeiträume bleiben aufgrund mangelnder Datenbasis derzeit noch unberücksichtigt.
- Ozonmessungen werden in der Regel in einer Höhe von etwa 3,5 m durchgeführt. Die Ozonkonzentration weist jedoch einen Höhengradient (Zunahme mit der Höhe) auf, so daß die gemessene Konzentration auf das Niveau des Rezeptors korrigiert werden muß. Auch dies kann erst in einer zweiten Kartierungsstufe in Betracht gezogen werden.

Doch selbst unter Berücksichtigung der Tatsache, daß bisherige Berechnungen die AOT40-Werte überschätzen, weisen sowohl das Areal als auch das Ausmaß der Überschreitungen der Critical Levels für Ozon auf die dringende Notwendigkeit von Reduktionsmaßnahmen hinsichtlich der Vorläufersubstanzen NO$_x$ und VOC hin.

### 3.4.2
### Überschreitung der Critical Levels für Schwefeldioxid 1990–1993

Die Kartierung der Überschreitung der Critical Levels für SO$_2$ in Deutschland erfolgt über die Verschneidung der Critical-level-Karte (s. Kap. 2.2) mit den Immissionskarten. Das Ergebnis der Critical-level-Überschreitung in den Jahren 1990 und 1993 zeigt Abb. 3.38 a, b. Für diese Jahre werden sowohl die Jahresmittelwerte als auch die Mittelwerte im Winterhalbjahr berücksichtigt.

Waren im Jahre 1988 etwa auf der Hälfte der Fläche des Bundesgebietes die Critical Levels für Waldgebiete überschritten (Köble *et al.* 1993; Nagel *et al.* 1994), so traf dies im Jahre 1990 nur noch für etwa ein Drittel der Fläche zu. Hauptsächlich betroffen sind das Gebiet der östlichen Bundesländer, der Nordschwarzwald, die rheinland-pfälzischen und saarländischen Waldgebiete sowie das Ruhrgebiet. Die geringsten SO$_2$-Jahresmittelwerte weisen 1990 das Alpengebiet sowie Teile von Oberbayern und Oberschwaben mit < 10 µg m$^{-3}$ auf. Der Rückgang der Jahresmittelwerte setzt sich auch in den Jahren 1992 und 1993 fort.

Bedingt durch die vielfältigen Maßnahmen zur Begrenzung der Emissionen, z. T. aber auch durch die Stillegung zahlreicher Industriebetriebe in den Ländern Mittel- und Osteuropas, ist in den letzten Jahren ein wesentlicher Rückgang der Areale mit Überschreitung der Critical Levels für das Schadgas SO$_2$ zu beobachten.

### 3.4.3
### Überschreitung der Critical Levels für Stickoxide 1992 und 1993

Die Ableitung der Überschreitung der Critical Levels für Stickoxide ist direkt aus den Immissionskarten möglich. Auf der gegenwärtigen Kartierungsstufe wird zwischen den Critical Levels für unterschiedliche Rezeptoren noch nicht unterschieden. Abbildung 3.39 a, b zeigt die interpolierten Stickstoffoxidkonzentrationen in Deutschland in den Jahren 1992 und 1993. Das Interpolationsverfahren und die räumliche Auflösung entsprechen den Angaben für die Kartierung der Immisionsbelastung von SO$_2$.

Überschreitungen der Critical Levels für Stickstoffoxide von 30 µg m$^{-3}$ treten in Deutschland großräumig auf. Besonders betroffen sind die Ballungsräume. Deutlich korreliert das Auftreten hoher Immissionswerte mit den Gebieten größter Verkehrsdichte. Insgesamt weisen im Jahre 1993 ca. 90 % der Fläche des Bundesgebiets eine Immissionsbelastung von > 30 µg m$^{-3}$ NO$_x$ auf. Kritisch muß jedoch angemerkt werden, daß die Konzentration im Alpengebiet vermutlich überschätzt wird, da für diesen Bereich nur sehr wenige Messungen vorliegen. Bei der räumlichen Interpolation mit Hilfe des Kriging-Verfahrens erhalten hohe Meßwerte aus dem Münchner Umland dadurch eine zu starke Gewichtung. Die tatsächlichen Werte dürften hier im Größenbereich der Messungen an den 3 Stationen Garmisch-Partenkirchen-Wankgipfel und -Degerlahne sowie Bad Reichenhall von etwa 4 µg m$^{-3}$ NO$_x$ in den emissionsfernen Hochlagen (Wankgipfel) und 15–20 µg m$^{-3}$ an den anderen Stationen liegen.

Außerhalb des Alpengebiets wurde der Critical Level nur in den peripheren Lagen der Mittelgebirge wie z. B. Schwarzwald (nur 1992), Hunsrück, Nordeifel und im Grenzbereich Niedersachsen/Thüringen sowie in einigen ländlichen Gebieten Nord- und Ostdeutschlands nicht überschritten. Auch in der flächenhaften Darstellung wird die bereits aus den Einzeldaten ablesbare Tendenz sichtbar: der Rückgang der Flächen mittlerer bis hoher Belastung (> 70 µg m$^{-3}$) v. a. im Süden Deutschlands, aber auch Abnahme der Areale mit geringen NO$_x$-Werten unterhalb des Critical Levels in den nord- und ostdeutschen Bundesländern.

Die Entwicklung von 1992 nach 1993 zeigt keinen Rückgang der NO$_x$-Konzentrationen sondern läßt sich viel mehr als eine Nivellierung beschreiben. Die Critical Levels bleiben in beiden Jahren großflächig überschritten.

## 3.4.4
## Gesamtüberschreitung der Critical Levels 1992 und 1993

Eine Zusammenfassung der Ergebnisse der Critical-level-Überschreitung für die einzelnen Schadgase läßt sich anhand der Überschreitungshäufigkeit pro Flächeneinheit darstellen (Abb. 3.40 a, b). Nur in kleinen Waldgebieten Mecklenburg-Vorpommerns war im Jahre 1993 keine Schwellenwertüberschreitung zu verzeichnen. Auf etwa 5 % der Fläche, überwiegend im norddeutschen Tiefland, wurde nur 1 Critical Level überschritten. Dabei handelt es sich meist um den für Ozon. Der größte Teil des Bundesgebiets (ca. 70 %) weist 2 Überschreitungen, meist in der Kombination Ozon und Stickstoffoxid, auf. Vor allem in Sachsen, Sachsen-Anhalt und Thüringen werden fast flächendeckend die Schwellenwerte für alle erfaßten Schadgase O$_3$, NO$_x$ und SO$_2$ überschritten.

Gegenüber 1992 ändert sich 1993 zwar das räumliche Muster der Überschreitungshäufigkeiten, doch der Flächenanteil der Überschreitungsklassen weicht nur geringfügig ab. Die Interpretation der Karte sollte die kombinatorische Wirkung der Luftschadstoffe auf die Rezeptoren einbeziehen. Synergistische oder antagonistische Effekte der einzelnen Schadgase konnten bisher bei der Festsetzung der Critical Levels noch nicht berücksichtigt werden, da diesbezügliche Untersuchungen v. a. im niedrigen Konzentrationsbereich fehlen. Es gibt jedoch Hinweise, daß die Zweier- oder Dreierkombination der Schadgase O$_3$, NO$_x$ und SO$_2$, in Konzentrationen um den jeweiligen Critical Level erhöhte „negative Auswirkungen" an verschiedenen Re-

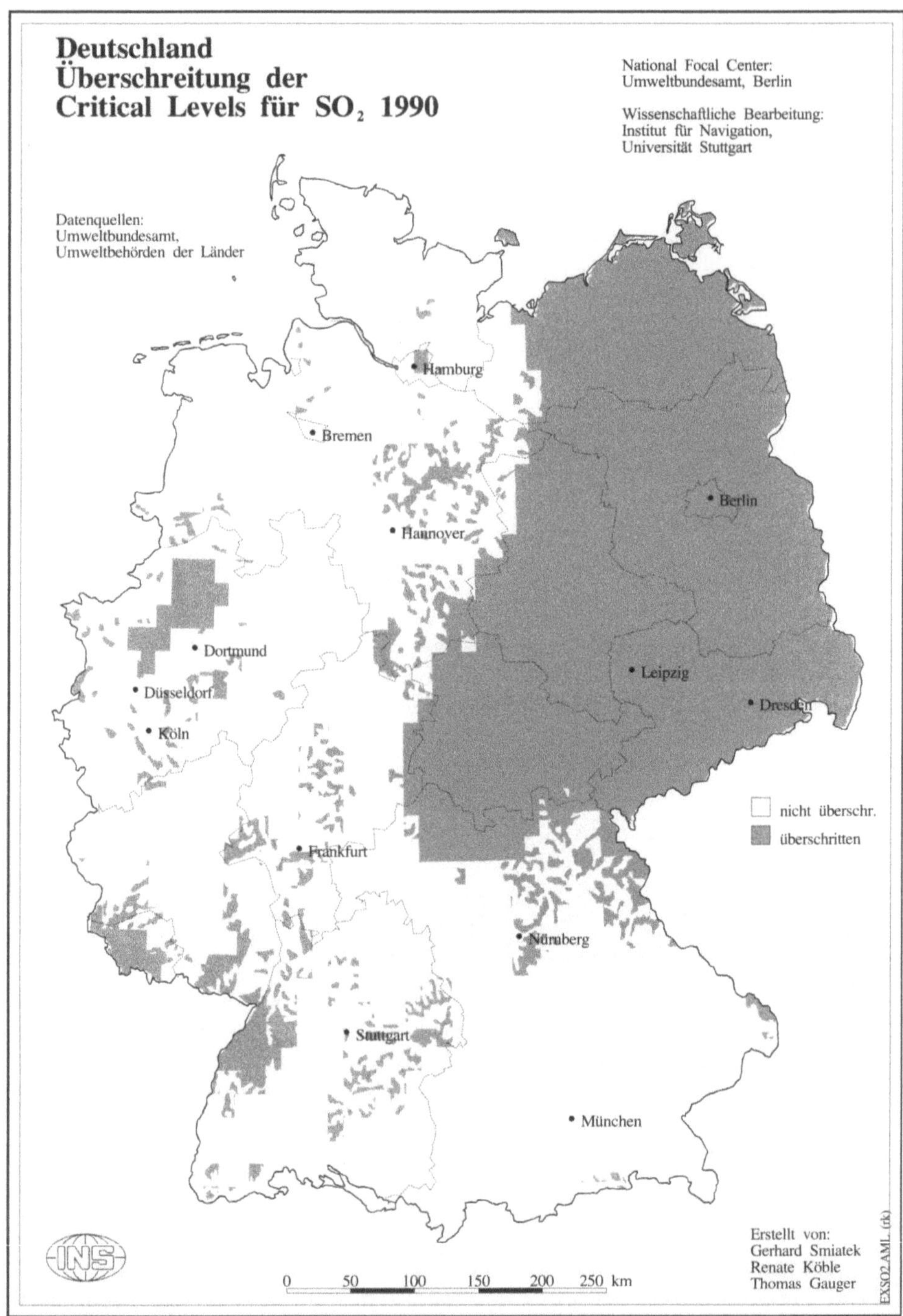


**Abb. 3.38 a.** Überschreitung der Critical Levels für SO₂ 1990

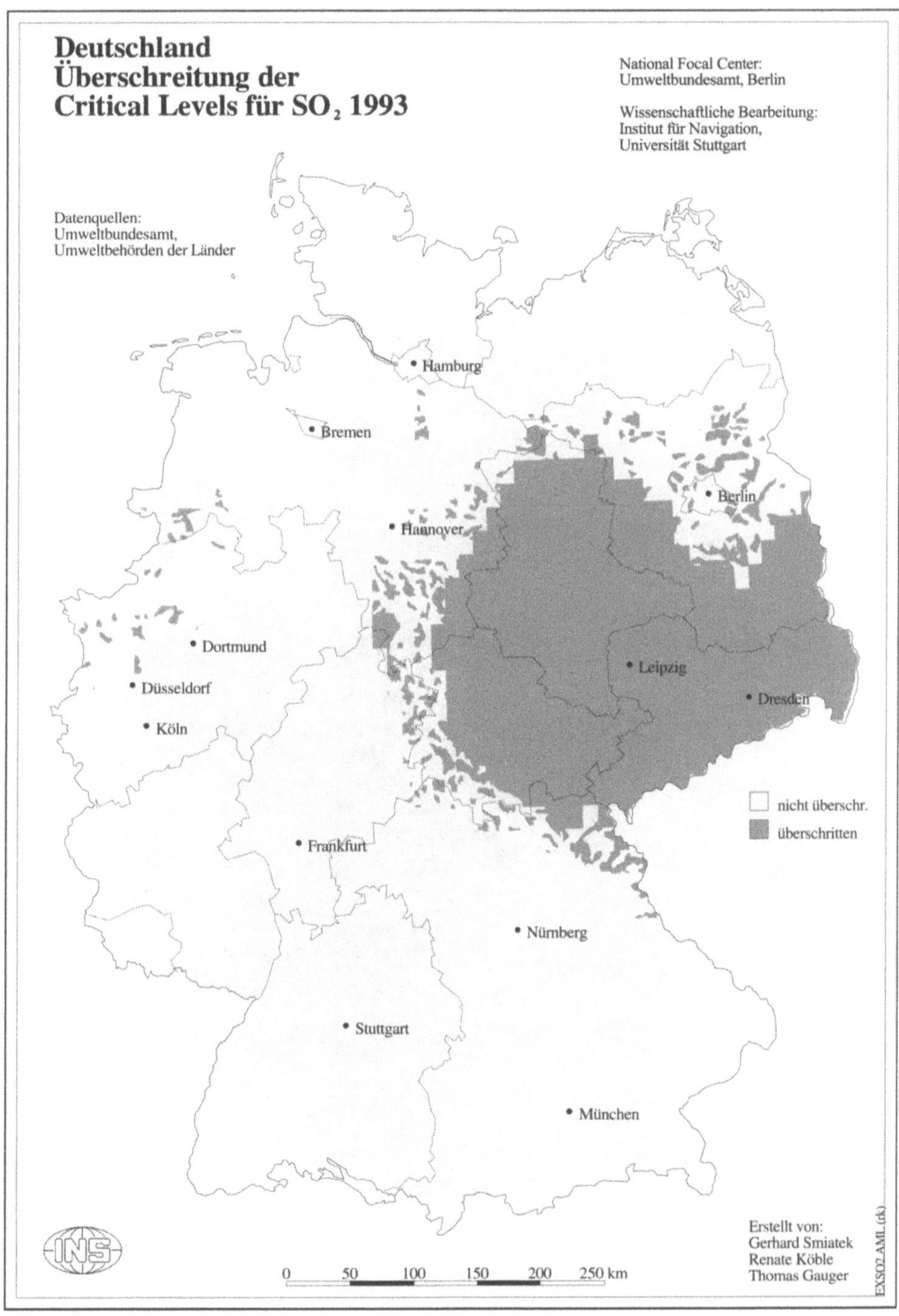


**Abb. 3.38 b.** Überschreitung der Critical Levels für SO₂ 1993

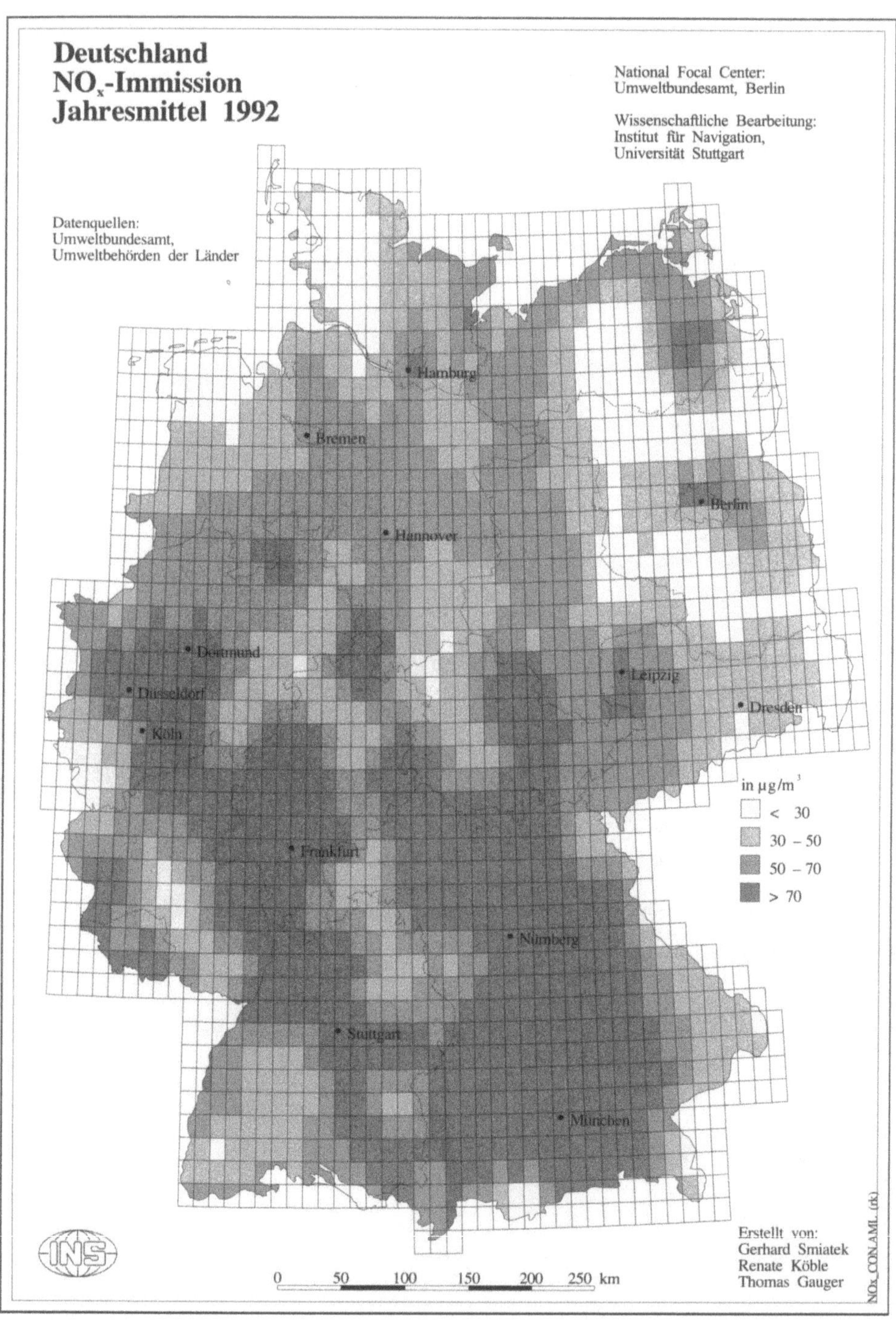


**Abb. 3.39 a.** NO$_x$-Jahresmittelwerte der Immission in Deutschland 1992

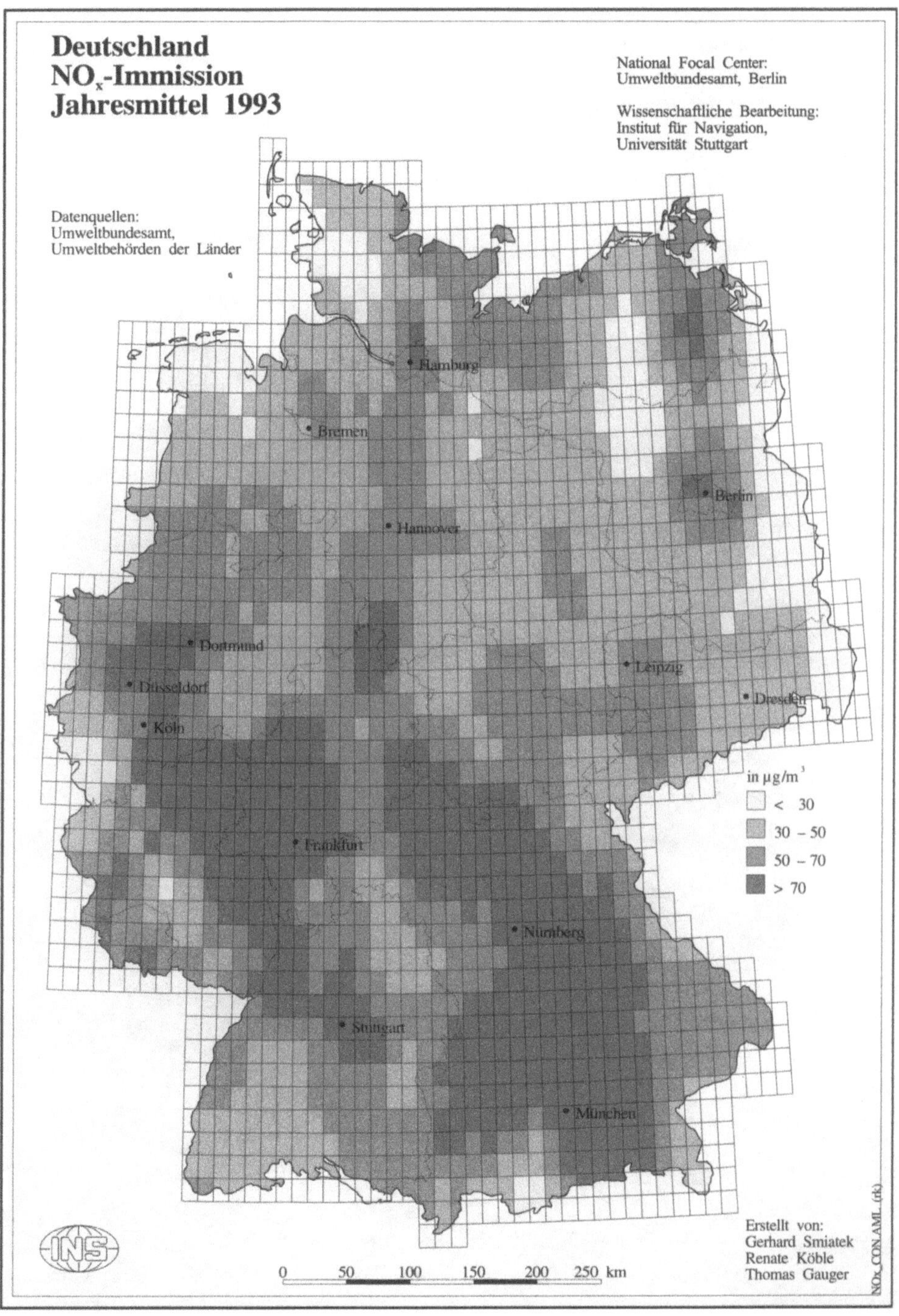


**Abb. 3.39 b.** NO$_X$-Jahresmittelwerte der Immission in Deutschland 1993

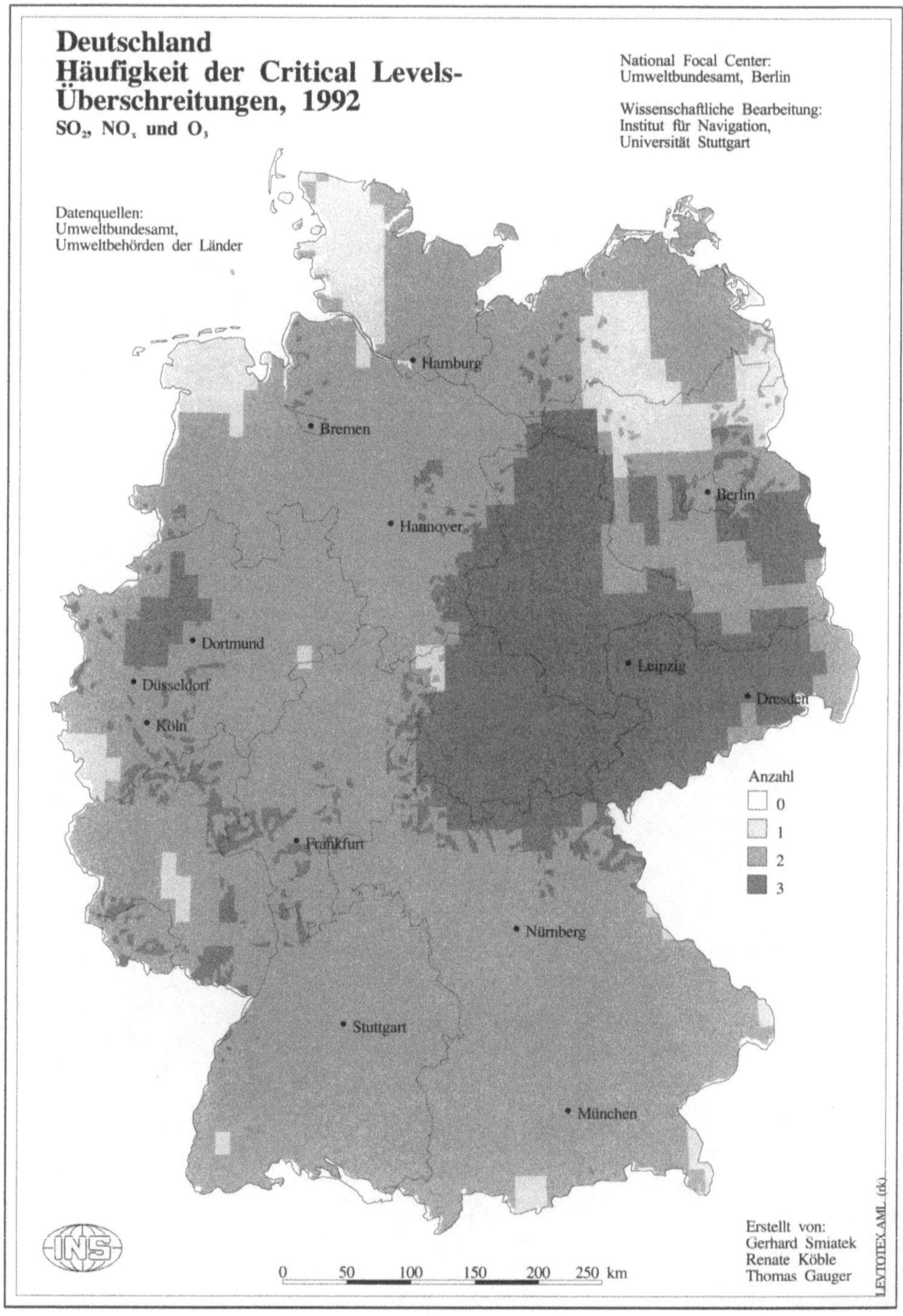


**Abb. 3.40 a.** Anzahl der überschrittenen Critical Levels (SO$_2$, NO$_x$ und O$_3$) pro Flächeneinheit 1992

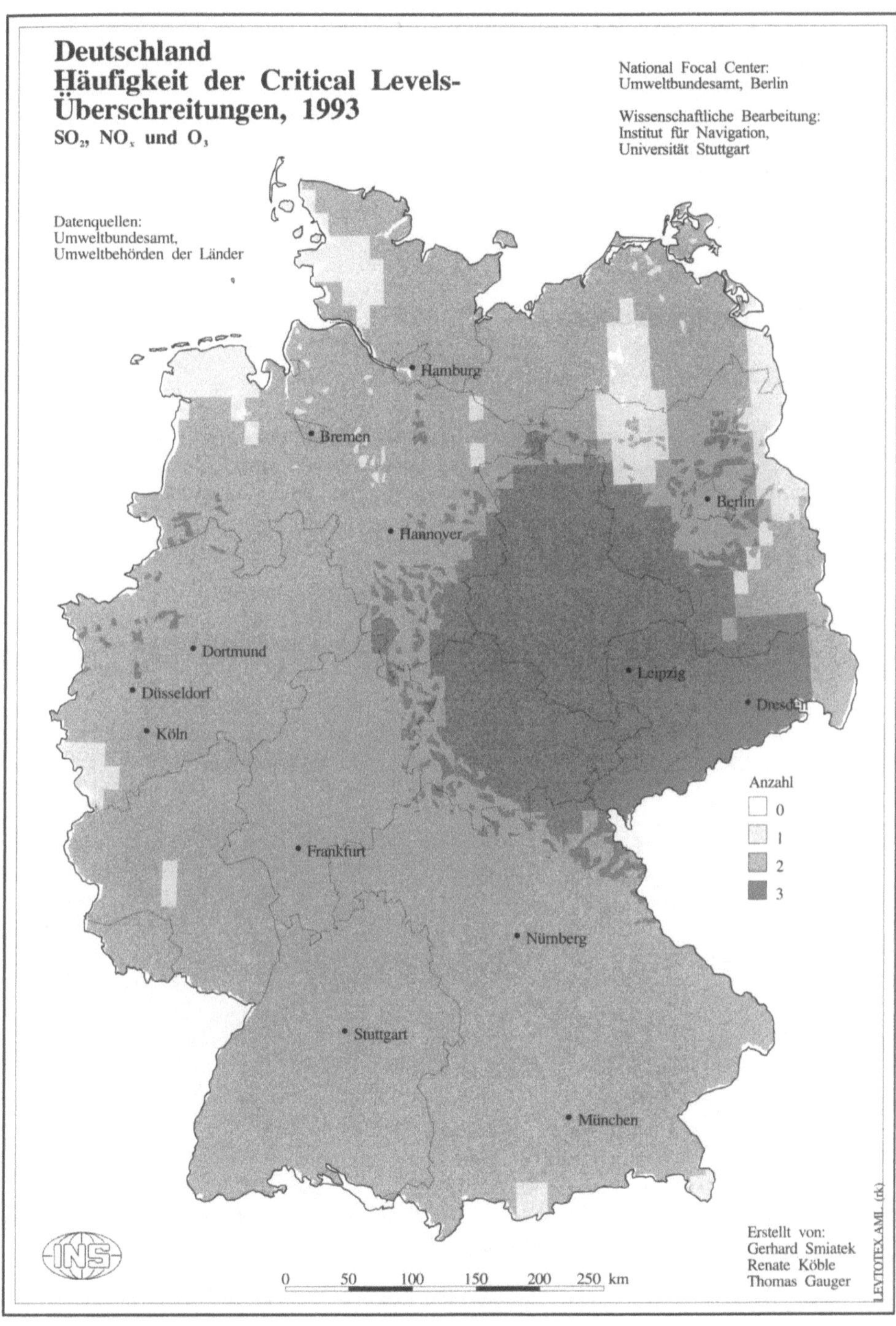


**Abb. 3.40 b.** Anzahl der überschrittenen Critical Levels (SO$_2$, NO$_x$ und O$_3$) pro Flächeneinheit 1993

zeptoren zeigen können (Bell 1992; Elstner 1996). Dies spricht für die Interpretation der Häufigkeitsverteilung von Critical-level-Überschreitungen als „Risikokarte".

Gegenwärtig wird bei den Kartierungen der Einfluß natürlicher Umweltfaktoren wie Wasser- und Temperaturstreß sowie Nährstoffverfügbarkeit, außer durch erniedrigte Critical Levels für $SO_2$ in Hochlagen, noch nicht berücksichtigt. Diese Faktoren mögen das erhöhte Schädigungsrisiko durch Kombinationswirkung von Schadstoffkonzentrationen oberhalb der Schwellenwerte von $O_3$, $NO_x$ und $SO_2$ räumlich weiter modifizieren.

## 3.5
## Critical Loads Exceedance

H.-D. Nagel

Die Ermittlung der Überschreitung der Critical Loads (bezeichnet als Exceedance, Abkürzung: *Ex*) aufgrund der derzeitigen Deposition von Schwefel- und Stickstoffverbindungen $(S_{dep} + N_{dep})$ erfolgt für Waldböden nach dem UN/ECE-Ansatz (UBA 1996) zusammenhängend mit

$$Ex(S + N) = S_{dep} + N_{dep} - CL(S + N)$$

und wird in einer Critical-load-Funktion dargestellt (vgl. Kap. 2.1).

Es ist jedoch auch möglich, und so ist das Programm zur Bestimmung und Kartierung von Critical Loads und deren Überschreitung in Deutschland bisher angewendet worden, beide Komponenten der Luftschadstoffe einzeln zu bewerten. Die ökologischen Belastungsgrenzen des Rezeptors Wald für Säureeinträge werden dann verglichen mit der Gesamtheit säurebildender Depositionen und die für eutrophierende Stickstoffeinträge mit dem Eintrag oxidierter und reduzierter Stickstoffverbindungen.

Bei den Säureeinträgen werden im Gebiet der Bundesrepublik Deutschland auf etwa 90 % der Waldflächen die nach der Modified Mass Balance berechneten Critical Loads für den Säureeintrag überschritten (Tafel 14). 50 % der Flächen haben mit einem Säureüberschuß von mehr als 2 000 eq ha$^{-1}$ a$^{-1}$ Werte, die z. B. im Schwarzwald oder im Harz das bis zu 6fache, in den sensitivsten Bereichen sogar das 15fache des ermittelten Critical Loads betragen. Dies gilt in entsprechender Weise auch für das gesamte norddeutsche Tiefland. Hier wurde fast flächendeckend ein Critical Load von 200–1 000 eq ha$^{-1}$ a$^{-1}$ ermittelt, doch der aktuelle Säureeintrag liegt 3–6mal höher. Die nicht überschrittenen Gebiete decken sich mit Arealen sehr hoher Verwitterungsrate bzw. kalkhaltigem Ausgangsgestein, wobei in diesen Bereichen zum Teil mit zu hohen Verwitterungsraten kalkuliert wird. Da bei der Berechnung von einer Durchwurzelungstiefe von einem halben Meter ausgegangen wird, erfolgt die Berechnung der Verwitterungsrate ebenfalls für diesen Raum. Doch in weiten Teilen z. B. des Alpenraumes stellt die Humusauflage den Hauptwurzelraum dar, das heißt, die Nachlieferung von basischen Kationen aus dem Ausgangsgestein trägt nur zu einem geringen Teil zur Pufferung des Säureeintrags im Wurzelraum bei. Deshalb muß das Ergebnis v. a. für das Alpengebiet kritisch diskutiert werden.

Auch der Critical-load-Wert für eutrophierenden Stickstoff wird von den natürlichen Eigenschaften der betrachteten Ökosysteme am konkreten Standort bestimmt.

Unter Beachtung der Critical-load-Bedingungen zur Erhaltung des Gleichgewichtszustandes begrenzen die Stickstoffaufnahme, die Immobilisierung und der Stickstoffaustrag mit dem Sickerwasser sowie der gasförmige Austrag über die Denitrifikation die Critical Loads für Waldökosysteme im Bereich zwischen etwa 5 und 15 kg N ha$^{-1}$ a$^{-1}$, höchstens 20 kg N ha$^{-1}$ a$^{-1}$. Dabei liegt der flächenmäßig größte Anteil der Critical Loads im Bereich zwischen 5 und 15 kg N ha$^{-1}$ a$^{-1}$. Wie bisherige Erkenntnisse belegen, entsprechen die berechneten Werte etwa der Menge Stickstoff, die intakte Waldökosysteme durchschnittlich im jährlichen Derbholzzuwachs festlegen können. Für Kiefernforsten sind Critical Loads in diesen Größenordnungen wahrscheinlich noch etwas überhöht. Hochproduktive Waldstandorte hingegen sind über begrenzte Zeiträume durchaus in der Lage, größere Mengen an Stickstoff (50 kg N ha$^{-1}$ a$^{-1}$) umzusetzen.

Der Vergleich mit der Stickstoffdeposition im Jahr 1993 zeigt, daß auf fast allen Standorten die Critical Loads überschritten werden, dabei auf nahezu der Hälfte der Waldflächen mit mehr als 10 kg N ha$^{-1}$ a$^{-1}$ (Tafel 15).

Aus methodischen Gründen und in Hinblick auf die Datenverfügbarkeit ist ein Vergleich von aktueller Deposition mit den Critical-load-Werten zum gegenwärtigen Zeitpunkt als eine vorläufige Näherungs- oder Trendaussage über die tatsächliche Belastungssituation zu bewerten. Mit Sicherheit läßt sich aus den Ergebnissen jedoch ableiten, daß die kritischen Eintragsraten nur in Ausnahmefällen nicht überschritten werden.

Die Diskussion der Ergebnisse soll deshalb auch zu methodischen Verbesserungen des Critical-load-Ansatzes genutzt werden. Festzustellen ist, daß die für das ECE-Projekt durchgeführten Arbeiten zur Berechnung und Kartierung von Critical Loads zu einer flächendeckenden, quantitativen Aussage über die Belastbarkeit von Waldökosystemen im gesamteuropäischen Maßstab führten. Der auf Bundesebene und für die Europakarten verwendete Massenbilanzansatz ist zum einen auf eine Anwendung in größeren räumlichen und zeitlichen Maßstäben (etwa 1 : 1 bis 1 : 3 Mio und mehrere Jahrzehnte) zugeschnitten, zum andern gehen die Prozesse, die bei der Versauerung von Waldökosystemen eine Rolle spielen, mit starken Vereinfachungen in das Gleichungsmodell ein. Damit ist sowohl auf der Raum-Zeit-Ebene, als auch auf der Prozeßebene eine Generalisierung der Eingabedaten vorgegeben. Ein Übertrag der Ergebnisse aus der großflächigen Critical-load-Berechnung auf darin liegende Einzelstandorte ist im Rahmen der geographischen Genauigkeit nicht sinnvoll.

Es läßt sich jedoch der gleiche Ansatz des Massenbilanzmodells mit Informationen aus Karten eines entsprechenden Maßstabes oder mit konkreten Meßdaten und standortskundlichen Beschreibungen auch auf intensiv und kleinräumig untersuchte Standorte anwenden. Dabei sind jedoch immer noch die Unterschiede in den betrachteten Prozessen zu berücksichtigen. Der berechnete Critical-load-Wert gibt die Sensitivität eines Standortes gegenüber versauernden Einträgen an, es läßt sich daraus keine Aussage über den aktuellen Versauerungsstatus ableiten.

Trotz der Unsicherheiten, mit denen manche Teile des Modellansatzes noch behaftet sind, kann doch eine klare Aussage über die Sensitivitätsbereiche der Ökosysteme in Deutschland getroffen werden. In weiten Bereichen ist eine hohe Gefährdung der Waldökosysteme durch saure Niederschläge zu verzeichnen. Diese Ergebnisse liegen im Rahmen dessen, was auch in anderen Untersuchungen anhand von Fallstudien erarbeitet worden ist (Auswertung der Waldschadensforschungsergebnisse 1982–1992,

UBA 1993). Die Darstellung der Überschreitung von Critical Loads zeigt, daß die Grenzen für den Eintrag säurebildender und eutrophierender Schadstoffe weit unter dem aktuellen Eintrag liegen. Sollte es nicht möglich sein, die aktuellen Schadstoffemissionen und damit die Depositionen zu reduzieren, muß mit weiteren Schäden an Waldökosystemen gerechnet werden.

## Literatur

Akin A, Siemes H (1988) Praktische Geostatistik. Springer, Berlin Heidelberg New York Tokyo

Asman W A H, Jaarsveld J A van (1992) A variable-resolution transport model applied for $NH_x$ for Europe. Atmos Environ 26A: 445–464

Barrett K, Berge E (1996) Estimated dispersion of acidifying agents and near surface ozone. EMEP/MSC-W Report 1/96, Oslo, Norwegen

Barrett K, Selund Ø, Foss A, Mylona S, Sandnes H, Styve H, Tarrasón L (1995) European transboundary acidifying air pollution. Ten years calculated fields and budgets to the end of the first Sulphur Protocol, EMEPMSC-West report 1/95, Oslo, Norwegen

Barrie L A (1985) Scavenging ratios, wet deposition and in-cloud oxidation: an application to the oxides of sulphur and nitrogen. Geophys res 90:5789–5799

Beier C, Gundersen P, Rasmussen L (1992) A new method for estimation of dry deposition of particles based on throughfall measurements in a forest egde. Atmos Environ 26 A:1553–1559

Bell J (1992) A reassessment of critical levels for $SO2$. In: UN/ECE (1992), pp. 6–18

Bredemeier M (1988) Forest canopy transformation of atmospheric deposition. Water Air Soil Poll 40:121–138

Chamberlain A C (1966) Transport of gases from grass and grass-like surfaces. Proc R Soc Lond A290:236–265

Draaijers G P J, Erisman J W (1995) A canopy budget model to estimate atmospheric deposition from throughfall measurements. Water Air Soil Poll 85: 122–134

Draaijers G P J (1996) Persönliche Mitteilung

Draaijers G P J, Van Leeuwen E P, De Jong P G H, Erisman, J W (1996a) Base cation deposition in Europe: acid neutralisation capacity and contribution to forest nutrition. RIVM Rep. No. 722108 009, Bilthoven, The Netherlands

Draaijers G, Erisman J W, Spranger T, Wyers G P (1996b) The application of throughfall measurements for atmospheric deposition monitoring. Atmos Environ 30(19):3349–3361

Eder B K, Dennis R L (1990) On the use of scavenging ratios for the inference of surface-level concentrations and subsequent dry deposition of $Ca^{2+}$, $Mg^{2+}$, $Na^+$ and K.·· Water Air Soil Poll 52:197–215

Elstner E (1996) Ozon in der Troposphäre – Bildung, Eigenschaften, Wirkungen. In: Akademie für Technikfolgenabschätzung in Baden-Württemberg (Hrsg.), Stuttgart, 162 S

EMEP/MSCW (1996) Status Report 1996. Transboundary Air Pollution in Europe. Res Rep No.32., Norwegian Meteorological Institute, Oslo

Englund E, Sparks A (1988) GEO-EAS Geostatistical Environmental Assessment Software User's Guide. Environmental Monitoring Systems Laboratory Office of Research and Development, U. S. Environmental Protection Agency, Las Vegas, Nevada. EPA/600/4–88/033

Erisman J W (1992) Atmospheric deposition of acidifying compounds in the Netherlands, PhD-thesis. University of Utrecht, The Netherlands

Erisman J W, Wyers G P (1993) Continuous measurements of surface exchange of $SO_2$ and $NH_3$; implications for their possible interaction in the deposition process. Atmos Environ 27A:1937–1949

Erisman J W, Baldocchi D D (1994) Modelling dry deposition of $SO_2$. Tellus: 46B: 159–171

Erisman J W, Pul W A J van, Wyers G P (1994a) Parameterization of surface resistance for the quantification of atmospheric deposition of acidifying pollutants and ozone. Atmos Environ 28(16): 2595–2607

Erisman J W, Draaijers G P J, Duyzer J H (1994b) Contribution of aerosol deposition to atmospheric deposition and soil loads onto forests. RIVM Rep. No. 722108 005

Erisman J W, Draaijers G P J (1995) Atmospheric deposition in relation to acidification and eutrophication. Stud in Environ Sci 63, Elsevier, Amsterdam

Fitzgerald J W (1975) Journal of Applied Meteorology. 14:1044–1049

Fowler D (1978) Dry deposition of $SO_2$ on agricultural crops. Atmos Environ 12:369–373

Galloway J N, Savoie D L, Keene W C, Prospero J M (1993) Deposition of $SO_2$. Atmos Environ 27A: 235–250

Gauger T, Köble R, Smiatek G (1997) Kartierung kritischer Belastungskonzentrationen und -raten für empfindliche Ökosysteme in der Bundesrepublik Deutschland und anderen ECE-Ländern – Teil 1: Deposition Loads. Endbericht 106 01 061 im Auftrag des Umweltbundesamtes, Institut für Navigation der Universität Stuttgart

Hicks B B, Baldocchi D D, Meyers T P, Hosker R P Jr., Matt D R (1987) A preliminary multiple resistance routine for deriving dry deposition velocities from measured quantities. Water Air Soil Poll 36:311–330

Hicks B B, McMillen R, Turner R S, Holdren G R Jr., Strickland T C (1993) A national critical loads framework for atmospheric deposition effects assessment: III. Deposition characterization. Env Management 17(3):343–353

ICP Forests PCC West/PCC East (1994) Manual on methods and criteria for harmonized sampling, assessment, monitoring and analysis of the effects of air pollution on forests

Isaaks E, Srivastava R (1989) An introduction to applied geostatistics. University of Oxford, 561pp

Ivens W P M F (1990) Atmospheric deposition onto forests, Ph. D. thesis. University of Utrecht, The Netherlands

Kane M M, Rendell A R, Jickells T D (1994) Atmospheric deposition of acidifying pollutants. Atmos Environ 28:2523–2530

Keller R H (1979) Hydrologischer Atlas der Bundesrepublik Deutschland. Deutsche Forschungsgemeinschaft Bonn, 365 S

Köble R, Nagel H-D, Smiatek G, Werner B, Werner L (1993) Kartierung der Critical Loads & Levels in der Bundesrepublik Deutschland. Abschlußbericht zum Forschungsvorhaben FE 108 02 080 „Erfassung immissionsempfindlicher Biotope in der Bundesrepublik Deutschland und in anderen ECE-Ländern" im Auftrag des Umweltbundesamtes, Berlin, 183 S

Lövblad G, Erisman J W, Fowler D (1993) Models and methods for the quantification of atmospheric input to ecosystems. Proceedings Nordic Council/EMEP/BIATEX workshop in Göteborg 3.-6. November 1992

Matheron G (1963) Principles of Geostatistics. Econ Geol 58:1246–1262

Milford J B, Davidson C I (1985) The sizes of particulate trace elements in the atmosphere – a review. Air Pollution Control and Assessment 35:1249–1260

Nagel H-D, Smiatek G, Werner B (1994) Das Konzept der kritischen Eintragsraten als Möglichkeit zur Bestimmung von Umweltbelastungs- und -qualitätskriterien -Critical Loads & Critical Levels-. Materialien zur Umweltforschung. In: Rat von Sachverständigen für Umweltfragen (Hrsg.) Heft 20, Metzler-Poeschel, Stuttgart

Ruijgrok W, Tieben H, Eisinga P (1994) The dry deposition of acidifying and alkaline particles to Douglas fir: a comparison of measurements and model results. KEMA Rep. No. 20159-KES/MLU 94-3216

Schaug J, Pedersen U, Skjelmoen J E (1991) Data report 1989, part 2: monthly summaries, EMEP Cooperative programme for monitoring and evaluation of the long-range transmission of air pollutants in Europe. Norwegian Institute for Air Research, EMEP/CCC-Rep. 2/91

Schober R (1987) Ertragstafeln wichtiger Baumarten, 3. Aufl. Sauerländer, Frankfurt a. M.

Slinn W G N (1982) Predictions for particle deposition to vegetative surfaces. Atmos Environ 16: 1785–1794

Spranger T (1992) Erfassung und ökosystemare Bewertung der atmosphärischen Deposition und weiterer oberirdischer Stoffflüsse im Bereich der Bornhöveder Seenkette. EcoSys Beiträge zur Ökosystemforschung, Suppl Bd 4, Kiel

Spranger T, Hollwurtel E, Poetzsch-Heffter F, Branding A (1994) Dry deposition estimates from two different inferential models as compared to net throughfall measurements. In: Borrell P M, Borrell P, Cvitaš T, Seiler W (eds.) Transport and transformation of pollutants in the troposphere. Proceedings of EUROTRAC symposium in Garmisch Partenkirchen, 11.-15. April 1994, pp. 615–619

Thom A S (1975) Momentum, mass and heat exchange of plant communities. In: Monteith J L (ed.) Vegetation and Atmosphere. Academic Press, London, pp. 58–109

UBA (Hrsg.) (1993) Auswertung der Waldschadensforschungsergebnisse (1982–1992) zur Aufklärung komplexer Ursache-Wirkungs-Beziehungen mit Hilfe systemanalytischer Methoden. UBA-Texte 37/93

UBA (Hrsg.) (1996) Manual on methodologies and criteria for mapping critical levels/loads and geographical areas where they are exceeded. Coordination center for Effects and the Secretariat of the United Nations Economic Commission for Europe. UBA-Texte 71/96

Ulrich B (1983) Interaction of forest canopies with atmospheric constituents: $SO_2$, alkali and earth alkali cations and chloride. In: Ulrich B, Pankrath J (eds.) Effects of accumulation of air pollutants in forest ecosystems. Reidel, Dordrecht, The Netherlands, pp. 33–45

Ulrich B (1991) Rechenweg zur Schätzung der Flüsse in Waldökosystemen: Identifizierung der sie bedingenden Prozesse. Berichte des Forschungszentrums Waldökosysteme, Reihe B 24:204–210

UN/ECE (1996) Manual on methodologies for Mapping Critical Loads/Levels and geographical areas where they are exceeded. Umweltbundesamt, Texte 71/96, Berlin

Van Leeuwen E P, Potma C, Draaijers G P J, Erisman J W, Van Pul W A J (1995) European wet deposition maps based on measurements. RIVM Rep. No. 722 108 006, Bilthoven, The Netherlands

Van Leeuwen E P, Draaijers G P J, Erisman J W (1996a) Mapping wet deposition of acidifying components and base cations over Europe using measurements. Atmos Environ 30(19):3 362–3 378

Van Leeuwen E P, Draaijers G P J, Jong P G H de, Erisman J W (1996b) Mapping dry deposition of acidifying components and base cations on a small scale in Germany. RIVM Rep. No. 722 108 012, Bilthoven, The Netherlands

Van Pul W A J, Erisman J W, Van Jaarsveld J A, De Leeuw F A A M (1992) High resolution assessment of acid deposition Flüsse. In: Schneider T (ed.) Acidification research: evaluation and policy applications. Stud Environ sci, Elsevier, Amsterdam

Van Pul, W A J, Potma C, Van Leeuwen E P, Draaijers G P J, Erisman J W (1995) EDACS: European deposition maps of acidifying components on a small scale – model description and results. RIVM Rep. No. 722 401 005, Bilthoven, The Netherlands

Wesely M L, Cook D R, Hart R L (1985) Measurements and parameterization of particulate sulphur dry deposition over grass. J Geophys Res 90:2 131–2 143

Wesely M L (1989) Parametrization of surface resistances to gaseous dry deposition in regional-scale numerical models. Atmos Environ 23:1 293–1 304

Wieringa J (1992) Updating the Davenport roughness classification. Wind Engin Industrial Aerodynamics 41

# Umsetzung, Strategien und Organisation

H.-D. Gregor

## 4.1
## Das UN/ECE-Übereinkommen über weiträumige, grenzüberschreitende Luftverunreinigung

Im Jahre 1979 wurde, als eine Aktivität in Folge der KSZE-Schlußakte von 1975, in Genf von damals 34 Mitgliedstaaten der UN-Wirtschaftskommission für Europa (nach den politischen Umstrukturierungen in Europa sind es 1997 nunmehr 40 der insgesamt 55 Mitgliedstaaten, s. Abb. 4.1) und von der Europäischen Gemeinschaft das „Übereinkommen über weiträumige, grenzüberschreitende Luftverunreinigung" (Convention on Long-range Transboundary Air Pollution, UN/ECE-CLRTAP) unterzeichnet. Es sollte als erstes völkerrechtlich verbindliches Instrument die Probleme der Luftverunreinigungen auf einer weiträumigen Basis angehen. „Neben der Festle-

**Abb. 4.1.** Mitgliedsländer der Economic Commission for Europe (UN/ECE). Hervorgehobene Länder lieferten eigene nationale Daten und Karten

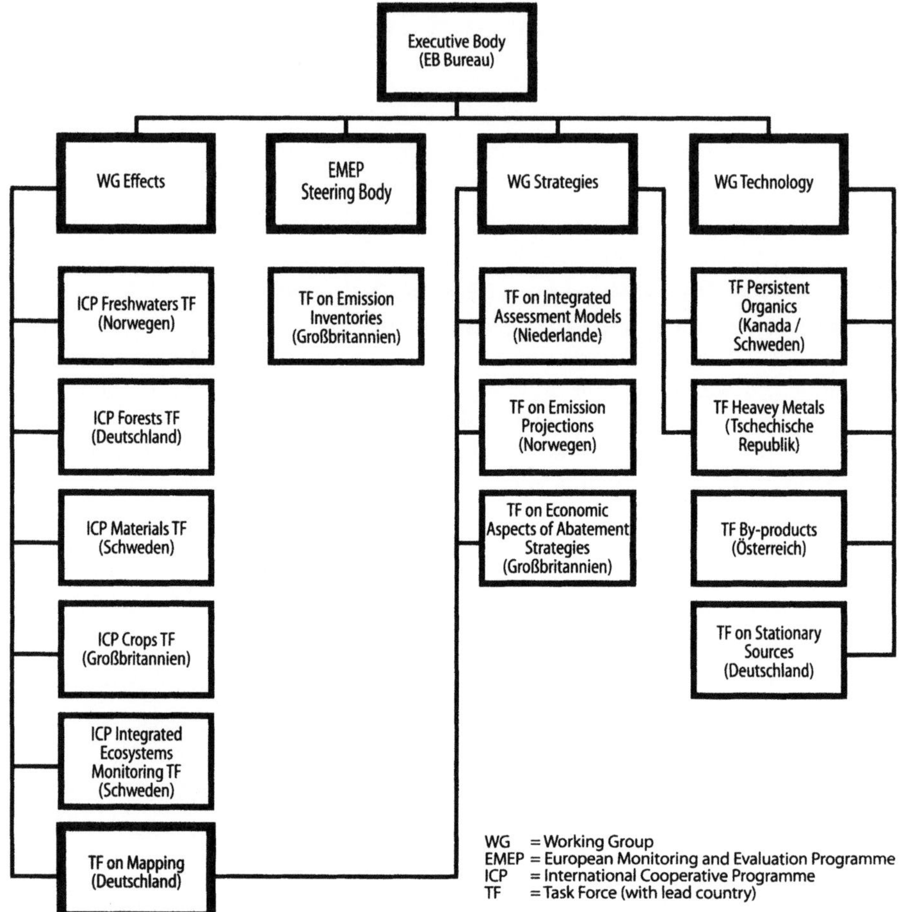



**Abb. 4.2.** Organisationsstruktur für das „Übereinkommen über weiträumige, grenzüberschreitende Luftverunreinigung" (Convention on Long-range Transboundary Air Pollution, UN/ECE-CLRTAP)

gung der allgemeinen Prinzipien für internationale Kooperation zur Bekämpfung der Luftverschmutzung hat es einen Rahmen geschaffen, um Forschung und Politik institutionell zu vereinigen" (UN/ECE 1996a). Über seine Ausfüllung befindet ein Exekutivorgan (Executive Body), das sich von 3 Arbeitsgruppen und dem European Monitoring and Evaluation Program (EMEP) zuarbeiten läßt. Diese Organisationsstruktur ist in Abb. 4.2 dargestellt.

Die 3 Arbeitsgruppen für Wirkungen, Luftreinhaltestrategien und Minderungstechnik, ihrerseits unterstützt von Sonderarbeitsgruppen mit Experten aus den Mitgliedstaaten, treffen die Vorbereitungen für die Verhandlungen der Protokolle, die zur Umsetzung des Luftreinhalteübereinkommens gebilligt werden müssen. Das Übereinkommen ist bis 1996 von 40 Vertragsparteien ratifiziert worden und ist seit seinem Inkrafttreten (1983) um 5 spezifische Protokolle ergänzt worden: Neben dem

# Protokoll
zu dem **Übereinkommen von 1979** über
## weiträumige grenzüberschreitende Luftverunreinigung
## betreffend die weitere Verringerung von Schwefelemissionen

### Die Vertragsparteien-

<u>entschlossen</u>, das Übereinkommen über weiträumige grenzüberschreitende Luftverunreinigung durchzuführen,
<u>besorgt darüber</u>, daß Emissionen von Schwefel und anderen luftverunreinigenden Stoffen weiterhin über internationale Grenzen befördert werden und in exponierten Teilen Europas und Nordamerikas ausgedehnte Schäden an Naturschätzen von lebenswichtiger Bedeutung für Umwelt und Wirtschaft, z.B. Wäldern, Böden und Gewässern, sowie an Materialien, einschließlich historischer Denkmäler, verursachen und unter bestimmten Umständen schädliche Auswirkungen auf die menschliche Gesundheit haben,

..........

<u>in Bekräftigung</u> der Notwendigkeit, eine umweltverträgliche und nachhaltige Entwicklung sicherzustellen,
<u>in Anerkennung</u> der Notwendigkeit, die wissenschaftliche und technische Zusammenarbeit fortzusetzen, um den auf kritischen Belastungen und kritischen Werten beruhenden Lösungsansatz weiter auszuarbeiten, einschließlich der Bemühungen zur Bewertung verschiedener luftverunreinigender Stoffe und unterschiedlicher Auswirkungen auf die Umwelt, auf Materialien und auf die menschliche Gesundheit,

..........

### sind wie folgt <u>übereingekommen:</u>

..........

## Artikel 2
Grundlegende Verpflichtungen
(1) Die Vertragsparteien begrenzen und verringern ihre Schwefelemissionen, um die Gesundheit des Menschen und die Umwelt vor nachteiligen Auswirkungen, insbesondere Auswirkungen durch Versauerung zu schützen und um sicherzustellen, soweit möglich ohne unverhältnismäßig hohe Kosten zu verursachen, daß Ablagerungen von oxidierten Schwefelverbindungen die nach dem heutigen wissenschaftlichen Kenntnisstand in Anhang I als kritische Schwefelablagerungen angegebenen kritischen Belastungen für Schwefel langfristig nicht überschreiten.

## Artikel 6
Forschung, Entwicklung und Überwachung
Die Vertragsparteien fördern die Forschung, Entwicklung, Überwachung und Zusammenarbeit in bezug auf
a) die internationale Harmonisierung der Methoden zur Festlegung der kritischen Belastungen und der kritischen Werte....
c) Strategien zur weiteren Verringerung der Schwefelemissionen auf der Grundlage der kritischen Belastungen....
d) das Verständnis für die weitreichenden Auswirkungen von Schwefelemissionen....auf die Umwelt...

## Artikel 7
Einhaltung des Protokolls
(1) Hiermit wird ein Durchführungsausschuß eingesetzt, der die Durchführung dieses Protokolls und die Einhaltung der....Verpflichtungen überprüft....

**Oslo, 13.Juni 1994**

**Abb. 4.3.** Auszug aus dem 2. Schwefelprotokoll vom 13. Juni 1994

**Tabelle 4.1.** Die Genfer Luftreinhaltekonvention und ihre Protokolle: Unterzeichnerstaaten, Daten der Unterzeichnung und Stand der Ratifizierung (nach Angaben der UN/ECE)

| Land | Konvention von 1979 Zeichnung/ Ratifizierung | EMEP- Protokoll Zeichnung/ Ratifizierung | 1. Schwefel- protokoll Zeichnung/ Ratifizierung | $NO_x$- Protokoll Zeichnung/ Ratifizierung | VOC- Protokoll Zeichnung/ Ratifizierung | 2. Schwefel- protokoll Zeichnung/ Ratifizierung |
|---|---|---|---|---|---|---|
| Armenien | /1997 | | | | | |
| Belgien | 1979/1982 | 1985/1987 | 1985/1989 | 1988/— | 1991/— | 1994/— |
| Bosnien-Herzegowina | /1992 | /1992 | | | | |
| Bulgarien | 1979/1981 | 1985/1986 | 1985/1986 | 1988/1989 | 1991/1998 | 1994/— |
| Dänemark | 1979/1982 | 1984/1986 | 1985/1986 | 1988/1993 | 1991/1996 | 1994/1997 |
| Deutschland | 1979/1982 | 1985/1986 | 1985/1987 | 1988/1990 | 1991/1994 | 1994/1998 |
| Europäische Union | 1979/1982 | 1984/1986 | | /1993 | 1992/— | 1994/1998 |
| Finnland | 1979/1981 | 1984/1986 | 1985/1986 | 1988/1990 | 1991/1994 | 1994/— |
| Frankreich | 1979/1981 | 1985/1987 | 1985/1986 | 1988/1989 | 1991/1997 | 1994/1997 |
| Griechenland | 1979/1983 | /1988 | | 1988/1998 | 1991/— | 1994/1998 |
| Irland | 1979/1982 | 1985/1987 | | 1989/1994 | | 1994/— |
| Island | 1979/1983 | | | | | |
| Italien | 1979/1982 | 1984/1989 | 1985/1990 | 1988/1992 | 1991/1995 | 1994/— |
| Jugoslawien | 1979/1987 | /1987 | | | | |
| Kanada | 1979/1981 | 1984/1985 | 1985/1985 | 1988/1991 | 1991/— | 1994/1997 |
| Kroatien | /1992 | /1992 | | | | 1994/— |
| Lettland | /1994 | /1997 | | | | 1994/— |
| Liechtenstein | 1979/1983 | /1985 | 1985/1986 | 1988/1994 | 1991/1994 | 1994/1997 |
| Litauen | /1994 | | | | | |
| Luxemburg | 1979/1982 | 1984/1987 | 1985/1987 | 1988/1990 | 1991/1993 | 1994/1996 |
| Malta | /1997 | /1997 | | | | |
| Mazedonien | /1991 | | | | | |
| Moldavien | /1995 | | | | | |
| Niederlande | 1979/1982 | 1984/1985 | 1985/1986 | 1988/1989 | 1991/1993 | 1994/1995 |
| Norwegen | 1979/1981 | 1984/1985 | 1985/1986 | 1988/1989 | 1991/1993 | 1994/1995 |
| Österreich | 1979/1982 | /1987 | 1985/1987 | 1988/1990 | 1991/1994 | 1994/— |
| Polen | 1979/1985 | /1988 | | 1988/— | | 1994/— |
| Portugal | 1979/1980 | /1989 | | | 1992/— | |
| Rumänien | 1979/1991 | | | | | |
| Rußland | 1979/1980 | 1984/1985 | 1985/1986 | 1988/1989 | | 1994/— |
| Schweden | 1979/1981 | 1984/1985 | 1985/1986 | 1988/1990 | 1991/1993 | 1994/1995 |
| Schweiz | 1979/1983 | 1984/1985 | 1985/1987 | 1988/1990 | 1991/1994 | 1994/1998 |
| Slowenien | /1992 | /1992 | | | | 1994/1998 |
| Slowakei | /1993 | /1993 | /1993 | /1993 | | 1994/1998 |
| Spanien | 1979/1982 | /1987 | | 1988/1990 | 1991/1994 | 1994/1997 |
| Tschechien | /1993 | /1993 | /1993 | /1993 | /1997 | 1994/1997 |
| Türkei | 1979/1983 | 1984/1985 | | | | |
| Ukraine | 1979/1980 | 1984/1985 | 1985/1986 | 1988/1989 | 1991/— | 1994/— |
| Ungarn | 1979/1980 | 1985/1985 | 1985/1986 | 1989/1991 | 1991/1995 | 1994/— |
| Vereinigte Staaten | 1979/1981 | 1984/1984 | | 1988/1989 | 1991/— | |
| Vereinigtes Königreich | 1979/1982 | 1984/1985 | | 1988/1990 | 1991/1994 | 1994/1996 |
| Weißrußland | 1979/1980 | 1984/1985 | 1985/1986 | 1988/1989 | | |
| Zypern | /1991 | /1991 | | | | |
| Staaten gesamt | 33/43 | 22/37 | 19/21 | 25/26 | 23/17 | 28/17 |
| In Kraft getreten | 1983 | 1988 | 1987 | 1991 | 1997 | 1998 |

**Tabelle 4.2.** Protokolle zur Genfer Luftreinhaltekonvention: Minderungsziele, Generationen

| Protokolle zum UN/ECE-Übereinkommen über weiträumige, grenzüberschreitende Luftverunreinigungen (UN/ECE LRTAP Convention), Genf 1979 | | |
|---|---|---|
| **Jahr der Unterzeichnung** | **Minderungsziel** | **Grundlage** |
| **Protokolle der ersten Generation** | | |
| 1985 Erstes Schwefelprotokoll | 30 % „Flat rate"-Minderung | Stand der Technik |
| 1988 Erstes $NO_x$-Protokoll | 0-30 % „Flat rate"-Minderung | Stand der Technik, „Critical Loads anwenden" |
| 1991 VOC-Protokoll | 0-30 % „Flat rate"-Minderung | Stand der Technik |
| 1998 (geplant) Schwermetallprotokoll, erste Stufe | Prozentsatz noch unbestimmt | Stand der Technik |
| 1998 (geplant) POP-Protokoll, erste Stufe | Prozentsatz noch unbestimmt | Stand der Technik |
| **Protokolle der zweiten Generation** | | |
| 1994 Zweites Schwefelprotokoll | 60 % „Gap closure" zu Critical Loads | Wirkungsbasis, Critical Loads |
| 1998 (geplant) Entwurf zweites $NO_x$-Protokoll | Noch unbestimmt | Wirkungsbasis, Critical Loads |
| Schwermetalle, zweite Stufe | Noch unbestimmt | Wirkungsbasis |
| POP, zweite Stufe | Noch unbestimmt | Wirkungsbasis |

„EMEP-Protokoll", einer Vereinbarung zur Finanzierung der von EMEP europaweit durchgeführten Meß- und Modellierungsaktivitäten, sind 4 Luftreinhalteprotokolle zur Unterzeichnung gebracht worden (Tabelle 4.1). Darunter gehörten drei der sog. „ersten Generation" an, deren Basis – in Anlehnung an die deutsche Luftreinhalte-politik- maßgeblich vom „Stand der Technik" gebildet wurde und die unabhängig von evtl. unterschiedlichen Ansprüchen verschiedener Regionen in Europa ein „Einfrieren" der Emissionen oder eine gleichmäßige prozentuale Emissionsminde-rung vorsahen. Es handelte sich um das erste Schwefelprotokoll (1986), das erste $NO_x$-Protokoll (1988) und das VOC-Protokoll (1991).

Das erste Protokoll der sog. „zweiten Generation" (Tabelle 4.2) ist das zweite Schwefelprotokoll von 1994 (s. Protokollauszug in Abb. 4.3), in dem erstmals v. a. die Wirkungen die Emissionsminderungserfordernisse diktieren. Hierzu hatte es im $NO_x$-Protokoll von 1988 eine erste Aufforderung gegeben: „der Critical Loads-Ansatz ist weiterzuentwickeln", jetzt aber wurde in Art. 2 (1) die langfristige Einhaltung der kritischen Belastungswerte zur grundlegenden Verpflichtung! Diese ist von höchster umweltpolitischer Bedeutung, da ein eigens eingerichteter Durchführungsausschuß die Einhaltung überprüfen wird.

Die hier genannten Protokolle, ein weiteres, das zweite Stickstoffprotokoll (auf der Basis von Critical Loads), ist in fortgeschrittener Vorbereitung und seine Unterzeich-

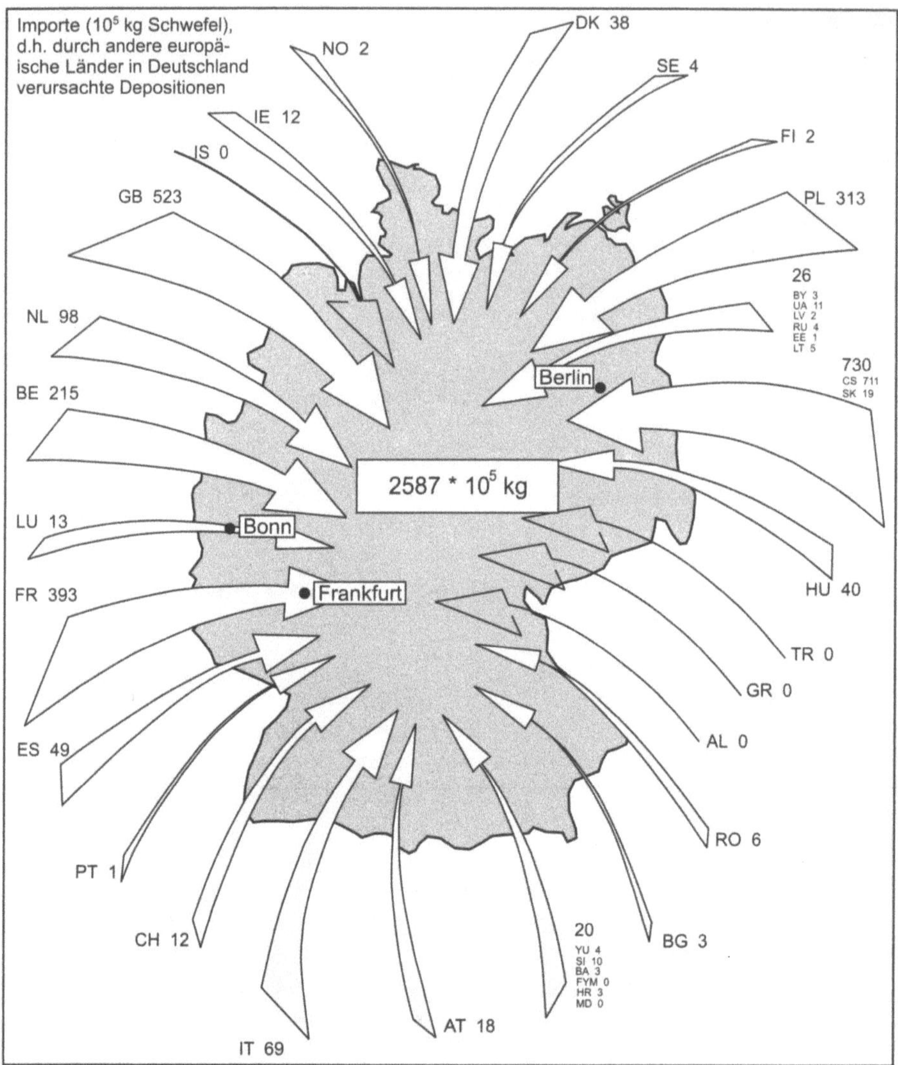


**Abb. 4.4 a.** Import-Export-Bilanzen für Luftschadstoffe: Importe von Schwefel (vorläufige Ergebnisse für das Jahr 1995, Barrett u. Berge 1996)

nung wird für 1998 erwartet, müssen nach ihrer Unterzeichnung von einer Mindestanzahl von Signatarstaaten ratifiziert werden (Zustimmung des Parlaments), ehe sie in Kraft treten können. Der Stand Mitte 1998 ist in Tabelle 4.1 wiedergegeben. Die Protokolle zur ECE-Luftreinhaltekonvention stellen völkerrechtliche Verträge dar, an die die Unterzeichnerstaaten, so auch die Bundesrepublik Deutschland, gebunden sind. Demgemäß ist die Bundesrepublik als Vertragspartner für die Erfüllung der sich aus den Protokollen ergebenden Verpflichtungen nach außen hin zuständig. Die

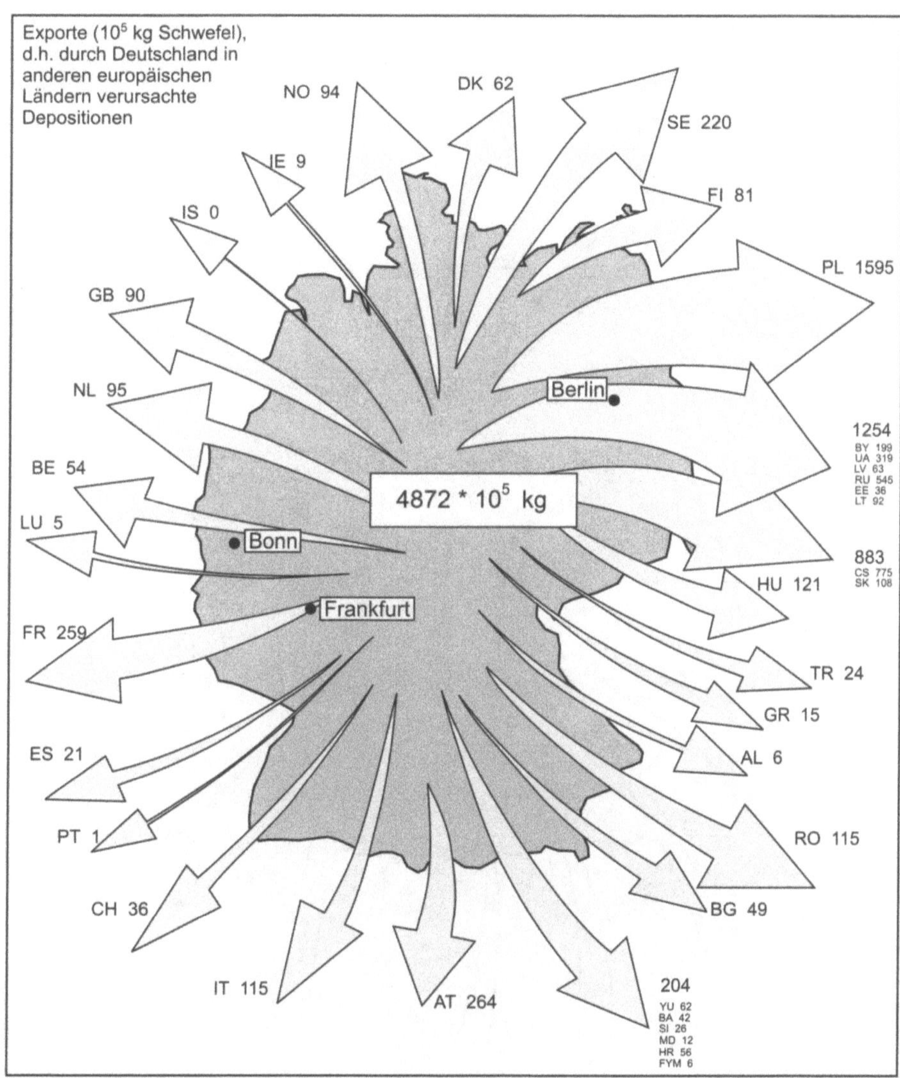



**Abb. 4.4 b.** Import-Export-Bilanzen für Luftschadstoffe: Exporte Schwefel (vorläufige Ergebnisse für das Jahr 1995, Barrett u. Berge 1996)

innerstaatliche Umsetzung (Transformierung in innerstaatliches Recht durch Gesetz nach Art. 59 GG) zur Erfüllung der vertraglichen Verpflichtungen richtet sich nach der innerstaatlichen Kompetenzverteilung. Die Regelung der Luftreinhaltung obliegt dem Bund (Art. 74 GG), für die Durchführung von Bundesgesetzen in diesem Bereich (und damit auch für die der Zustimmungsgesetze zu den Protokollen) sind grundsätzlich die (Bundes-)Länder zuständig.

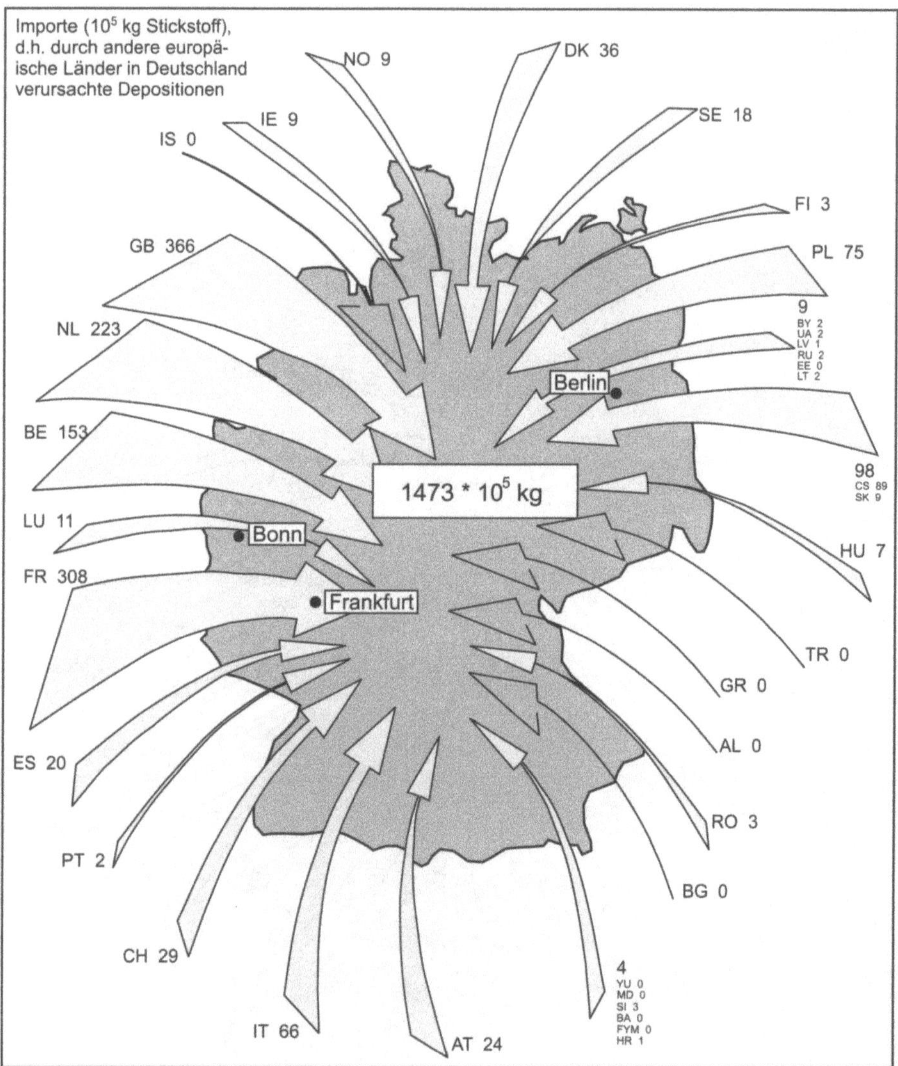


**Abb. 4.4 c.** Import-Export-Bilanzen für Luftschadstoffe: Importe von Stickstoff (vorläufige Ergebnisse für das Jahr 1995, Barrett u. Berge 1996)

Die Protokolle sollen die Umweltsituation in ganz Europa im gegenseitigen Nutzen aller Unterzeichnerstaaten verbessern helfen. Dazu werden für jedes Land „Import-Export-Bilanzen" für den grenzüberschreitenden Transport von Luftschadstoffen errechnet (Barrett u. Berge 1996). Die Deutschland betreffenden grenzüberschreitenden Transporte von Schwefel- und Stickstoffverbindungen sind in Abb. 4.4 a–d dargestellt.

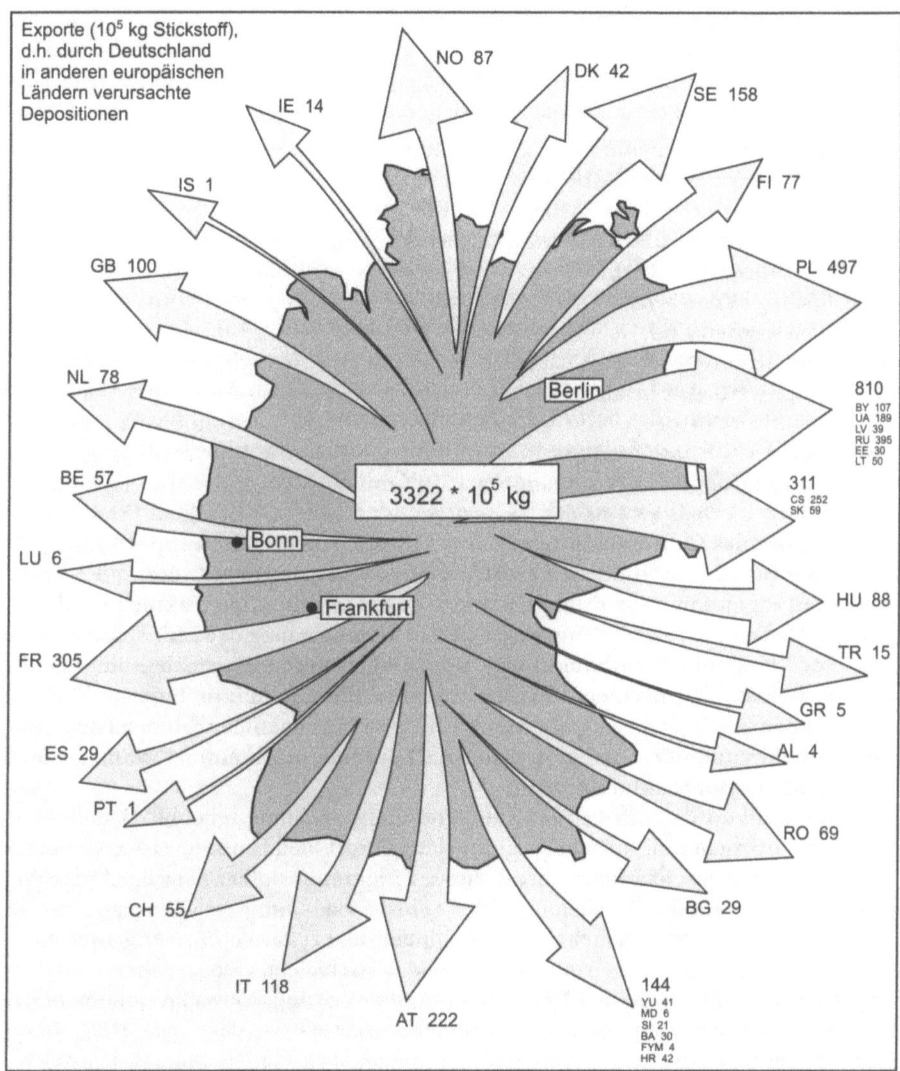


**Abb. 4.4 d.** Import-Export-Bilanzen für Luftschadstoffe: Exporte von Stickstoff (vorläufige Ergebnisse für das Jahr 1995, Barrett u. Berge 1996)

Von Anfang an, vor allem in Zeiten der starken politischen Gegensätze in Europa, war die UN/ECE die wichtigste Körperschaft der europäischen Luftreinhaltepolitik, da in ihr alle Staaten der beiden Machtblöcke gleichrangig vertreten waren. Heute hat sie ihre Bedeutung insoweit verändert, als daß nach Auflösung dieser politischen Strukturen der Wissens- und Technologietransfer die Kooperation mit den Staaten, die noch im Übergang in die Marktwirtschaft stehen, ergänzt.

Zur wirkungsvollen Entwicklung von Emissionsminderungsstrategien, sowie zur Unterstützung und Kontrolle ist das Wissen über die Wirkungen der Schadstoffe in den verschiedenen Umweltkompartimenten unabdingbar. Vom Exekutivorgan (Executive Body) des Übereinkommens ist daher frühzeitig die Arbeitsgruppe Wirkungen eingerichtet worden, um den Signatarstaaten dabei zu assistieren, ihre Verpflichtung zur Aufklärung von Wirkungszusammenhängen (Art. 7 des Abkommens von 1979) umzusetzen. Ziel war es dabei, auf naturwissenschaftlicher Grundlage das Verhältnis von Belastung und Wirkung eingehend zu untersuchen und die Schäden abzuschätzen, die durch die Emissionen der Massenschadstoffe Schwefeldioxid, Stickoxide, flüchtige Kohlenwasserstoffe und Ammoniak in Europa und Nordamerika hervorgerufen worden sind. Dabei sollten die Wirkungen auf land- und forstwirtschaftliche, aquatische und sonstige natürliche Ökosysteme, wie auch auf Materialien berücksichtigt werden. Um alle diese Bereiche abzudecken, sind in den Folgejahren vom Exekutivorgan des UN/ECE-Übereinkommens über weiträumige grenzüberschreitende Luftverunreinigung von 1979 fünf Internationale Kooperativprogramme (International Cooperative Programmes, ICPs) eingerichtet worden. Die Leitung der Programme ist jeweils an eins der kooperierenden Länder als Pilotland (Lead Country) vergeben, das für die Sitzungen der jeweiligen Sonderarbeitsgruppen (Task Forces) verantwortlich ist, in denen zwischen den dort vertretenen Ländern die Aktivitäten des Programms abgestimmt werden. In der Organisationsstruktur in Abb. 4.2 ist das Pilotland für jedes ICP angegeben. Zur Unterstützung der Task Forces wurden für jedes Programm Koordinierungs- oder Datenzentren eingerichtet, die die Arbeitsergebnisse der einzelnen Staaten zusammenführen, interpretieren und z. T. in eine europäische Datenbasis überführen. In den einzelnen Teilnehmerstaaten sind zur Koordinierung der Zuarbeit nationale Koordinierungszentren (National Focal Centers, NFCs) eingerichtet worden.

Ergänzend zu den ICPs ist 1989 auf Vorschlag der Bundesrepublik Deutschland vom Exekutivorgan mit gleicher Struktur das Critical-load- und -level-Kartierungsprogramm installiert worden. Aufgabe dieses Programms unter deutscher Federführung ist die praktische Anwendung des Critical-load- und -level-Konzepts für die Arbeit unter der Luftreinhaltekonvention, indem die kritischen Belastungswerte europaweit kartiert und durch Abgleich mit den tatsächlichen Depositionen oder Immissionskonzentrationen die Überschreitung der Wirkungsschwellen dokumentiert und die gefährdeten empfindlichen Regionen dargestellt werden. Die 5 ICPs haben sich im Interesse der Arbeitsgruppe „Wirkungen" auch vorgenommen, die Weiterentwicklung des Konzepts zu unterstützen. Die mitarbeitenden Länder wenden beträchtliche Mittel auf, um die gemeinsamen Programme auf hohem wissenschaftlichem Niveau durchzuführen. Den größten Aufwand, bezifferbar mit jährlich über 33 Mio US$, erfordern die langfristig und ökosystemar angelegten Beobachtungs- und Meßprogramme in den Wäldern und Gewässern sowie das „Integrated Monitoring". Die Ermittlung von Dosis-Wirkungs-Beziehungen im Bereich „landwirtschaftliche Pflanzen" und das Materialexpositionsprogramm beanspruchen zusammen mit den Koordinierungskosten des CCE in Bilthoven etwa 6 Mio US$ jährlich. Es wird geschätzt, daß Deutschland sich mit etwa 20 % an der Gesamtsumme beteiligt. Tabelle 4.1 informiert über die Mitarbeit in den verschiedenen Programmen. Im folgenden soll eine kurze Beschreibung der Arbeit der ICPs und des Kartierungsprogramms gegeben werden.

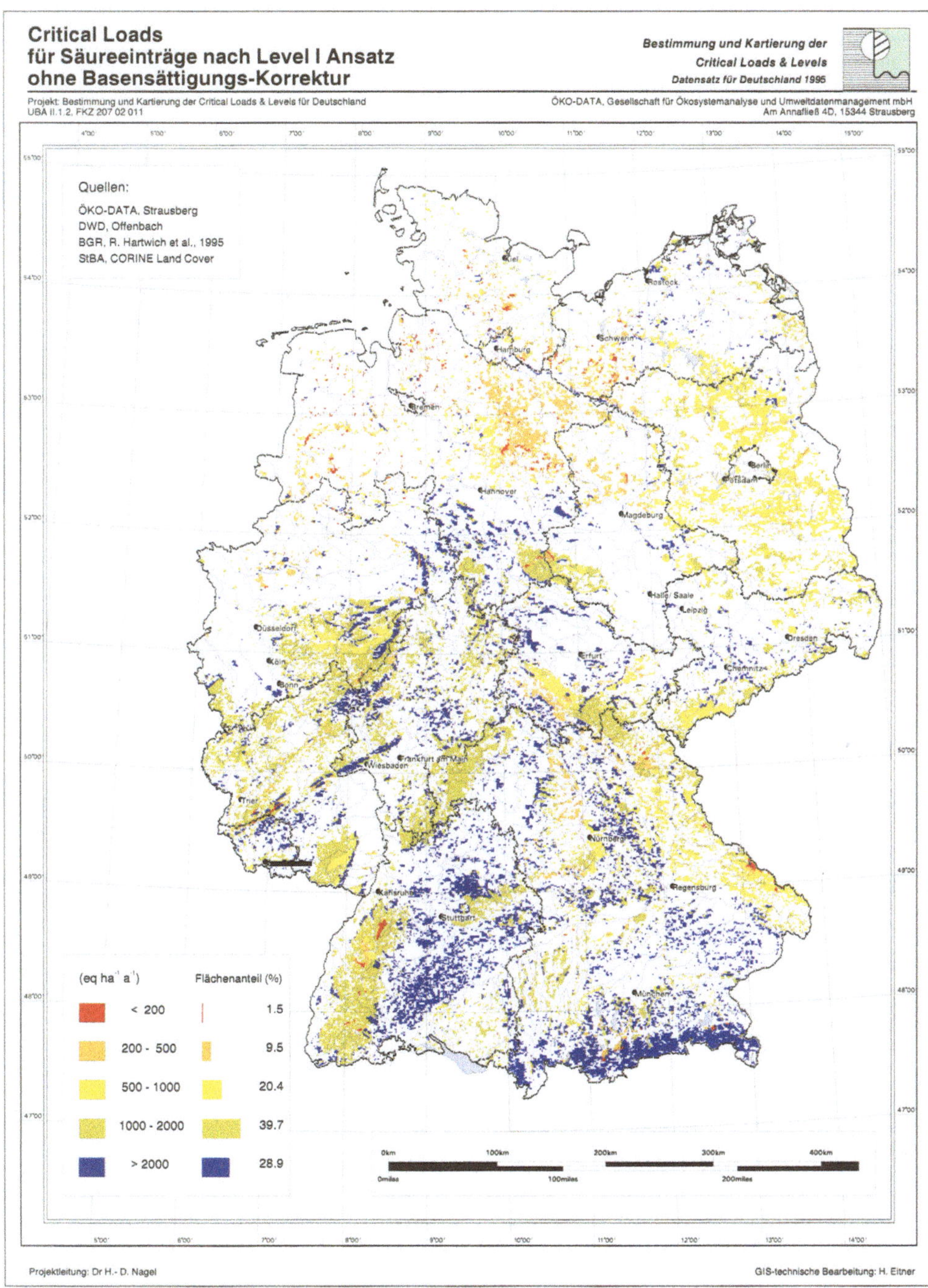



**Tafel 1.** Critical Loads für Säureeintrage nach Level-1-Ansatz (modifizierte Massenbilanz) ohne Basensättigungskorrektur

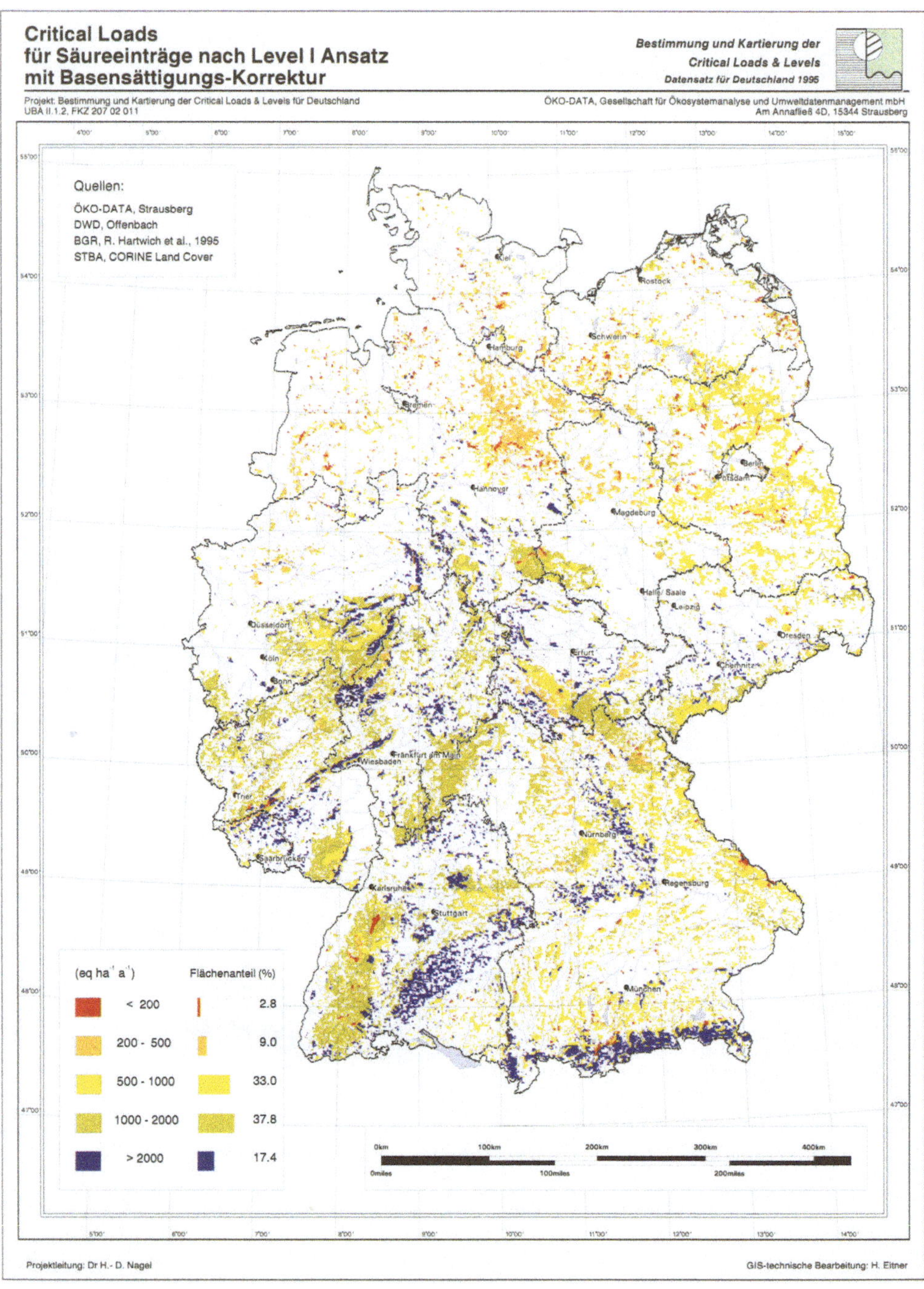


**Tafel 2.** Critical Loads für Säureeintrage nach Level-1-Ansatz (modifizierte Massenbilanz) mit Basensättigungskorrektur

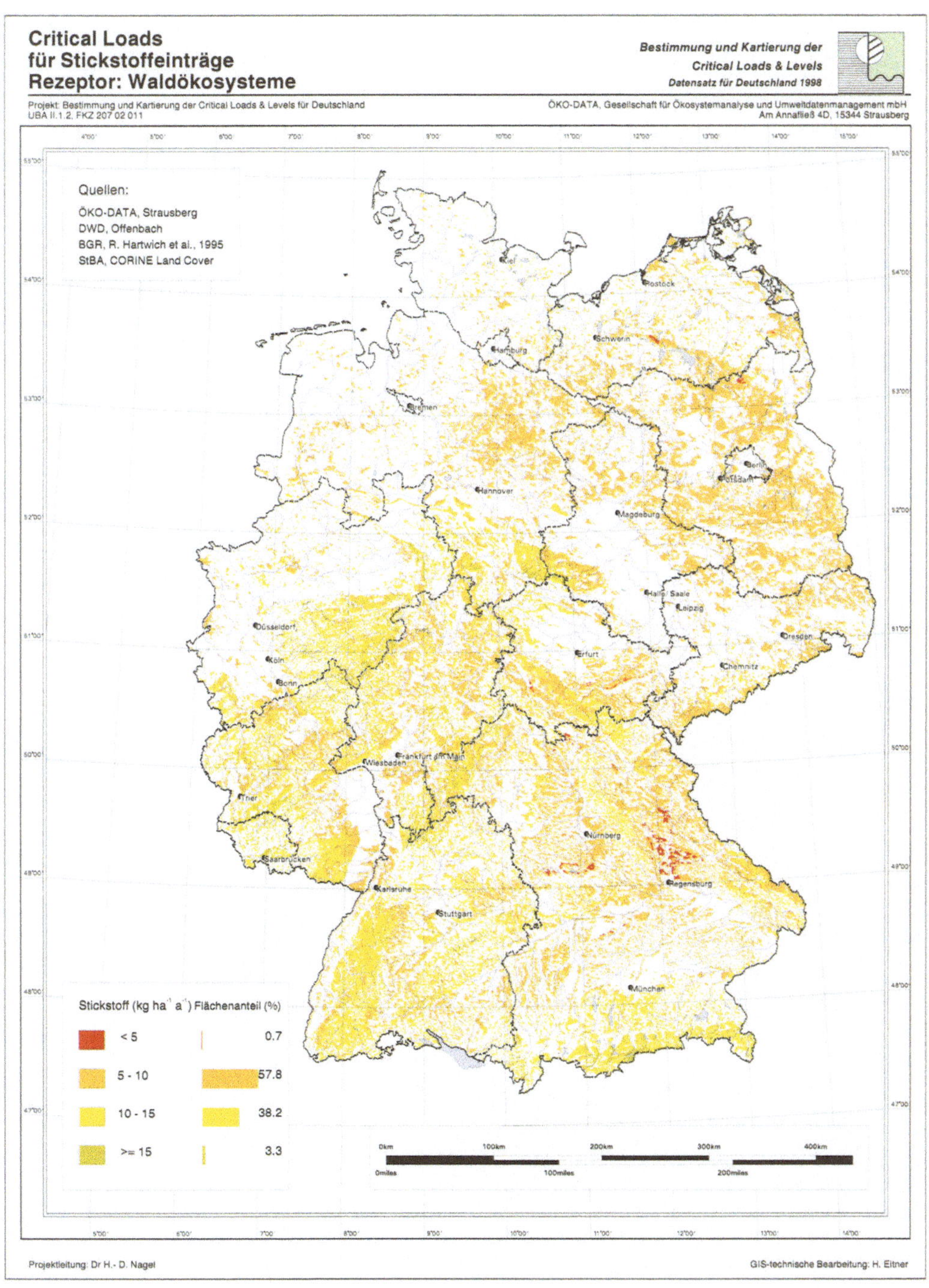


**Tafel 3.** Critical Loads für eutrophierende Stickstoffeinträge

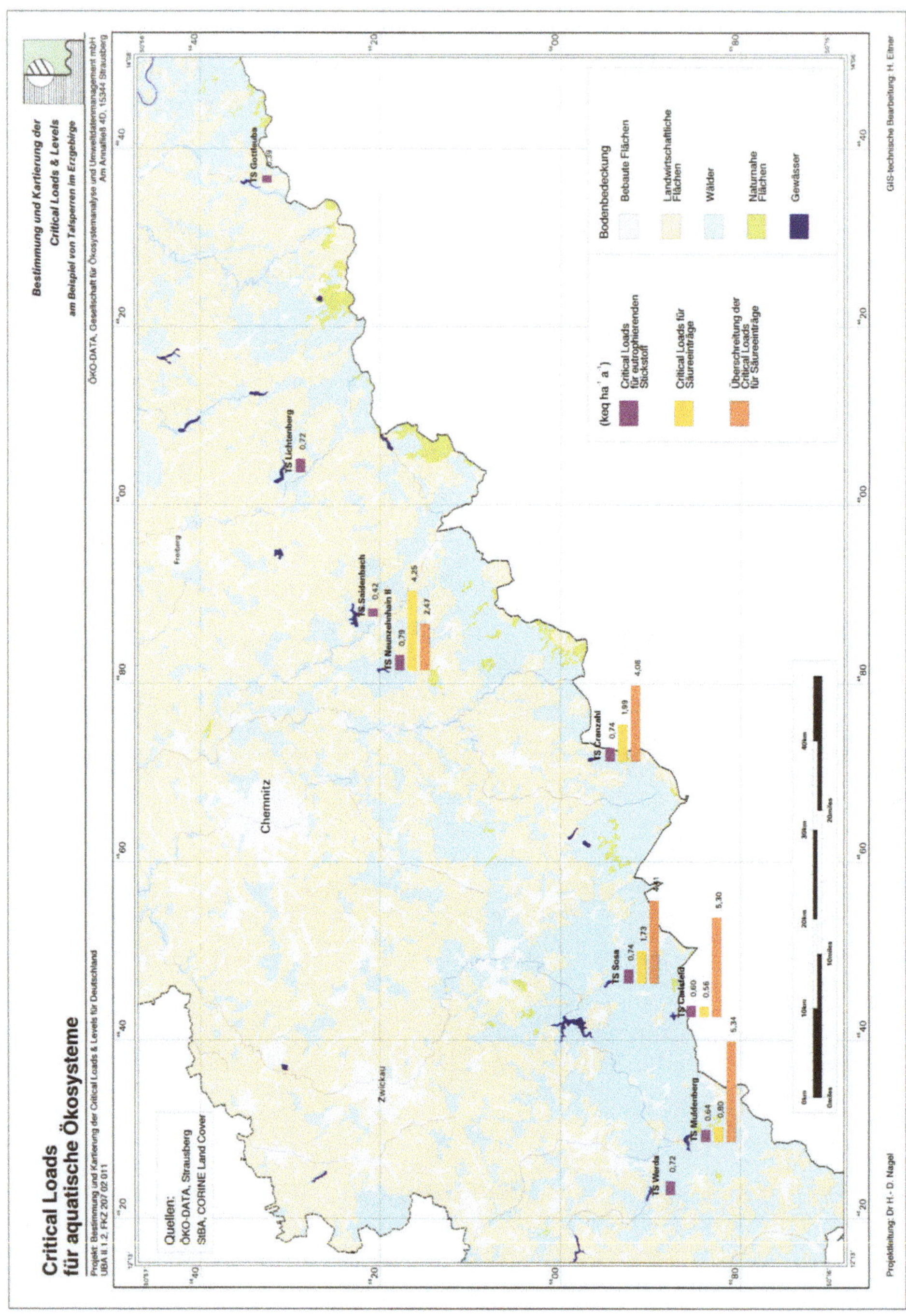


**Tafel 4.** Critical Loads für aquatische Ökosysteme am Beispiel von Talsperren im Erzgebirge

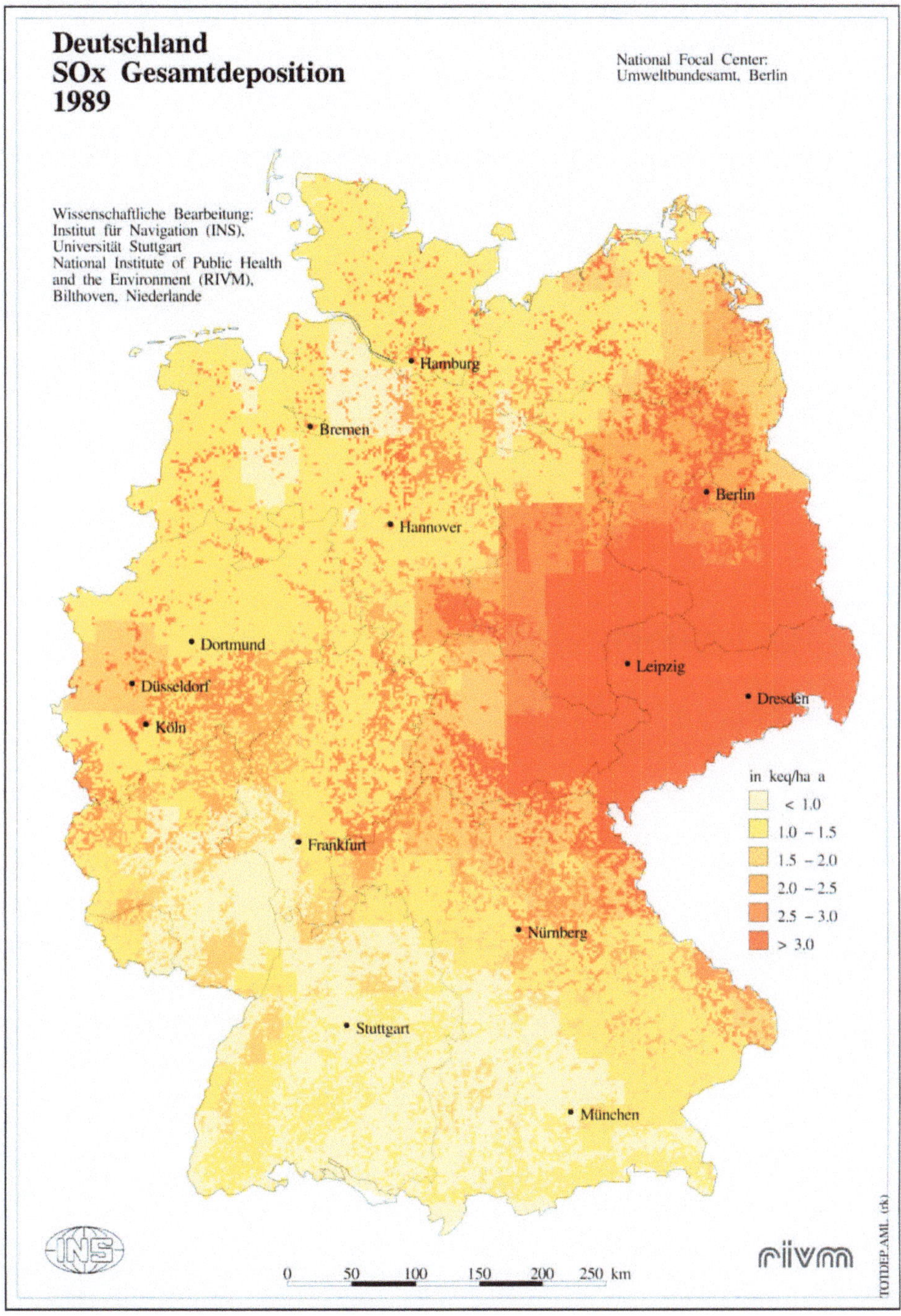


**Tafel 5.** Gesamtdeposition von SO$_x$ 1989

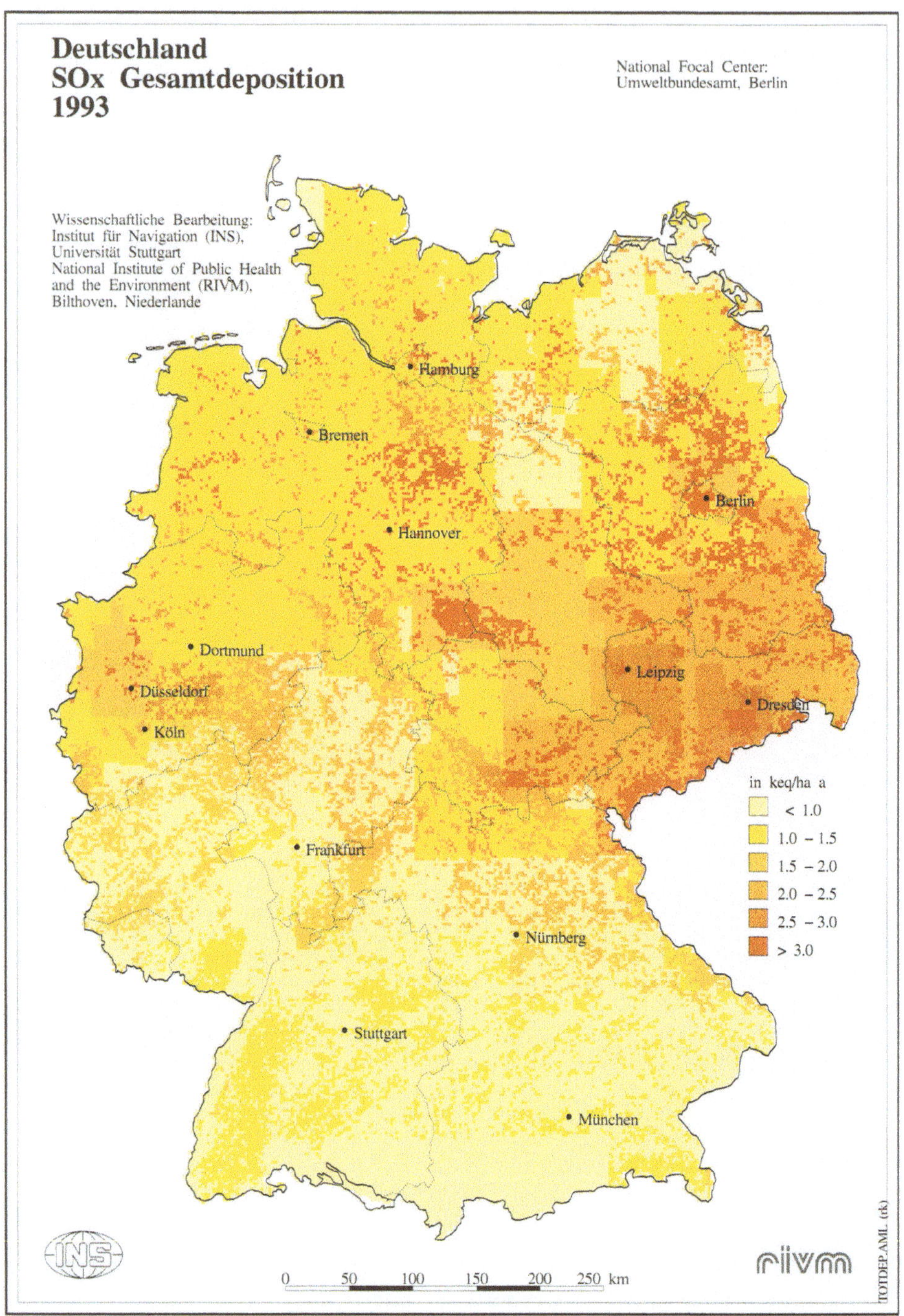


**Tafel 6.** Gesamtdeposition von $SO_x$ 1993

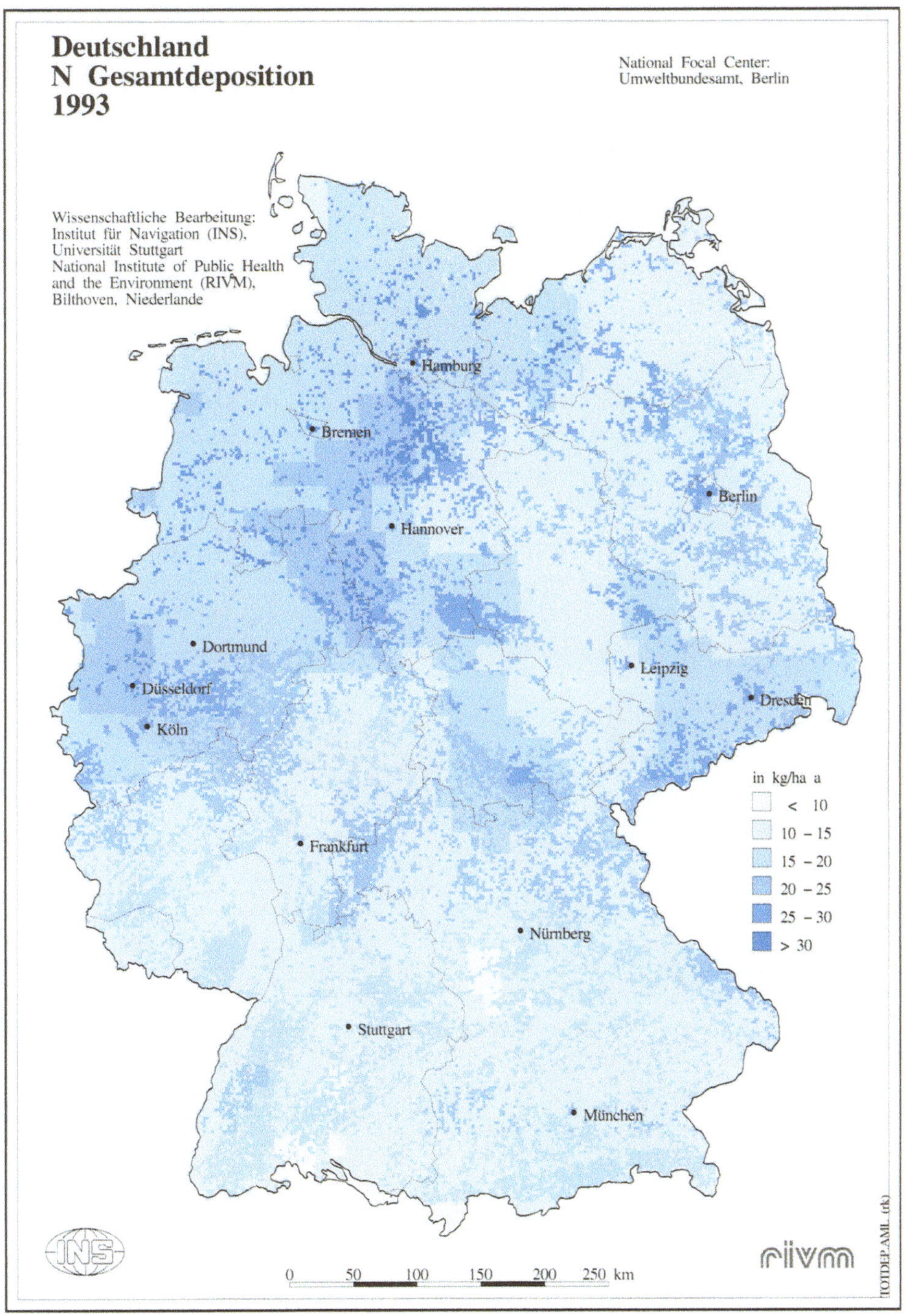


**Tafel 7.** Gesamtdeposition von Stickstoff 1993

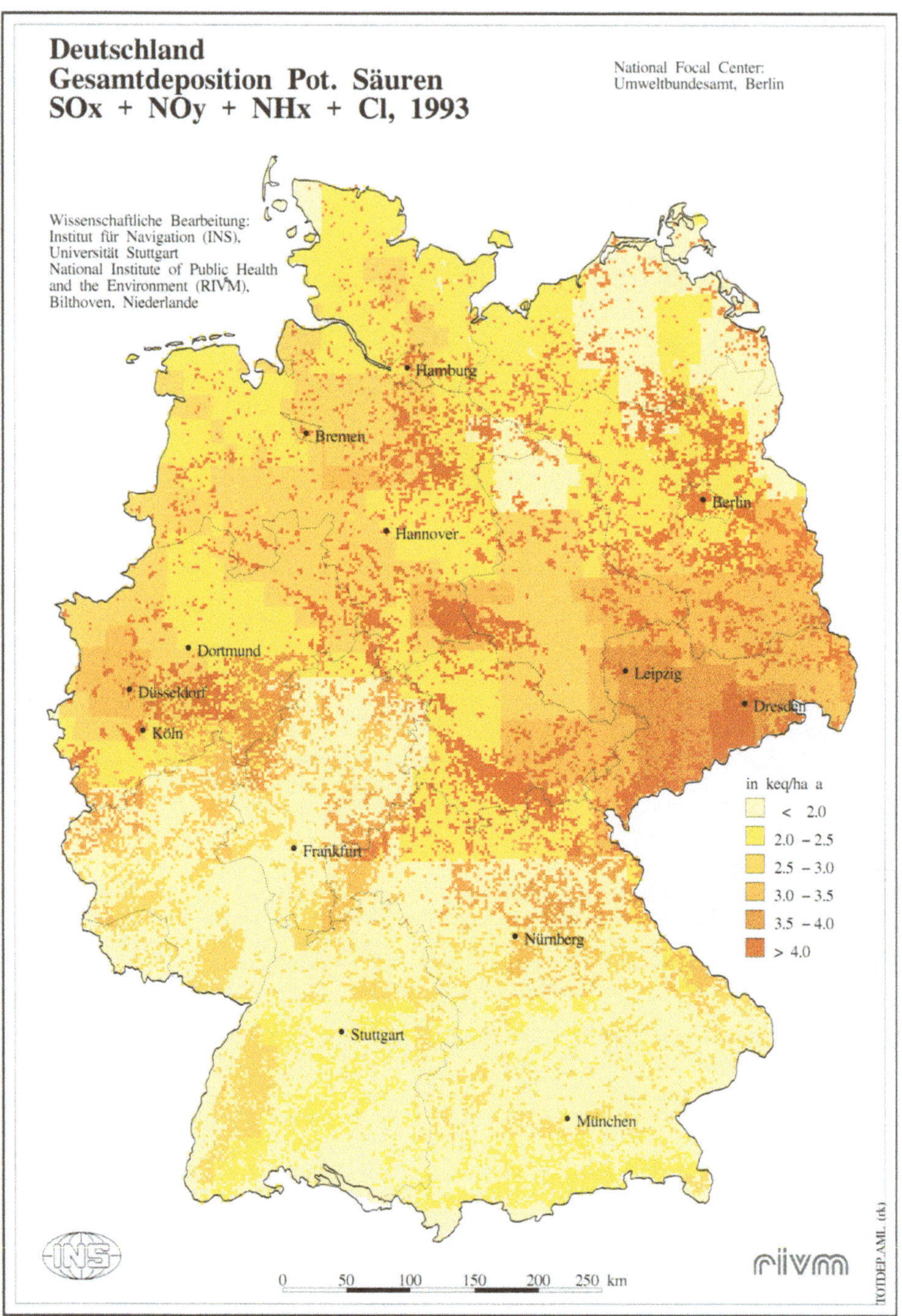


**Tafel 8.** Gesamtdeposition potentieller Säuren 1993

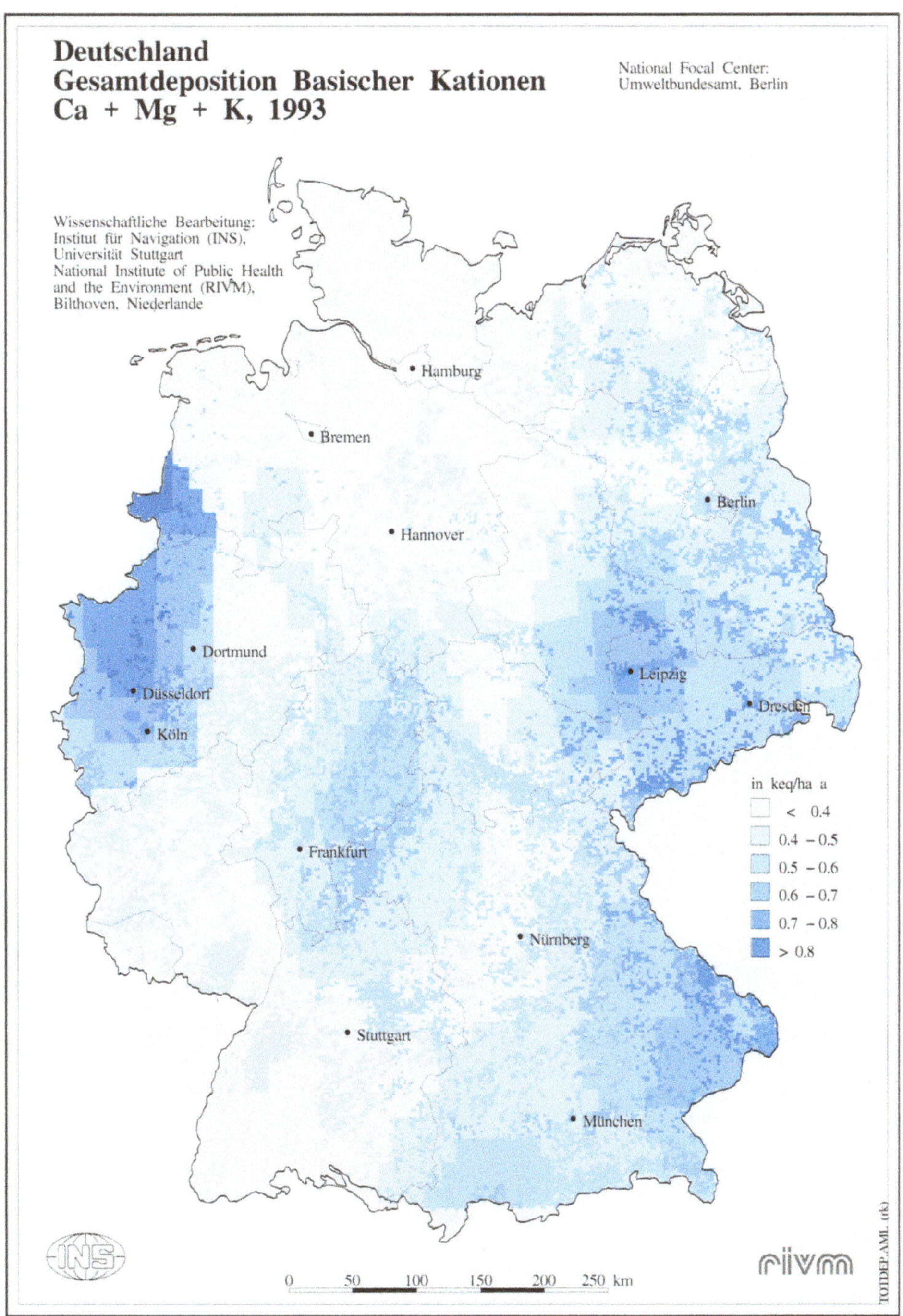


**Tafel 9.** Gesamdeposition basischer Kationen 1993

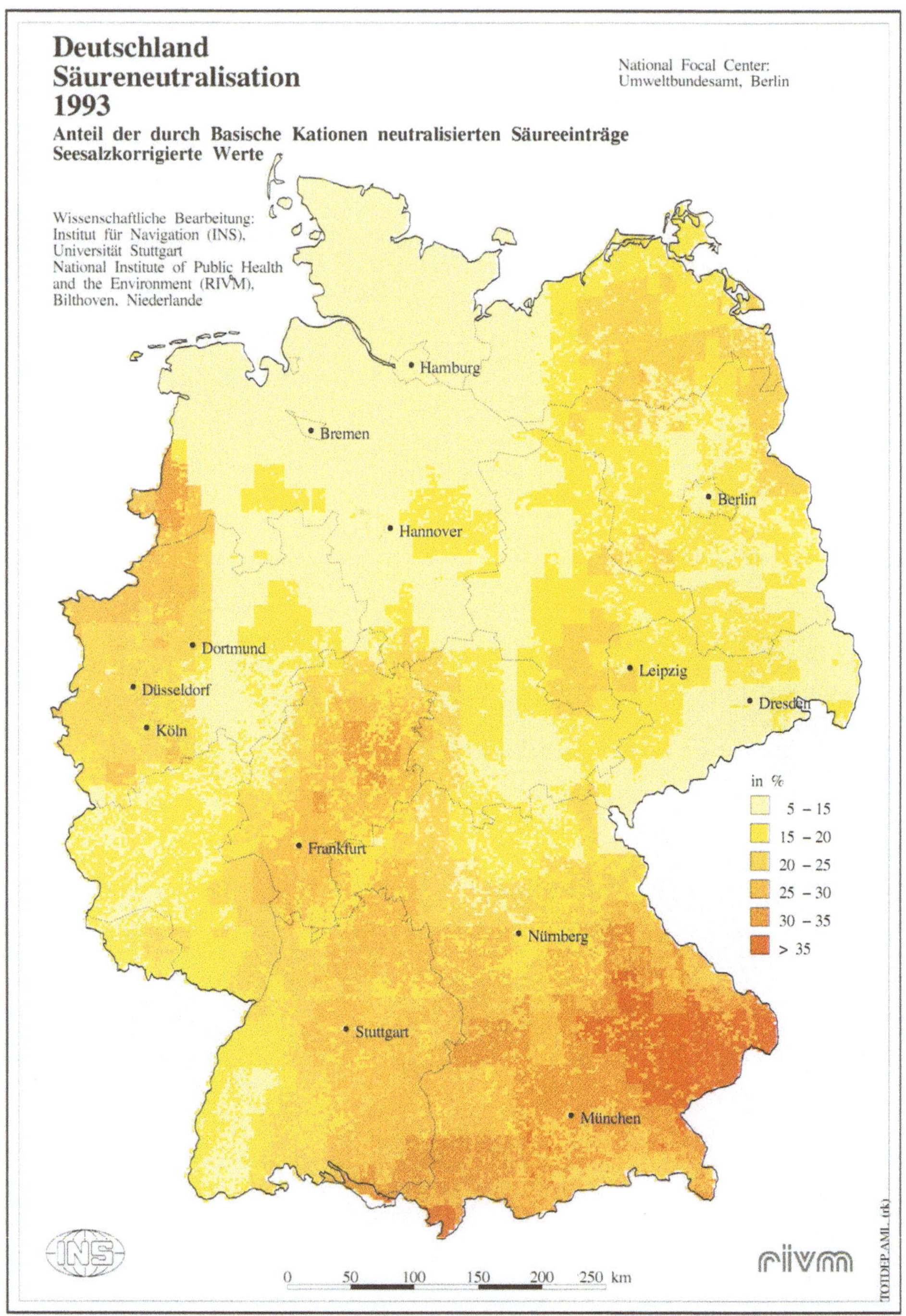


**Tafel 10.** Säureneutralisierung durch Eintrag basischer Kationen 1993

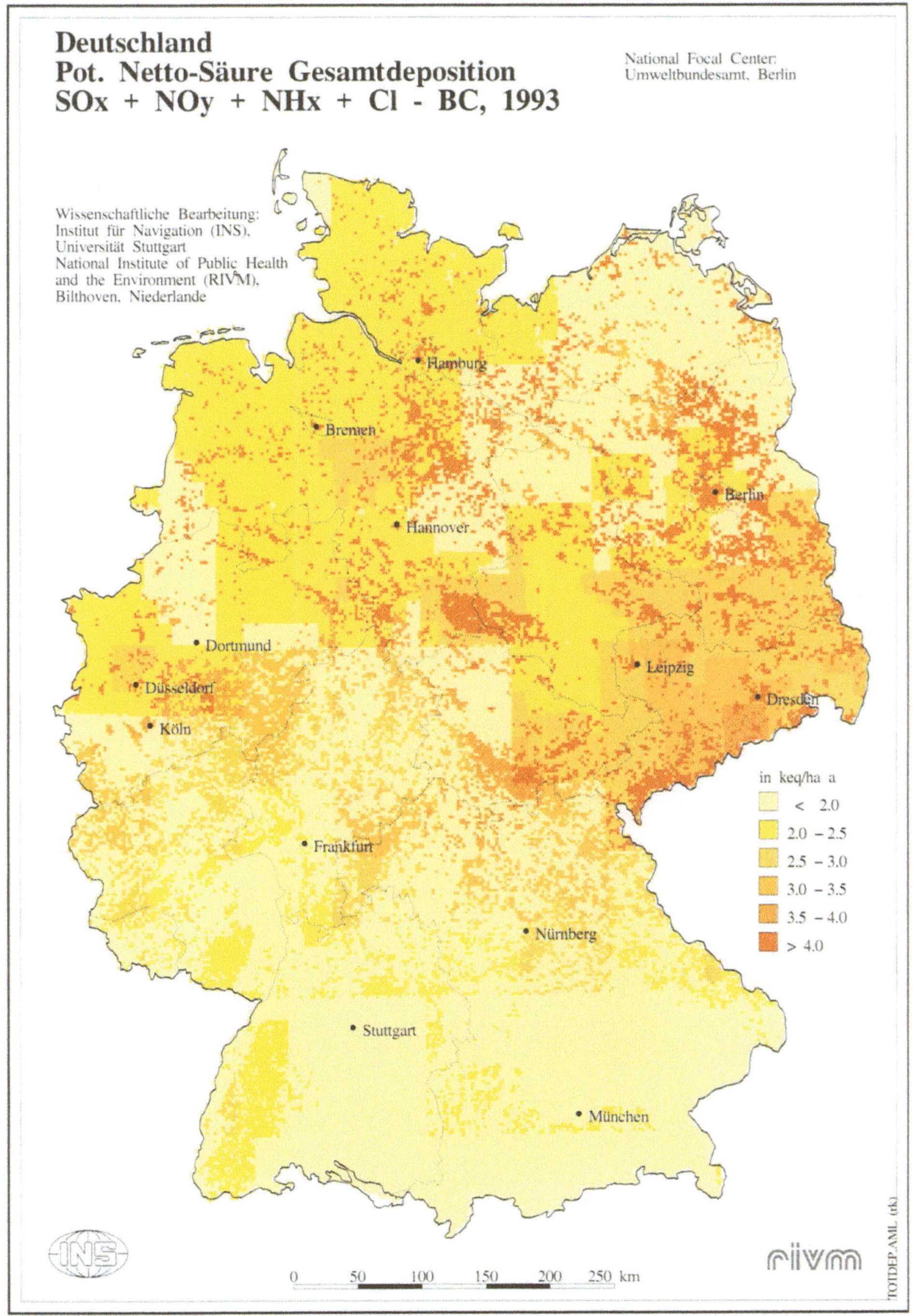


**Tafel 11.** Potentielle Netto-Säuregesamtdeposition 1993

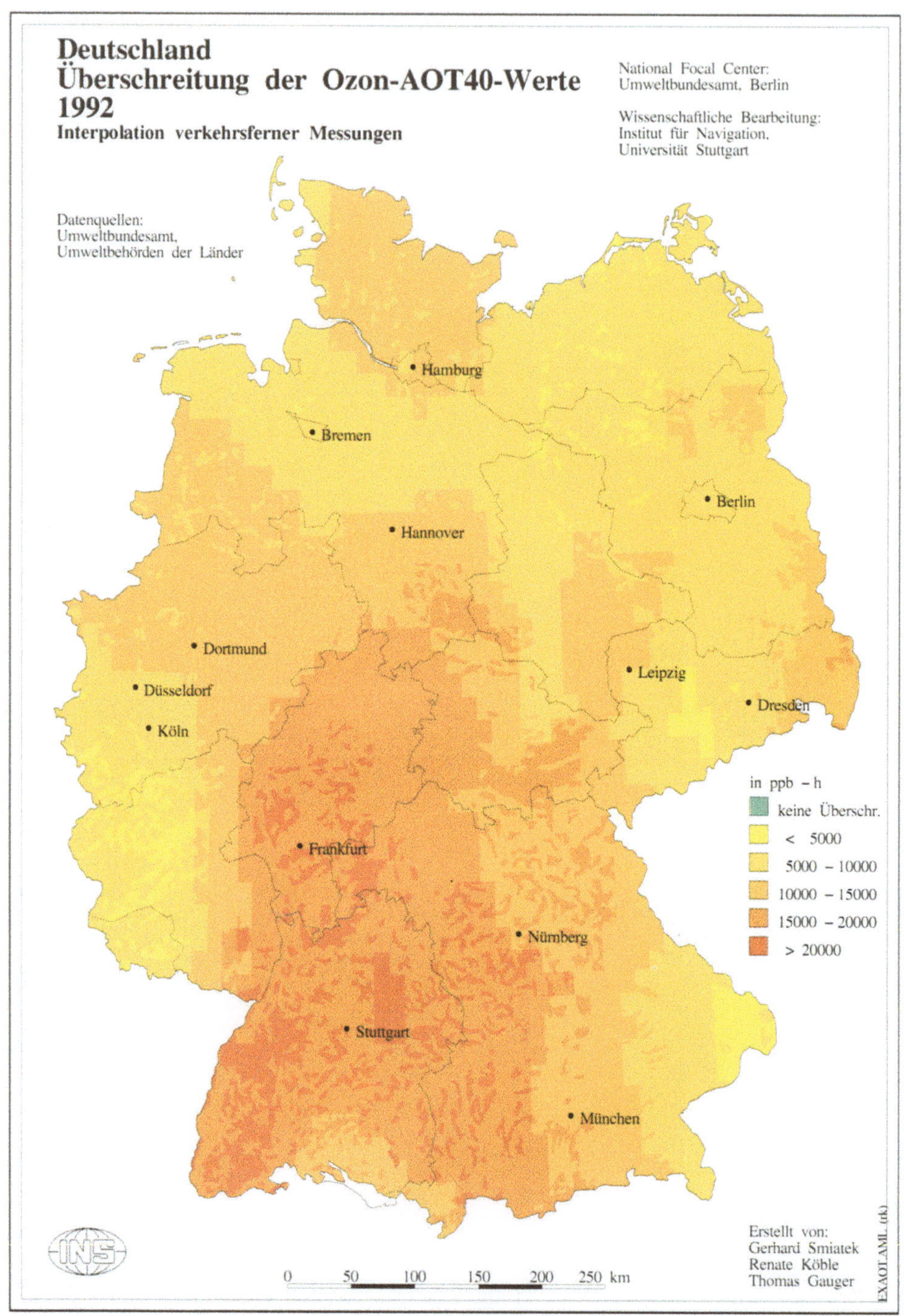


**Tafel 12.** Überschreitung der Critical Levels für Ozon 1992

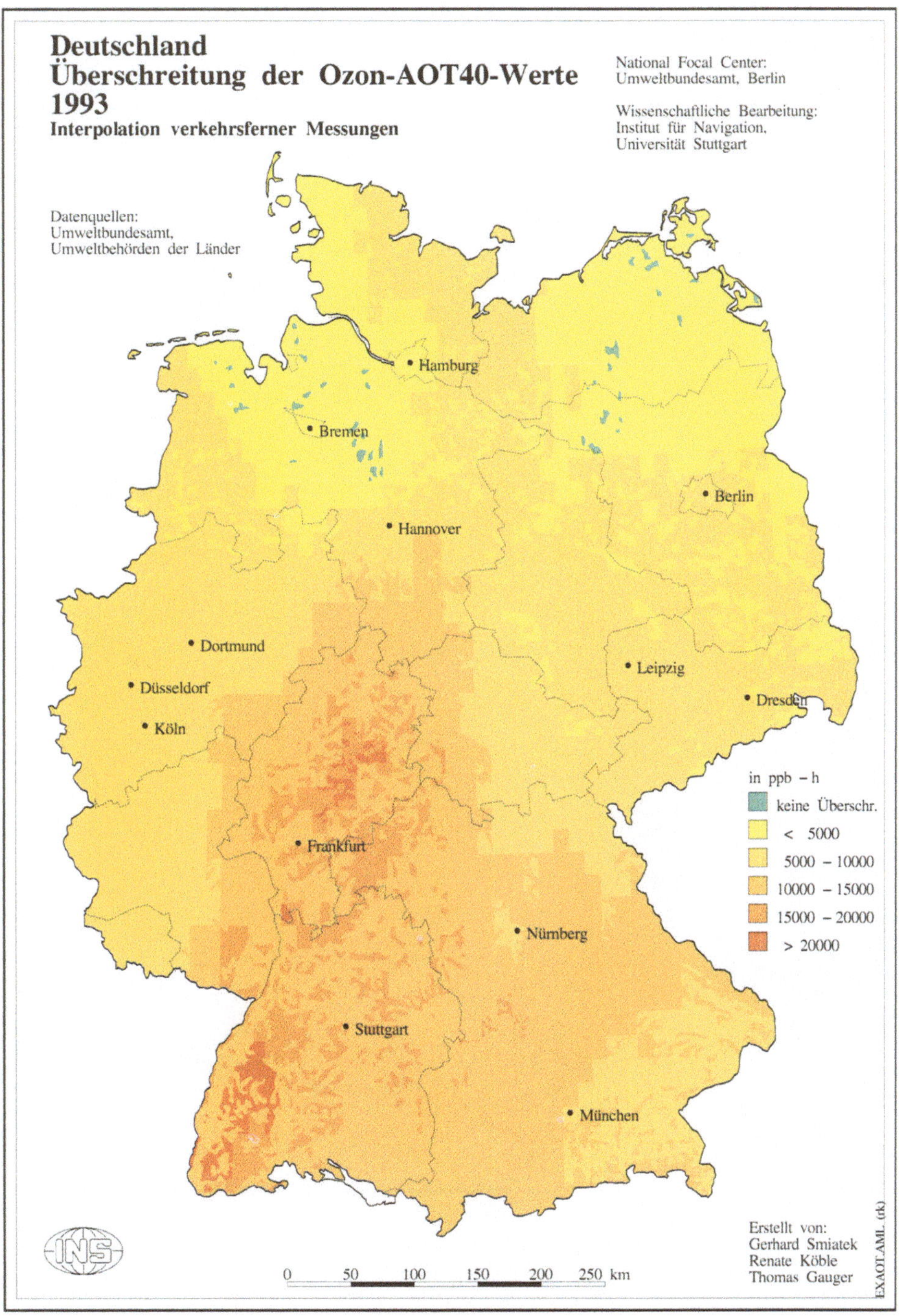



**Tafel 13.** Überschreitung der Critical Levels für Ozon 1993

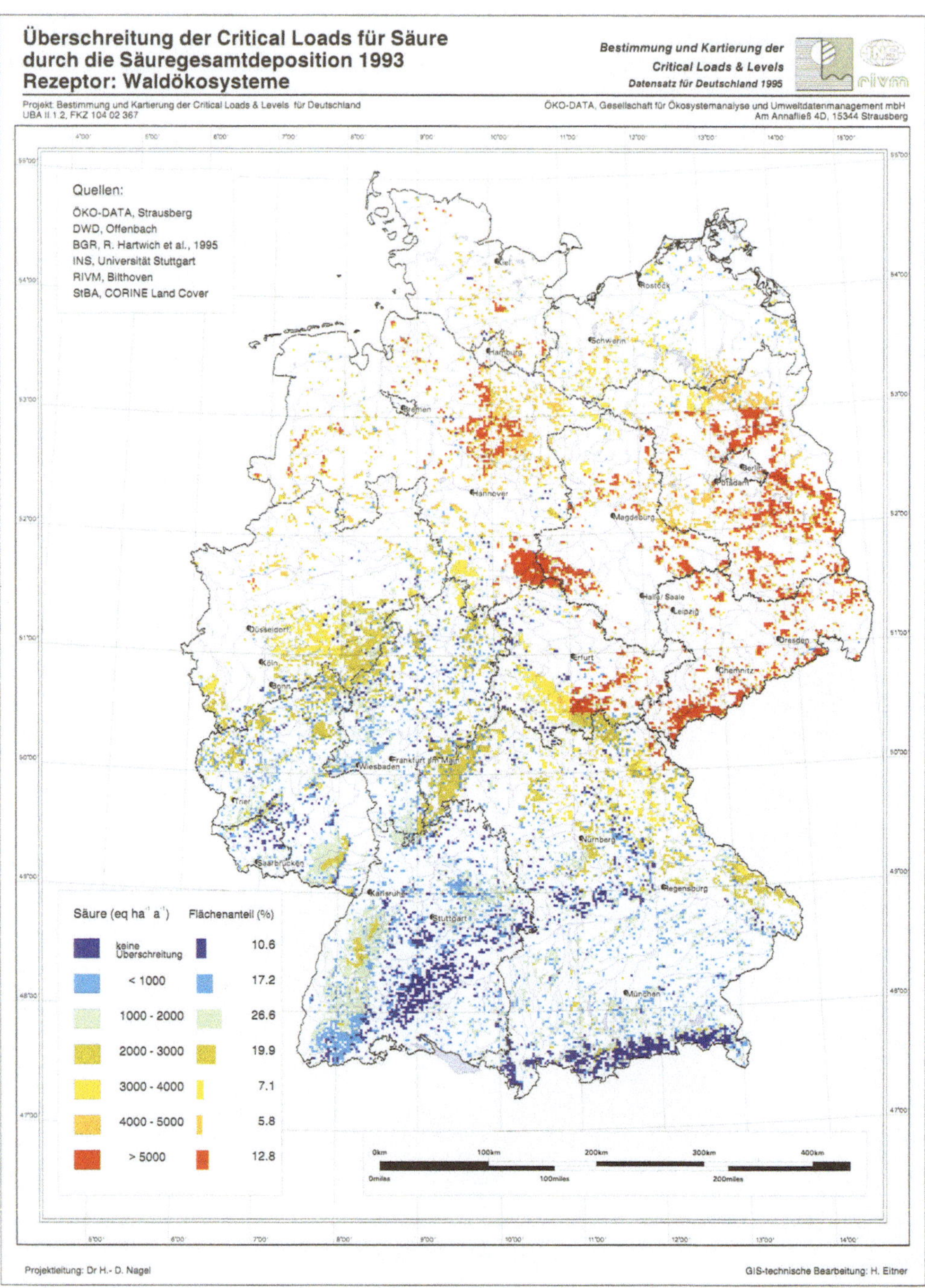


**Tafel 14.** Überschreitung der Critical Loads für den Säureeintrag in Waldböden

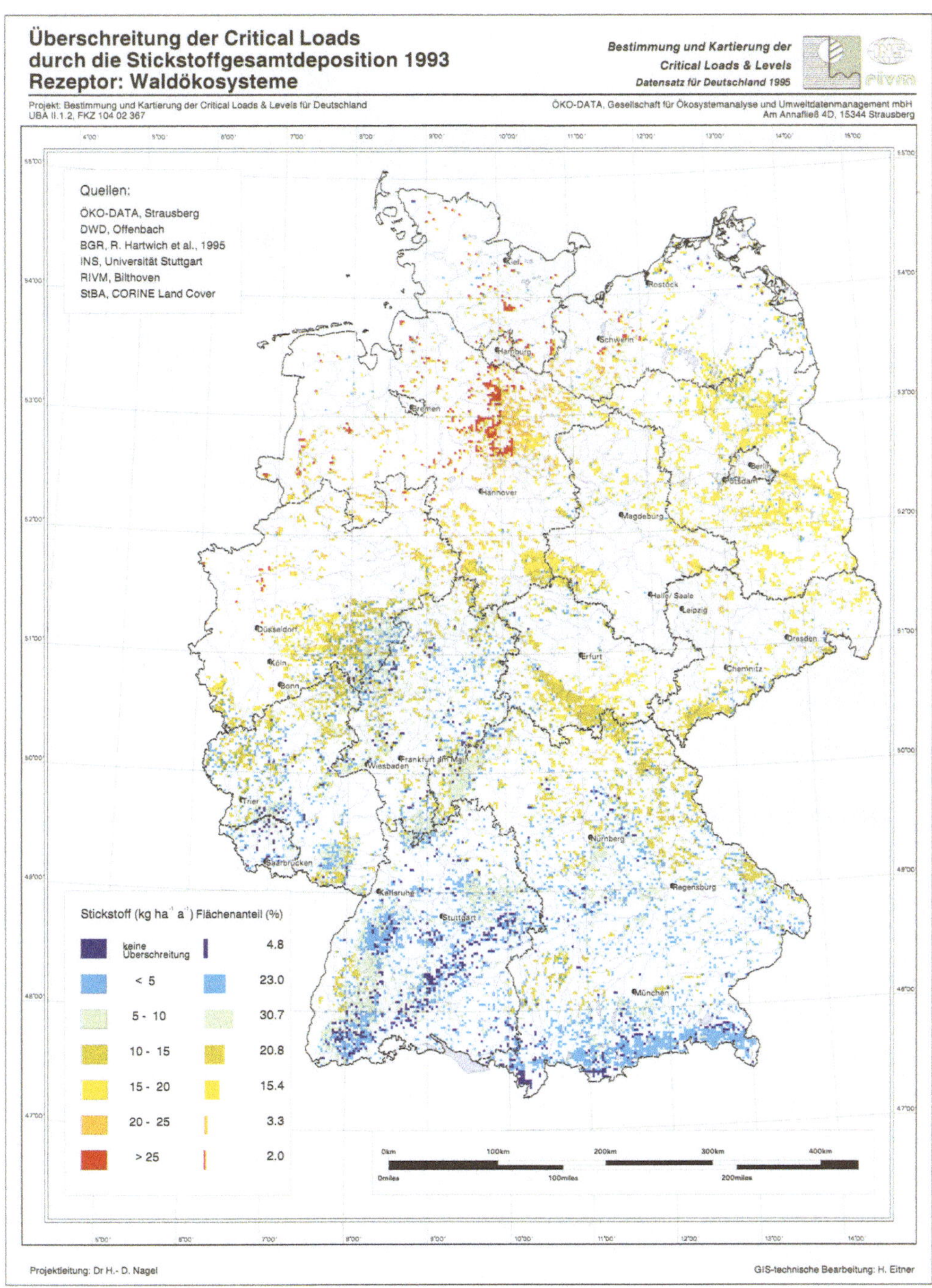


**Tafel 15.** Überschreitung der Critical Loads durch die Stickstoffdeposition auf Waldstandorten

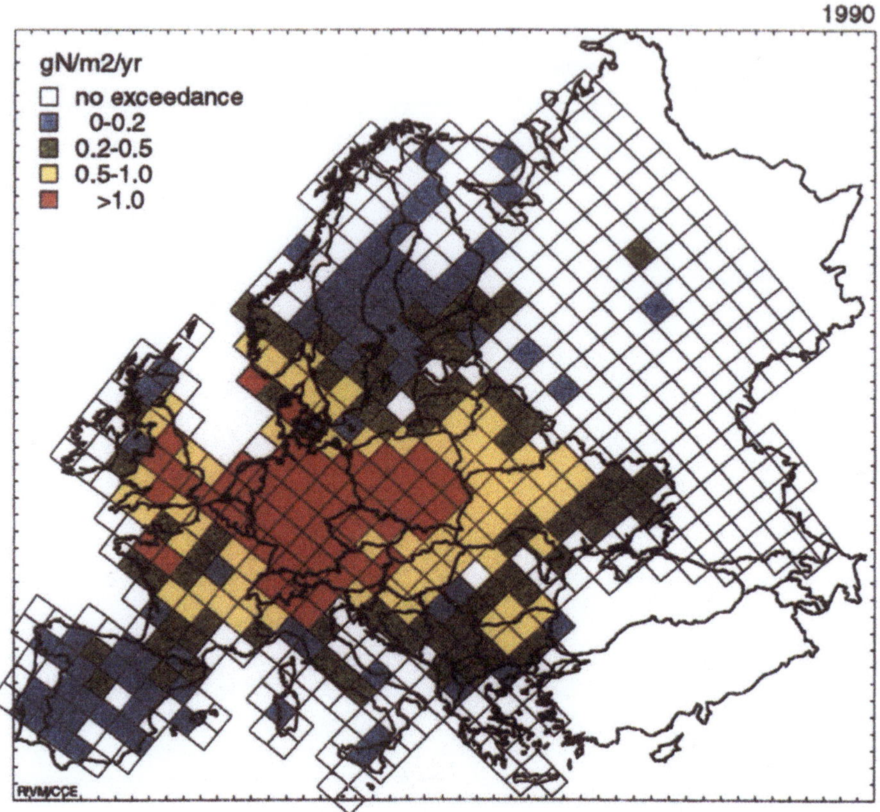


**Tafel 16.** Überschreitung der Belastungsgrenzen für Stickstoffeinträge in Europa (UN/ECE 1996b)

**Tabelle 4.3.** Teilnahme der Europäischen Länder an den Internationalen Kooperativprogrammen (ICPs) der UN/ECE zur Erforschung der Schadwirkungen von Luftverunreinigungen

| Mitarbeitendes Land | ICP Wald | ICP Gewässer | ICP Materialschäden | ICP Nutzpflanzen | ICP Integriertes Monitoring | Critical-load-Kartierungsprogramm |
|---|---|---|---|---|---|---|
| Belgien | ■ | ■ | | ■ | | ■ |
| Bosnien-Herzegovina | | | | | | |
| Bulgarien | ■ | ■ | | | | ■ |
| Dänemark | ■ | ■ | | ■ | ■ | ■ |
| Deutschland | ■ | ■ | ■ | ■ | ■ | ■ |
| Estland | ■ | ■ | ■ | | ■ | ■ |
| Europäische Union | | | | | | |
| Finnland | ■ | ■ | ■ | ■ | ■ | ■ |
| Frankreich | ■ | ■ | ■ | ■ | | ■ |
| Griechenland | ■ | | ■ | ■ | | |
| Irland | ■ | ■ | | | | ■ |
| Israel | | | ■ | | | |
| Italien | ■ | ■ | ■ | ■ | ■ | ■ |
| Jugoslawien | | | | | | |
| Kanada | | ■ | ■ | | ■ | |
| Kroatien | ■ | | | | | ■ |
| Lettland | ■ | ■ | | | ■ | |
| Liechtenstein | | | | | | |
| Litauen | ■ | ■ | | | ■ | |
| Luxemburg | ■ | | | | | |
| Moldavien | | | | | | ■ |
| Niederlande | ■ | ■ | ■ | ■ | ■ | ■ |
| Norwegen | ■ | ■ | ■ | | ■ | ■ |
| Österreich | ■ | ■ | ■ | ■ | ■ | ■ |
| Polen | ■ | ■ | | ■ | ■ | ■ |
| Portugal | ■ | | ■ | | ■ | |
| Rumänien | ■ | ■ | | | | |
| Rußland | ■ | ■ | ■ | ■ | ■ | ■ |
| Schweden | ■ | ■ | ■ | ■ | ■ | ■ |
| Schweiz | ■ | ■ | ■ | ■ | ■ | ■ |
| Slowenien | ■ | | | ■ | | |
| Slowakei | ■ | ■ | | | | ■ |
| Spanien | ■ | ■ | ■ | ■ | ■ | ■ |
| Tschechien | ■ | ■ | ■ | | ■ | ■ |
| Türkei | | | | | | |
| Ukraine | ■ | | | | ■ | |
| Ungarn | ■ | ■ | | ■ | ■ | ■ |
| Vereinigte Staaten | | ■ | ■ | | | |
| Vereinigtes Königreich | ■ | ■ | ■ | ■ | ■ | ■ |
| Weißrußland | ■ | | | | ■ | ■ |
| Zypern | ■ | | | | | |
| Gesamt | 32 | 26 | 19 | 17 | 22 | 24 |

## 4.2
## Internationales Kooperativprogramm zur Erfassung und Überwachung der Einwirkungen von Luftverunreinigungen auf Wälder

Das für die Wirkung auf Wälder zuständige Programm (International Cooperative Programme on Assessment and Monitoring of Air Pollution Effects on Forests, ICP Forests) wurde 1985 eingesetzt mit dem Auftrag, den Waldzustand im Hinblick auf Einflüsse durch Luftverunreinigungen zu überwachen und die Ursachen der „neuartigen Waldschäden" zu untersuchen. Fünfunddreißig europäische Staaten und die Europäische Kommission arbeiten im ICP Forests mit. In Deutschland werden die Aktivitäten des Programms vom Bundesministerium für Ernährung, Landwirtschaft und Forsten koordiniert und von den Ländern umgesetzt.

Ausführendes Organ des ICP Forests ist eine Sonderarbeitsgruppe (Task Force), der die Bundesrepublik Deutschland (vertreten durch das Bundesministerium für Ernährung, Landwirtschaft und Forsten) vorsitzt. Die Aktivitäten der im ICP Forests mitarbeitenden Staaten werden vom Programmzentrum, der Bundesforschungsanstalt für Forst- und Holzwirtschaft, Hamburg, mit einem Sub-Zentrum an der Forstlichen Forschungsanstalt, Prag, Tschechien koordiniert.

Im Rahmen des ICP Forests wird seit 1986 der Waldzustand in den Teilnehmerstaaten nach einheitlichen Kriterien flächendeckend überwacht. Darüber hinaus wird gegenwärtig eine Bodenzustandserhebung im Wald durchgeführt. Die Zusammenhänge zwischen Luftverunreinigungen und neuartigen Waldschäden werden durch eine intensive Waldzustandsüberwachung auf Dauerbeobachtungsflächen untersucht. Ein von internationalen Expertengruppen erarbeitetes Handbuch mit Richtlinien für die Durchführung der verschiedenen Untersuchungen stellt die Vergleichbarkeit der Ergebnisse in den europäischen Staaten sicher. Die Aktivitäten des ICP Forests werden in enger Zusammenarbeit mit der Europäischen Union (EU) geplant und durchgeführt. Die Ergebnisse der Waldzustandsüberwachung werden im gemeinsamen Waldzustandsbericht von UN/ECE und EU publiziert.

In Deutschland liegt die Zuständigkeit für die Durchführung der Maßnahmen zur Waldzustandsüberwachung bei den Ländern. Das Bundesministerium für Ernährung, Landwirtschaft und Forsten vertritt Deutschland im ICP Forests und nimmt die hierzu erforderlichen Abstimmungen mit den Ländern vor.

## 4.3
## Internationales Kooperativprogramm zur Wirkung von Luftschadstoffen auf Materialien, einschließlich historischer und kultureller Denkmäler

Die Aufklärung des Verfalls von Materialien einschließlich historischer Gebäude und Denkmäler wurde im Rahmen der Aktivitäten zum Genfer Luftreinhalteübereinkommen ebenfalls als ein vorrangiges Ziel erachtet. Daher richtete man 1985 ein entsprechendes internationales Kooperativprogramm (International Cooperative Programme on effecs of air pollution on materials, including historic and cultural monuments, ICP Materials) ein, um unter der Federführung Schwedens einige der Hauptwissenslücken auf diesem Gebiet zu schließen.

Das in Form einer gestaffelten 8-Jahres-Materialexposition (Start: September 1987) durchgeführte Projekt exponierte unter standardisierten Bedingungen an 39 Testorten in 14 Ländern Testplatten, die, auf identische Gestelle montiert, sowohl einen offenen als auch einen regengeschützten Angriff auf die Materialien zulassen. Diese sind in folgenden Bereichen angesiedelt:

- technisch relevante Metalle, die auch im Kunsthandwerk Einsatz finden;
- elektrisch leitende Überzüge für elektronische Steckverbindungen;
- Farbüberzüge auf Holz und Metall;
- Naturstein;
- Glas;
- Kunststoffe.

Der deutsche Beitrag in diesem Programm besteht in der Untersuchung und Interpretation der Korrosionsvorgänge bei Kupfer und Bronze und wird vom Zentrallabor des Bayerischen Landesamts für Denkmalpflege in München durchgeführt.

Das Programm insgesamt wird am Swedish Korrosion Institut, Stockholm koordiniert. Die Koordinierung und Leitung der deutschen Aktivitäten zum Programm liegen beim Bayerischen Landesamt für Denkmalpflege, Forschungsbereich Materialkonservierung.

## 4.4
## Internationales Kooperativprogramm zur Beurteilung und Überwachung der Versauerung von Oberflächengewässern

Die Versauerung von Oberflächengewässern in den skandinavischen Ländern lieferte einige der ersten Beweise für den Schaden, der durch Schwefelemissionen verursacht wird. Schwach gepufferte Gewässer, die auf Säureeintrag empfindlich reagieren, eignen sich sehr gut dazu, die Auswirkungen von atmosphärischen Depositionen zu untersuchen und Reaktionen auf Änderungen der Belastungssituation zu erfassen.

Das „International Cooperative Programme on Assessment and Monitoring of Acidification of Rivers and Lakes" (ICP Freshwater) startete 1986 und wird vom Programmzentrum am Norwegischen Institut für Wasserforschung (NIVA) in Oslo geleitet. Folgende Zielsetzungen standen am Anfang der Arbeit:

1. Erfassung des Ausmaßes und der geographischen Verbreitung der Versauerung von Oberflächengewässern;
2. Sammlung von Informationen, um Beziehungen von Dosis und Wirkungen abzuschätzen;
3. Bestimmung von Langzeittrends und Änderungen in der Chemie und Biologie der Gewässer, die auf Luftverunreinigungen, insbesondere saure Depositionen zurückzuführen sind.

Zur Erfüllung dieser Ziele wurde ein internationales Monitoringprogramm aufgebaut, an dem z. Z. 22 europäische und nordamerikanische Staaten (Belgien, Bulgarien, Dänemark, Deutschland, Finnland, Frankreich, Irland, Italien, Kanada, die Niederlande, Norwegen, Österreich, Polen, Rumänien, Rußland, Schweden, Schweiz, Spanien, die Tschechische Republik, Ungarn, die USA und das Vereinigte Königreich) mit insgesamt etwa 200 Probestellen beteiligt sind. Am NIVA werden sämtliche Daten, die in den einzelnen Teilnehmerstaaten im Rahmen dieses Programms erhoben werden, gesammelt und ausgewertet.

Untersucht werden Seen und Fließgewässer in Gebieten, die aufgrund ihrer geologischen Voraussetzungen versauerungsgefährdet sind, also aus basenarmen Gesteinen mit geringem Pufferungsvermögen bestehen. In Deutschland sind dies granit-, gneis-, sandstein- oder schieferhaltige Mittelgebirge sowie kalkarme Sandergebiete in der norddeutschen Tiefebene. Die untersuchten Gewässer sollen außer über den Luftweg nicht anderweitig anthropogen belastet sein, z. B. durch Landwirtschaft oder Abwässer. Sie liegen deshalb meist in Waldgebieten, wo zudem der Schadstoffeintrag aus der Luft durch die Filterwirkung der Laub- und besonders der Nadelbäume noch erhöht wird. Bedingt durch die geographischen Gegebenheiten werden in Skandinavien und Nordamerika hauptsächlich Seen untersucht, in Deutschland liegen dagegen die meisten der 41 Probestellen an Oberläufen von Fließgewässern.

Die Koordinierung der Aktivitäten der deutschen Teilnehmer liegt beim Bayerischen Landesamt für Wasserwirtschaft, München.

## 4.5
## Internationales Kooperativprogramm zur Bewertung der Wirkung von Luftverunreinigungen und anderen Streßfaktoren auf landwirtschaftliche Kulturpflanzen

Dieses Programm (International Cooperative Programme for research on evaluating effects of air pollutants and other stresses on agricultural crops and non-woody plants, ICP Crops), wurde 1988 gegründet. Vor dem Hintergrund der Immissionsverhältnisse im Europa der 80er Jahre war es das ursprüngliche Ziel, die Wirkungen verschiedener Luftschadstoffe (Schwefeldioxid, Stickoxide, Ozon, Ammoniak, saure Niederschläge, Schwermetalle) auf Kulturpflanzen zu bewerten. Untersuchungsergebnisse aus den USA, die auf eine hohe Empfindlichkeit speziell landwirtschaftlicher Kulturpflanzen gegenüber Ozon hindeuteten, und das vermehrte Auftreten potentiell phytotoxischer Ozonkonzentrationen in weiten Teilen Europas sowie die Erkenntnis, daß die anderen Schadstoffe in umweltrelevanten Konzentrationen wenig schädigende Relevanz für landwirtschaftliche Systeme haben, gaben jedoch den Anlaß, daß sich der Schwerpunkt des Programms von Beginn an mit Ozon befaßte.

Unter der Führung von Großbritannien als koordinierende Nation hat sich das Programm von ursprünglich 8 auf 21 Länder (Belgien, Deutschland, Dänemark, Estland, Finnland, Frankreich, Griechenland, Großbritannien, Irland, Italien, Lettland, Niederlande, Österreich, Polen, Portugal, Russland, Schweden, Schweiz, Spanien, Tschechien, Ungarn) ausgedehnt.

Die Koordinierung der Aktivitäten der deutschen Teilnehmer (Universität Gießen; GH/Universität Essen; FAL Braunschweig) liegt beim Institut für Produktions- und Ökotoxikologie („National Focal Center Crops") der Bundesforschungsanstalt für Landwirtschaft in Braunschweig.

## 4.6
## Internationales Kooperativprogramm zur integrierten Überwachung der Wirkung von Luftschadstoffen auf Ökosysteme

Im Jahre 1989 wurde im Rahmen der UN/ECE-Konvention über den weiträumigen grenzüberschreitenden Transport von Luftverunreinigungen das Meßprogramm zur integrierten Überwachung der Wirkung von Luftschadstoffen auf Ökosysteme (International Cooperative Programme on Integrated Monitoring of air pollution effects on ecosystems, ICP Integrated Monitoring) begonnen. Schweden übernahm mit dem Vorsitz der Programme Task Force Integrated Monitoring eine Leitfunktion. Die Verantwortung für die Datenhaltung sowie die Bearbeitung und Analyse der Daten wurde dem Environmental Data Centre in Helsinki, Finnland, übertragen. In den einzelnen Teilnehmerstaaten werden die Arbeiten von den nationalen Kontaktstellen koordiniert. In Deutschland befindet sich diese Kontaktstelle im Umweltbundesamt (Außenstelle Offenbach).

Hauptziel des Integrated Monitoring Programmes bildet die Erfassung des Istzustandes von Ökosystemen und dessen Veränderungen unter der Einwirkung anthropogener Schadstoffe, insbesondere im Hinblick auf den weiträumigen, grenzüberschreitenden Transport von Luftverunreinigungen. Daher werden nicht nur Konzentrationen und Depositionen von Luftverunreinigungen, sondern auch Wechselwirkungen der aus der Atmosphäre eingetragenen Stoffe in den verschiedenen Umweltmedien des Ökosystems (z. B. Boden, Grund- und Oberflächenwasser, Biota) untersucht. Der Schwerpunkt liegt hierbei auf den Luftverunreinigungen, denen im Rahmen der Genfer Luftreinhaltekonvention höchste Priorität eingeräumt wurde, z. B. Stickstoff und Schwefel.

Die Unterscheidung der durch anthropogenen Eintrag von Luftverunreinigungen erzeugten Veränderungen im Ökosystem von natürlich auftretenden Schwankungen erfordert die langfristige Beobachtung von Pflanzen und Tieren, welche Veränderungen im Ökosystem anzeigen (Biomonitoring) sowie die gleichzeitige Erfassung physikalisch-chemischer Umweltfaktoren an der gleichen Meßstelle. Als Untersuchungsgebiete besonders geeignet sind Wassereinzugsgebiete in Nationalparks oder Naturschutzgebieten, die einerseits eine Bilanzierung des Stoffeintrags und -austrags ermöglichen, andererseits eine weitgehende Reduzierung anthropogener Einflüsse auf den Eintrag von Luftverunreinigungen bieten.

Die Meßergebnisse sollen auch zur Validierung von Modellen zur Simulation bzw. Vorhersage der Reaktionen des Ökosystems auf sich ändernde anthropogene Stoffeinträge aus der Atmosphäre herangezogen werden und auf diese Weise zur Ableitung von Ursache-Wirkungs-Beziehungen bzw. Dosis-Wirkungs-Beziehungen beitragen.

Derzeit beteiligen sich 22 Staaten am Integrated Monitoring Programm. Dreizehn Staaten beabsichtigen, an mindestens 1 Meßstelle das vollständige Meßprogramm auszuführen („Intensivmeßstationen"). Weitere 9 Staaten werden zumindest 1 Biomonitoring-Station einrichten. An diesen Stationen liegt der Schwerpunkt auf biologischen Untersuchungen. An europaweit insgesamt 54 Meßstellen wird bereits jetzt oder in naher Zukunft Integrated Monitoring betrieben.

In Deutschland wurde im Jahre 1990 im Forellenbachtal im Nationalpark Bayerischer Wald eine Integrated Monitoring „Intensivmeßstation" eingerichtet, die eng

mit dem Meßnetz des Umweltbundesamtes und der Umweltprobenbank zusammen-
arbeitet. Die Bayerische Landesanstalt für Wald und Forstwirtschaft wurde vom Umweltbundesamt mit der Errichtung und dem probeweisen Betrieb der Meßstelle be-
auftragt. Die Meßergebnisse werden von der nationalen Kontaktstelle im Umweltbundesamt jahresweise an das internationale Datenzentrum in Helsinki berichtet.

Die Koordinierung und Leitung der deutschen Aktivitäten liegt beim Umweltbundesamt, Außenstelle Offenbach.

## 4.7
## Programm zur Kartierung von Critical Loads und Critical Levels

Neben den 5 internationalen Kooperativprogrammen (ICPs) bildet das Programm
zur Kartierung von Critical Loads und Levels einen weiteren wichtigen Bestandteil
der Aktivitäten der Arbeitsgruppe „Wirkungen" im Rahmen des Genfer Luftreinhalteübereinkommen. Das Kartierungsprogramm hat 1989 den Auftrag bekommen, die
für Ökosysteme oder einzelne Rezeptoren kritischen Eintragsraten (Critical Loads)
und kritischen Konzentrationen (Critical Levels) relevanter Schadstoffe zu kartieren.
Ebenso sollen die Überschreitungen dieser Schwellenwerte kartographisch erfaßt
werden. Das Programm wird von der Sonderarbeitsgruppe „Kartierung" geleitet
(Task Force on Mapping) der die Bundesrepublik Deutschland, vertreten durch das
Umweltbundesamt, vorsitzt. Die Task Force hat ein Methodenhandbuch (Manual on
Methodologies and Criteria for Mapping Critical Loads and Levels and Geographical
Areas where They are Exceeded, UBA 1996) erarbeitet, das die Kriterien für alle Teil-
nehmerländer verbindlich festlegt. Darin sind verschiedene Methoden zur Berechnung von Critical Loads und Levels beschrieben worden, die sich hinsichtlich der
Komplexität der Modelle und der Bearbeitungsintensität, v. a. Datenaufwand, unterscheiden. Die nationalen Aktivitäten der an dem Kartierungsprogramm teilnehmenden Staaten werden im „Koordinierungszentrum für Wirkungen" in den Niederlanden koordiniert und die Daten zu europäischen Karten zusammengefügt. Die Koordinierung der nationalen Kartierungsarbeiten in Deutschland (National Focal Center, NFC) wird vom Umweltbundesamt aus vorgenommen. Die praktische Durchführung der Kartierung in Deutschland ist in Form von Forschungsvorhaben (Öko-
Data-GmbH, Strausberg; Institut für Navigation der Universität Stuttgart) vergeben
worden (s. Kap. 1).
Die direkteste Beziehung zur Anwendung des Critical-level- und -load-Konzepts
im Rahmen der ECE-Luftreinhaltekonvention hatte von Anfang an das Kartierungsprogramm, denn es war unmittelbares Ergebnis einer mehrjährigen Entwicklung innerhalb der Arbeitsgruppe „Wirkungen". Der ursprügliche Vorschlag von Deutschland und Schweden im Jahre 1986 zur Vorbereitung entsprechender Aktivitäten hatte
in der Arbeitsgruppe zunächst nur zögernden Widerhall gefunden. Doch nachdem
es 1988 [Critical-level-Workshop in Bad Harzburg (UBA 1988), Critical-load-Work-
shop in Skokloster, Schweden] gelungen war, sowohl Schwellenwerte für die direkte
Wirkung von Luftschadstoffen und kritische Eintragsraten für eine beschränkte Anzahl von Rezeptoren wenn auch mit z. T. sehr vorsichtigen ersten Abschätzungen
vorzulegen, und als schon 1989 (Bad Harzburg) der erste Entwurf für ein Handbuch
(UBA 1990) zur Kartierung von Critical Loads und Levels vorgelegt werden konnte,
stand der Einrichtung dieser Sonderarbeitsgruppe („Task Force on Mapping") nichts

mehr im Wege. Die anschließende Entwicklung verlief stürmisch. Die Überzeugungskraft des Konzepts und der Versuch, es schon für das zweite Schwefelprotokoll als naturwissenschaftliche Basis für die Verhandlung von Minderungsvereinbarungen einzusetzen, setzten die Task Force, die mitarbeitenden Länder und das inzwischen durch die Niederlande bereitgestellte Koordinierungszentrum in Bilthoven (Coordination Center for Effects, CCE) durch den Zwang zu ständig anspruchsvolleren kartographischen Darstellungen mit ständig erweiterten Fragestellungen, unter sich laufend verstärkenden Druck. Der erste Einsatz war erfolgreich. Die intensive Arbeit hatte aber auch die vorhandenen Schwachstellen deutlich werden lassen. So blieb es nicht aus, zahlreiche weitere Expertentreffen durchzuführen, um die Ableitung der Schwellenwerte für fast jeden der betrachteten Schadstoffe und viele Wirkungspfade auf eine solidere wissenschaftliche Basis zu stellen, mit sich ändernden Anforderungen aus der Luftreinhaltepolitik und der Integrierten Bewertungsmodellierung (Integrated Assessment Modelling) abzustimmen und statistische sowie ökologische und luftchemische Parameter besser einzubeziehen. Jährliche Workshops halfen, Probleme bei der Kartierung rechtzeitig zu erkennen und zu beheben. Task-force-Sitzungen im häufigen Turnus erlaubten schnelle Beschlußfassung über notwendige Schritte. Der erste Handbuchentwurf (UBA 1990) und zahlreiche zu seiner Ergänzung dienende Anleitungen wurden überarbeitet und zu einem neuen Manual zusammengefaßt. Auch diese Fassung und Nachträge von 1993 und 1994 waren jedoch nur Vorstufen zu dem seit 1996 (UBA 1996) vorliegenden vollständig revidierten Handbuch, das von allen 24 (s. Tabelle 4.3, alle ICPs) derzeit am Kartierungsprogramm beteiligten europäischen Ländern als verbindliche Anleitung herangezogen wird.

Das Critical-load-Konzept, als Ergebnis der Wirkungsforschung, ist im Verantwortungsbereich der Arbeitsgruppe „Wirkungen" (Working Group on Effects, WGE) und als wissenschaftliche Basis für Minderungsstrategien in der hierfür zuständigen Arbeitsgruppe (Working Group on Strategies) angesiedelt. Die Daten für die Ermittlung der Critical-load-Überschreitungen durch die Depositionen in den einzelnen Ländern, ebenfalls die Daten für den grenzüberschreitenden Schadstofftransport (Import-Export-Bilanzen, Abb. 4.4), werden aus den EMEP-Modellen übernommen. Zur Vorbereitung der Verhandlungen für die jeweiligen Protokolle wird eine europaweite Kartierung vorgenommen. In diesem Vorhaben müssen die Critical-load- und Depositionsdaten der Länder in einem gemeinsamen Kartierungsprojekt zusammenfließen. Das Koordinierungszentrum in Bilthoven (CCE) erhält dadurch eine zentrale Rolle. Alle in der WGE kooperierenden Länder und alle ICPs sind aufgefordert, sich nach Möglichkeit am Critical-load-Konzept zu orientieren oder seiner Kartierung zuzuarbeiten.

Aus den Critical-load-Überschreitungskarten ergibt sich die Empfindlichkeit spezieller Rezeptoren, einzelner Beurteilungsgebiete oder großer räumlicher Einheiten und das Ausmaß der sie überschreitenden Depositionen (vgl. auch Abb. 1.2). Aus den EMEP-Berechnungen ist zu entnehmen, welcher Teil der Deposition in dem betrachteten Areal welcher Quellregion zugeordnet werden kann. Ein einzelnes Land kann so z. B. ermitteln (Abb. 4.5), welcher Anteil der Belastung selbst verschuldet ist und welche Depositionen den Nachbarn zugeordnet werden müssen. Mit diesen können bilaterale Verhandlungen geführt werden, mit dem Ziel der Emissionsminderung bis zur Einhaltung der Critical Load oder in Richtung einer Luftreinhaltepolitik auf der Basis von Umweltqualitätszielen (hier: Target Loads).

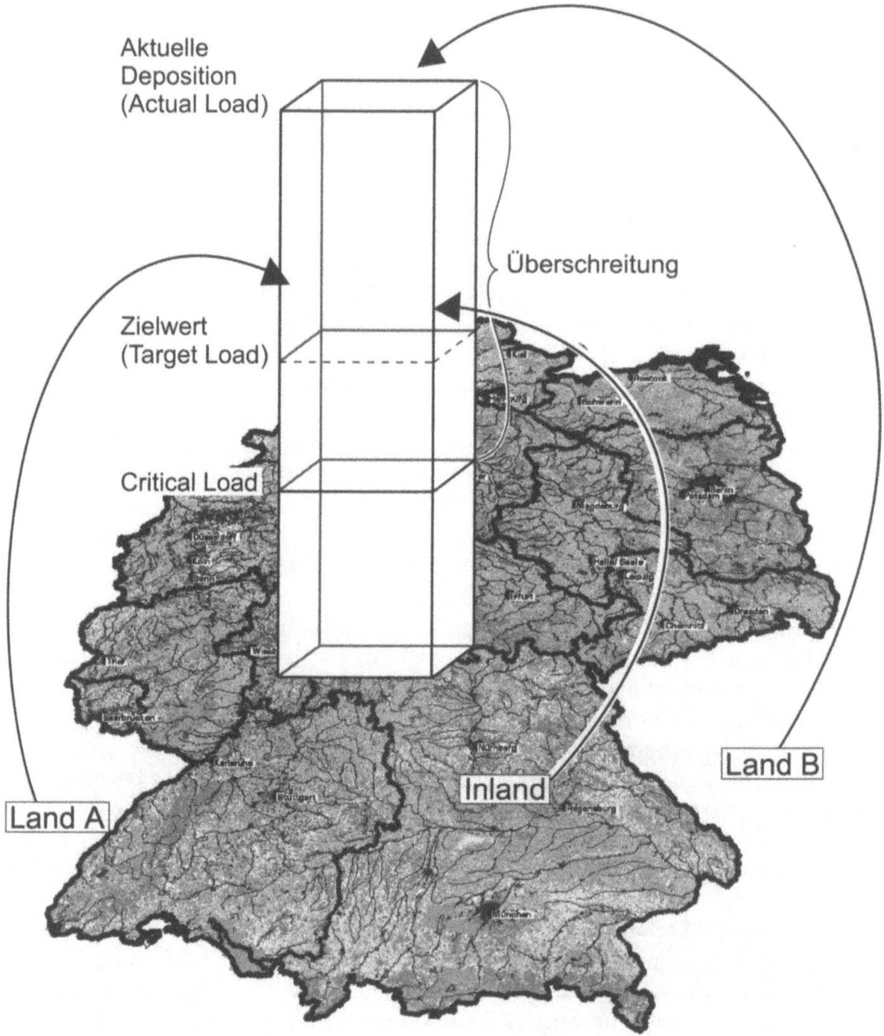


**Abb. 4.5.** Die Einhaltung von Critical Loads erfordert Emissionsminderungen in Deutschland ebenso wie in den Nachbarländern

Als Ergebnis der bisherigen Aktivitäten sieht sich die UN/ECE heute gezwungen, ihre Luftreinhaltepolitik vor allem in Richtung Stickstoff zu steuern (UN/ECE 1996b). Die Kartierung hat gezeigt, wie dringend in verschiedenen Regionen in Europa die Minderung der Emissionen reduzierter und oxidierter Stickstoffverbindungen erforderlich ist. Die Empfindlichkeit der Ökosysteme gegenüber Stickstoffeinträgen ist hoch und die Tragekapazität in weiten Teilen Europas signifikant überschritten.

Tafel 16 illustriert anhand einer gesamteuropäischen Karte, in welchen Gebieten im Bezugsjahr 1990 die Stickstoffdeposition die Belastungsgrenzen für die Säurebelastung und eutrophierende Wirkungen überschritt. Dieser Situation soll mit Hilfe des zweiten Stickstoffprotokolls entgegengewirkt werden, das auf Critical Loads und die europaweite Kartierung ihrer Überschreitungen gestützt werden wird und umfangreiche Emissionsminderungsmaßnahmen aller europäischer Staaten festschreiben soll.

Auch außerhalb der UN/ECE-Luftreinhaltepolitik wird das Critical-load-Konzept mehr und mehr als strategisches Instrument und zur Bewertung von Belastungssituationen genutzt. Als Beispiele sei auf Pläne der Weltgesundheitsorganisation (WHO) zur Aktualisierung ihrer Luftqualitätsrichtlinien und die Überlegungen der Europäischen Union (EU) für eine Versauerungsstrategie im europäischen Raum aufmerksam gemacht. National ist das Critical-load-Konzept zu einer wichtigen Grundlage bei der Formulierung von Umweltqualitätszielen (UBA 1994), bei der Sicherstellung einer nachhaltigen Entwicklung, der Ableitung von Ökobilanzen und bei der Strukturierung der Umweltbeobachtung geworden. Beispiele belegen die Anwendbarkeit bei der Beurteilung einzelner Standorte und in der kommunalen Umweltplanung.

## Literatur

UN/ECE (1996a) 1979 Convention on long-range transboundary air pollution. UN, New York und Genf 1996, 79 pp
UN/ECE (1996b) Maps of environmental vulnerability point to urgent need of new nitrogen protocol. Press Release ECE/ENV/5, 28.8.1996
Barrett K, Berge E (1996) Transboundary air pollution in Europe. EMEP-MSC-West Status Report 1996, EMEP-MSC-West Report 1/96, Oslo
UBA (1988) ECE Critical Levels Workshop, Bad Harzburg 1988, Final Draft Report, 146 pp
UBA (1990) ECE Task Force on Mapping: Draft Manual on Methodologies and Criteria for Mapping Critical Levels/Loads. 97 pp
UBA (1994) Umweltqualitätsziele, -kriterien und -standards, eine Bestandsaufnahme. Texte 64/94
UBA (1996) Manual on Methodologies and Criteria for Mapping Critical Levels/Loads and Geographical Areas Where They Are Exceeded. Texte 71/96, Berlin

# Sachverzeichnis

**A**

Abbaubarkeit 115
Acidität 56, 130, 137
Akkumulationsrate 95
Alkalität 61, 132
Aluminiumpuffer 53, 54
Aluminiumtoleranz 54
Ammonifikation 84, 95
Ammoniumdeposition 185
ANC 54, 55, 61, 62, 65, 76, 79, 125–130, 134, 135
Artendiversität 87, 111
Ausbreitungsrechnungen 112
Ausgangsgestein 4, 232
Ausgasung 114, 119, 120, 143
Auskämmeffekt 136
Austauscherpuffer 53
Austragsbilanzen 95

**B**

Basendeposition 141
Basensättigung 53, 58, 59, 76–79
Belastungsgrenzwerte 123
Bestandesdeposition 99, 169–175, 177
Bestockungstypen 99
Bilanzierungsmodell 118
Blattschäden 28, 30
Blei 112, 115, 116, 142
Bodenbedeckungskarten 71
Bodenerosion 119
Bodenfeuchte 44, 95, 103, 104, 106
Bodenpassage 118
Bodenschutzkonzeption 119, 138
Bodenversauerung 52, 83, 85, 144

**C**

Cadmium 115, 116, 142
Calciumdeposition 167
Carbonatpuffer 53
Critical Levels 4–13, 28, 31, 42–51, 144–149, 154, 160, 161, 167, 199, 223–235, 252, 255
Critical Loads 4–13, 31–35, 52–136, 145–147, 167–170, 177, 182, 192, 199, 232, 233, 241, 252–255

**D**

Dauerbeobachtungsflächen 248
Denitrifikation 33, 66, 84, 89, 103–109, 125, 126, 233
Depositionsdaten 147, 172, 173, 180, 253

**E**

Eisenpuffer 53
Emissionskataster 112, 149
Ernteentzüge 119
Eutrophierung 2, 84, 133
Evapotranspiration 75, 134
Exceedance 223, 232

**F**

Feuchtdeposition 210
Freilanddeposition 172–175, 177

**G**

Gefahrenverdacht 119
Gesamtsäuredeposition 168
Gesamtstickstoffeintrag 216
Gewässerversauerung 5, 15
Globalstrahlung 44, 45, 151, 154, 224
Grundwasserversauerung 15

**H**

Hintergrundbelastung 119, 123
Humusabbau 95
Humusakkumulation 95, 96

**I**

Immissionsschutz 3
Interzeptionsdeposition 99, 101, 175, 177
Ionenbilanz 181, 182, 191, 192

**K**

Kationenaustauschkapazität 53, 76
Kationendeposition 64, 168, 221
Korrosionsschäden 27
Kronenbilanzmodell 174
Kupfer 115, 249

**L**

Langzeiteffekte 24
Luftqualitätsrichtlinien 255

**M**

Magnesiumdeposition 167
Mangan 53, 210, 211
Massenbilanzmethode 32, 33, 61, 86, 89
Mineralverwitterung 11
Muttergesteinsklassen 56

**N**

Nahbereichsdeposition 223
Nährstoffeinträge 19
Nährstoffentzüge 67
Natriumdeposition 175
Nebelniederschlag 169
Niederschlagsmessungen 172, 215
Nitrifikation 84, 87, 95, 97, 104

**O**

Oberflächenrauhigkeiten 199, 215
Ozonschäden 7, 30, 44

**P**

PAK 112, 115, 141
Partikeldeposition 210, 211
Puffersysteme 19, 53

**Q**

Quecksilberkonzentrationen 111

**S**

Säuredeposition 61, 221
Säureneutralisationskapazität 55, 61,
    125, 127, 129
saurer Regen 46
Schwebstaub 23
Schwefeldioxid 23–27, 35, 46, 52, 149, 161,
    224, 246, 250
Schwefelprotokoll 8, 52, 239, 241, 253
Schwermetallhaushalt 113, 143
Schwermetallprotokoll 241
Seesalzkorrektur 129, 182, 183
Selbstreinigungspotential 19
Senkenprozesse 89, 175
Sickerwasserausträge 117
Silicatpuffer 53
Stabilitätsansatz 33
Stammabflußmessungen 170
Stickstoffausträge 99, 101, 104, 105, 144
Stickstoffdeposition 34, 35, 66, 67, 83, 86,
    90, 106, 125, 128, 131, 133, 136, 222, 233,
    255
Stickstoffeintrag 11, 34, 80, 85, 86, 89,
    90, 107, 109, 110, 127, 128
Stickstoffentzug 86, 108
Stickstoffimmobilisierung 61, 90,
    95–98, 106, 107, 109, 125, 133
Stickstoffprotokoll 241

**T**

Texturklassen 57
Trockendeposition 175, 194, 199–215
Tröpfchendeposition 148, 170

**U**

Umweltprobenbank 252
Umweltqualitätskriterien 139
Umweltqualitätsstandards 124
Umweltqualitätsziele 2, 3, 35, 118, 255

**V**

Vegetationsveränderungen 101
Verkehrsemissionen 35, 150–153, 155
Versauerungserscheinungen 99, 124

Verwitterungsprozesse 118, 120
Vorsorgewerte 142

**W**
Waldbodeninventur 139

Waldschäden 2, 5, 7, 8, 248
Wasserstoffionenkonzentration 138
Widerstandsmodell 170, 195
Wirkungsschwellenwerte 3